北京华信恒远信息技术研究院 策划

高等学校自动识别技术系列教材

应用密码学基础

李益发　赵亚群　张习勇　张铎／编著

武汉大学出版社

图书在版编目(CIP)数据

应用密码学基础/李益发,赵亚群,张习勇,张铎编著.—武汉:武汉大学出版社,2009.11
高等学校自动识别技术系列教材
ISBN 978-7-307-07321-0

Ⅰ.应… Ⅱ.①李… ②赵… ③张… ④张… Ⅲ.密码—理论—高等学校—教材 Ⅳ.TN918.1

中国版本图书馆 CIP 数据核字(2009)第 163328 号

责任编辑:黄汉平　　责任校对:刘　欣　　版式设计:詹锦玲

出版发行:武汉大学出版社　　(430072　武昌　珞珈山)
　　　　　(电子邮件:cbs22@whu.edu.cn　网址:www.wdp.com.cn)
印刷:武汉中远印务有限公司
开本:720×1000　1/16　印张:20.5　字数:355 千字　插页:1
版次:2009 年 11 月第 1 版　　2009 年 11 月第 1 次印刷
ISBN 978-7-307-07321-0/TN·39　　定价:32.00 元

版权所有,不得翻印;凡购我社的图书,如有缺页、倒页、脱页等质量问题,请与当地图书销售部门联系调换。

内容简介

本书简要介绍了密码学基础理论和基本技术,内容分为三个部分:基础的密码算法、基本的应用技术和必要的数学基础知识。密码算法部分包括:对称分组密码算法、非对称密码算法、散列算法和数字签名算法;基本应用技术包括:密钥管理的基本技术、基本认证技术和在防伪识别中的简单应用技术;数学基础知识部分包括:初等数论、代数学基础、有限域和椭圆曲线基础、计算复杂性理论基础。

本书不同于其他密码学教材之处有二:一是包含了较多的密钥管理和认证技术,二是包含了密码学在自动识别中的保密和防伪应用。本书可供自动识别技术专业的专科生、本科生作为密码学的教材使用,也可供计算机专业的专科生和本科生作为了解密码学的参考资料。

丛书序言

今天,随着国民经济和科学技术的快速发展,条码已经成为全球通用的商务语言,无线射频技术正在应用于铁路、物流、邮政、公共安全、资产管理、物品追踪与定位等多个领域,以指纹识别技术为代表的生物识别技术开始在金融、公共安全等领域得到逐步推广,这一切都预示着自动识别技术的应用将大大促进我国各领域信息化水平的进一步提高。

20世纪80年代末期,条码技术开始在我国得到普及和推广。作为一种数据采集的标准化手段,通过对供应链中的制造商、批发商、分销商、零售商的信息进行统一编码和标识,为实现全球贸易及电子商务、现代物流、产品质量追溯等起到了重要作用。随着2003年中国"条码推进工程计划纲要"的提出和实施,条码技术已经开始涉及国民经济的各个领域。

二十多年后的今天,以条码技术、射频识别技术、生物特征识别技术为主要代表的自动识别技术,在与计算机技术、通信技术、光电技术、互联网技术等高新技术集成的基础上,已经发展成为21世纪提高我国信息化建设水平,促进国际贸易流通,推进国民经济效益增长,改变人们生活品质,提高人们工作效率,获得舒适便利服务的有利工具和手段。

为推动中国自动识别技术产业的持续性发展,培养和造就服务于自动识别产业和相关产业的专业人才,中国自动识别技术协会作为国家级的行业组织,经过充分的市场调研和反复的需求论证,从2006年夏季开始,在国内部分高等院校推动自动识别技术专业方向的学历教育。这是国内首次将自动识别技术教育以专业教育的形式引入高等学历教育领域的尝试和突破。

为配合自动识别专业人才的培养教育，中国自动识别技术协会组织有关专家、学者、高级工程技术人员，共同设计了国内第一套自动识别技术教育大纲，并组织撰写了与之配套的自动识别技术高等学历教育教材，以满足教学需要。

全套教材将涉及自动识别技术导论、条码技术、射频识别技术、生物识别技术、电子数据交换技术与规范、图像处理与识别技术、密码原理、自动识别产品设计等内容，从2007年5月起陆续分册出版发行。

技术的发展没有止境，知识的进步没有边际。在我们试图总结自动识别产业专家学者和技术人员的知识和经验时，我们也意识到这套教材只是我们的初次探索，是推动中国自动识别产业人才战略的第一步。我们希望这套教材能够为广大学子奠定行业知识的基础，真心祝愿学子们成为自动识别产业坚实的后备力量。

最后，真诚欢迎国内外各界人士和自动识别产业界的朋友对全套教材提出批评和指正。

2007年1月

前　言

　　本书是在中国自动识别技术协会的组织下，为适应自动识别技术专业的教学需要编写的密码学基础教材。

　　自动识别这个名词可能不一定为大家所熟悉，但其产品及应用绝对称得上是家喻户晓。如果你跟一个家庭主妇打听自动识别，她可能根本不知道你在说什么，但几乎每个家庭主妇对日用品上的一维条码都不陌生。我们都会记得，在商店购买商品的过程中，营业员用条码扫描器扫描每一件商品上的一维条码，然后打印出清单付费。条码作为自动识别的主要应用之一，随处可见。当然，信用卡上的磁条、手机里的 SIM 卡、打开保险柜的指纹、高速公路收费口的远距离射频卡等，这些都是我们能够亲身接触到的自动识别。

　　随着社会自动化和信息化程度越来越高，对自动识别的要求也越来越多，特别是对识别标签提出了保密和防伪的功能要求。这使得密码学与自动识别产生了联系，成为保密与防伪识别的理论和技术基础，也成为自动识别专业的一门必修课程。

　　自动识别中的保密和防伪，从密码学的角度看，就是保密与认证。换言之，就是将密码学中的保密与认证技术用于自动识别。保密自然要用到加、解密算法，而认证更是一项复杂的技术，需要用到许多密码学的基础知识——密码体制、单向函数、数字签名等。因此，即使是为了弄清认证在自动识别中的一个小小应用，也不得不较为系统地介绍密码学的许多基础理论和基本技术。

　　根据自动识别技术专业教学计划的要求，本书意在面向防伪识别的需要，写成适合自动识别专业本、专科生学习密码学的入门教材。因此在内容选择上，侧重介绍基本概念、基本算法、基本技术，力求使读者通过本书快速了解基本的密码学知识及其在防伪识别中的简单应用。

本书的内容分为三个部分:基础的密码算法、基本的应用技术和必要的数学基础知识。

密码算法部分包括:对称分组密码算法、非对称密码算法、散列算法和数字签名算法。在每种算法中,我们只介绍了最基本的几个,例如对称分组算法只介绍了 DES 和 AES;非对称算法只介绍了 RSA、ElGamal、ECC 和 IBC,并且 ECC 和 IBC 还作为选修内容;Hash 函数只介绍了 MD5 和 SHA-1;数字签名算法主要介绍了几个基本的签名方案,特殊签名只介绍了盲签名,并且也是作为选修内容。之所以要介绍盲签名,一则是想展示一下如何构造针对特殊需要的签名方案,二是作者觉得特殊签名特别是盲签名也有可能用于防伪识别。

基本应用技术包括:密钥管理的基本技术、基本认证技术和在防伪识别中的简单应用技术。密钥管理是算法走向应用的基础,面向应用,这部分内容是不可缺少的。防伪主要是通过认证实现的,因此认证技术是本书的核心内容。但认证技术是灵活的,实际上可根据环境及需求来定制。因此,我们给出的认证方案主要是介绍认证的基本思想和手段,只具有参考性,不能作为认证的标准。

数学基础知识部分包括:初等数论、代数学基础、有限域和椭圆曲线基础、计算复杂性理论基础。这部分内容本是密码学的理论基础,但我们把它放在最后,因为不清楚读者在使用本教材之前具备哪些数学基础。这要求老师在授课时,要根据学生的具体情况对这部分教学内容及教学时机有所选择。

本书既然针对防伪识别的需要而编著,则命名为"防伪识别的密码学基础"似乎更为贴切。但一则书名早就与出版社商定,涉及出版社的出版计划与新书预告,不便更改;二则从内容上看,主要介绍的仍是应用密码学的基础知识,可供读者作为了解应用密码学的入门教材,因此仍使用原定的书名。当然,在介绍具体应用时,由于删去了密码学在网络安全、电子商务、电子政务等方面的许多应用,只保留了在防伪识别方面的应用,虽说可能更为适合自动识别专业,但在"应用"上难免显得单薄,颇有些顾此失彼,望读者见谅。

密码学以数论、代数学、椭圆曲线、计算复杂性理论等许多深奥的数学理论为基础,这使得密码学的学习对许多非数学专业的学生来说都比较困难。建议读者先不要深究数学本身,而是承认那些要用到的数学结论,重点了解结论的含义,并关注这些结论在密码学中的应用。这样可能使学习变得轻松一些。对于许多复杂的密码算法,如果一下子不容易弄明白算法的细节,建议先忽略它,重点关注算法的基本特性,以及如何应用算法实现保密和认证。

本书第 11 章由赵亚群教授编写,3.4 节与 13.2 节关于椭圆曲线的部分由张习勇副教授编写,第 10 章防伪应用部分由北京华信恒远信息技术研究院张铎院长参与编写。张铎院长还对全书的内容选择提出了许多建设性意见。其他部分由李益发编写,并做最后统稿。

韩文报教授、范淑琴教授、王政博士等共同审阅了全书。赵远、马宇驰、元彦斌、邓帆、邓少锋等几位硕士研究生也参与了部分内容的录入和校对。作者对他们的辛勤付出表示衷心的感谢!

作者能写作此书,得益于沈世镒先生的大力推荐。武汉大学出版社任翔副编审为本书的出版耗费了大量心血,北京华信恒远信息技术研究院的邵慧欣女士也为本书的出版多方联系。作者谨致以诚挚的谢意!

此书在写作过程中,还得到了信息工程大学信息工程学院信息研究系领导李华政委、索敏杰主任、国立杰副主任,以及信息研究系密码理论教研室戚文峰主任和陈卫红副主任的热忱关心和大力支持。此外,邓依群副教授、夏英华副教授和毛艳教员也给予了极大的帮助。在此一并致以深深的谢意!

限于水平,错漏之处在所难免,敬请读者批评指正。

作 者

2009 年 7 月 27 日

目 录

第1章 概论 ... 1
1.1 什么是密码学 ... 1
1.1.1 密码体制与密码系统 ... 1
1.1.2 密码系统的安全性 ... 3
1.1.3 密码学的概念 ... 5
1.2 传统密码学概述 ... 7
1.2.1 古老的密码术 ... 7
1.2.2 由手工到机械的近代密码 ... 9
1.3 现代密码学概述 ... 16
1.3.1 现代密码学的兴起 ... 16
1.3.2 现代密码学的若干基本概念 ... 18
1.3.3 现代密码学的飞速发展 ... 20
1.3.4 现代密码学的特点 ... 21
1.4 本书的内容与组织 ... 22
1.5 注记 ... 23
习题一 ... 24

第2章 对称分组算法 ... 25
2.1 分组密码简介 ... 25
2.1.1 分组密码的概念 ... 25
2.1.2 关于分组密码的安全性 ... 26
2.1.3 分组密码的设计原则 ... 27
2.1.4 分组密码的一般结构 ... 28
2.2 DES算法和3-DES算法 ... 30
2.2.1 DES概述 ... 30

— 1 —

  2.2.2 DES 的算法结构 ··· 32
  2.2.3 DES 中的变换 ··· 33
  2.2.4 DES 的子密钥生成 ·· 38
  2.2.5 DES 的安全性 ··· 41
  2.2.6 3-DES 算法及其安全性 ··· 43
 2.3 AES 算法 ··· 45
  2.3.1 AES 概述 ··· 45
  2.3.2 AES 中的基本运算 ·· 47
  2.3.3 AES 中的基本变换 ·· 48
  2.3.4 AES 的子密钥生成 ·· 52
  2.3.5 AES 的算法结构 ··· 54
  2.3.6 AES 的性能 ·· 57
 2.4 分组密码的操作模式 ··· 58
 2.5 注记 ··· 62
习题二 ··· 63

第 3 章 非对称算法 ·· 65
 3.1 非对称算法概述 ·· 65
 3.2 RSA 算法 ·· 67
  3.2.1 RSA 加解密算法 ··· 67
  3.2.2 RSA 中的模幂运算 ·· 68
  3.2.3 RSA 的安全性 ·· 69
 3.3 ElGamal 算法 ·· 71
  3.3.1 ElGamal 加解密算法 ·· 71
  3.3.2 ElGamal 的安全性 ·· 73
 3.4 ECC 算法* ··· 74
  3.4.1 椭圆曲线密码概述 ··· 74
  3.4.2 有限域上的椭圆曲线密码体制 ····································· 75
  3.4.3 Menezes-Vanstones 椭圆曲线密码体制 ······················ 77
  3.4.4 椭圆曲线密码的安全性 ·· 78
 3.5 基于身份的公钥体制* ·· 80
  3.5.1 双线性映射 ··· 80
  3.5.2 IBC 简介 ·· 80

3.6 注记…………………………………………………………… 82
习题三……………………………………………………………… 83

第4章 散列算法………………………………………………… 84
4.1 单向 Hash 函数………………………………………………… 84
   4.1.1 单向 Hash 函数的产生背景……………………………… 84
   4.1.2 Hash 函数的概念………………………………………… 85
   4.1.3 Hash 函数的迭代结构…………………………………… 87
   4.1.4 对 Hash 函数的攻击……………………………………… 88
   4.1.5 安全单向 Hash 函数的设计……………………………… 91
4.2 MD5 算法………………………………………………………… 93
   4.2.1 MD5 算法描述…………………………………………… 94
   4.2.2 MD5 的安全性…………………………………………… 98
4.3 安全 Hash 算法………………………………………………… 99
   4.3.1 SHA-1 算法描述………………………………………… 99
   4.3.2 SHA-1 的安全性………………………………………… 101
4.4 注记……………………………………………………………… 101
习题四……………………………………………………………… 102

第5章 数字签名………………………………………………… 103
5.1 数字签名简介…………………………………………………… 103
   5.1.1 数字签名的产生背景…………………………………… 103
   5.1.2 数字签名的概念………………………………………… 104
   5.1.3 数字签名的安全性……………………………………… 106
5.2 普通数字签名方案……………………………………………… 107
   5.2.1 RSA 数字签名方案……………………………………… 107
   5.2.2 ElGamal 数字签名方案………………………………… 109
   5.2.3 Schnorr 数字签名方案…………………………………… 110
   5.2.4 数字签名标准 DSS……………………………………… 110
   5.2.5 基于椭圆曲线的数字签名方案*………………………… 111
5.3 盲签名*………………………………………………………… 112
   5.3.1 盲签名简介……………………………………………… 112
   5.3.2 基于 RSA 的盲签名方案………………………………… 113

5.3.3　基于离散对数的盲签名方案 ················ 114
　　　5.3.4　盲签名方案的应用 ······················ 115
　5.4　注记 ····································· 116
　习题五 ······································· 117

第6章　密钥管理的基本技术 ···························· 118
　6.1　密钥管理的概念和原则 ······················· 118
　　　6.1.1　密钥管理的概念 ························ 118
　　　6.1.2　密钥管理的原则和手段 ···················· 119
　6.2　密钥管理的基本要求 ························· 120
　　　6.2.1　密钥的生成与分发 ······················ 120
　　　6.2.2　密钥的存储与备份 ······················ 122
　　　6.2.3　密钥的使用和更新 ······················ 123
　　　6.2.4　密钥的销毁和归档 ······················ 124
　6.3　随机数与伪随机数生成 ······················· 125
　　　6.3.1　随机数生成 ·························· 125
　　　6.3.2　伪随机数生成器的概念 ···················· 127
　　　6.3.3　标准化的伪随机数生成器 ·················· 128
　　　6.3.4　密码学上安全的伪随机比特生成器 ············ 131
　6.4　注记 ····································· 132
　习题六 ······································· 133

第7章　非对称密钥的管理 ···························· 134
　7.1　非对称密钥管理的特点 ······················· 134
　7.2　素数生成 ································· 136
　　　7.2.1　素数生成简介 ························ 136
　　　7.2.2　概率素性测试与真素性测试 ················ 137
　　　7.2.3　强素数生成 ·························· 139
　7.3　公钥参数的生成 ···························· 140
　　　7.3.1　RSA 公钥参数的生成 ···················· 140
　　　7.3.2　ElGamal 公钥参数的生成 ················· 143
　7.4　公钥基础设施 PKI 简介 ······················ 144
　　　7.4.1　PKI 的体系结构 ······················· 144

目 录

    7.4.2 PKI 证书 ⋯⋯⋯⋯⋯⋯⋯⋯⋯⋯⋯⋯⋯⋯⋯⋯⋯⋯⋯⋯⋯ 146
    7.4.3 PKI 的证书管理与安全服务 ⋯⋯⋯⋯⋯⋯⋯⋯⋯⋯⋯ 149
  7.5 注记 ⋯⋯⋯⋯⋯⋯⋯⋯⋯⋯⋯⋯⋯⋯⋯⋯⋯⋯⋯⋯⋯⋯⋯⋯ 152
  习题七 ⋯⋯⋯⋯⋯⋯⋯⋯⋯⋯⋯⋯⋯⋯⋯⋯⋯⋯⋯⋯⋯⋯⋯⋯⋯ 152

第 8 章 对称密钥的管理 ⋯⋯⋯⋯⋯⋯⋯⋯⋯⋯⋯⋯⋯⋯⋯⋯⋯⋯ 154
  8.1 对称密钥的种类与管理结构 ⋯⋯⋯⋯⋯⋯⋯⋯⋯⋯⋯⋯⋯⋯ 154
    8.1.1 对称密钥的种类 ⋯⋯⋯⋯⋯⋯⋯⋯⋯⋯⋯⋯⋯⋯⋯⋯⋯ 154
    8.1.2 对称密钥的管理结构 ⋯⋯⋯⋯⋯⋯⋯⋯⋯⋯⋯⋯⋯⋯⋯ 155
  8.2 基于 KDC 和 KTC 的会话密钥建立 ⋯⋯⋯⋯⋯⋯⋯⋯⋯⋯ 157
    8.2.1 Otway-Rees 协议 ⋯⋯⋯⋯⋯⋯⋯⋯⋯⋯⋯⋯⋯⋯⋯⋯⋯ 157
    8.2.2 基于对称算法的 NS 协议 ⋯⋯⋯⋯⋯⋯⋯⋯⋯⋯⋯⋯⋯ 159
    8.2.3 Yahalom 协议 ⋯⋯⋯⋯⋯⋯⋯⋯⋯⋯⋯⋯⋯⋯⋯⋯⋯⋯ 160
    8.2.4 简化的 Kerberos 协议 ⋯⋯⋯⋯⋯⋯⋯⋯⋯⋯⋯⋯⋯⋯ 161
    8.2.5 Big-mouth-frog 协议 ⋯⋯⋯⋯⋯⋯⋯⋯⋯⋯⋯⋯⋯⋯⋯ 162
    8.2.6 Syverson 双方密钥分配协议 ⋯⋯⋯⋯⋯⋯⋯⋯⋯⋯⋯ 164
  8.3 基于公钥的会话密钥建立 ⋯⋯⋯⋯⋯⋯⋯⋯⋯⋯⋯⋯⋯⋯⋯ 165
    8.3.1 Denning-Sacco 协议 ⋯⋯⋯⋯⋯⋯⋯⋯⋯⋯⋯⋯⋯⋯⋯ 165
    8.3.2 PGP 协议 ⋯⋯⋯⋯⋯⋯⋯⋯⋯⋯⋯⋯⋯⋯⋯⋯⋯⋯⋯⋯ 167
  8.4 密钥协商 ⋯⋯⋯⋯⋯⋯⋯⋯⋯⋯⋯⋯⋯⋯⋯⋯⋯⋯⋯⋯⋯⋯ 168
    8.4.1 DH 密钥协商 ⋯⋯⋯⋯⋯⋯⋯⋯⋯⋯⋯⋯⋯⋯⋯⋯⋯⋯ 168
    8.4.2 Aziz-Diffie 密钥协商协议 ⋯⋯⋯⋯⋯⋯⋯⋯⋯⋯⋯⋯⋯ 169
    8.4.3 SSL V3.0 中的密钥协商 ⋯⋯⋯⋯⋯⋯⋯⋯⋯⋯⋯⋯⋯ 170
  8.5 注记 ⋯⋯⋯⋯⋯⋯⋯⋯⋯⋯⋯⋯⋯⋯⋯⋯⋯⋯⋯⋯⋯⋯⋯⋯ 171
  习题八 ⋯⋯⋯⋯⋯⋯⋯⋯⋯⋯⋯⋯⋯⋯⋯⋯⋯⋯⋯⋯⋯⋯⋯⋯⋯ 172

第 9 章 认证技术 ⋯⋯⋯⋯⋯⋯⋯⋯⋯⋯⋯⋯⋯⋯⋯⋯⋯⋯⋯⋯⋯ 173
  9.1 几种不同的认证 ⋯⋯⋯⋯⋯⋯⋯⋯⋯⋯⋯⋯⋯⋯⋯⋯⋯⋯⋯ 173
    9.1.1 认证的概念和种类 ⋯⋯⋯⋯⋯⋯⋯⋯⋯⋯⋯⋯⋯⋯⋯ 173
    9.1.2 身份认证的概念 ⋯⋯⋯⋯⋯⋯⋯⋯⋯⋯⋯⋯⋯⋯⋯⋯ 174
    9.1.3 非否认的概念 ⋯⋯⋯⋯⋯⋯⋯⋯⋯⋯⋯⋯⋯⋯⋯⋯⋯ 174
  9.2 完整性认证 ⋯⋯⋯⋯⋯⋯⋯⋯⋯⋯⋯⋯⋯⋯⋯⋯⋯⋯⋯⋯⋯ 176
    9.2.1 基于 Hash 算法的完整性认证 ⋯⋯⋯⋯⋯⋯⋯⋯⋯⋯ 176

9.2.2 基于对称分组算法的完整性认证 ································ 178
9.2.3 基于非对称算法的完整性认证 ································ 179
9.2.4 基于完整性认证的电子选举协议 ······························ 180
9.3 对称环境中的身份认证 ·· 181
9.3.1 询问-应答协议 ·· 181
9.3.2 Woo-Lam 协议 ·· 182
9.3.3 KryptoKnight 认证协议 ···································· 183
9.4 非对称环境中的身份认证 ······································ 184
9.4.1 基于非对称算法的 NS 认证协议 ···························· 184
9.4.2 Schnorr 识别方案 ··· 186
9.4.3 Okamoto 识别方案 ··· 187
9.4.4 Guillou-Quisquater 识别方案 ······························ 188
9.5 基于零知识证明的身份认证* ·································· 189
9.5.1 零知识证明的概念 ·· 189
9.5.2 FFS 识别方案 ·· 190
9.6 注记 ·· 192
习题九 ··· 193

第 10 章 密码学在防伪识别中的应用 ································ 194
10.1 二维条码的防伪技术 ·· 194
10.1.1 二维条码简介 ··· 194
10.1.2 二维条码标签中的保密和防伪技术 ························ 199
10.2 基于 RFID 的自动识别技术 ·································· 202
10.2.1 RFID 技术简介 ·· 202
10.2.2 Hash-Lock 自动识别协议 ································· 205
10.2.3 随机 Hash-Lock 自动识别协议 ····························· 206
10.2.4 Hash 链自动识别协议 ···································· 206
10.3 注记 ·· 208
习题十 ··· 209

第 11 章 数论基础 ·· 210
11.1 整数的因子分解 ·· 210
11.1.1 整除与素数 ··· 210

11.1.2	最大公因数与最小公倍数	213
11.2	同余与同余式	218
11.2.1	同余和剩余系	219
11.2.2	Euler 定理和 Fermat 定理	221
11.2.3	同余式	223
11.3	二次同余式与平方剩余*	226
11.3.1	二次同余式与平方剩余	226
11.3.2	Legendre 符号与 Jacobi 符号	227
11.4	注记	232
习题十一		232

第 12 章 代数学基础 234

- 12.1 群 234
  - 12.1.1 群的概念和基本性质 234
  - 12.1.2 子群和商群 239
  - 12.1.3 群的同态和同构 242
  - 12.1.4 循环群 245
- 12.2 环 247
  - 12.2.1 环的概念 247
  - 12.2.2 环的子环和理想 251
  - 12.2.3 环的同态与同构 254
- 12.3 域和域上的一元多项式 256
  - 12.3.1 域的概念和若干基本性质 256
  - 12.3.2 域上的一元多项式 259
- 12.4 注记 265
- 习题十二 266

第 13 章 有限域与椭圆曲线基础 270

- 13.1 有限域基础 270
  - 13.1.1 有限域的概念和基本性质 270
  - 13.1.2 有限域的结构 272
  - 13.1.3 有限域中元素的表示和运算 274
- 13.2 有限域上的椭圆曲线简介* 280

  13.2.1 椭圆曲线简介 ·· 280
  13.2.2 有限域上的椭圆曲线 ·· 282
 13.3 注记 ··· 286
 习题十三 ··· 287

第 14 章 计算复杂性理论的若干基本概念 ····································· 289
 14.1 算法与计算复杂性 ·· 289
  14.1.1 问题与算法 ·· 289
  14.1.2 确定型图灵机 ·· 294
  14.1.3 算法的计算复杂性 ·· 298
 14.2 NP 完全性理论简介 ·· 301
  14.2.1 问题的复杂性 ·· 301
  14.2.2 非确定性图灵机与概率图灵机 ·································· 304
  14.2.3 问题的复杂性分类和 NP 完全问题 ························· 307
 14.3 注记 ··· 310
 习题十四 ··· 311

参考文献 ··· 312

第1章 概 论

直到第二次世界大战,知道密码技术的人都不多。密码长期以来似乎是一门神秘的技术,因为此前的密码一直只为政府高层所掌握。其实那时的密码只是一些用于保密的简单技术,还没有形成一门真正的学科。随着信息技术尤其是计算机技术的迅速发展,密码学也蓬勃发展起来。事实上,今天的密码学已应用到各行各业各个领域,甚至走进了千家万户。随着自动化技术的迅速发展,自动识别也与密码学紧密联系在一起,使得自动识别与访问控制、防伪技术等融为一体,为人们提供了功能更为丰富的自动识别服务。

那么,什么是密码学?它又如何应用于自动识别技术?我们先从密码学的基本概念说起。

1.1 什么是密码学

1.1.1 密码体制与密码系统

密码学是一个不断发展的概念。我们先从早期的密码说起。粗略地说,早期的密码是一种方法(规则或体制),通过它,可以把消息的真实面貌隐藏起来进行传递,到达预定目的地后,再把隐藏的消息还原回来。

先看一个简单的例子。Bob 给 Alice 通过公开信道发送了一条消息,内容是:OGGV AQWVQOQTTQY。其他人可以看到这条消息,但不懂这是什么意思。而 Alice 能看懂,因为他们事先有个约定,就是在字母表中,把每个字母向前平移2位来恢复消息,这样,A 就代表 Y,B 就代表 Z……Z 代表 X。于是 Alice 得到的消息是:MEET YOU TOMORROW。

这就是一种简单而古老的密码,叫移位代替密码,也叫单表代替。这里,"MEET YOU TOMORROW"称作明文,而"OGGVAQWVQOQTTQY"称作密文。把明文变成密文的过程称为加密,实施加密的一组规则称为加密算法或加密体制;而把密文还原成明文的过程称为解密,解密的规则称为解密算法或解密体制。上例中,把明文作平移就是加密算法——就像锁。而平移的位数也很关键,像打开锁的钥匙,它显然也是要保密的,称为密钥。当然,密钥要事先约定。在给定的体制下,所有明文的集合称为明文空间,所有密文的集合称为密文空间,而所有密钥的集合称为该体制的密钥空间。加、解密体制合称密码体制或保密体制。通信中使用密码体制来保护信息的安全,称为保密通信。实施保密通信的系统称为保密(通信)系统或密码系统。

另外,上例中写信的 Bob 通常称为消息的生成者(产生消息者),同时他还是发信人,称为消息的发送者,而收信的 Alice 称为(合法)接收者。从消息的传递过程中得到密文的人就称为截获者或窃听者。虽然窃听者不知道系统所用的算法和密钥,但通过分析可能从截获的密文推断出原来的明文,这一过程称作密码分析。从事这一工作的人称作密码分析员或密码破译者。如果通过密文能迅速确定明文或密钥,或通过明文和对应的密文(称为明-密对照)能够迅速地确定密钥,则称该密码体制是可破的或不安全的。通过截获密文并进行分析来攻击密码系统,称作被动攻击。采用删除、更改、增填、重放、伪造等手段,以破坏消息的完整性,或伪造消息以实施欺骗,这类攻击称为主动攻击。此时的攻击者又称为入侵者、敌手或主动攻击者。

将上面这个例子一般化,并将明文记为 M,密文记为 C,加密密钥记为 K,解密密钥记为 K′,加密算法记为 E,解密算法记为 D。加密算法可以看成 M 和 K 的函数,因而可写成 $C = E(M,K) = E_K(M) = [M]K$,即密文是明文和密钥的函数,而写成 $E_K(M)$ 时,是表示对任意给定的 K,E_K 是一个关于明文 M 的函数。写成 [M]K(有的文献上写作 $\{M\}_K$)是一种约定的写法,表示用密钥 K 对 M 进行密码运算。同样有 $M = D(C,K') = D_{K'}(C) = [C]K'$。于是就得到如图 1.1.1 所示的保密通信的基本模型框图。

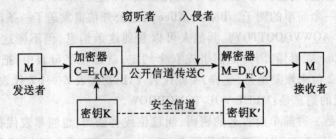

图 1.1.1 保密通信的基本模型

图 1.1.1 的模型只是基本模型。一个实际的密码系统可能会用到多种密码体制,因为系统不仅需要实施加、解密,还要对密钥进行分配和管理。所以在一个实际的密码系统中,可能会用一种体制加、解密数据,而用另一种体制进行密钥管理(建立安全信道),或实现其他安全功能。

1.1.2 密码系统的安全性

一个密码系统的基本目标是保护消息的机密性,而实现这一安全目标则是密码系统的基本功能。如果一个密码系统总能实现其保密的目标,即敌手无法破坏系统的保密功能,则称该系统为安全的;换言之,如果敌手无法从一个密码系统中获取明文或密钥的信息(包括恢复明文或密钥及与二者相关的语义信息),它就是一个安全的密码系统。安全性是一个密码系统最为重要的性质。

关于密码系统的安全性有一个基本假设,称为 Kerckhoffs 假设(1883 年由 A. Kerckhoffs 在《军事密码学》中提出),即密码分析者知道所使用的密码算法。换言之,密码系统的设计应遵循这样的原则:即使密码算法为敌手所知,也应无助于用来推导明文或密钥,这也称为 Kerckhoffs 原则。当然,如果敌手不知道所使用的密码系统,那么破译将更难。但我们不应该把密码系统的安全性建立在敌手不知道所使用的密码系统这个前提之下,这样做是危险的,在现实中也难以实现,至少长期使用一个密码系统而不被对手所了解非常困难。因为每种密码算法总有其特征,而在保密通信中,密文一般都在公开信道中传输,即截获者可以获得密文,而从大量密文中通常可以依据某些特征分析出所使用的密码算法。

密码系统的安全性显然与敌手的攻击能力有关,而攻击能力包括攻击者所拥有的资源和实施攻击的方法。攻击方法主要有穷举法和分析法两种。穷举法又称作强力法或完全试凑法,这种方法是对截获的密文依次用各种可能的密钥试译,直到获得有意义的明文;或在密钥不变的情况下,对所有可能的明文加密直到与截获的密文一致为止。分析法又分确定性分析法和统计分析法两类。确定性分析法是利用一个或几个已知量用数学关系式表示出所求未知量(如密钥等)。统计分析法是利用明文的已知统计规律进行破译的方法,即密码分析者对截收的密文进行统计分析,总结其统计规律,并与明文的统计规律进行对照比较,从中提取出明文和密文之间的对应或变换信息。

根据密码分析者破译时已具备的前提条件,通常人们将攻击类型分为以下四种:

（1）唯密文攻击：密码分析者有一个或更多用同一个密钥加密的密文，通过对这些截获的密文进行分析得出明文或密钥。

（2）已知明文攻击：除待解的密文外，密码分析者有一些明文和用同一个密钥加密这些明文所对应的密文（即明-密对照）。

（3）选择明文攻击：密码分析者可得到所需要的任何明文及所对应的密文，这些密文与待解的密文是用同一个密钥加密得来的。

（4）选择密文攻击：密码分析者可得到所需要的任何密文及所对应的明文，解密这些密文所使用的密钥与解密待解的密文的密钥是一样的。

四种攻击方法对比如表 1.1.1 所示。

表 1.1.1　　　　　　　　　　攻击类型对照表

攻击类型	攻击者掌握的内容	目标
唯密文攻击	● 加密算法 ● 截获的部分密文	恢复明文或密钥
已知明文攻击	● 加密算法 ● 截获的部分密文 ● 一个或多个明-密对照	恢复明文或密钥
选择明文攻击	● 加密算法 ● 截获的部分密文 ● 攻击者选择的明文消息及相应的密文	恢复密钥 获得相关语义信息
选择密文攻击	● 加密算法 ● 截获的部分密文 ● 攻击选择的密文消息及相应的被解密的明文	恢复密钥 获得相关语义信息

上述四种攻击类型的强度按序递增，唯密文攻击最弱，而选择密文攻击最强。

密码系统的安全性可分为理论安全性与实际安全性。理论安全性又称无条件安全性。一个无条件安全的密码系统是指即使敌手有无限的计算能力，并能充分利用信源的全部统计知识，但仍然不能攻破该密码系统。此时也称为完善保密系统。在完善保密系统中，对任何明文 M 和相应的密文 C 来说，截获 C 对确定 M 无任何帮助。这一概念是由 Shannon 在 1949 年给出的。此外 Shannon 还进一步证明了以下结论：

①在完善保密系统中，$|\kappa| \geq |\rho|$，即密钥的个数不少于所有可能的明文

②若一个密码系统满足 $|\kappa|=|\rho|=|c|$，则它是完善保密系统的充要条件是，一个密钥只加密一个明文（称为一次一密），且所有密钥都是等概率的。

这里，ρ、c、κ 分别表示明文空间、密文空间和密钥空间。

当然，完善保密只是理论上的安全性，实际上很难实现。而即使是理论上安全的密码系统，实际上也可能很脆弱，因为实际应用中还要求密钥能够安全传递。比如"一次一密"系统，就要求在收发双方间传递大量密钥，增加了密钥管理的难度，甚至会使密钥管理系统变得十分脆弱，从而使整个密码系统不安全。因此，密码系统不能单纯地追求理论上的安全。

由于实际的密码分析者所拥有的资源（资金、设备、时间等）总是有限的，因此人们更关心的是，如何构造一个超过敌手实际攻击能力的密码系统。如果一个密码系统虽然不是完善保密的，但攻击该系统所要付出的努力远远超过攻击者实际拥有的能力，则称该密码系统是实际安全的。可是，如何评估攻击者的能力呢？由于破译密码本质上是计算，因此，目前普遍的做法是用计算能力来衡量。而计算能力取决于两个主要方面：一个是拥有的计算资源，一个是算法的有效性。对密码系统来说，如果在充分估计攻击者的计算能力的前提下，破译它所需要的计算量仍远远超出了攻击者所能付出的计算量，就认为它是实际安全的。实际安全性也称为计算安全性。

1.1.3 密码学的概念

早期的密码学分为密码编码学和密码分析学两大分支。密码编码学研究如何保护消息的机密性，主要内容是各种加、解密算法；而密码分析学则研究在不知道密钥的前提下如何破译密文，主要内容是各种分析方法。不过古代的密码还不能称为密码学，只能称为密码术。密码真正成为一个学科，还是近代的事。

随着时代的发展和技术的进步，安全需求在不断变化，密码学也在不断发展，密码学的内涵和外延也随之而不断更新。特别是，随着网络通信技术的发展，出现了许多涉及网络信息安全的新问题，也给密码学提出了许多新的研究课题。比如，除了要保护消息的机密性，还要保护消息的完整性、新鲜性、真实性和可用性，并要确认传递消息者的身份，即确认消息发送者或接收者的身份，称为身份认证，也称身份鉴别。而"认证"这一概念的本意是"确认和证明"。所以后来，在此意义上相应又有了完整性认证、信源认证、信宿认证等概念。所谓完整性认证，就是确认消息的完整性；而信源认证，就是确认消息的发送者(通常将消息发送者称为信源或消息源);类似地,信宿认证就是确认消息的接收者(通常将消息接收者称为信宿或消息宿)。再后来,又产生了防抵赖的需求。防抵赖,又称非否认,是网络通信中的参与者不能在事后否认他对消息的某种操作,如签署合同、发送或接收消息等。随着信息安全的不断发展,还必然会产生更多新的安全需求。

从概念上说,机密性、完整性、新鲜性等涉及安全的属性都是对消息自身而言的,这里统称其为消息的安全属性。而身份鉴别和防抵赖则不同。我们把生成消息(包括签署消息)、发送消息和接收消息等动作称为对消息的操作,实施动作者称为操作者。显然,身份鉴别和防抵赖是对消息操作者而言的,是对操作者身份或其行为的认证。身份鉴别显然是认证。防抵赖实际上也是一种认证,但不只是收发双方之间的认证,而是要求公正的第三方也能认证,从而使操作者对自己所做的操作事后无法否认。所以,安全需求总的来说包括两个方面,一方面是保护消息的各种安全属性,另一方面是认证消息操作者的身份和对消息所做的操作(行为)。当然实际应用中两者常混合在一起,不能截然区分。需要说明的是,尽管机密性、完整性等都是消息自身的安全属性,但机密性和其他特性(如完整性、真实性、新鲜性等)不同。其他特性都是可以认证的,唯独机密性难以认证,只能尽量保护。所以,安全需求可以概括为:保护机密性和实现认证。

从作用上说,保护消息的机密性可以使非法者无法获知消息的内容;保护消息的完整性,可以防止入侵者用假的消息来代替合法消息;保护消息的新鲜性可以防止入侵者重复使用过期的消息进行欺骗;鉴别可以防止入侵者伪装成他人发送欺骗性的消息;而防抵赖则可防止操作者事后否认对消息的操作。

今天,密码编码学的内容已经扩展为:保护消息的安全属性以及实施认证的理论和技术,即保护消息的机密性、完整性和新鲜性以及实现身份鉴别和防抵赖的理论和技术。而密码分析学也相应地扩展为,在不知道密钥的前提下,破坏消息的安全属性,或实施伪造,达到欺骗和抵赖的目的。所以,对密码学给出了如下的定义:密码学是研究密码系统和通信安全的一门科学。它主要包括两个分支,即密码编码学和密码分析学。密码编码学的主要目的是寻求保护消息机密性或认证性的方法,密码分析学的主要目的是研究加密消息的破译或消息的伪造。

通常,人们将 Shannon 密码理论出现以前的密码学称为传统密码学或经典密码学,而将之后的密码学称为现代密码学。此外,在网络环境下的信息系统中,对密码学理论和技术进行综合应用,以保护系统信息的安全属性,或实现鉴别和防抵赖,也形成了许多与实际应用紧密相关的成果,特别是大量与应用系统相关的安全协议,这些又称为应用密码学。

不难发现,密码学是信息安全的关键支撑技术。密码学的核心任务,就是为信息安全提供技术保障。而信息安全不断出现的新需求也在一直推动着密码学的发展。

1.2 传统密码学概述

1.2.1 古老的密码术

密码有着悠久的历史。三千多年前,人类就已经会使用简单的密码了。我国周朝姜太公为军队制定的阴符(阴书)就是最初的密码通信方式。但那时的密码还只是一种简单的技术,没有形成一门独立的学科,所以通常称为密码术。密码术作为一种古老的技术,在历史上发挥了许多重要作用。

在古希腊,希斯泰乌斯为了安全地把指令传送给米利都的阿里斯塔格鲁斯,怂恿他起兵反叛波斯人,想出一个绝妙的主意:他剃光送信人的头,在头顶上写下密信,一待他的头发重新长出来,就立即将他派往米利都。将信息隐藏在头发中,属于原始的隐写术(早期的信息隐藏技术),这也是较早应用的密码术(早期并未严格区分信息隐藏与密码)。

公元前405年,雅典和斯巴达之间的伯罗奔尼撒战争已进入尾声。斯巴达军队逐渐占据了优势地位,准备对雅典发动最后一击。这时,原来站在斯巴达一边的波斯帝国突然改变态度,停止了对斯巴达的援助,意图是使雅典和斯巴达在持续的战争中两败俱伤,以便从中渔利。在这种情况下,斯巴达急需摸清波斯帝国的具体行动计划,以便采取新的战略方针。正在这时,斯巴达军队捕获了一名从波斯帝国回雅典送信的雅典信使。斯巴达士兵仔细搜查这名信使,但除了搜出一条布满杂乱无章的希腊字母的普通腰带外,别无他获。斯巴达军队统帅莱桑德把注意力集中到了那条腰带上,他反复研究这些天书似的文字,把腰带上的字母用各种方法重新排列组合,怎么也解不出来。最后,莱桑德失去了信心,他一边摆弄着那条腰带,一边思考着弄到情报的其他途径。当他无意中把腰带呈螺旋形缠绕在手中的剑鞘上时,奇迹出现了。原来腰带上那些杂乱无章的字母,竟组成了一段文字。这便是雅典间谍送回的一份情报,它告诉雅典,波斯军队准备在斯巴达军队发起最后攻击时,突然对斯巴达军队进行袭击。斯巴达军队根据这份情报马上改变了作战计划,先以迅雷不及掩耳之势攻击毫无防备的波斯军队,并一举将它击溃,解除了后顾之忧。随后,斯巴达军队回师征伐雅典,终于取得了战争的最后胜利。这就是最早的"腰带密码",具体运用方法是,通信双方首先约定密码解读规则,然后发送者将腰带(或羊皮等类似东西)缠绕在约定长度和粗细的木棍上书写。接收者收到后将腰带缠绕在同样长度和粗细的木棍上就可解读消息。

这种密码并没改变明文字母,但是改变了明文字母的顺序。这种密码称为置换密码。由此可见,置换早就是一项基本的密码技术。即使在今天,密码算法中也常使用这一技术,只不过与其他技术混合在一起,运用得更加巧妙和复杂。

密码术也称为原始密码。由于原始密码操作较为简单,通常都是手工操作,也称为手工密码。手工密码有很多种,前面提到的移位代替密码就是其中之一,它的更一般的例子是恺撒密码。

例 1.2.1 恺撒密码(Caesar Cipher)。

恺撒密码是对字母表进行移位代替的密码。在英文中,先将 26 个英文字母与 0~25 之间的数字作如表 1.2.1 所示的对应。

表 1.2.1 英文字母与模 26 的剩余之间的对应关系表

字母	a	b	c	d	e	f	g	h	i	j	k	l	m	n	o	p	q	r	s	t	u	v	w	x	y	z
数字	0	1	2	3	4	5	6	7	8	9	10	11	12	13	14	15	16	17	18	19	20	21	22	23	24	25

这样,就用数字代替了字母。加密方法是:$c = m + k \mod 26$,其中 m 是明文,k 是密钥,即移位数,c 是密文。例如,选择密钥 $k = 3$,则有下述代替表:

明:a b c d e f g h i j k l m n o p q r s t u v w x y z
密:D E F G H I J K L M N O P Q R S T U V W X Y Z A B C

若明文 m = casear cipher is a shift substitution,则密文为

c = FDVHDU FLSKHU LV D VKLIW VXEVWLWXWLRQ

解密时,只要用密钥 $k = 3$ 对密文 c 进行加密运算就可恢复出明文。

恺撒密码和其他手工密码一样,过于简单,很容易破译。一种方法是,从 $k = 1$ 起,不断尝试,直到恢复明文。因为 k 只有 26 种选择,因此,最多只需要 26 次尝试即可破译。还有一种方法,称为频率统计方法,即对密文的字母出现频率进行统计,再与自然语言中字母出现的频率相比较,即可大致确定平移位数,即密钥。

英语中各字母的出现频率如表 1.2.2 所示。

表 1.2.2　　　　　　　　26 个英文字母的出现频率

a	0.082	e	0.127	i	0.070	m	0.024	q	0.001	u	0.028	y	0.020
b	0.015	f	0.022	j	0.002	n	0.067	r	0.060	v	0.010	z	0.001
c	0.028	g	0.020	k	0.008	o	0.075	s	0.063	w	0.023		
d	0.043	h	0.061	l	0.040	p	0.019	t	0.091	x	0.001		

由于字母 e 的出现频率最高,收到一定量的密文后,对其进行频率统计,如果密文中某一字母的出现频率最高,则可大致确定它就是明文 e 的密文,从而可轻易确定密钥并破译密文。频率统计方法不仅可用于恺撒密码的破译,还可以用于许多其他密码的分析。

受到生产力和技术条件的限制,手工密码使用了很长时间。直到近代的第一次世界大战期间,恺撒密码中所包含的用一个字母代替另一个字母的思想——即代替密码的思想,仍在应用和发展。

1.2.2　由手工到机械的近代密码

第一次世界大战时期,手工密码有了较快的发展,但其主要思想仍是代替密码。下面较为详细地介绍一下代替密码。

1. 单表代替

假设明文语言采用的字母表含有 q 个字母,记 $Z_q = \{0,1,\cdots,q-1\}$。将 q 个字母与 Z_q 作一一对应,把字母转换成数字。这样,对字母的加密就转化成对数字的变换。如果明文的一个字母被加密成另一个字母,且不同的明文字母被加密成不同的密文字母,即加密变换实际是 Z_q 到 Z_q 上的 1—1 映射,那么就称这种密码算法为单表代替密码。

下面是几种简单的单表代替密码。

(1) 移位代替密码(Shift Cipher)

移位代替密码是最简单的一种代替密码。其加密变换的一般表达式为:
$$E_K(i) = i + k \equiv j \bmod q, 0 \leq i,j,k < q \quad (1.3.1)$$

记 $k = \{\kappa | 0 \leq k < q\}$ 是所有密钥的集合,称为移位代替密码的密钥空间。其中,$k = 0$ 是恒等变换。移位密码的解密变换为:
$$D_k(j) = E_{q-k}(j) \equiv i \bmod q \quad (1.3.2)$$

移位代替密码又称加法密码,前面提到的恺撒密码就是加法密码。

(2) 乘法代替密码

乘法代替密码的加密变换为:

$$E_k(i) = i \times k \equiv j \bmod q, 0 \leq i,j,k < q \quad (1.3.3)$$

定理 1.2.1 在乘法代替密码中,当且仅当 $\gcd(k,q) = 1$ 时,E_K 才是 1—1 映射。

证明: 对于任意的 $i,j,k \in Z_q$,$ik \equiv kj \bmod q$,当且仅当 $(j-i)k \equiv 0 \bmod q$ 时,若 $\gcd(k,q) = 1$,则必有 $j = i$,因而 E_k 是 1—1 映射;若 $\gcd(k,q) = d > 1$,则 $j = i + q/d$ 也可使 $(j-i)k \equiv 0 \bmod q$,因而对 $j \neq i$,j 和 i 将被映射成同一字母,E_K 不再是 1—1 映射。

由上述定理可知,只有当 $\gcd(k,q) = 1$,即 k 与 q 互素时,明文字母表与密文字母表才是一一对应的。这样,总共只有 $\varphi(q) - 1$ 个可用密钥。这里 $\varphi(q)$ 是欧拉函数,它表示小于 q 且与 q 互素的正整数的个数(参见数论基础)。

例 1.2.2 英文字母表 $q = 26$,选 $k = 9$,则有如下的乘法代替密码的明-密对应表:

明文	a	b	c	d	e	f	g	h	i	j	k	l	m	n	o	p	q	r	s	t	u	v	w	x	y	z
密文	A	J	S	B	K	T	C	L	U	D	M	V	E	N	W	F	O	X	G	P	Y	H	Q	Z	I	R

若明文 m = multiplicative cipher,则有密文 c = EYVPUFVUSAPUHK SUFLKX。

由上述定理可知,乘法代替密码实际可用的密钥个数为 $\varphi(q) - 1$。若

$$q = \prod_{i=1}^{r} p_i^{\alpha_i}$$

其中 p_i 为素数,则

$$\varphi(q) = q \prod_{i=1}^{r} \left(1 - \frac{1}{p_i}\right)$$

对于 $q = 26$,有 $\varphi(26) = 12$,除去 $k = 1$ 的恒等变换,还有 11 种选择,即 $k = 3、5、7、9、11、15、17、19、21、23$ 和 25。

设 $\gcd(k,q) = 1$,乘法代替密码的加密密钥为 k,则相应的解密变换是以 $k \bmod q$ 的逆(记为 k^{-1})为加密密钥的乘法代替密码,即

$$D_k(j) = k^{-1} \times j \equiv i \bmod q, 0 \leq j < q \quad (1.3.4)$$

上例中,由于 $9 \times 3 \equiv 1 \bmod 26$,所以 $9^{-1} = 3 \bmod 26$,因而相应的解密变换为

$$D_9(j) = j \times 3 \equiv i \bmod 26$$

由此可得解密密表,显然,它是加密密表的逆。

一般地,$k \bmod q$ 的逆即 k^{-1} 可通过扩展的欧几里得(Euclid)算法来计算(参见数论基础)。

(3)仿射代替密码(Affine Cipher)

将移位代替密码和乘法代替密码结合起来就构成了仿射代替密码。其加密变换为

$$E_K(i) = i \times k_1 + k_0 \equiv j \bmod q, k_0, k_1 \in Z_q \quad (1.3.5)$$

其中 $\gcd(k_1,q)=1$,通常以 $[k_0,k_1]$ 表示仿射代替密码的密钥。当 $k_0=0$ 时,就得到乘法代替密码,当 $k_1=1$ 时就得到移位代替密码。$q=26$ 时,k_0 有 26 种可能的选择,而 k_1 有 12 种可能的选择,去掉 $k_0=0$ 且 $k_1=1$ 的恒等变换,可用的密钥数为 $26 \times 12 - 1 = 311$ 个。

因为 $\gcd(k_1,q)=1$,所以存在 $k_1^{-1} \in Z_q$,使 $k_1 \times k_1^{-1} \equiv 1 \bmod q$,故仿射代替密码的解密变换为:

$$D_k(j) \equiv (j - k_0) k_1^{-1} \bmod q \quad (1.3.6)$$

例 1.2.3 $K_1=5, K_0=3$ 的仿射代替密码的代替表为:

明文	a	b	c	d	e	f	g	h	i	j	k	l	m	n	o	p	q	r	s	t	u	v	w	x	y	z
密文	D	I	N	S	X	C	H	M	R	W	B	G	L	Q	V	A	F	K	P	U	Z	E	J	O	T	Y

若明文为 m = affine cipher,则密文为 c = DCCRQX NRAMXK。

(4)密钥短语密码

可以通过下述方法对加法代替密码进行改造,得到一种密钥可灵活变化的密码。选择一个英文短语,称其为密钥字或密钥短语,如 HAPPY NEWYEAR,按顺序去掉重复字母得 HAPYNEWR。将它依次写在明文字母表之下,然后再将明文字母表中未在短语中出现过的字母依次写在此短语之后,就可构造出一个代替表,如下所示:

明文	a	b	c	d	e	f	g	h	i	j	k	l	m	n	o	p	q	r	s	t	u	v	w	x	y	z
密文	H	A	P	Y	N	E	W	R	B	C	D	F	G	I	J	K	L	M	O	Q	S	T	U	V	X	Z

这样,我们就得到了一种易于记忆而代替表又有多种可能选择的密码。用不同的密钥字就可得到不同的代替表。$q=26$ 时,将可能有 26! 种代替表。

除去一些不太有用的代替表外,绝大多数代替表都是可用的。

2. 多表代替

单表代替密码有一个很大的弱点,即相同的明文字母总是对应着相同的密文字母。而一个语言中,每个字母的出现频率通常是不一样的。通过对密文中相同字母的出现频率进行统计,破译者不难判断一些明文字母与密文字母的对应关系。再根据语言的其他规律,如一些字母在词头出现的频率很高,而另一些字母在词尾出现的频率很高等,就能在不知道密钥的前提下比较容易地破译密文。

针对单表代替的弱点,密码专家们又对单表代替作了改进,用多个密钥的单表代替来加密明文,如第一个字母用密钥 k_1 加密,第二个字母用密钥 k_2 加密……第 n 个字母用密钥 k_n 加密,这样,当明文相同时,由于使用了不同的密钥,其密文通常也不同,从而避免了频率统计攻击。这种加密方法称为多表代替。当 n 有限,从而第 $mn+1(m=1,2,\cdots)$ 至第 $mn+n$ 个字母分别再用 k_1,k_2,$\cdots$,k_n 加密时,称为周期 n 的多表代替密码。下面是多表代替密码更为一般的数学描述。

定义 1.2.1 设 S 是一个有 t 个元素的有限集,σ 是 S 到 S 的一个 1—1 映射,则称 σ 是集合 S 的一个置换。

集合 Z_q 上置换的全体记为 $SYM(Z_q)$。由代数学基础可知,$SYM(Z_q)$ 是一个群,称为 Z_q 上的对称群(参见代数基础)。

定义 1.2.2 设 $k=\{s_1,s_2,\cdots,s_n\}$ 是一列置换,$m=\{m_1,m_2,\cdots,m_n\}$ 是一列明文,其中 $m_i\in Z_q$,$\sigma_i\in SYM(Z_q)$。变换 E_k 定义为:

$$E_k(m)=(\sigma_1(m_1),\sigma_2(m_2),\cdots,\sigma_n(m_n))=(c_1,c_2,\cdots,c_n)=c$$

即 E_k 将 n-明文组 $m=\{m_1,m_2,\cdots,m_n\}$ 加密成 n-密文组 $c=\{c_1,c_2,\cdots,c_n\}$。称这种加密方式为代替加密。当 $\sigma_1=\sigma_2=\cdots=\sigma_n$ 时,称 E_k 为单表代替加密。否则,称为多表代替加密。称 σ_i 为代替加密密表。

由于 $SYM(Z_q)$ 的阶等于 $q!$,故单表代替密码共有 $q!$ 个不同的代替加密密表,其中包括恒等置换 E_I,E_I 实际上未作加密。

如果代替加密密表过于复杂,则不方便加、解密的手工操作,密钥表也不方便保管。所以,产生了这样的思想:对于一个不太大的 t,令 $\sigma_{st+i}=\sigma_i$,即第 $st+i$ 个字母与第 i 个字母采用相同的加密表,这就是周期为 t 的多表代替。

著名的 Vigenere 密码就是典型的周期多表代替的例子。Vigenere 密码是由法国密码学家 Blaise de Vigenere 于 1858 年提出一种密码算法。其加密变换为:

$$E_{k_i}(m_{i+st}) = m_{i+st} + k_i \mod q \qquad (1.3.7)$$

解密变换为:

$$D_{k_i}(c_{i+st}) = c_{i+st} + q - k_i \mod q \qquad (1.3.8)$$

为了便于手工操作,他还将不同的移位列成一张表。加、解密时,直接查表即可。这张表也以他的名字命名,称为 Vigenere 密表,如表 1.2.3 所示。

通常,为便于记忆,将密钥变换为字母,称为密钥字。如 Vigenere 密码中密钥字 k = RADIO 时,表示 $k_1 = 17, k_2 = 0, k_3 = 3, k_4 = 8, k_5 = 14$,其周期为 5。

例 1.2.4 令 $q = 26, m$ = polyalphabetic cipher,密钥字 K = RADIO,则有:

明文:m = p o l y a l p h a b e t i c   c i p h e r
密钥:k = R A D I O R A D I O R A D I   O R A D I O
密文:c = G O O G O C P K I P V T L K   Q Z P K M F

从上例中不难看出,相同的明文未必对应相同的密文,而相同的密文也未必对应相同的明文,这至少在一定程度上影响了频率统计的攻击效果。

但是,作为手工密码,其周期通常都不大,否则密钥字不容易记忆。这时,如果再有足够多的密文,那么可通过适当的方法来分析密钥字的长度(即周期)。而一旦分析出周期,仍然可以用频率统计进行攻击。假设周期为 n,则可以得到 n 个单表代替,再分别进行频率统计仍可破译。

对于周期的分析,最自然的想法是不断对 n 进行猜测,但这种方法适用于 n 很小的情形。更一般的方法有 Kasiski 测试法和重合指数法。Kasiski 测试法是由普鲁士军官 Kasiski 于 1863 年提出的一种重码分析方法,其基本思想是:若用给定的周期为 d 的密钥表对明文加密,则当明文中有两个相同的字母组在明文中间隔的字母数恰为 d 的倍数时,相应的密文字母组必相同。反之虽未必,但可能性也较大。因此可将密文中相同的字母组找出来,并计算其间隔的字母数,而这些数的最大公因子就很有可能与 d 相关。重合指数法则涉及重合指数的概念。

定义 1.2.3 设 $x = x_1 x_2 \cdots x_n$ 是 n 个字母的一个串,称 x 中的两个随机元素相同的概率为 x 的重合指数,记为 $I_c(x)$。

以英文字符串为例。考虑自然语言的明文字符串,并记 A ~ Z 出现的概率分别为 $p_0 \sim p_{25}$,则由表 1.2.2 可知,明文串的重合指数大约应为:

$$I_c(x) \approx \sum_{i=0}^{25} p_i^2 = 0.065 = \sum_{i=0}^{25} q_i(q_i - 1)/n(n-1) \qquad (1.3.9)$$

这是因为,两个随机元素都是 A 的概率应为 p_0^2……两个随机元素都是 Z 的概率应为 p_{25}^2。

表 1.2.3 **Vigenere 密表**

密钥	明文
	A B C D E F G H I J K L M N O P Q R S T U V W X Y Z
A	A B C D E F G H I J K L M N O P Q R S T U V W X Y Z
B	B C D E F G H I J K L M N O P Q R S T U V W X Y Z A
C	C D E F G H I J K L M N O P Q R S T U V W X Y Z A B
D	D E F G H I J K L M N O P Q R S T U V W X Y Z A B C
E	E F G H I J K L M N O P Q R S T U V W X Y Z A B C D
F	F G H I J K L M N O P Q R S T U V W X Y Z A B C D E
G	G H I J K L M N O P Q R S T U V W X Y Z A B C D E F
H	H I J K L M N O P Q R S T U V W X Y Z A B C D E F G
I	I J K L M N O P Q R S T U V W X Y Z A B C D E F G H
J	J K L M N O P Q R S T U V W X Y Z A B C D E F G H I
K	K L M N O P Q R S T U V W X Y Z A B C D E F G H I J
L	L M N O P Q R S T U V W X Y Z A B C D E F G H I J K
M	M N O P Q R S T U V W X Y Z A B C D E F G H I J K L
N	N O P Q R S T U V W X Y Z A B C D E F G H I J K L M
O	O P Q R S T U V W X Y Z A B C D E F G H I J K L M N
P	P Q R S T U V W X Y Z A B C D E F G H I J K L M N O
Q	Q R S T U V W X Y Z A B C D E F G H I J K L M N O P
R	R S T U V W X Y Z A B C D E F G H I J K L M N O P Q
S	S T U V W X Y Z A B C D E F G H I J K L M N O P Q R
T	T U V W X Y Z A B C D E F G H I J K L M N O P Q R S
U	U V W X Y Z A B C D E F G H I J K L M N O P Q R S T
V	V W X Y Z A B C D E F G H I J K L M N O P Q R S T U
W	W X Y Z A B C D E F G H I J K L M N O P Q R S T U V
X	X Y Z A B C D E F G H I J K L M N O P Q R S T U V W
Y	Y Z A B C D E F G H I J K L M N O P Q R S T U V W X
Z	Z A B C D E F G H I J K L M N O P Q R S T U V W X Y

而对任意的英文字符串,假设其中第 0 个字母 A 到第 25 个字母 Z 的出现频率(即次数)分别为 $q_0 \sim q_{25}$。由于我们能有 $C(n,2)$ 种不同的方法选择 x 中

的两个字母,因而对每个 $i(0 \leq i \leq 25)$,x 中两个字母都选择为第 i 个字母的方法有 $C(q_i,2)$ 种,因而此时有

$$I_c(x) = \sum_{i=0}^{25} \frac{\binom{q_i}{2}}{\binom{n}{2}} = \sum_{i=0}^{25} \frac{q_i(q_i-1)}{n(n-1)} \qquad (1.3.10)$$

所以对于一个完全随机的字符串,应近似地有 $q_0 = \cdots = q_{25} = \frac{n}{26}$,由上式可得 $I_c(x) \approx 0.038$。这里

$$C(n,2) = \binom{n}{2}, \quad C(q_i,2) = \binom{q_i}{2}$$

都是组合数的不同表示方法。

假设 $y = y_1 y_2 \cdots y_n$ 是用 Vigenere 密码加密得到的 n 个字母的密文串。如果密钥字的长度为 d,则可相应地把 y 分成 d 个子串 $Y_1, \cdots Y_d$。由于每个子串都是单表代替,故对每个 $i(1 \leq i \leq 26)$,由 (1.3.9) 式可知,应有 $I_c(Y_i) \approx 0.065$。但如果 d 不是密钥字的长度,则 Y_i 将不是单表代替的结果,必然显得更为随机,从而应有 $I_c(Y_i) \approx 0.038$。由于 0.038 与 0.065 间隔充分远,因此通过计算密文串的子串的重合指数,可以较为容易地判别密钥字长 d。而一旦得到了正确的 d,就还原为单表代替,从而可轻易破译。毕竟,手工密码还是过于简单了。

那么,如何构造更复杂的密码以确保重要信息的安全呢?随着第二次世界大战阴霾的迫近,世界各国对更好的密码算法及密码装置的需求也越来越迫切。最自然的想法是,如果 n 很大,就可以避免上述方法的攻击。

但是,要设计大周期的多表代替密码,必须改变手工操作方式。第一次世界大战以后,人们开始研究用机械操作方式来设计大周期的多表代替密码,这就是转轮密码体制。转轮密码机就是根据转轮密码体制实现的。

转轮密码机是由一组布线轮和转动轴组成的灵巧复杂的机械装置,其特点是,可以实现长周期的多表代替,且实现加、解密的过程由机械自动快速完成。相对于较早的手工密码,我们称这种由机械装置实现加、解密的密码为机械密码。转轮密码机是机械密码时期最杰出的一种密码机,曾广泛应用于军事通信中。其中最为著名的是德军的 Enigma 密码机和美军的 Haglin 密码机。Enigma 密码机是由德国的 Arthur Scherbius 发明的。第二次世界大战中希特勒曾用它装备德军,作为陆海空三军最高级密码。Haglin 密码机是瑞典的

Boris Caesar Wilhelm Haglin 发明的,在第二次世界大战中曾被盟军广泛使用。Haglin C-36 曾广泛装备法国军队,Haglin C-48(即 M-209)具有重量轻、体积小、结构紧凑等优点,曾装备美军师、营级。此外第二次世界大战期间,日军使用的"紫密"和"兰密"也都是转轮密码机。直到 20 世纪 70 年代,仍有很多国家和军队使用这种机械密码。

转轮密码的周期比手工密码要大得多,如 M-209 的最大周期可达 101405850。由于周期较大,传统的频率统计方法破译起来比较困难。但是,如果有一定量的明文和与之相应的密文,仍可以通过其他统计方法来分析。特别是随着电子计算机的出现,转轮密码显得脆弱不堪。第二次世界大战期间,英美盟国就将早期的电子计算机(电子管计算机)应用于密码分析,并成功破译了德国和日本的转轮密码,这对控制战争的主动权,进而取得第二次世界大战的胜利,起过极为重要的作用。

(a) Enigma   (b) Haglin C-36   (c) M-209

图 1.2.1

显然,随着电子计算机的出现和电子技术的不断进步,机械密码已经不再适用,而适应时代发展需要、基于现代电子技术的现代密码则应运而生。

1.3 现代密码学概述

1.3.1 现代密码学的兴起

电子技术本身就是一把双刃剑,不仅提供了电子计算机这样具有强大计算能力的破译工具,也同样为现代电子密码的发展做好了技术准备。随着信息时代的到来,信息理论也逐步发展起来,这又为现代密码学的发展做好了理论上的准备。

第二次世界大战结束不久后的1949年,C. E. Shannon发表了《保密系统的通信理论》一文,虽然当时并未引起广泛重视,但随着信息时代的到来,20世纪70年代中期人们认识到,正是此文将密码学的研究纳入到科学的轨道。在该文中,Shannon把信息论引入密码学,用统计的观点对密码系统进行数学描述,引入了不确定性、冗余度、唯一解距离等作为安全性的测度,以便对安全性做定量分析。同时,他还给出了无条件安全(完善保密、理论安全)、实际安全性等许多重要的基本概念。为了构造实际安全的密码系统,Shannon又进一步提出了许多创造性的想法,如构造乘积密码、使用"扩散-混淆"等,形成了他关于对称密码设计的基本观点。所谓乘积密码,是指将两个密码系统"合并"成一个密码系统,称为二者的"积"。例如,T_1和T_2是两个密码系统,明文M先用T_1加密,得到C_1,再对C_1用T_2加密,得到C_2。这个将明文M加密为C_2的密码系统就是T_1和T_2两个系统的积,记为$T = T_2 T_1$。类似地,可定义有限个密码系统的积。所谓扩散,是将明文比特的影响迅速散布到尽可能多的密文输出中,尽量使明文每一比特的改变都对密文的所有比特产生影响。而混淆是指,将明文和密钥尽可能复杂地混合在一起,以至于很难从密文的统计特性中发掘明文和密钥的信息。这些观点已成为现代密码设计的基本原则。Shannon的这些卓越工作,为密码学随后的迅速发展打下了坚实的理论基础,对现代密码系统的设计与分析都产生了深远的影响。

随着理论和技术的逐步成熟,到20世纪70年代中期,适应时代和技术进步的新型密码应运而生。一方面,在理论上,多个系统的乘积密码可以提高安全强度,另一方面,在技术上,大量使用代换、置换、移位、异或等运算的算法易于用电子技术实现。1972年,美国国家标准局向社会公开征集新的对称加密算法,并于1976年年底正式公布了用于保护网络通信的数据加密标准(Data Encryption Standard,即DES),标志着现代对称分组密码的诞生。但对称算法仍有其不足,即加解密双方必须有相同的密钥(称为对称密钥),而长期使用同一密钥必然会增加风险,经常更换密钥又给密钥管理带来了困难。为了解决这个问题,1976年,Diffie和Hellman发表了"密码学的新方向"一文,创造性地提出了"公开密钥密码"(简称公钥密码)的新思想。紧接着,Rivest、Shamir和Adelman共同提出了一种完整的公钥密码体制——RSA体制,这些工作标志着非对称密码的诞生。而这两件具有里程碑意义的大事,又共同标志着现代密码学的诞生。

随后,更多扎根于坚实数学理论基础并用现代电子技术实现的现代密码算法相继涌现,转轮密码机也彻底被各种电子密码设备所取代,以适应信息时代的安全需求。从此,密码学的发展日新月异,步入了现代密码学的新时代。

1.3.2 现代密码学的若干基本概念

公钥密码体制、对称分组密码体制等,都是传统密码中所没有的新概念,也是现代密码学的基本概念。随着现代密码学的兴起,新概念、新理论不断涌现。本节先简要介绍一些现代密码学中的基本概念。

在图 1.1.1 中,我们给出了保密通信的基本模型。对于传统的密码算法而言,该模型中的加密密钥 K 和解密密钥 K′ 总是具有这样的性质:K = K′,或 K′ 可以由 K 直接导出,反之亦然,即 K 与 K′ 之间可以相互确定。这种特性称为密钥的对称性。相应地,使用对称密钥的密码体制被称为对称密码体制,又称单钥体制、私钥体制或传统密码体制。若 K ≠ K′,且 K′ 难以从 K 直接(不借助其他信息)导出,则称 K 与 K′ 是非对称的,相应的密码体制也被称为非对称密码体制,又称双钥体制。又因为非对称密码体制中的加密密钥是可以甚至是需要公开的,所以也称为公开密钥密码体制,简称公钥体制。这种分类是由 G. J. Simmons 根据密钥的特点给出的。密码体制还可以按加密方式的不同,分为流密码和分组密码。流密码由控制密钥独立生成密钥流,加密时将明文消息逐位(位是指比特,即 0、1)与密钥流相加,即逐位加密;分组密码则将明文消息分组(每组有多个比特),逐组用密钥加密。

以上所说的几种密码体制都是指加、解密算法,用以保护消息的机密性。但如前所述,现代密码学的任务不仅是要保护消息的机密性,而且要能实施认证。所以仅有加、解密算法是不够的。为此,现代密码学又引进了数字签名算法、单向散列算法、密码协议等许多新概念、新技术。

数字签名算法:数字签名算法是一种把实体与一段信息捆绑在一起的算法。设被签名的消息为 m,签名者 A 的某个秘密信息为 d_A,则算法的输入是 (m,d_A),输出是一个特定的数值 $s(m,d_A)$。数字签名必须能够借助与 d_A 相关的公开信息得到验证。验证 $s(m,d_A)$ 是否为 A 对 m 的正确签名的过程称为签名验证过程。一个数字签名必须满足以下要求:

① 实施签名的用户(签名者)能对给定消息有效地进行签名;
② 接受签名的用户(验证者)能有效地验证签名正确与否;
③ 任何人不能伪造他人的签名。

利用数字签名技术可以保护消息的完整性,并实现用户身份认证以及非否认等。

单向散列算法:单向散列算法又称单向 Hash 算法或单向 Hash 函数,通常简称 Hash 函数(参见第 4 章定义),它是一种将任意长的输入压缩成固定长的输出,且从输出无法判断输入的特殊函数。一个 Hash 函数 $H(\cdot)$ 的要求是:

①对任意的输入 X,$H(X)$ 是可计算的;
②对任意给定的 $H(X)$,由 $H(X)$ 计算 X 在计算上是困难的;
③对任意给定的 X 和 $H(X)$,寻找 $Y \neq X$ 使得 $H(Y) = H(X)$ 在计算上是困难的。

利用 Hash 函数可以保护消息的完整性,也可以用于数字签名或实现用户身份认证。

所有的密码算法都可以看成函数,称为密码函数。人们将密码函数分为两大类:单向函数和单向陷门函数。

单向函数:设 $y = f(x)$ 是一个函数。若由 x 容易计算 y,但由 y 极难计算 x,则 f 是一个单向函数。

单向陷门函数:设 $y = f(x,k)$ 是一个二元函数,由 x 和 k 容易计算 y,由 k 和 y 也容易计算 x,但如果不知道 k,则由 y 极难计算 x。这样的 f 就是一个单向陷门函数,k 称为 f 的陷门。

Hash 函数通常是一个单向函数,而加密函数则是单向陷门函数,其陷门就是密钥。

密码函数只是基本的构件。要实现保护信息安全的目的,还要在通信过程中以协议的方式对这些构件加以合理应用。

协议:所谓协议,就是指两个或两个以上的参与者为完成某项特定的任务而采取的一系列步骤。它包含以下几层含义:

①自始至终是有序过程,须依次执行,在前一步骤执行完之前,后一步骤不可能执行;
②至少需要两个参与者;
③有明确的目的,通过执行协议能完成某项任务。

具有通信功能的协议称为通信协议。换言之,通信协议就是通过执行协议能完成通信任务的协议。一般来说,通信协议具备以下特点:

①协议的每一步必须确切定义;
②每一步的操作要么是由一方或多方进行计算,要么是在各方之间进行消息传递,二者必居其一;
③必须对每一种可能发生的情况做出反应;
④涉及的每一方必须事先知道协议的每一步骤(包括数据格式);

⑤每一方必须同意遵守协议。

以上几点说明,通信协议必须具备有效性、完整性和公平性。

密码协议:密码协议就是使用密码技术以保障信息安全的通信协议,又称为安全协议。密码协议包含了以下两个基本要素:

①使用了密码技术;

②能满足某种安全需求。

使用密码技术是容易的,但使用了密码技术未必就能达到预定的安全目标。所以,通常所说的密码协议都是指使用了密码技术并意图保护信息安全的协议。一个密码协议能否达到预定的安全目标,要看协议设计得是否足够严谨。这就涉及了协议本身的安全性问题。

密码协议可依其功能进行分类,如:

①身份认证协议:通过执行协议达到身份认证的目的;

②密钥建立协议:通过执行协议达到建立(用于加密报文的)会话密钥的目的;

③非否认协议:通过执行协议达到非否认(防抵赖)的目的。

密码协议是信息安全系统中的核心部件。通过各种密码协议,信息系统的重要信息可以得到所需要的保护。

1.3.3 现代密码学的飞速发展

DES 可能是世界上使用最为广泛的分组密码算法。分组密码算法的安全性依赖于密钥,而 DES 只有 56 位的密钥。随着计算机计算速度的飞速提升和攻击方法的改进,56 位的密钥显得太短了。1997 年,DES 被攻破。1997 年 4 月 5 日,美国国家标准和技术协会(NIST)又开始公开征集新的用以替代 DES 的算法,称为高级加密标准(Advanced Encryption Standard,简称 AES)。全世界十多个国家的密码学家参与了这一活动,提交了大量算法。2000 年 10 月,美国政府在多次评审后宣布,比利时人发明的 Rijndael 算法为最终的 AES 算法。

继 AES 之后,还有两件大事也特别值得一提:NESSIE 计划和 ECRYPT 计划。

2001 年 1 月,欧洲委员会在信息社会技术(IST)规划中投入巨资,支持一项称之为 NESSIE(New European Schemes for Signatures, Integrity, and Encryption,缩写为 NESSIE)的工程,希望通过公开征集和进行公开、透明的测试评估,推出一套安全性高、软硬件实现性能好、能适应不同应用环境的密码算法,以保持欧洲工业界在密码学研究领域的领先地位。该计划还将制定一套密码算法评估方法,包括安全性和实用性以及支持评估的一个软件箱。这些算法不仅包括分组密码,而且还包括流密码、Hash 函数、消息认证码、数字签名和公钥加密等算法。NESSIE 的组织者先后召开了四次专题研讨会,最终从来自十个国家的 42 个密码候选算法中选取了 12 个作为 NESSIE 的推荐算法,同时吸纳了 5 个已经作为标准或即将成为标准的算法,不过 NESSIE 没有征集到流密码算法。该工程于 2003 年 2 月完成,它极大地推动了密码学的研究。

ECRYPT(European Network of Excellence for Cryptology)也是欧洲委员会 IST 基金支持的一个为期四年的项目,是 NESSIE 结束后欧洲启动的一个投入更大、内容更多的信息安全研究项目,于 2004 年 2 月 1 日启动,目标是促进欧洲信息安全研究人员在密码学和数字水印研究上的交流,促进学术界和工业界的持久合作。为此,ECRYPT 还专门开通了交流网站 http://www.ecrypt.eu.org/。为了达到这个目标,欧洲 32 个在信息安全研究领域领先的高校实验室和公司一起,合作建立了 5 个虚拟实验室,作为不同方向的研究核心。其中虚拟实验室 STVL 是为了便于欧洲在对称密码的研究而建立,它有三个主要目标:首先是发展安全快速的流密码;二是对 AES 进行分析和评估;三是发展一个基础性的轻量级密码原型。其他四个虚拟实验室分别对应对称密码、应用协议、密码算法的实现以及数字水印和 Hash 函数的研究。该项目已于 2008 年完成评审活动。

此外,日本也启动了 CRYPTEC 计划,为密码学投入大量的专项研究资金。随着世界范围对密码学研究的不断深入,以及密码学在各行各业的应用日益广泛,密码学以前所未有的速度迅猛发展,成果也日益丰硕。

1.3.4 现代密码学的特点

现代密码与之前的传统密码有着很大的差别。这种差别主要体现在以下方面:

①现代密码的加、解密算法都是数据到数据(通常是二进制)的变换。在传统密码中,明文和密文通常都是字母,加解密变换是字母到字母的变换,而且传统密码无法加密声音和图像。由于现代密码算法处理的都是数据,所以,加密的对象可以不局限于由字母组成的文本,所有能用数据表示的信息都可以加密,如声音、图像等。

②现代密码以数学和计算复杂性理论为重要基础,加、解密算法不仅用到了大量复杂的数学理论,而且运算也极为复杂,同时密钥空间也远比传统密码

大得多。此外,对密码系统的分析、破译通常也归结为求解数学上的难解问题。相比之下,传统密码没有系统的数学理论基础,计算的复杂性也低得多。现代密码的这一特点是由现代电子技术的特点决定的。我们知道,电子计算机的重要特点和优势是,能够在程序控制下自动进行大量的快速运算。所以,容易用电路实现的大量复杂运算,自然也是现代密码算法的理想选择。而巨大的密钥空间,则使得穷尽搜索变得几乎不可能。

③现代密码的研究对象不再局限于加密和解密,即不再局限于保护消息的机密性,还包括完整性、身份认证、非否认等。从对应的内容上说,除了加、解密算法,还有 Hash 函数、数字签名、安全协议等许多新内容。

④现代密码的应用领域大为扩展。传统密码过去只为政府用于保护政治、军事、外交机密,而现代密码除了仍然应用于政治、军事、外交等领域外,还广泛应用于社会的各个方面,如金融、通信、商业等。而随着应用领域的扩展,现代密码剥去了神秘的面纱,已成为公开的研究领域。相比之下,传统密码则显得非常神秘,只有极少数密码专家和政府高层能够接触到。而今,不仅许多学者可以公开研究并相互讨论,很多学校还开设了密码学课程。密码学虽然还在研究保密,但已不再神秘。

那么,现代密码学包含哪些具体内容?如何用它来保护信息安全?特别是,如何用它来实现防伪识别?本书从第 2 章开始,将详细介绍现代密码学的基本内容,并介绍若干防伪应用技术。

1.4 本书的内容与组织

本书意在尽量简洁地介绍现代密码学的基本思想和应用技术,并侧重于介绍基本的认证技术和防伪应用技术。因此在内容选择上,除了基本的算法外,密钥管理技术、各种密码协议(安全协议)和防伪应用也占了相当的篇幅。

本书大体上可以分为三个部分:数学基础、密码算法和应用技术。第 2 章至第 5 章介绍了基本的密码算法,第 6 章至第 10 章介绍了应用技术,第 11 至第 14 章为数学基础。

数学基础包含初等数论、代数学、有限域和有限域上的椭圆曲线以及计算复杂性理论的基础内容。其中一些基础知识是学习本书必备的,也有一些可以先不作深入了解,只需承认相关的结论即可。对于较难的或暂时可以忽略的部分,我们在标题上以 * 号作了标识。由于不同读者所具备的数学基础不同,本书将数学部分像附录一样放在书后,以供读者有选择地阅读。教师在使用本书时,可以视学生的数学基础情况,来选择这部分的教学内容,并安排合适的教学时间和教学顺序,可以先介绍数学基础,也可以在用到时穿插教学。

密码算法包括了现代密码学的基本内容:对称分组算法、非对称算法、Hash 算法和数字签名算法,主要介绍了一些常见的经典算法,目的是使读者对这些算法有个基本的了解。对所介绍的算法,也未对其安全性作深入的分析。这一方面是出于对专业需要的考虑,另一方面也受篇幅、学时的限制,同时希望有所侧重。

应用技术包括密钥管理技术、基本认证技术和密码学在自动识别中的防伪应用技术。这些内容占了本书 5 章的篇幅。其中密钥管理占了 3 章,篇幅明显比其他密码学教材为多,这主要是因为,本书面向防伪识别的应用,而密钥管理是应用的重要环节。尽管如此,书中也只介绍了常见的比较成熟的管理技术,还有很多新的实用的密钥技术没有纳入。此外,本书也介绍了若干不够安全的密钥管理协议,意在向读者展示协议自身的安全性和设计一个好的安全协议的困难性与复杂性。在介绍认证技术时,为求统一,本书提出了"行为认证"的说法,将防抵赖(非否认)纳入到认证的范畴。此为一家之言,若读者觉得不妥,可将其视为防抵赖的代名词。

为便于阅读,书中对图、表、定义、引理、定理、例题等都进行了编号。编号为三位,规则是,前两位表示章节,最后一位为该节中的顺序。例如,图 1.2.1,表示的是第 1 章第 2 节的第一个图,而定义 3.6.2 则表示第 3 章第 6 节的第二个定义,以此类推。

每章的最后,作者都做了注记,一是对该章的相关问题作些说明,二是给出进一步阅读的引导。注记中的内容仅供读者参考。

1.5 注 记

说到密码学,很难回避信息安全。可是我们并没有从信息安全说起,因为信息本身就是一个不容易说清楚的概念。所以我们在介绍密码学时,自然地使用了消息的概念,并从消息的机密性说起,不过有些地方也提到了信息,但并未深究什么是信息。

本章的主要目的是简要介绍一下密码学的发展历史,并为初次接触密码学的读者建立一些简单的密码学基本概念。许多概念在后续各章中将会再作更详细而严格的定义,并作更多的解释和说明。

作为绪论,本章理应介绍一下密码学跟自动识别的关系。有了本章前面的介绍，不难理解，要实现复杂的带保密和认证功能的自动识别，密码学是必备的基础。当然，等我们对密码学有了较为清晰完整的概念时，在学习第 10 章时对此就更清楚了。

最后强调一下，密码学以多门数学理论为基础，如数论、代数学、有限域理论、计算复杂性理论等，但自动识别专业可能并没有开设相关的数学课程，所以学习起来自然有些困难。不过请读者不要为复杂的数学理论所困扰，如果不理解，不妨先接受一些重要的数学结论，而把重点放在密码学如何使用这些结论上，这基本上不会影响对本书内容的学习。

习题一

1. 什么是密码系统？密码系统由哪几部分构成？
2. 什么是 Kerckhoffs 假设？为什么要做这样的假设？
3. 选择明文攻击与选择密文攻击有何异同？
4. 理论安全性与实际安全性有何异同？
5. 什么是密码学？密码学的基本作用是什么？
6. 什么是现代密码学？它与早期的密码有何不同？
7. 现代密码学产生的标志是什么？它有哪些特点？
8. 设多表代替的密钥字为 crypto，空格处以字母 z 填充，试将下列明文加密成密文：

Mars fascinates scientists because of its similarity to Earth, and it fascinates the public because our myth of Martians is a vision of life beyond Earth. The Mars adventure continues with the launch of a robot vehicle by UK scientists. It is part of project to build an 'autonomous robotic scientist' to explore the Martian surface and is key to the European Space Agency's 2011 ExoMars mission.

第 2 章 对称分组算法

如果一个加、解密算法中的加密密钥 K 和解密密钥 K′ 相等或可以相互确定,则称之为对称密码算法。对称密码又分为流密码(也称序列密码)和分组密码。本章只介绍分组密码。

2.1 分组密码简介

2.1.1 分组密码的概念

所谓分组密码,通俗地说就是将明文数据分成等长的数组,一组一组地进行加密。分组密码更一般的描述是,将明文消息的 0、1 序列 $x_1, x_2, \cdots$ 分成等长的消息组:

$$(x_1, x_2, \cdots, x_n), (x_{n+1}, x_{n+2}, \cdots, x_{2n}), \cdots$$

在密钥的参与下,按照固定的算法 E_K 一组一组地进行加密,其中 n 称为分组长度。加密后输出等长密文组 $(y_1, y_2, \cdots, y_m), (y_{m+1}, y_{m+2}, \cdots, y_{2m}), \cdots$。如图 2.1.1 所示。

图 2.1.1 分组算法中一组明文的加密

分组密码可以在数学上一般地定义为一个满足一定条件的映射。

定义 2.1.1 一个分组密码是一个如下的映射:

$$F_2^n \times F_2^t \to F_2^m$$

记为 $C = E(X, K) = E_K(X)$,其中 $X \in F_2^n, K \in F_2^t, C \in F_2^m, F_2^n$ 称为明文空间,F_2^m

称为密文空间，F_2^t 称为密钥空间。n 为明文分组长度，t 为密钥长度。当 $n > m$ 时，称为有数据压缩的分组密码；$n < m$ 时，称为有数据扩展的分组密码；当 $n = m$ 且为 1—1 映射时，$E_K(X)$ 就是 F_2^n 到 F_2^n 的置换。最常见的情况是 $n = m$，以后若非特别说明，都是指这种情况。

如果分组密码算法中的加密密钥 K 与解密密钥 K' 可以互相推导，则称为对称分组密码算法，简称分组算法或分组密码。

对一个分组密码来说，算法、算法参数、算法性能和算法的操作模式是几个十分重要的基本概念。其中，算法包括加密算法、解密算法和子密钥推导算法。算法参数包括分组长度、密钥长度等，算法性能包括算法的(软、硬件)实现成本、算法的效率及算法的安全性。算法的操作模式(也称工作模式)是指如何使用算法，包括电子码本、密文链接、密文反馈、输出反馈等多种模式。

2.1.2 关于分组密码的安全性

安全性是任何一个密码算法最重要的特性。那么如何来判断一个密码算法是否安全呢？根据 Shannon 的观点，可以有两种分析方法：

①理论安全性：假定对手具有无限的资源(时间、设备等)，使用概率的方法来分析。如果有一种方法，会以较大的概率得到一个密码算法的密钥或从密文得到明文，则此密码是不安全的，而该方法则是对此密码的一种有效攻击方法或成功攻击方法。如果不存在成功的攻击方法，或者说成功攻击的概率小到可以忽略，则该密码是理论上安全的。

②实际安全性：假定对手具有有限的资源，使用计算复杂性的方法来分析。如破译一个密码所花费的代价远远超出对手的计算能力，就认为该密码是安全的。

但是，计算能力不仅和计算资源有关，还和计算方法有关。一种有针对性的合适的计算方法可能会极大地提高计算能力，从而对密码的安全性产生威胁，甚至会成功破译密码。这样的计算方法称为密码分析方法或攻击方法。对于分组密码来说，除了第 1 章提到的穷举分析法，还有以下几种重要的分析方法：

①线性分析法：其基本思想是，寻找一个给定密码算法的有关明文位、密文位和密钥位的有效线性近似表达式，通过选择充分多的明-密对照来获得密钥的某些位。而当足够多的密钥位确定后，就可采用穷举法来攻击。

②差分分析法：这是针对迭代分组密码的分析方法，其基本思想是，通过分析特定明文差对密文差的影响来获得可能性最大的密钥。

③代数分析法:其基本思想是,将密钥比特作为变量,利用密码系统的输入和输出的关系得到一个方程组,通过求解该方程组来恢复密钥,不过通常这样的方程组很难求解。

以上几种方法在密码分析的历史上都发挥过重要作用。因此,就目前来说,一个安全的密码算法至少要能抵抗以上几种攻击。

2.1.3 分组密码的设计原则

设计一个好的分组算法是相当困难的,但人们在长期的研究中,还是积累了许多值得借鉴的经验,有一些经验在设计分组密码时几乎是必须遵循的,称其为设计原则。

大体说来,设计一个分组密码有以下几项原则:

①安全性原则:即所设计的密码算法必须是计算上安全的,并至少能够抵抗已知所有方法的攻击。影响安全性的因素很多,诸如分组长度 n 和密钥长度 t 等。但有关实用密码的两个一般设计原则是 Shannon 提出的混淆原则和扩散原则。混淆是指将密钥和明文充分混合,使明文、密钥以及密文之间的依赖关系相当复杂,以至于这种依赖关系对密码分析者来说是无法利用的。扩散是指使每一位密钥和每一位明文都对尽可能多的密文位产生影响,以防止对密钥进行逐段破译,并隐蔽明文的统计特性。此外,由于分析水平在不断提高,所以设计者不仅要熟悉现存的各种攻击方法,而且要预想到一些未知的攻击。

②简单性原则:即算法的结构应尽可能简单。如果一个密码算法仅采用了有限个运算,并且这些运算本身很容易解释,则一来便于正确实现,二来也便于阐述和理解密码算法以何种方式来抗击已知类型的密码分析,这样,在设计阶段就开始考虑抵抗已知攻击,从而在设计之初就提供了一定程度的密码可信度。这也是人们对具有简单规范的密码算法更感兴趣的原因。

③灵活性原则:用户的需要是多种多样的,因此算法也要有一定的灵活性,有可扩展的余地,以适应不同的安全要求。AES 的许多候选算法要求能提供 128、192、256 比特的可变分组或密钥长,就是对灵活性的一种要求,因为这样才能灵活适应多级安全需要。

当然,以上的原则是非常概括的,离我们构造安全的分组密码还差得远。从实现的角度来看,分组密码可以用软件、硬件或软硬件结合的方法来实现。硬件实现的优点是可获得高速率,而软件实现的优点是灵活性强、代价低。针对软件和硬件的不同性质,分组密码也有以下设计原则:

①软件实现的设计原则：使用子块和简单的运算。密码运算在子块上进行，要求子块的长度能自然地适应软件编程，比如 8、16、32、64 比特等。在软件实现中，按比特置换是难以实现的，因此我们应尽量避免使用它。子块上所进行的一些密码运算应该是一些易于软件实现的运算，最好是用标准处理器所具有的一些基本指令，比如加法、乘法和移位等。

②硬件实现的设计原则：加密和解密可用同样的器件来实现。尽量使用规则结构，因为密码应有一个标准的组件结构以便其能适应于用超大规模集成电路实现。

一个现实的密码算法，往往要综合考虑各方面的因素，兼顾以上原则。

2.1.4 分组密码的一般结构

从分组密码的设计原则中不难看出，一个好的分组密码既要"复杂"——难以破译，又要"简单"——易于实现。这是安全性和简单性这两个有些矛盾的设计原则的必然要求。那么怎样才能使一个密码算法既有简单的结构又具有足够的复杂性呢？主要方法是，对简单结构反复迭代，即用一个简单而易于实现的函数 F 迭代若干次，构成更为复杂的乘积密码，如图 2.1.2 所示。

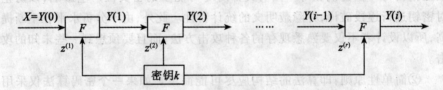

图 2.1.2 分组加密算法的迭代结构

其中 $Y(i-1)$ 是第 i 轮变换的输入，$Y(i)$ 是第 i 轮的输出，$z^{(i)}$ 是第 i 轮的子密钥，k 是产生子密钥的密钥，称为种子密钥。每次迭代称为一轮，每轮的输出是输入和该轮子密钥的函数，每轮子密钥由 k 导出。这种密码也称迭代密码，如 DES 就是 16 轮迭代密码。函数 F 称为轮函数或圈函数。

但简单并不是轮函数的唯一特征，因为通过对轮函数的多次迭代，还必须实现必要的混淆和扩散。因此，轮函数的设计是很有讲究的。由于密码算法本质上是一个函数变换，所以寻找合适的轮函数实际上就是寻找合适的简单变换，而密码算法则是对简单变换的复合。那么，什么样的简单变换可以产生混淆和扩散的作用呢？Shannon 早就发现，代换和置换具有这样的功能。

所谓代换（Substitution，简称 S-变换），简单地说就是用一个向量代替另一个向量。而所谓置换(Permutation,简称 P-变换),就是一个有限集到其自身的一个一一映射。

例如,把$(0,1,1,0,1,0)$变换到$(1,0,0,1)$是一个 S-变换,变换到$(1,1,1,0,0,1)$也是 S-变换,但变到$(1,0,1,1,0,0)$则是 P-变换。

由于密码算法处理的是 0、1 序列,因此可将密码算法中的 S-变换和 P-变换更一般地描述如下:

$\pi_s: \{0,1\}^m \to \{0,1\}^n$,即用一个 n 维的 0、1 向量代替另一个 m 维的 0、1 向量。

$\pi_p: M \to M, M = \{x_1, x_2, \cdots, x_l\}, x_i \in \{0,1\}, i = 1, 2, \cdots, l$。$\pi_p(x_1, x_2, \cdots, x_l) = (y_1, y_2, \cdots, y_l)$,而$(y_1, y_2, \cdots, y_l)$是$(x_1, x_2, \cdots, x_l)$的一个排列。

π_s是 S-变换,可产生混淆作用。当 $m = n$ 时,它是一个线性变换,当 $m < n$ 时,它是一个扩展变换,而 $m > n$ 时,它是一个压缩变换。通常 S-变换又称为"黑盒子",但更多的时候,黑盒子是指 $m \geq n$ 的情形。π_p是 P-变换,它打乱了输入向量中各分量的位置,可产生扩散作用。

在代换中,通常 m、n 相差不大(在同一数量级上),故讨论安全性时一般只需考虑参数 n。为了增强安全性,n 一般都比较大。但代换的实现难度会随 n 的增大呈指数增长,导致参数 n 较大时难以处理,不易实现。因此,实际中常将长为 n 的数据段划分成一些较短的段,如将其分成 r 个长为 n' 的小段,而每个小段是一个小的 S-变换,称为"S-盒"。将长为 n 的黑盒子转化为 r 个较小的 S-盒,大大降低了实现的难度。当然,每个 S-盒都要精心设计,以提高安全性。在 DES 和 AES 算法中都有大量的 S-盒,它们是整个算法的关键所在。

如何组合使用 S-变换和 P-变换也是很重要的。基于 S-变换和 P-变换的使用方式,分组密码通常有两种不同的总体结构:Feistel 结构与 SP 结构。由于这两种结构形同网络,因此又称 Feistel 网络与 SP 网络。Feistel 网络与 SP 网络的结构如图 2.1.3 所示。

Feistel 网络将明文分组分成两半,先处理其中的一半,再与另一半异或,然后将两半左右交换。它是由 Horst Feistel 在设计 Lucifer 分组密码时发明的,并因 DES 的使用而流行。Feistel 密码的一个突出优点是"加解密相似",因此加密与解密可使用相同的算法,这对算法的实现(尤其是硬件实现)显然非常有利。SP 网络结构清晰,S 一般称为混淆层,主要起混淆作用,P 一般称为扩散层,主要起扩散作用。

Feistel 网络与 SP 网络的主要区别在于:SP 结构每轮改变整个数据分组,而 Feistel 密码每轮只改变输入分组的一半。SP 网络与 Feistel 网络相比,可以得到更快速的扩散,不过,SP 网络的加、解密通常不相似。Feistel 网络与 SP 网络只是大体结构上的区分。实际上,Feistel 网络中也用到了大量的置换和代换。DES 和 AES 分别是 Feistel 结构和 SP 结构的代表,有关这两种结构的特点,在了解了 DES 和 AES 算法之后自然会有更深的理解。

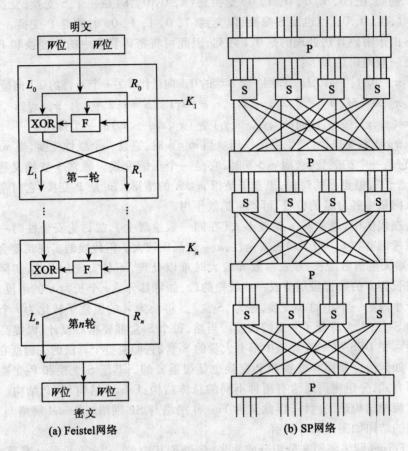

图 2.1.3　SP 网络和 Feistel 网络结构图

2.2　DES 算法和 3-DES 算法

2.2.1　DES 概述

DES 产生于 20 世纪 70 年代。当时,随着计算机通信网络的发展,对通信网络中信息的安全保密要求日益增长,即要求数据的传输与存储要有密码保护,以确保数据的机密性。为了网络用户都能方便地进行保密通信,最简便的办法是，要求用户间使用相同的密码算法，并且算法的安全性只依赖于密钥，而用户只需要选择不同的密钥即可实现保密通信。于是，设计规范的可供广泛使用的标准密码算法，便成为自然的需求。为此，美国商业部所属的国家标准局（NBS—National Bureau of Standards）便在1972年开始了一项计算机数据保护标准的发展计划。NBS于1973年5月13日的联邦记录（FR1973）中公布了一项公告，征求在传输和存储数据中保护计算机数据的密码算法，这一举措最终导致了数据加密标准（Data Encryption Standard，简称DES）的研制。在征求公告中，NBS对密码算法提出了如下要求：

①算法必须具有较高的安全性。
②算法必须完全确定且易于理解。
③算法安全性必须依赖于密钥，而不是算法本身。
④算法必须对所有的用户都有效。
⑤算法必须适用于各种应用。
⑥用以实现算法的电子器件必须很经济。
⑦算法必须能验证。

1974年8月，NBS再次发布征集算法的公告，同年收到了IBM公司密码研究小组提供的一个算法。该算法是早期的Lucifer密码的一种发展和修改。1975年3月17日，NBS在联邦记录中首次公布了算法细节和IBM准予免去版税的声明。1975年8月，NBS征集公众对该算法的评论。1976年，NBS组织专家对算法进行了评估。在经过大量公开讨论后，1977年1月15日，该算法被正式批准为美国联邦信息处理标准，即FIPS-46，于同年7月15日生效。同时规定，标准每隔5年由美国国家保密局（NSA—National Security Agency）做出评估，并重新审批它是否继续作为联邦加密标准。

1998年，美国政府已宣布不再使用DES。但DES作为迄今为止世界上使用最为广泛的密码算法，对于推动密码理论的应用和发展，发挥过重大作用。作为现代分组密码算法的典型代表，其基本理论和设计思想，对了解和掌握分组密码，至今仍有十分重要的参考价值。

作为一个分组加密算法，DES的分组长度为64位。64位一组的明文从算法的一端输入，64位的密文从另一端输出。作为一个对称算法，DES的加密和解密相同，但子密钥的生成有所不同。密钥的长度为56位，但通常表示为64位，其中每个8的倍数位都用作奇偶校验，加、解密过程中这些校验位都不发挥作用，因此可以忽略。密钥通常是随机产生的56位的数，其中有极少一部分不够安全，被称为弱密钥，但能容易地避开它们。DES所有的保密性依赖于密钥。

简单地说，DES 算法只不过是加密的两个基本技术——混淆和扩散的组合。DES 基本组件是这些技术的一个组合（先代替后置换），称为轮（round），它基于密钥作用于明文。DES 共有 16 轮，这意味着要在明文分组上 16 次实施相同的组合技术。

DES 算法只使用了标准的算术和逻辑运算，而其作用的数也最多只有 64 位，因此在 20 世纪 70 年代末期，无论是用软件还是硬件技术，都很容易实现，特别是，算法的重复特性使得它可非常理想地集成在一个专用芯片中。

2.2.2 DES 的算法结构

DES 对 64 位的明文分组进行操作。先对 64 位明文做一个初始置换（Initial Permutation，简记为 IP），然后将明文分组分成左半部分（L_0）和右半部分（R_0），两部分的长各为 32 位。然后进行 16 轮完全相同的运算，这些运算被称为函数 f，在运算过程中数据与密钥结合。经过 16 轮后，左、右半部分合在一起经过一个末置换（初始置换的逆置换，记为 IP^{-1}）即完成算法。

一轮的结构如图 2.2.1 所示。

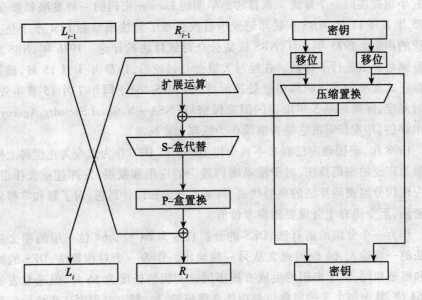

图 2.2.1　一轮 DES 结构图

在每一轮中,密钥位移位,然后再从密钥的 56 位中选出 48 位。通过一个扩展置换将数据的右半部分从 32 位扩展成 48 位,并通过一个异或操作与 48 位密钥结合,通过 8 个 S-盒将这 48 位代换成新的 32 位数据,再将其置换一次。这四步运算构成了函数 f。然后,通过另一个异或运算,函数 f 的输出与左半部分结合,其结果即成为新的右半部分,原来的右半部分成为新的左半部分。将该操作重复 16 次,便实现了 DES 的 16 轮运算。

假设 B_i 是第 i 次(第 i 轮)迭代的结果,L_i 和 R_i 是 B_i 左半部分和右半部分,K_i 是第 i 轮的 48 位密钥,且 f 是实现代换、置换及密钥异或等运算的函数,那么每一轮就是:

$$L_i = R_{i-1}, \quad R_i = L_{i-1} \oplus f(R_{i-1}, K_i)$$

DES 的总体结构如图 2.2.2 所示。从图中不难看出,DES 是一个典型的 Feistel 网络结构。

DES 解密与加密采用完全相同的结构,只是密钥有所不同,这也是 Feistel 结构的一个重要特性。

2.2.3 DES 中的变换

1. 初始置换

初始置换在第一轮运算之前执行,对输入的分组实施如表 2.2.1 所示的变换。此表应从左向右、从上向下读。例如初始置换把明文的第 58 位换到第 1 位,把第 50 位换到第 2 位,把第 42 位换到第 3 位,如此等等。初始置换和对应的末置换并不影响 DES 的安全性。因为这种位方式的置换用软件实现很困难,故 DES 的许多软件实现方式删去了初始置换和末置换。尽管这种新的算法的安全性不比 DES 差,但它并未遵循 DES 标准,故而不应叫做 DES,也不应称为变形的 DES。

表 2.2.1　　　　　　　初 始 置 换

58,	50,	42,	34,	26,	18,	10,	2,	60,	52,	44,	36,	28,	20,	12,	4,
62,	54,	46,	38,	30,	22,	14,	6,	64,	56,	48,	40,	32,	24,	16,	8,
57,	49,	41,	33,	25,	17,	9,	1,	59,	51,	43,	35,	27,	19,	11,	3,
61,	53,	45,	37,	29,	21,	13,	5,	63,	55,	47,	39,	31,	23,	15,	7

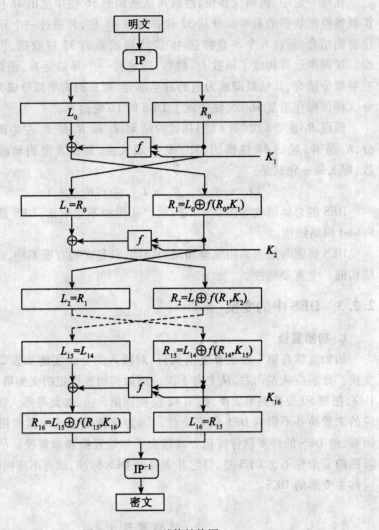

图 2.2.2 DES 总体结构图

2. 扩展置换

这个运算将数据的右半部分 R_i 从 32 位扩展到 48 位。由于这个运算改变了位的次序,重复了某些位,故被称为扩展置换。扩展置换也叫做 E-盒。对每个 32 位的输入,E-盒将其分成 8 个 4 位的输入分组,再将每个分组从 4 位扩展成 6 位。表 2.2.2 给出了哪一个输出位对应于哪一个输入位。例如,处于输入分组中第 3 位的位置位移到了输出分组中第 4 位的位置,而输入分组中第 21 位的位置位移到了输出分组中第 30 位和第 32 位的位置。

表 2.2.2　　　　　　　　　　扩 展 置 换

32,	1,	2,	3,	4,	5,	4,	5,	6,	7,	8,	9,
8,	9,	10,	11,	12,	13,	12,	13,	14,	15,	16,	17,
16,	17,	18,	19,	20,	21,	20,	21,	22,	23,	24,	25,
24,	25,	26,	27,	28,	29,	28,	29,	30,	31,	32,	1

这个表实际上是由图 2.2.3 的方法得到的。

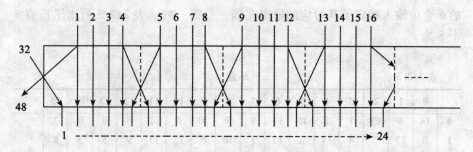

图 2.2.3　扩展置换示意图

尽管输出分组大于输入分组,但每一个输入分组产生唯一的输出分组。这个操作有两方面的目的:一是它产生了与密钥等长度的数据以进行异或运算;二是它提供了更长的结果,使得在替代运算时能进行压缩。更为重要的是,由于输入的一位将影响两个替换,所以输出对输入的依赖性将传播更快,这叫做雪崩效应。雪崩效应使得密文的每一位尽可能快地依赖明文和密钥的每一位。

3. S-盒代替

压缩后的密钥与扩展分组异或以后,将 48 位的结果送入,进行代替运算。替代由 8 个代替盒(即 S-盒)完成。每一个 S-盒都有 6 位输入,4 位输出,且这 8 个 S-盒是不同的。这样,48 位的输入被分为 8 个 6 位的分组,每个分组对应一个 S-盒进行代替操作:分组 1 由 S-盒 1(记为 S_1)操作,分组 2 由 S_2 操作,以此类推。见图 2.2.4 所示。

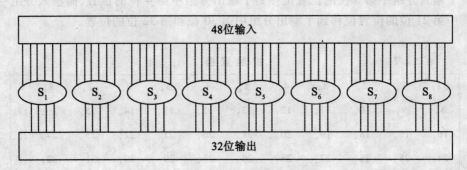

图 2.2.4 S-盒代替

每个 S-盒是一个 4 行、16 列的表。盒中的每一项都是一个 4 位数。S-盒的 6 个位输入确定了其对应的输出在哪一行哪一列。表 2.2.3 列出了所有 8 个 S-盒。

表 2.2.3 S-盒

	0	1	2	3	4	5	6	7	8	9	10	11	12	13	14	15	
0	14	4	13	1	2	15	11	8	3	10	6	12	5	9	0	7	
1	0	15	7	4	14	2	13	1	10	6	12	11	9	5	3	8	S_1
2	4	1	14	8	13	6	2	11	15	12	9	7	3	10	5	0	
3	15	12	8	2	4	9	1	7	5	11	3	14	10	0	6	13	
0	15	1	8	14	6	11	3	4	9	7	2	13	12	0	5	10	
1	3	13	4	7	15	2	8	14	12	0	1	10	6	9	11	5	S_2
2	0	14	7	11	10	4	13	1	5	8	12	6	9	3	2	15	
3	13	8	10	1	3	15	4	2	11	6	7	12	0	5	14	9	
0	10	0	9	14	6	3	15	5	1	13	12	7	11	4	2	8	
1	13	7	0	9	3	4	6	10	2	8	5	14	12	11	15	1	S_3
2	13	6	4	9	8	15	3	0	11	1	2	12	5	10	14	7	
3	1	10	13	0	6	9	8	7	4	15	14	3	11	5	2	12	
0	7	13	14	3	0	6	9	10	1	2	8	5	11	12	4	15	
1	13	8	11	5	6	15	0	3	4	7	2	12	1	10	14	9	S_4
2	10	6	9	0	12	11	7	13	15	1	3	14	5	2	8	4	
3	3	15	0	6	10	1	13	8	9	4	5	11	12	7	2	14	

续表

	0	1	2	3	4	5	6	7	8	9	10	11	12	13	14	15	
0	2	12	4	1	7	10	11	6	8	5	3	15	13	0	14	9	
1	14	11	2	12	4	7	13	1	5	0	15	10	3	9	8	6	S_5
2	4	2	1	11	10	13	7	8	15	9	12	5	6	3	0	14	
3	11	8	12	7	1	14	2	13	6	15	0	9	10	4	5	3	
0	12	1	10	15	9	2	6	8	0	13	3	4	14	7	5	11	
1	10	15	4	2	7	12	9	5	6	1	13	14	0	11	3	8	S_6
2	9	14	15	5	2	8	12	3	7	0	4	10	1	13	11	6	
3	4	3	2	12	9	5	15	10	11	14	1	7	6	0	8	13	
0	4	11	2	14	15	0	8	13	3	12	9	7	5	10	6	1	
1	13	0	11	7	4	9	1	10	14	3	5	12	2	15	8	6	S_7
2	1	4	11	13	12	3	7	14	10	15	6	8	0	5	9	2	
3	6	11	13	8	1	4	10	7	9	5	0	15	14	2	3	12	
0	13	2	8	4	6	15	11	1	10	9	3	14	5	0	12	7	
1	1	15	13	8	10	3	7	4	12	5	6	11	0	14	9	2	S_8
2	7	11	4	1	9	12	14	2	0	6	10	13	15	3	5	8	
3	2	1	14	7	4	10	8	13	15	12	9	0	3	5	6	11	

输入位以一种非常特殊的方式确定了 S-盒中的项。在使用表 2.2.3 时，如果 S_i 的输入 6bit 为 $z_0z_1z_2z_3z_4z_5$，则 z_0z_5 的十进制数为表 S_i 的行数 m，$z_1z_2z_3z_4$ 的十进制数为表 S_i 的列数 n。如果表 S_i 的 m 行 n 列交叉处为 t，则 t 的二进制数（4bit）是 S_i 的输入为 $z_0z_1z_2z_3z_4z_5$ 时的输出。

例 2.2.1 设 S_1 的输入为 101101，则行 m 由第一位和第六位确定，即为 $(11)_2$，所以 $m=3$。而列 n 由中间四位确定，即为 $(0110)_2$，所以 $n=6$。这里下标 2 表示是二进制数。由表 2.2.3 中的 S_1 可查得 3 行 6 列处的数字为 1（即 $t=1$，注意表中的行依次为第 0 行至第 3 行，列依次为第 0 列至第 15 列），写成二进制即为 $(0001)_2$，所以，当 S_1 的输入为 101101 时，其输出为 0001。

DES 中的 S-盒操作非常关键，所有其他的运算都是线性的，易于分析。而 S-盒是非线性的，它比 DES 的其他任何一步都提供了更好的安全性。

这个代替过程的结果是 8 个 4 位的分组，它们重新合在一起形成了一个 32 位的分组。对这个分组将进行下一步操作：P-盒置换。

4. P-盒置换

S-盒代替运算后的 32 位输出依照 P-盒进行置换。该置换把每个输入位映射到输出位，任一位不能被映射两次，也不能被略去，是一个真正的置换。

表 2.2.4 给出了每位移至的位置。例如，第 21 位移到了第 4 位处，同时第 4 位移到了 31 位处，等等。

表 2.2.4　　　　　　　　　P-盒置换

16,	7,	20,	21,	29,	12,	28,	17,	1,	15,	23,	26,	5,	18,	31,	10,
2,	8,	24,	14,	32,	27,	3,	9,	19,	13,	30,	6,	22,	11,	4,	25

最后，将 P-盒置换的结果与最初的 64 位分组的左半部分异或，然后左、右半部分交换接着开始另一轮。

5. 末置换

末置换是初始置换的逆过程。表 2.2.5 列出了该置换。注意：DES 在最后一轮后，左半部分盒右半部分未交换，而是将 R_{16} 和 L_{16} 并在一起形成一个分组作为末置换的输入。到此，一个分组的加密即告结束。

表 2.2.5　　　　　　　　　末　置　换

40,	8,	48,	16,	56,	24,	64,	32,	39,	7,	47,	15,	55,	23,	63,	31,
38,	6,	46,	14,	54,	22,	62,	30,	37,	5,	45,	13,	53,	21,	61,	29,
36,	4,	44,	12,	52,	20,	60,	28,	35,	3,	43,	11,	51,	19,	59,	27,
34,	2,	42,	10,	50,	18,	58,	26,	33,	1,	41,	9,	49,	17,	57,	25,

无论是初始置换还是末置换，都是精心设计的，它使得加、解密可使用同一个算法。

2.2.4　DES 的子密钥生成

DES 将初始密钥 K 中的第 8、16、24、32、40、48、56、64 位（校验位）去掉，使 DES 的密钥由 64 位减至 56 位，再进行表 2.2.6 所示的置换。

在置换后得到的 56 位密钥中，再产生出 16 轮（$K_1 \sim K_{16}$）48 位子密钥，这些子密钥 K_i 由下面的方式确定。首先，56 位密钥被分为两部分，每部分 28 位。然后，根据轮数，这两部分分别循环左移 1 位或 2 位。表 2.2.7 给出了每轮移动的位数。

表 2.2.6 密 钥 置 换

57,	49,	41,	33,	25,	17,	9,	1,	58,	50,	42,	34,	26,	18
10,	2,	59,	51,	43,	35,	27,	19,	11,	3,	60,	52,	44,	36
63,	55,	47,	39,	31,	23,	15,	7,	62,	54,	46,	38,	30,	22
14,	6,	61,	53,	45,	37,	29,	21,	13,	5,	28,	20,	12,	4

表 2.2.7 每轮移动的次数

轮	1	2	3	4	5	6	7	8	9	10	11	12	13	14	15	16
位数	1	1	2	2	2	2	2	2	1	2	2	2	2	2	2	1

移动后,就从 56 位中选出 48 位。因为这个运算不仅置换了每位的顺序,同时也选择子密钥,因而被称作压缩置换。密钥的压缩置换如表 2.2.8 所示。

表 2.2.8 密钥压缩置换

14,	17,	11,	24,	1,	5,	3,	28,	15,	6,	21,	10,
23,	19,	12,	4,	26,	8,	16,	7,	27,	20,	13,	2,
41,	52,	31,	37,	47,	55,	30,	40,	51,	45,	33,	48,
44,	49,	39,	56,	34,	53,	46,	42,	50,	36,	29,	32

注意:在压缩置换中,去掉了第 9、18、22、25、7、10、15、26 位以增加破译难度。

加密密钥和解密密钥的唯一不同之处是密钥的次序相反。若各轮的加密密钥分别是 $K_1, \cdots, K_{16}$,则解密密钥就使用 $K_{16}, \cdots, K_1$。为各轮解密产生密钥的算法也是循环的。密钥向右移动,每次移动个数分别为 0,1,2,2,2,2,2,2,1,2,2,2,2,2,2,1。

例 2.2.2 设明文 m = 1101011011010110110101101101011011 01011011010110110101 10,取密钥 K = 1001010110010101100101011001010110 0101011001010110010101 10010101。求第一轮和第二轮子密钥,并求计算第一轮 DES 加密的结果。

解:先求第一轮密钥。对密钥 K,首先将作为校验和的 8 的倍数位去掉,剩下的 56 位才是真正的密钥,即 K = 1001010 1001010 1001010 1001010 1001010 1001010 1001010 1001010。然后将这个 56 位的密钥按表 2.2.6 做置换,得:

1111111 1000000 0000000 0001111 0000000 0111111 1100000 0001111

接着,将这 56 位密钥分成左右两部分,每一部分 28 位,然后两部分分别左循环一位,得:

1111111 0000000 0000000 0011111　0000000 1111111 1000000 0011110 (*)

再从这 56 位密钥中按表 2.2.8 取出 48 位,得到第一轮加密子密钥:

K_1 = 000111 110100 000110 011001 110101 010000 001001 010100

由表 2.2.7,第二轮密钥将左移 2 位,因此,对(*)中的密钥左右两部分各左移 2 位,得:

1111100 0000000 0000000 1111111　0000011 1111110 0000000 1111000

再从这 56 位密钥中按表 2.2.8 取出 48 位,即得第二轮加密子密钥:

K_2 = 000111 110000 100110 001001 110100 011000 001011 001100

以下对明文做一轮加密。对明文做一个初始置换,即按照表 2.2.1,将明文比特重新排列如下:

11111111 11111111 11111111 00000000 11111111 00000000 00000000 11111111

然后,将上述 64 位分成左右两半:

L_0 = 11111111 11111111 11111111 00000000, R_0 = 11111111 00000000 00000000 11111111

将 R_0 按表 2.2.2 做扩展,得到如下的 48 比特:

$E(R_0)$ = 111111 111110 100000 000000 000000 000001 011111 111111

计算

$K_1 \oplus E(R_0)$ = 111000 001010 100110 011001 110101 010001 010110 101011

对这个 48 比特,再用 S-盒依表 2.2.3 进行压缩:

对第一个 6 比特 111000,取第一比特和第六比特构成"10",中间四比特是"1100",在 S_1 中查"10"行"1100"列(即 2 行 12 列),得 3 = 0011。

对第二个 6 比特 001010,取第一比特和第六比特得"00",中间四比特为"0101",于是在 S_2 中查"00"行"0101"列(即 0 行 5 列),得 11 = 1011;以此类推。

在 S_3 中查"10"行"0011"列,得 9 = 1001;

在 S_4 中查"01"行"1100"列,得 1 = 0001;

在 S_5 中查"11"行"1010"列,得 0 = 0000;

在 S_6 中查"01"行"1000"列,得 6 = 0110;

在 S_7 中查"00"行"1011"列,得 7 = 0111;

在 S_8 中查"11"行"0101"列,得 10 = 1010。

综合起来可得 32 比特:

$$S(K_1 \oplus E(R_0)) = 0011\ 1011\ 1001\ 0000\ 0000\ 0110\ 0111\ 1010$$

对这个 32 比特,再根据表 2.2.4 进行置换,得:

$$P(S(K_1 \oplus E(R_0))) = 1100\ 1110\ 0011\ 1010\ 0100\ 0111\ 0000\ 1010。$$

将此 32 比特再与左边的 32 比特按位相加(按位异或),即得:

$$L_0 \oplus P(S(K_1 \oplus E(R_0))) = 0011\ 0001\ 1100\ 0101\ 1011\ 1000\ 0000\ 1010$$

这就是第一轮加密的结果。

把这个结果作为下一轮的右半部分,即 $R_1 = L_0 \oplus P(S(K_1 \oplus E(R_0))) =$ 0011 0001 1100 0101 1011 1000 0000 1010,同时令 $L_1 = R_0$,并使用 K_2,即可开始下一轮的加密。

这样经过 16 轮加密后,将左右两个部分合成 64 比特,再做一个末置换,才能得到真正的 64 比特密文。

2.2.5 DES 的安全性

涉及 DES 安全性的因素有很多,我们仅列出以下几点:

1. 弱密钥

DES 算法的每轮迭代都要使用一个子密钥 $K_i (1 \leqslant i \leqslant 16)$。如果给定的初始密钥 K 产生的 16 个子密钥相同,即有

$$K_1 = K_2 = \cdots = K_{16}$$

则称此初始密钥 K 为弱密钥。当 K 为弱密钥时,我们有:

$$\mathrm{DES}_K(\mathrm{DES}_K(m)) = m$$

$$\mathrm{DES}_K^{-1}(\mathrm{DES}_K^{-1}(m)) = m$$

即以密钥 K 用 DES 对 m 加密两次或解密两次都可以恢复明文。这也表明使用弱密钥时加密运算和解密运算没有区别。而使用一般密钥 K 只满足:

$$\mathrm{DES}_K^{-1}(\mathrm{DES}_K(m)) = \mathrm{DES}_K(\mathrm{DES}_K^{-1}(m)) = m$$

这种弱密钥也使 DES 在选择明文攻击时的穷举量减半。

DES 至少有四个弱密钥,即全 0,全 1,或一半是 0,一半是 1。目前还没有发现其他的弱密钥。

2. 半弱密钥

若存在初始密钥 K 和 $K'(K' \neq K)$,使 $\text{DES}_K(\text{DES}_{K'}(m)) = m$,则称 K 是半弱密钥,且称 K' 与 K 是对合的。半弱密钥显然是成对出现的,它的危险性在于它威胁多重加密的安全性。在用 DES 进行多重加密时,第二次加密会使第一次的加密复原。目前已知的半弱密钥至少有 12 个,见表 2.2.9。

表 2.2.9　　　　　　　　　　DES 半弱密钥表

半弱密钥对(每行一对)	
01FE01FE01FE01FE	FE01FE01FE01FE01
1FE01FE00EF10EF1	E01FE01FF10EF10E
01E001E001F101F1	E001E001F101F101
1FFE1FFE0EFE0EFE	011F011F010E010E
FE1FFE1FFE0EFE0E	1F011F010E010E01
E0FEE0FEF1FEF1FE	FEE0FEE0FEF1FEF1

3. 互补性

如果记明文组 $m = (m_1, m_2, \cdots, m_{64})$,那么对 m 的每一比特取反,可以得到 $\overline{m} = (\overline{m_1}, \overline{m_2}, \cdots, \overline{m_{64}})$。假设种子密钥按比特取反得到 $\overline{K}$。如果 $c = \text{DES}_K(m)$,则有 $\overline{c} = \text{DES}_{\overline{K}}(\overline{m})$,其中 $\overline{c}$ 是 c 的按比特取反。称这个特性为 DES 的互补性。这种互补性会使在选择明文攻击下所需的工作量减半。因为我们给定了明文组 m,一次运算包含了采用明文 m 和 $\overline{m}$ 两种情况。

4. DES 安全性的其他相关结果

若有明文 m,满足 $\text{DES}_K(m) = m$,则称 m 是 $\text{DES}_K(\cdot)$ 的一个不动点,若 m 满足 $\text{DES}_K(m) = \overline{m}$,则称之为回文不动点。显然,如果对一个给定的 K,存在较多的不动点,则该密钥会影响安全性。目前 DES 的 4 个弱密钥中的每一个都有 2^{32} 个不动点。而在 12 个半弱密钥中,有 4 个这样的半弱密钥,它们中的每一个都有 2^{32} 个回文不动点。但对其他的密钥,很难求出其不动点。

DES 的安全性完全依赖于密钥。而 56 位的密钥太短,其密钥量仅为 $2^{56} \approx 10^{17}$,不能抵抗穷举攻击。事实上,1998 年,一台造价约 25 万美元的设备已经在 56 个小时内搜索到 DES 密钥。如今,一个代价更小的专用设备可以在几小时内破译 DES。所以,单 DES 加密已经极少使用。取而代之的是多重

DES,或 AES 等其他更为安全的算法。

多重 DES 加密就是用不同的密钥多次使用 DES 进行加密,比如双重 DES 加密,就是先用一密钥进行 DES 加密,再对密文用另一个密钥进行 DES 加密。这样,密钥的长度为 112 位,对直接的穷举攻击来说,计算量增加了 2^{56} 倍。

2.2.6　3-DES 算法及其安全性

由于 DES 密钥较短,易于受到攻击,人们自然想找到一种替代加密算法。一种方法是设计一个全新的算法,另一种方法是对 DES 用多个密钥进行多次加密,这样就可以保护在软件和设备方面的已有投资。以下我们讨论后一种情形。

1. 双重 DES

最简单的多次加密形式是使用两个密钥进行两次加密,如图 2.2.5(a)所示。给定一个明文 m 和两个加密密钥 K_1 和 K_2,密文 c 由下式得到:

$$c = \text{DES}_{K_2}(\text{DES}_{K_1}(m))$$

解密要求密钥以相反的次序使用:

$$m = \text{DES}^{-1}_{K_1}(\text{DES}^{-1}_{K_2}(m))$$

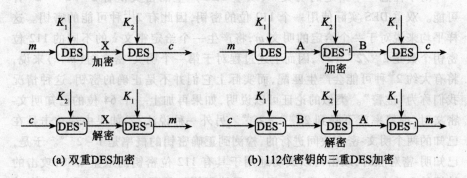

(a) 双重DES加密　　　　(b) 112位密钥的三重DES加密

图 2.2.5　多重 DES 加密

对于一个固定的 DES 密钥 K,DES 确定了一个从 $\{0,1\}^{64}$ 到 $\{0,1\}^{64}$ 的置换。DES 密钥集合确定了 2^{56} 个这样的置换。如果这个置换集合在复合下是封闭的,即任给两个密钥 K_1、K_2,存在第三个密钥 K_3 使得对于所有的 m 有

$$\text{DES}_{K_3}(m) = \text{DES}_{K_2}(\text{DES}_{K_1}(m))$$

那么,多重加密就等同于单重加密。但研究表明,由 2^{56} 个 DES 密钥确定的 2^{56} 个置换的集合在函数复合上是不封闭的。而且,这个集合中的置换经复合生

成的群的阶的下限为 10^{2499}。这个下限对于 DES 进行多重加密来说至关重要。如果函数复合生成的群太小,那么多重加密就不如原来确信的那样安全。

对双重 DES 来说,其密钥长度为 $56 \times 2 = 112$ 位,又因为 DES 不是一个群,即不是必然存在 K_3,使得 $\text{DES}_{K_3}(m) = \text{DES}_{K_2}(\text{DES}_{K_1}(m))$,所以双重 DES 似乎比单 DES 安全多了。但事实不然,因为有另外一种方法可以攻击这种方案,且这种方法不依赖于任何 DES 的特殊属性,它对任何分组密码都有效。

若有:

$$c = \text{DES}_{K_2}(\text{DES}_{K_1}(m))$$

那么有(见图 2.2.5(a)):

$$X = \text{DES}_{K_1}(m) = \text{DES}_{K_2}^{-1}(c)$$

对于一个给定的已知明文-密文对 (m, c),首先,用所有 2^{56} 个可能的密钥加密 m,把这些结果存放在一个表中并按照 X 的值对表进行排序。然后用所有 2^{56} 个可能的密钥值 K_2 对 c 进行解密,在每次做完解密后都用结果在表中寻找匹配。如果发现一个匹配,那么用一个新的已知明文密文对检测所得到的两个密钥。如果两个密钥产生正确的密文,就把它们视为正确的密钥,这种攻击方法称为中途相遇攻击。

对于任意一个给定的明文 m,双重 DES 产生的密文值有 $2^{112}/2^{64} = 2^{48}$ 种可能。双重 DES 实际使用一个 112 位的密钥,因此有 2^{112} 种可能的密钥。这样平均来说对于一个给定的明文 m,将产生一个给定密文 c 的不同的 112 位密钥个数是 $2^{112}/2^{64} = 2^{48}$,因而上述过程对于第一个明文-密文对 (m, c) 来说,将有大约 2^{48} 种可能会产生匹配,而实际上它们并不是正确的密钥,这种情况我们称为"虚警"。类似的论证可以说明,如果再加上一个 64 位的已知明文-密文对,虚警率就下降到 $2^{48-64} = 2^{-16}$。另外一种说法是,如果中途攻击是在已知的两个明文-密文块间进行的,检测到正确密钥的概率是 $1 - 2^{-16}$。于是,已知明-密对照时,攻击可以成功地用于具有 112 位密钥的双重 DES,攻击的计算量和单次 DES 相差不多。所以,尽管密钥加长了一倍,但双重 DES 和单 DES 一样并不安全。

2. 三个密钥的三重 DES

为了对付中途攻击,一个改进的方法是,用三个密钥进行三阶段加密。这样,密钥的长度为 $56 \times 3 = 168$ 位。三个密钥的 DES 有 EEE 和 EDE 两种方式。

EEE 方式的加密定义如下:

$$c = \text{DES}_{K_3}(\text{DES}_{K_2}(\text{DES}_{K_1}(m)))$$

相应的解密为：
$$m = \mathrm{DES}_{K_1}^{-1}(\mathrm{DES}_{K_2}^{-1}(\mathrm{DES}_{K_3}^{-1}(c)))$$

EDE 方式的加密定义如下：
$$c = \mathrm{DES}_{K_3}(\mathrm{DES}_{K_2}^{-1}(\mathrm{DES}_{K_1}(m)))$$

相应的解密为：
$$m = \mathrm{DES}_{K_1}^{-1}(\mathrm{DES}_{K_2}(\mathrm{DES}_{K_3}^{-1}(c)))$$

三个密钥的三重 DES 的安全性明显增强。使用中途相遇攻击时，总有一边的计算量为 $O(2^{112})$，这在目前还是难以实现的。不过 168 位的密钥比较长，增加了密钥管理的困难。作为一种替代方案，可以使用两个密钥的三重加密方法。

3. 两个密钥的三重 DES

两个密钥的三重加密函数采用加密-解密-加密（简记为 EDE）的方式，如图 2.2.5(b) 所示，即
$$c = \mathrm{DES}_{K_1}(\mathrm{DES}_{K_2}^{-1}(\mathrm{DES}_{K_1}(m)))$$

相应的解密为：
$$m = \mathrm{DES}_{K_1}^{-1}(\mathrm{DES}_{K_2}(\mathrm{DES}_{K_1}^{-1}(c)))$$

第二个步骤使用解密并没有密码编码上的意义。但是对于抗中途攻击有重要作用，因为针对三重 DES 的穷举密钥搜索的代价在 $2^{112} \approx (5 \times 10^{33})$ 的量级，并且差分密码分析的代价与单次 DES 相比具有指数增长特性，这个代价超过 10^{52}。所以，使用两个密钥的三重 DES 是一种较受欢迎的 DES 替代方案，它已经被用于密钥管理标准 ANS X9.17 和 ISO 87322 中。

2.3 AES 算法

2.3.1 AES 概述

1997 年 9 月 12 日，为了替代即将退役的 DES 算法，美国国家标准与技术研究所（NIST）在《联邦纪事》上发表公告，公开征集新的分组加密算法——高级加密标准（Advanced Encryption Standard，简称 AES）。公告要求 AES 比三重 DES 快且至少和三重 DES 一样安全，具有 128 比特的分组长度，并支持 128、192 和 256 比特的密钥长度，而且要求 AES 能在全世界免费使用，即 AES 的设计者不能申请专利保护。为此，NIST 专门成立了 AES 工作组。

至 1998 年 6 月 15 日，NIST 共收到来自全世界十多个国家的 21 个算法。经初步筛选，有 15 个满足所有的必备条件并被接纳为 AES 的候选算法。

1998年8月20日，NIST在"第一次AES候选大会"上宣布了15个AES的候选算法。1999年3月22日，"第二次AES候选大会"在意大利罗马举行，会上公布了第一阶段的分析与测试结果。同年8月，5个候选算法入围了最后决赛：MARS、RC6、Rijndael、SERPENT和Twofish。

2000年4月，"第三次AES候选大会"召开。2000年10月2日，NIST正式宣布，两位比利时学者Joan Daemaen和Vincent Rijmen提交的Rijndael算法被确定为高级加密标准。2001年2月28日，NIST宣布关于AES的联邦信息处理标准的草案可供公众讨论。2001年11月26日，AES被采纳为一个标准，并在2002年1月24日的联邦记录FIPS-197中公布。

AES的遴选过程以其公开性和国际性而闻名。三次候选算法大会和官方请求公众评审为候选算法意见的反馈、公众讨论与分析提供了足够的机会，而且这一过程为置身其中的每一个人所称道。15个AES候选算法的作者代表着不同国家：澳大利亚、比利时、加拿大、哥斯达黎加、法国、德国、以色列、日本、韩国、挪威、英国和美国，这正表明了AES的国际性。

AES的候选算法根据以下四个主要原则进行评判：

①安全性（稳定的数学基础、没有算法弱点、算法抗密码分析的强度、算法输出的随机性）。

②性能（必须能在多种平台上以较快的速度实现）。

③大小（不能占用大量的存储空间和内存）。

④实现特性（灵活性、硬件和软件适应性、算法的简单性等）。

最后，五个入围最终决赛的算法都被认为是安全的。Rijndael算法之所以最后当选，是由于它集安全性、性能、大小、可实现性和灵活性于一体，被认为优于其他四个算法。

AES是一个迭代型密码，它采用SP结构，加密的轮数N_r依赖于密钥长度。

如果密钥长度为128比特，则$N_r=10$；如果密钥长度为192比特，则$N_r=12$；如果密钥长度为256比特，则$N_r=14$。

算法共需进行一个"初始轮变换"和N_r-1个"中间轮变换"（简称轮变换）以及一个"末轮变换"。AES算法每一轮都使用代替和混淆并行地处理整个数据分组。几乎每一轮处理都由4个不同的变换组成，包括1个混淆和3个代替：

①轮密钥加变换AddRoundKey，一个利用当前分组和扩展密钥的一部分进行按位异或。

②字节代替 SubBytes，用一个 S-盒完成分组中的按字节的代替。
③行移位变换 ShiftRows，一个简单的矩阵行变换。
④列混合变换 MixColumns，一个在域 $GF(2^8)$ 上的算术特性的代替。

这些变换在给定的有限域上进行。下面先介绍有限域及其上的运算，再介绍上述变换。

2.3.2 AES 中的基本运算

本节内容以有限域为基础，参见数学基础(第 12、13 章)。

设 $m(x) \in F_2[x]$ 是一个 8 次不可约多项式，则由 $m(x)$ 可生成一个有限域 $GF(2^8)$：

$$GF(2^8) = F_2[x]/(m(x)) = \{b_0 + b_1 x + \cdots + b_7 x^7 \mid b_i \in F_2, i = 0, 1, \cdots, 7\}$$
$$= \{(b_7 b_6 b_5 b_4 b_3 b_2 b_1 b_0) \mid b_i \in F_2, \quad i = 0, 1, \cdots, 7\}$$

AES 中采用 $m(x) = x^8 + x^4 + x^3 + 1$。以下是 $GF(2^8)$ 中的几个基本运算。

1. 字节运算——有限域 $GF(2^8)$ 上的运算

(1) $GF(2^8)$ 中的加法"+"

$$(a_7 a_6 a_5 a_4 a_3 a_2 a_1 a_0) + (b_7 b_6 b_5 b_4 b_3 b_2 b_1 b_0) = (c_7 c_6 c_5 c_4 c_3 c_2 c_1 c_0)$$

其中 $c_i = a_i \oplus b_i, i = 0, 1, 2, \cdots, 7$，而 $\oplus$ 为模 2 加。

(2) $GF(2^8)$ 中的乘法"·"

$$(a_7 a_6 a_5 a_4 a_3 a_2 a_1 a_0) \cdot (b_7 b_6 b_5 b_4 b_3 b_2 b_1 b_0) = (c_7 c_6 c_5 c_4 c_3 c_2 c_1 c_0)$$

该运算由多项式的运算定义。设：

$$a(x) = a_7 x^7 + a_6 x^6 + a_5 x^5 + a_4 x^4 + a_3 x^3 + a_2 x^2 + a_1 x + a_0$$
$$b(x) = b_7 x^7 + b_6 x^6 + b_5 x^5 + b_4 x^4 + b_3 x^3 + b_2 x^2 + b_1 x + b_0$$
$$c(x) = c_7 x^7 + c_6 x^6 + c_5 x^5 + c_4 x^4 + c_3 x^3 + c_2 x^2 + c_1 x + c_0$$

则

$$c(x) \equiv a(x) \cdot b(x) \mod m(x)$$

(3) $GF(2^8)$ 中的求逆运算

由于 $m(x)$ 不可约，因而对任意的

$$b(x) = b_7 x^7 + b_6 x^6 + b_5 x^5 + b_4 x^4 + b_3 x^3 + b_2 x^2 + b_1 x + b_0 \in F_2[x]/(m(x))$$

有 $(m(x), b(x)) = 1$，所以必存在 $a(x)、c(x) \in F_2[x]$，满足 $a(x)b(x) + c(x)m(x) = 1$。从而有

$$b(x)^{-1} = a(x) \mod m(x)$$

2. 字运算——系数在有限域 $GF(2^8)$ 上的运算

设 $R = \{(a_3 a_2 a_1 a_0) \mid a_i \in GF(2^8)\}$，$R$ 的元素(即四个字节)称为字。在 R

中如下定义"$+$"和"$\otimes$":

(1) $(a_3 a_2 a_1 a_0) + (b_3 b_2 b_1 b_0) = (c_3 c_2 c_1 c_0)$,其中 $c_i = a_i + b_i$, $i = 0,1,2,3$, $c_i = a_i + b_i$ 是 $GF(2^8)$ 中的加法运算。

(2) $(a_3 a_2 a_1 a_0) \otimes (b_3 b_2 b_1 b_0) = (c_3 c_2 c_1 c_0)$,其中
$$c_3 x^3 + c_2 x^2 + c_1 x + c_0 = (a_3 x^3 + a_2 x^2 + a_1 x + a_0) \cdot (b_3 x^3 + b_2 x^2 + b_1 x + b_0) \mod (x^4 + 1)$$

该运算可用矩阵表示为

$$\begin{pmatrix} c_0 \\ c_1 \\ c_2 \\ c_3 \end{pmatrix} = \begin{pmatrix} a_0 & a_3 & a_2 & a_1 \\ a_1 & a_0 & a_3 & a_2 \\ a_2 & a_1 & a_0 & a_3 \\ a_3 & a_2 & a_1 & a_0 \end{pmatrix} \begin{pmatrix} b_0 \\ b_1 \\ b_2 \\ b_3 \end{pmatrix}$$

注意:因为模 $x^4 + 1$ 不是 $F_2[x]$ 中的不可约多项式,所以 R 中有些非零元没有逆元。因此,R 对如上定义的运算不能构成域,只能是一个环,即全体字集合及其运算构成一个环 $(R, +, \otimes)$。

2.3.3 AES 中的基本变换

AES 加密和解密过程的中间各步的结果称为一个状态(State),每个状态也是 128 比特。将 S 划分为 16 个字节,从左到右为 s_{00}、s_{10}、s_{20}、s_{30}、s_{01}、s_{11}、s_{21}、s_{31}、s_{02}、s_{12}、s_{22}、s_{32}、s_{03}、s_{13}、s_{23} 和 s_{33}。

State 可用如下的矩阵 $S = (s_{ij})_{4 \times 4}$ 表示:

$$S = \begin{pmatrix} s_{00} & s_{01} & s_{02} & s_{03} \\ s_{10} & s_{11} & s_{12} & s_{13} \\ s_{20} & s_{21} & s_{22} & s_{23} \\ s_{30} & s_{31} & s_{32} & s_{33} \end{pmatrix}$$

AES 是一系列基本变换的组合。下面先逐一介绍 AES 中的基本变换。

1. 轮密钥加变换 A_{k_i}——AddRoundKey(字节运算)

设 AES 的加密密钥为 K,称为基本密钥。轮密钥 $k_i = (k_{ij})_{4 \times 4}$,它通过密钥扩展算法从基本密钥 K 获得。轮密钥加变换将一个轮密钥作用到状态 S 上,密钥加变换 A_{k_i} 描述为:

$$A_{k_i}(S) = S + k_i = \begin{pmatrix} s_{00}+k_{00} & s_{01}+k_{01} & s_{02}+k_{02} & s_{03}+k_{03} \\ s_{10}+k_{10} & s_{11}+k_{11} & s_{12}+k_{12} & s_{13}+k_{13} \\ s_{20}+k_{20} & s_{21}+k_{21} & s_{22}+k_{22} & s_{23}+k_{23} \\ s_{30}+k_{30} & s_{31}+k_{31} & s_{32}+k_{32} & s_{33}+k_{33} \end{pmatrix}$$

其中 $s_{ij}+k_{ij}$ 是 $GF(2^8)$ 中运算。易见，A_{k_i} 的逆变换 $A_{k_i}^{-1} = A_{k_i}$，因为 $A_{k_i}(A_{k_i}(S)) = S$。

2. 字节代替变换——SubBytes(字节运算)

字节代替变换 SubBytes 是一个关于字节的非线性变换，它将状态中的每个字节非线性地变换为另一个字节。每一字节做如下两步变换：

① $GF(2^8)$ 上的乘法逆：将 $0 \neq a \in GF(2^8)$ 变到其逆元。即有映射：
$$t: GF(2^8) \to GF(2^8), a \mapsto t(a)$$
满足：$a = 0, t(a) = 0; a \neq 0, t(a) = a^{-1}$。

② 仿射变换：给定 $u(x) = x^7 + x^6 + x^5 + x^4 + 1$，$v(x) = x^7 + x^6 + x^2 + x$。定义映射：
$$L_{u,v}: GF(2^8) \to GF(2^8), L_{u,v}(a) = b$$
对任意的 $a = (a_7 a_6 a_5 a_4 a_3 a_2 a_1 a_0) \in GF(2^8)$，先将 a 表示成多项式：$a(x) = a_7 x^7 + \cdots + a_2 x^2 + a_1 x + a_0$。然后计算
$$b(x) \equiv u(x)a(x) + v(x) \pmod{x^8 + 1}$$
设 $b(x) = b_7 x^7 + \cdots + b_2 x^2 + b_1 x + b_0$，则 $L_{u,v}(a) = b = (b_7 b_6 b_5 b_4 b_3 b_2 b_1 b_0) \in GF(2^8)$。

$L_{u,v}$ 可用矩阵表示，即为

$$\begin{pmatrix} b_0 \\ b_1 \\ b_2 \\ b_3 \\ b_4 \\ b_5 \\ b_6 \\ b_7 \end{pmatrix} = \begin{pmatrix} 1 & 0 & 0 & 0 & 1 & 1 & 1 & 1 \\ 1 & 1 & 0 & 0 & 0 & 1 & 1 & 1 \\ 1 & 1 & 1 & 0 & 0 & 0 & 1 & 1 \\ 1 & 1 & 1 & 1 & 0 & 0 & 0 & 1 \\ 1 & 1 & 1 & 1 & 1 & 0 & 0 & 0 \\ 0 & 1 & 1 & 1 & 1 & 1 & 0 & 0 \\ 0 & 0 & 1 & 1 & 1 & 1 & 1 & 0 \\ 0 & 0 & 0 & 1 & 1 & 1 & 1 & 1 \end{pmatrix} \begin{pmatrix} a_0 \\ a_1 \\ a_2 \\ a_3 \\ a_4 \\ a_5 \\ a_6 \\ a_7 \end{pmatrix} \oplus \begin{pmatrix} 1 \\ 1 \\ 0 \\ 0 \\ 0 \\ 1 \\ 1 \\ 0 \end{pmatrix}$$

记 SubBytes 变换为 $S_{u,v}$，则 $S_{u,v} = L_{u,v} \cdot t$，即先做逆变换，再做仿射变换。虽然组合 $S_{u,v}$ 的两个变换 $L_{u,v}$ 和 t 都是对 $GF(2^8)$ 中的元素进行的，但是却使用

了两种不同的数学结构：t 是在有限域 $GF(2^8) = F_2[x]/(m(x))$ 上进行，而 $L_{u,v}$ 却是在环 $F_2[x]/(x^8+1)$ 上进行。尽管 t 和 $L_{u,v}$ 都非常简单，但它们的复合却非常复杂。这种集合相同但数学结构不同的运算的复合，是 AES 的字节代替变换具有"非线性"性的保证。现在，它已成为现代密码学的常用手段。

字节代替变换可通过查表的方式实现：$S_{u,v}$ 给出的 $GF(2^8)$ 到 $GF(2^8)$ 的变换表见表 2.3.1，$S_{u,v}$ 的逆变换 $S_{u,v}^{-1}$ 给出的 $GF(2^8)$ 到 $GF(2^8)$ 的变换表见表 2.3.2。

表 2.3.1　　　　　S-盒变换表的十六进制表示

X	\multicolumn{16}{c}{Y}															
	0	1	2	3	4	5	6	7	8	9	A	B	C	D	E	F
0	63	7c	77	7B	F2	6B	6F	C5	30	01	67	2B	FE	D7	AB	76
1	CA	82	C9	7D	FA	59	47	F0	AD	D4	A2	AF	9C	A4	72	C0
2	B7	FD	93	26	36	3F	F7	CC	34	A5	E5	F1	71	D8	31	15
3	04	C7	23	C3	18	96	05	9A	07	12	80	E2	EB	27	B2	75
4	09	83	2C	1A	1B	6E	5A	A0	52	3B	D6	B3	29	E3	2F	84
5	53	D1	00	ED	20	FC	B1	5B	6A	CB	BE	39	4A	4C	58	CF
6	D0	EF	AA	FB	43	4D	33	85	45	F9	02	7F	50	3C	9F	A8
7	51	A3	40	8F	92	9D	38	F5	BC	B6	DA	21	10	FF	F3	D2
8	CD	0C	13	EC	5F	97	44	17	C4	A7	7E	3D	64	5D	19	73
9	60	81	4F	DC	22	2A	90	88	46	EE	B8	14	DE	5E	0B	DB
A	E0	32	3A	0A	49	06	24	5C	C2	D3	AC	62	91	95	E4	79
B	E7	C8	37	6D	8D	D5	4E	A9	6C	56	F4	EA	65	7A	AE	08
C	BA	78	25	2E	1C	A6	B4	C6	E8	DD	74	1F	4B	BD	8B	8A
D	70	3E	B5	66	48	03	F6	0E	61	35	57	B9	86	C1	1D	9E
E	E1	F8	98	11	69	D9	8E	94	9B	1E	87	E9	CE	55	28	DF
F	8C	A1	89	0D	BF	E6	42	68	41	99	2D	0F	B0	54	BB	16

表 2.3.2　　　逆 S-盒变换表的十六进制表示

X	\	Y														
	0	1	2	3	4	5	6	7	8	9	A	B	C	D	E	F
0	52	09	6A	D5	30	36	A5	38	BF	40	A3	9E	81	F3	D7	FB
1	7C	E3	39	82	9B	2F	FF	87	34	8E	43	44	C4	DE	E9	CB
2	54	7B	94	32	A6	C2	23	3D	EE	4C	95	0B	42	FA	C3	4E
3	08	2E	A1	66	28	D9	24	B2	76	5B	A2	49	6D	8B	D1	25
4	72	F8	F6	64	86	68	98	16	D4	A4	5C	CC	5D	65	B6	92
5	6C	70	48	50	FD	ED	B9	DA	5E	15	46	57	A7	8D	9D	84
6	90	D8	AB	00	8C	BC	D3	0A	F7	E4	58	05	B8	B3	45	06
7	D0	2C	1E	8F	CA	3F	0F	02	C1	AF	BD	03	01	13	8A	6B
8	3A	91	11	41	4F	67	DC	EA	97	F2	CF	CE	F0	B4	E6	73
9	96	AC	74	22	E7	AD	35	85	E2	F9	37	E8	1C	75	DF	6E
A	47	F1	1A	71	1D	29	C5	89	6F	B7	62	0E	AA	18	BE	1B
B	FC	56	3E	4B	C6	D2	79	20	9A	DB	C0	FE	78	CD	5A	F4
C	1F	DD	A8	33	88	07	C7	31	B1	12	10	59	27	80	EC	5F
D	60	51	7F	A9	19	B5	4A	0D	2D	E5	7A	9F	93	C9	9C	EF
E	A0	E0	3B	4D	AE	2A	F5	B0	C8	EB	BB	3C	83	53	99	61
F	17	2B	04	7E	BA	77	D6	26	E1	69	14	63	55	21	0C	7D

3. 行移位变换——ShiftRows

行移位操作作用于状态的每行上。第 0 行不动,第 1 行循环左移 1 个字节,第 2 行循环左移 2 个字节,第 3 行循环左移 3 个字节,即行移位向量 $C = (0123)$。于是,行移位运算为:$R_c: S \rightarrow R_c(S)$,即

$$\begin{pmatrix} s_{00} & s_{01} & s_{02} & s_{03} \\ s_{10} & s_{11} & s_{12} & s_{13} \\ s_{20} & s_{21} & s_{22} & s_{23} \\ s_{30} & s_{31} & s_{32} & s_{33} \end{pmatrix} \rightarrow \begin{pmatrix} s_{00} & s_{01} & s_{02} & s_{03} \\ s_{11} & s_{12} & s_{13} & s_{10} \\ s_{22} & s_{23} & s_{20} & s_{21} \\ s_{33} & s_{30} & s_{31} & s_{32} \end{pmatrix}$$

4. 列混合变换——MixColumns(字运算)

列混合运算对一个状态逐列进行变换,它将一个状态的每一列视为

$GF(2^8)$ 上的一个多项式。列混合可看成一个映射: $H_M: S \to H_M(S)$,用矩阵表示为

$$\begin{pmatrix} s_{00} & s_{01} & s_{02} & s_{03} \\ s_{10} & s_{11} & s_{12} & s_{13} \\ s_{20} & s_{21} & s_{22} & s_{23} \\ s_{30} & s_{31} & s_{32} & s_{33} \end{pmatrix} \to \begin{pmatrix} s'_{00} & s'_{01} & s'_{02} & s'_{03} \\ s'_{10} & s'_{11} & s'_{12} & s'_{13} \\ s'_{20} & s'_{21} & s'_{22} & s'_{23} \\ s'_{30} & s'_{31} & s'_{32} & s'_{33} \end{pmatrix}$$

记 $t_j(x) = s_{3j}x^3 + s_{2j}x^2 + s_{1j}x + s_{0j}, 0 \leq j \leq 3$

$$t'_j(x) = s'_{3j} x^3 + s'_{2j} x^2 + s'_{1j} x + s'_{0j}, 0 \leq j \leq 3$$

列混合运算又可表示为: $H_M: t_j(x) \to t'_j(x)$,其中:

$$t'_j(x) \equiv a(x) \otimes t_j(x) = a(x)t_j(x) \mod (x^4 + 1)$$

$$a(x) = \{03\}x^3 + \{01\}x^2 + \{01\}x + \{02\}$$

{}内的数表示的是字节,系数的加法和乘法都是 $GF(2^8)$ 中的运算。即

$$\begin{pmatrix} s'_{0j} \\ s'_{1j} \\ s'_{2j} \\ s'_{3j} \end{pmatrix} = \begin{pmatrix} 02 & 03 & 01 & 01 \\ 01 & 02 & 03 & 01 \\ 01 & 01 & 02 & 03 \\ 03 & 01 & 01 & 02 \end{pmatrix} \begin{pmatrix} s_{0j} \\ s_{1j} \\ s_{2j} \\ s_{3j} \end{pmatrix}, 记 M = \begin{pmatrix} 02 & 03 & 01 & 01 \\ 01 & 02 & 03 & 01 \\ 01 & 01 & 02 & 03 \\ 03 & 01 & 01 & 02 \end{pmatrix}$$

$T = (s_{0j}, s_{1j}, s_{2j}, s_{3j})' = (s'_{0j}, s'_{1j}, s'_{2j}, s'_{3j})$ 为中间态,则列混合运算为: $H_M(T) = MT$。

2.3.4　AES 的子密钥生成

设初始(种子)密钥分成的密钥块为 $K_1 K_2 \cdots K_{N_k}$, K_j 是一个字(4 个字节), $j = 1, 2, \cdots, N_k$。下面以种子密钥为 128 位的 10 轮 AES 为例,来介绍 AES 子密钥的构造方案。10 轮的 AES 需要 11 个轮密钥,每个轮密钥由 16 个字节(即 4 个字)组成。轮密钥的并联称为扩展密钥,共包含 44 个字,表示为 $w[0], \cdots, w[43]$,它由种子密钥通过扩展算法得到。

密钥扩展算法 KeyExpansion 的输入为 128 比特的初始密钥 Key,它被处理成一个由 16 个字节组成的数组: $key[0], \cdots, key[15]$;输出为字组成的数组 $w[0], \cdots, w[43]$。KeyExpansion 包括两个操作:RotWord 和 SubWord。RotWord(B_0, B_1, B_2, B_3) 对四个字节 B_0, B_1, B_2, B_3 进行循环移位:

$$\text{RotWord}(B_0, B_1, B_2, B_3) = (B_1, B_2, B_3, B_0)$$

SubWord(B_0, B_1, B_2, B_3) 对四个字节 B_0, B_1, B_2, B_3 使用 AES 中的 S-盒代替,即:

$$\text{RotWord}(B_0, B_1, B_2, B_3) = (B_0', B_1', B_2', B_3')$$

其中 $B_i' = \text{SubBytes}(B_i)$, $i = 0, 1, 2, 3$。RCon 是一个 10 个字的数组 RCon[1], …, RCon[10]。

扩展密钥 KeyExpansion 操作由下述算法给出:

算法 KeyExpansion(Key)

  external RotWord, SubWord

  RCon[1] ← 01000000

  RCon[2] ← 02000000

  RCon[3] ← 04000000

  RCon[4] ← 08000000

  RCon[5] ← 10000000

  RCon[6] ← 20000000

  RCon[7] ← 40000000

  RCon[8] ← 80000000

  RCon[9] ← 1B000000

  RCon[10] ← 36000000

  For i from 0 to 3

    do $w[i] \leftarrow (key[4i], key[4i+1], key[4i+2], key[4i+3])$

  For i from 4 to 43

  do $\begin{cases} temp \leftarrow w[i-1] \text{ if } i \equiv 0 \bmod 4 \text{ then } temp \leftarrow \text{SubWord}(\text{RotWord}(temp)) \oplus \text{RCon}[i/4] \\ w[i] \leftarrow w[i-4] \oplus temp \end{cases}$

  Return($w[0], \cdots, w[43]$)

例 2.3.1 约定用十六进制表示密钥。设轮数 $N_r = 10$,初始密钥为

$$K = \text{2b 7e 15 16 28 ac d2 a6 ab f7 15 88 09 cf 4f 3c}$$

则可得到首轮密钥为:

$w[0] = (\text{2b 7e 15 16})$, $w[1] = (\text{28 ac d2 a6})$, $w[2] = (\text{ab f7 15 88})$, $w[3] = (\text{09 cf 4f 3c})$。

第一轮密钥为:

$w[4] = w[0] \oplus \text{SubByte}(\text{RotByte}(w[3])) \oplus \text{Rcon}[1]$

  $= (\text{2b 7e 15 16}) \oplus \text{SubByte}(\text{cf 4f 3c 09}) \oplus (\text{01 00 00 00})$

  $= (\text{2b 7e 15 16}) \oplus (\text{8a 84 eb 01}) \oplus (\text{01 00 00 00})$

  $= (\text{a0 fa fe 17})$

$w[5] = w[1] \oplus w[4] = (\text{28 ac d2 a6}) \oplus (\text{a0 fa fe 17}) = (\text{88 54 2c b1})$

$$w[6] = w[2] \oplus w[5] = (ab\ f7\ 15\ 88) \oplus (88\ 54\ 2c\ b1) = (23\ a3\ 39\ 39)$$
$$w[7] = w[3] \oplus w[6] = (09\ cf\ 4f\ 3c) \oplus (23\ a3\ 39\ 39) = (2a\ 6c\ 76\ 05)$$

以下各轮密钥产生过程和第一轮密钥产生过程相同。

12 轮和 14 轮的构造方案与此类似,算法稍有不同,不再细述。

2.3.5 AES 的算法结构

AES 算法的加、解密过程如图 2.3.1 所示。

加密过程:如图 2.3.1(a),给定一个明文分组 m 和一个密钥 K。

①将 State 初始化为 m,即把 State 作为一个变量,将 m 赋值给该变量。然后进行 AddRoundKey 操作,将 AddRoundKey 与 State 异或。

②对前 $N_r - 1$ 轮中的每一轮,用 S-盒进行一次 SubBytes 代换操作;接着对 State 做一个置换 ShiftRows;再对 State 做一次 MixColumns 操作;然后进行 AddRoundKey 操作。

③末轮变换没有 MixColumns 操作,即只进行 SubBytes、ShiftRows 和 AddRoundKey 操作。

④最后得到的 State 输出即为密文 c。

若记初始轮变换为 T_0,末轮变换为 T_{N_r},中间各轮变换为 $T_1, T_2, \cdots, T_{N_r-1}$,则 AES 的加密变换为:

$$c = E_k(x) = T_{N_r} \cdot T_{N_r-1} \cdots T_1 \cdot T_0(m)$$

若令

A_i:轮密钥为 k_i 的密钥加变换(AddRoundKey),也记为 A_{k_i};

H_M:矩阵为 M 的列混合运算(MixColumns);

R_c:移位向量为 $c = (c_0, c_1, c_2, c_3)$ 的行移位操作(ShiftRows);

$S_{u,v}$:参数为 u, v 的字节代替变换(SubBytes);

则有:$T_0 = A_0$;$T_i = A_i H_M R_c S_{u,v}, i = 1, 2, \cdots, N_r - 1$;$T_{N_r} = A_{N_r} R_c S_{u,v}$。

可见,AES 加密是对状态所进行的一系列基本操作(运算)。

解密过程:AES 解密过程是加密过程的逆。解密过程要用到基本变换的逆变换。

1. AES 中基本变换的逆变换

(1) 因为 H_M 并行地作用在状态矩阵的每列上,且 $H_M(T) = MT$。所以 $H_M^{-1} = H_{M^{-1}}$,其中 M^{-1} 表示矩阵 M 的逆阵。

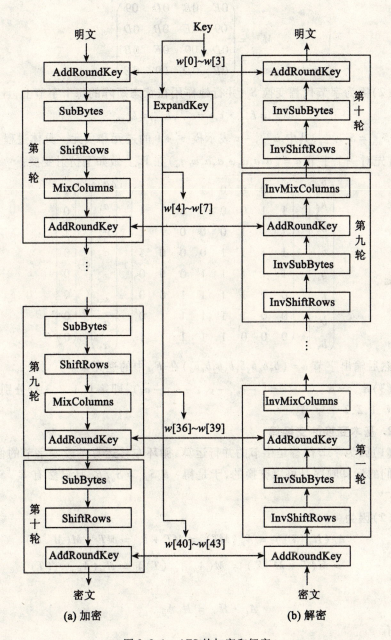

图 2.3.1 AES 的加密和解密

$$M^{-1} = \begin{pmatrix} 0E & 0B & 0D & 09 \\ 09 & 0E & 0B & 0D \\ 0D & 09 & 0E & 0B \\ 0B & 0D & 09 & 0E \end{pmatrix}$$

（2）因为字节代替变换 $S_{u,v}$ 并行地作用在状态矩阵的每个字节上,且

$$S_{u,v} = L_{u,v} \cdot t, t = t^{-1}, L_{u,v}^{-1} = L_{u^{-1}, -v}$$

所以 $S_{u,v}^{-1} = S_{u^{-1}, -v}$,其中 $u^{-1}, -v$ 表示模 $x^8 + 1$ 的逆元和负元。具体过程是 $S_{u,v}^{-1}$ 首先对一个字节 $a = (a_7 a_6 a_5 a_4 a_3 a_2 a_1 a_0)$ 在 F_2 上做如下仿射变换：

$$\begin{pmatrix} b_0 \\ b_1 \\ b_2 \\ b_3 \\ b_4 \\ b_5 \\ b_6 \\ b_7 \end{pmatrix} = \begin{pmatrix} 1 & 0 & 0 & 0 & 1 & 1 & 1 & 1 \\ 1 & 1 & 0 & 0 & 0 & 1 & 1 & 1 \\ 1 & 1 & 1 & 0 & 0 & 0 & 1 & 1 \\ 1 & 1 & 1 & 1 & 0 & 0 & 0 & 1 \\ 1 & 1 & 1 & 1 & 1 & 0 & 0 & 0 \\ 0 & 1 & 1 & 1 & 1 & 1 & 0 & 0 \\ 0 & 0 & 1 & 1 & 1 & 1 & 1 & 0 \\ 0 & 0 & 0 & 1 & 1 & 1 & 1 & 1 \end{pmatrix}^{-1} \begin{pmatrix} a_0 \\ a_1 \\ a_2 \\ a_3 \\ a_4 \\ a_5 \\ a_6 \\ a_7 \end{pmatrix} \oplus \begin{pmatrix} 1 \\ 0 \\ 1 \\ 0 \\ 0 \\ 0 \\ 0 \\ 0 \end{pmatrix}$$

然后输出字节 $b = (b_7 b_6 b_5 b_4 b_3 b_2 b_1 b_0)$ 在 F_{2^8} 中的逆元素。

（3）$R_c^{-1} = R_{-c}, -c = (-c_0, -c_1, -c_2, -c_3)$,即第 0,1,2,3 行分别循环右移 0,1,2,3 个字节。

2. 基本变换的交换律

（1）因为字节代替是字节的并行运算,循环左移运算不改变字节的值,所以它们的运算顺序是可以交换的,于是得：$R_c S_{u,v} = S_{u,v} R_c$ 且自然有 $R_c^{-1} S_{u,v}^{-1} = S_{u,v}^{-1} R_c^{-1}$。

（2）因为

$$A_{k_i}(H_M(T)) = A_{k_i}(MT) = MT + k_i = MT + M(M^{-1} k_i)$$
$$= M(T + M^{-1} k_i) = M(A_{H_{\tilde{M}^{-1}}(k_i)}(T)) = H_M(A_{H_{\tilde{M}^{-1}}(k_i)}(T))$$

所以

$$A_{k_i} \cdot H_M = H_M A_{H_{\tilde{M}^{-1}}(k_i)}$$

从而有

$$H_M^{-1} A_{k_i}^{-1} = (A_{k_i} H_M)^{-1} = (H_M A_{H_{\tilde{M}^{-1}}(k_i)})^{-1}$$
$$= A_{H_{\tilde{M}^{-1}}(k_i)}^{-1} H_{M^{-1}} = A_{H_{M^{-1}}(k_i)} H_{M^{-1}}$$

3. 解密过程

$$AES^{-1} = T_0^{-1} T_1^{-1} T_2^{-1} \cdots T_{N-1}^{-1} T_N^{-1}$$
$$= A_{k_0}^{-1} S_{u,v}^{-1} R_c^{-1} H_M^{-1} A_{k_1}^{-1} S_{u,v}^{-1} H_M^{-1} R_c^{-1} A_{k_2}^{-1} \cdots S_{u,v}^{-1} R_c^{-1} H_M^{-1} A_{k_{N-1}}^{-1} S_{u,v}^{-1} R_c^{-1} A_{k_N}^{-1}$$
$$= A_{k_0} R_{-c} S_{u-1,-v} A_{H_{M-1}(k1)} H_{M-1} R_{-c} S_{u-1,-v} \cdots\cdots A_{H_{M-1}(k_{N-2})} H_{M-1} R_{-c} S_{u-1,-v} \cdot$$
$$A_{H_{M-1}(k_{N-1})} H_{M-1} R_{-c} S_{u-1,-v} A_{k_N}$$

可见,解密算法和加密算法的结构相同,但运算不同(逆运算),而且解密时轮密钥的使用顺序与加密过程相反。

需要说明的是,AES 不完全等同于 Rijndael 算法。AES 规定分组长度为 128 位,而 Rijndael 算法可支持 128、192 和 256 位的分组加密。随着分组长度和密钥长度的不同,Rijndael 算法中的加密轮数也不同。设 N_b 为分组长度所包含的字数(每个字 32 位),N_k 为密钥长度所包含的字数,而 N_r 是由 N_b 和 N_k 决定的加密轮数,则三者之间的关系如表 2.3.3 所示。

表 2.3.3　　**Rijndael 算法中 N_k 和 N_b 决定 N_r 的取值表**

N_r	$N_b = 4$	$N_b = 6$	$N_b = 8$
$N_k = 4$	10	12	14
$N_k = 6$	12	12	14
$N_k = 8$	14	14	14

由表 2.3.3,256 位分组($N_b = 8$)、使用 192 位密钥($N_k = 6$)的 Rijndael 算法需要进行 14 轮加密。而 AES 实际上只是表 2.3.3 中第一列的情形。

2.3.6　AES 的性能

对所有已知攻击而言,AES 是安全的。其设计融合了各种特色,从而为抵抗各种攻击提供了安全性。例如 S-盒构造中有限域逆操作的使用,导致了线性逼近和差分分布表中的各项趋近于均匀分布,这样就能有效抵御差分和线性攻击。类似地,线性变换 MixColumns 使得找到包含"较少"活动的 S-盒的差分和线性攻击成为不可能事件(设计者将这一特色称为宽轨道策略)。到 AES 正式公布时为止,分析的结论是,对 AES 不存在快于穷举密钥搜索的攻击,而不少于 128 位的密钥则使得穷举不可能成功,因此 AES 是安全的。即使是对 AES 减少迭代轮数的各种变体而言,"最好"的攻击也对 10 轮的 AES 无效。

但是最近发现,AES 在抵抗代数分析上存在一些弱点,不过目前还未对 AES 的安全性构成真正的威胁。所以,至少目前 AES 还是安全的。

除了安全性外,AES 还有许多优良的性能,如:加、解密速度非常快;适合软、硬件实现;对 RAM 和 ROM 的要求很低,因此非常适合在空间受限的环境中运行;原则上可支持长度为 32 位的任意倍数的分组和密钥长度;等等。

2.4 分组密码的操作模式

分组密码的操作模式(也称工作模式)是指根据不同的数据格式和安全性要求,以一个具体的分组密码算法为基础构造一个密码系统的方法。

分组密码的操作模式应当力求简单、有效和易于实现。以下仅以 DES 为例介绍分组密码的五种主要操作模式。

1. 电码本(ECB)模式

直接使用 DES 算法对 64 位的数据进行加密的工作模式就是 ECB(Electronic Code Book)模式。在这种模式的加密变换和加密变换分别为:

$$c^{(i)} = \text{DES}_K(m^{(i)}), i = 1, 2, \cdots$$

$$m^{(i)} = \text{DES}_K^{-1}(c^{(i)}), i = 1, 2, \cdots$$

这里 K 是 DES 的密钥,$m^{(i)}$ 和 $c^{(i)}$ 分别是第 i 组明文和密文。在给定密钥时,$m^{(i)}$ 有 2^{64} 种可能的取值,$c^{(i)}$ 也有 2^{64} 种,各 $(m^{(i)}, c^{(i)})$ 彼此独立,构成一个巨大的单表代替密码,因而称其为电码本模式。

ECB 模式的优点是:直接使用 DES 算法即可进行加、解密,而且如果有一组密文出错,只影响该组密文的解密,不会影响其他密文组。其缺点是:如果 $m^{(n+i)} = m^{(i)}$,则相应的密文 $c^{(n+i)} = c^{(i)}$。换言之,在给定密钥 K 下,相同的明文组总是产生相同的密文组,这会暴露明文组的数据格式,为密码分析者提供某些信息。

2. 密文分组链接(CBC)模式

如上所述,ECB 模式存在一些显见的缺陷。为了克服这些缺陷,人们又提出了新的操作模式:将所有分组"链接"在一起,使得每一组明文所对应的密文不仅与该明文组相关,而且与上一组密文相关,从而相同的明文组可对应不同的密文。这种技术称为分组密码链接技术,对应的操作模式称为密文分组链接模式(Ciphertext Block Chaining, CBC)。

CBC 模式的工作特点是,在密钥固定不变的情况下,使用链接技术改变每个明文组的输入。在 CBC 模式下,每个明文组 $m^{(i)}$ 在加密之前,先与反馈

第2章 对称分组算法

至输入端的前一组密文 $c^{(i-1)}$ 逐比特模2加后再加密,如图2.4.1所示。

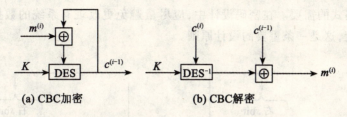

图 2.4.1 CBC 模式

设待加密的明文分组为 $m = m^{(1)}m^{(2)}m^{(3)}\cdots$,取一个初始向量 IV,按如下方式加密各组明文 $m^{(i)}(i=1,2,\cdots)$:

① $c^{(0)} = \text{IV}$(初始值);

② $c^{(i)} = \text{DES}_K(m^{(i)} \oplus c^{(i-1)})$; $i = 1,2,\cdots$;

这样,密文组 $c^{(i)}$ 不仅与当前的明文组有关,而且通过反馈的作用还与以前的明文组 $m^{(1)}, m^{(2)}, \cdots, m^{(i)}$ 有关。

易见,使用 CBC 链接技术的分组密码的解密过程为:

① $c^0 = \text{IV}$(初始值);

② $m^{(i)} = \text{DES}_K^{-1}(c^{(i)}) \oplus c^{(i-1)}$。

CBC 工作模式的优点为:

① 能隐蔽明文的数据格式。

② 在某种程度上能防止数据篡改,诸如明文组的重放、嵌入和删除等。

但 CBC 模式也有其不足,会出现错误传播,即密文中任一位发生错误,会将错误传播到其后的密文组。

3. 密文反馈(CFB)模式

若待加密的消息必须按字符(比特)处理时,可采用密文反馈(Ciphertext Feedback,CFB)模式,如图 2.4.2 所示。在 CFB 模式下,每次加密 s bit 明文。一般 s 是 64 的因子。

图 2.4.2 的上端是一个开环移位寄存器。加密之前,先给该移位寄存器输入 64bit 的初始值 IV,它就是 DES 的输入,记为 $x^{(0)}$。DES 的输出 $y^{(i)}$ 的最左边 s bit 和第 i 组明文 $m^{(i)}$ 逐位模2相加,得密文 $c^{(i)}$。$c^{(i)}$ 一方面作为第 i 组密文发出,另一方面反馈至开环移位寄存器最右边的 s 个寄存器,使下一组明文加密时 DES 的输入依赖于密文 $c^{(i)}$。

CFB 模式与 CBC 模式的区别是反馈的密文不再是 64bit,而是 s bit,且不直接与明文相加,而是反馈至密钥产生器中。

CFB 模式除有 CBC 模式的优点外,其自身独特的优点是它特别适用于用户数据格式的需要。在密码设计中,应尽量避免更改现有系统的数据格式和一些规定,这是一条重要的设计原则。

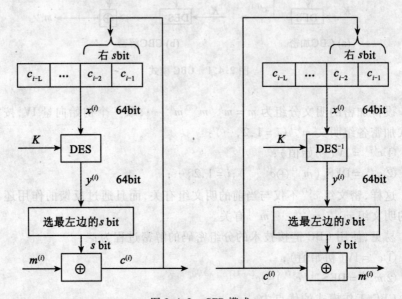

图 2.4.2　CFB 模式

CFB 模式的缺点有二:一是对信道错误较敏感且会造成错误传播;二是数据加密的速率被降低。但这种模式多用于数据网中较低层次,其数据速率都不太高。

4. 输出反馈(OFB)模式

输出反馈(Output Feedback,OFB)模式是 CFB 模式的一种改进,它将 DES 作为一个密钥流产生器,其输出的 s 位的密钥直接反馈至 DES 的输入寄存器中,而把 s 位的密钥和输入的 s 位的明文对应模 2 加(见图 2.4.3),从而克服了 CBC 模式和 CFB 模式的错误传播带来的问题。

但这同时也带来了序列密码具有的缺点,对密文被篡改难以进行检测。由于 OFB 模式多在同步信道中运行,对手难以知道消息的起始点而使这类主动攻击不易奏效。OFB 模式不具有自同步能力,要求系统保持严格的同步,否则难以解密。OFB 模式的初始向量 IV 无需保密,但各条消息必须选用不同的 IV。

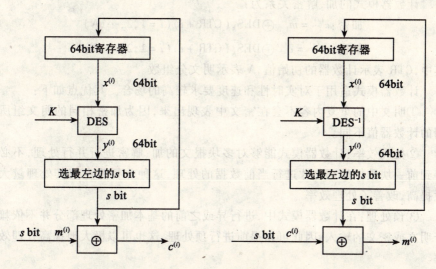

图 2.4.3 OFB 模式

5. 计数器(CTR)模式

计数器模式(Counter Mode, CTR)如图 2.4.4 所示。CTR 模式使用与明文分组规模相同的计数器长度，但要求加密不同的分组所用的计数器值必须不同。典型地，计数器从某一初始值，依次递增 1。计数器值经加密后再与明文分组异或，得到密文。解密时使用相同的计数器值序列，用加密后的计数器与密文分组异或，再恢复明文。

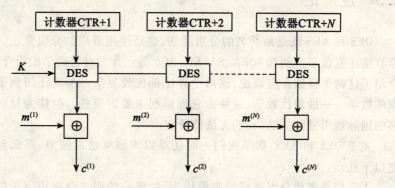

图 2.4.4 CTR 模式

计数器模式的加、解密关系为：

加密：$c^{(i)} = m^{(i)} \oplus \mathrm{DES}_K(\mathrm{CTR}+i)\ (i=1,2,\cdots,N)$

解密：$m^{(i)} = c^{(i)} \oplus \mathrm{DES}_K(\mathrm{CTR}+i)\ (i=1,2,\cdots,N)$

其中，CTR 表示计数器的初始值，N 表示明文分组数。

计数器模式适用于对实时性和速度要求较高的场合。其优点如下：

①明文中的重复内容不会在密文中表现出来，因为加密相同的明文组所用的计数器值不同。

②处理效率：计数器模式能够对多块报文的加、解密进行并行处理，不必等到前一块数据处理完才进行当前数据的处理，这种并行特点使其处理量大大提高，改善了处理效率。

③预处理：在计数器模式中，进行异或之前的基本加密处理部分并不依赖于明文或密文的输入，因此可以提前进行预处理，这也可以极大地提高处理效率。

④随机访问特性：可以随机地对任意一个密文分组进行解密处理，对该密文分组的处理与其他密文无关。

⑤实现的简单性：与电码本模式和密文分组链接模式不同，计数器模式只要求实现加密函数，不涉及解密函数，即 CRT 模式的加解密阶段都使用相同的基本加密函数，从而体现出其简单性。

以上介绍了分组密码的几种常见工作模式。它们各有特点和用途，实际应用中，应根据安全需要选择合适的模式。

2.5 注 记

DES 和 AES 既是最著名的分组算法，也是使用最广的分组算法。不过分组算法还有很多。例如 IDEA、SAFER、RC6 等。作为对密码学的简介，我们只介绍了这两个算法。应该说，这两个算法都比较复杂。AES 还用到了较为高深的数学——抽象代数学，这使得它理解起来要困难些。但作为目前使用最多的国际通用分组算法，我们无法绕开它。

关于 DES 和 AES，如果我们一时还难以理解算法的细节，那么至少要清楚以下几点：

①它们是现代分组密码的典型代表，把定长的明文分组用定长的密钥加密，得到定长的密文分组。其中 DES 是 Feistel 结构的典型代表，而 AES 是 SP 结构的典型代表。

②必须知道 DES 和 AES 的若干基本特性：分组长度、有效密钥长度、安全性等。

③无论多么复杂的分组密码，都是一系列简单的 S-变换或 P-变换的复合，并且其中不断地加入了跟密钥的混合。一些变换虽然简单，但可能用到了高深的数学理论，因此现代分组密码是以深刻的数学理论为基础的。

④分组密码不仅可以直接使用，还可以采用多种不同的使用方式（工作模式），甚至可以转化成序列密码。

由于序列密码目前在网络和防伪识别上使用得并不多，作为一个密码学简介，我们暂时没有介绍它。但这并不意味着它不重要。事实上，序列密码和分组密码都是对称密码的重要组成部分，许多核心的密码系统仍在使用序列密码算法。

对称算法的研究一直是密码学的热点和重点。NESSIE、ECRYPT 都有专项基金支持对称算法的研究。对于对称算法的设计，通常要考虑以下特性：安全性、效率和软硬件实现成本。

基于以上几方面的考虑，除了已有的 IDEA、SAFER、RC6 等算法之外，NESSIE 于 2003 年 2 月公布了最终选择的四个算法：MISTY1、Camellia、AES 和 SHACAL 算法。而 ECRYPT 则加强了对流密码算法设计的支持，建立了流密码工程 eStream，并于 2008 年 9 月最终选择了 HC-128、Rabbit、Salsa20/12、SOSEMANUK 这四个适于软件实现的算法，以及 Grain v1、MICKEY v2 和 Trivium 这三个适于硬件实现的算法。尽管 ECRYPT 选择这些算法时已作了大量的分析和比较，但对这些算法的性能仍在进一步研究中。

分组算法的工作模式实际上就是算法的应用方式，所以也称应用模式。本章给出的是几种常见的标准的应用模式，还有许多其他的应用模式。事实上，读者也可以根据自己的需要设计专门的应用模式。

习题二

1. 什么是对称算法？其特点是什么？
2. 对称分组算法与对称流密码有何异同？
3. 对称密码有哪些设计原则？如何评价一个对称密码算法的优劣？
4. Feistle 网络与 SP 网络各有什么特点？这些特点对算法有何影响？
5. 为什么 112 比特密钥的双重 DES 与三重 DES 安全性不同？
6. 对称密码有哪些典型的工作模式？这些模式有什么特点？又各有哪

些长处和不足?哪些模式会导致错误扩散?

7. 设明文和密钥皆为"oxddddddddddddddddd",求一轮 DES 加密后的输出。

8. 设 M' 是 M 的逐比特取补,证明在 DES 中,如果对明文分组和加密密钥都逐比特取补,那么得到的密文也是原密文的逐比特取补,即:如果 $Y = \text{DES}(K, X)$,那么 $Y' = \text{DES}(K', X')$。

提示:对任意两个长度相等的比特串 A 和 B,有 $(A \oplus B)' = A' \oplus B$。

9. 在对 DES 所有 2^{56} 个密钥进行穷尽搜索时,能否根据上一题的结论减小穷尽搜索时所用的密钥空间?

10. 设明文和密钥皆为"ox5…5"(共 128bits),求一轮 AES 加密后的输出。

第3章 非对称算法

本章先介绍非对称算法的产生背景与基本思想,再介绍若干经典的非对称算法,然后介绍若干近年提出的新的非对称算法。

3.1 非对称算法概述

上一章我们介绍了传统的对称密码算法。对称算法的密钥是对称的,且安全性完全依赖于密钥。而密钥的对称性意味着,发送者和接收者在进行安全通讯之前,必须使用一个安全的通道来分配(传递)密钥并共同保护这个密钥的机密性。否则,一旦泄露密钥,任何人都能对通信内容进行加解密。

然而现实中,建立这样的安全通道是比较困难的。过去,为了保护重要的军事机密,不得不花费较高的成本建立一个这样的安全通道,用于传递少量的重要机密信息。但今天,要将对称密码用于保护大量的商业机密,传递密钥的代价就太大了,因为商业行为有很高的不确定性,预先不知道谁和谁需要秘密通信,也不知道通信量有多大,而且不少需求是突然发生的。如果每次通信前都要花很高代价(包括时间、经费等)来建立一个这样的安全通道,无疑会给商业应用造成严重障碍。另外,对有 N 个用户的群体来说,如果两两之间要进行保密通信,那么每个用户将要保存 $N-1$ 个密钥,而整个群体则需要 $N(N-1)/2$ 个不同的密钥,而大量密钥的管理是个相当复杂的问题。所以,对称密码用于广泛的保密通信时,密钥管理是一个很大的障碍。

为了解决这个问题,Diffie 和 Hellman 于 1976 年在《密码学的新方向》一文中,首次提出了一种创造性的思想:基于计算上的困难问题,双方可以在公开信道中共同协商密钥。这是一篇划时代的文章。尽管文章中没有给出真正的公开密钥加密体制,但是,它基于计算上的困难问题构造出了一个单向陷门函数,这一思想为公开密钥体制的产生指明了方向。1977 年,在这篇文章的影响下,Rivest、Shamir 和 Adleman 基于大数分解困难问题,首创了以他们三人名字命名的 RSA 公开密钥密码体制。

公开密钥密码体制最显著的特点是：其加密密钥与解密密钥不同，并且由加密密钥无法直接推导（指不依赖于其他秘密信息进行推导）解密密钥。加密密钥可以公开，因而也叫做公开密钥（public-key，简称公钥），解密密钥则只为解密者私人所拥有，叫做私有密钥（private-key，简称私钥）或秘密密钥。由于加、解密钥不对称，因此这样的加密体制又叫做非对称加密体制。非对称体制的一个生活实例是邮筒，它有一个公开的入口（即公钥加密），任何人都可以把信件（消息）放入邮筒，但只有掌握邮筒钥匙的人（即拥有私钥者）才能取出信件（即用私钥解密）。

在 RSA 之后，又有许多非对称密码体制被提出，各种体制的安全性依赖于不同的计算困难问题。如 Merkle-Hellman 背包体制，其安全性基于子集和（背包）问题的困难性（已被破解）；ElGamal 体制，其安全性基于模 p（大素数）的离散对数困难问题；椭圆曲线公钥加密体制（ECC），也是基于有限域上的椭圆曲线中的离散对数困难问题等。

基于非对称体制，通信双方可以不事先分配密钥就能进行保密通信，这为解决对称密码的密钥分配问题开辟了一条宽广的新路径。此外，基于非对称算法，还可以构造数字签名方案，即用私钥产生数字签名，用公钥来验证签名。这不仅为身份认证提供了极佳的手段，同时还能用于数据完整性认证。这表明，非对称密码体制有其独特的优势。

但是，如何保证公钥的真实性也是一个很复杂的问题。因此在 1984 年，RSA 算法的发明者之一 A. Shamir 又进一步提出了直接以身份为公钥的思想，以简化非对称密钥的管理，但他并没有给出切实可行的方案。2000 年，Dan Boneh 和 Matt Franklin 基于双线性映射提出了一种切实可行的、基于身份的非对称算法 IBE（Identity-based Encryption）。这是一种能以用户名或任意字符串作为公钥的加密算法，其特性无论对于密钥管理还是对于实际应用，都有其独特的优势。不过，算法的安全性还有待进一步研究。

RSA 是用得最多的公钥体制，但它是分组加密且通常都是电码本模式的，因此相同的明文会对应相同的密文。这多少会给分析者提供一些信息，造成安全隐患。作为改进，Goldwasser 和 Micali 于 1984 年提出了概率公钥的新概念，给出了概率公钥密码体制。这种体制在加密时可引入随机数，即密文 c 是明文 m、密钥 k 和随机数 r 的函数，亦即 $c = E_k(m,r)$，从而相同的明文可对应不同的密文。

与对称密码相比，非对称密码的计算量要大得多，软硬件实现也更为困难,效率较低,因此不适用于加密长的数据报文。但在传递密钥、产生数字签名和认证身份等方面,它又有着对称算法不可替代的优势。

以下我们将详细介绍 RSA、ElGamal、ECC、IBE 等非对称算法。

3.2 RSA 算法

3.2.1 RSA 加解密算法

RSA 是第一个完善的非对称加密算法,也是使用最广泛的公钥密码系统,它既可以用于加密,也可用于数字签名。1977 年,RSA 算法由 Rivest, Shamir 和 Adleman 首次提出并实现,并用他们三人的名字的首字母来命名。它的安全性基于大整数素因子分解的困难性上,并经受住了多年深入的密码分析。

大数分解困难问题

给定大数 $n = pq$,其中 p 和 q 为大素数,则由 n 计算 p 和 q 是十分困难的。即目前还没有多项式时间的算法可以有效求解这一问题。

基于大数分解困难性而构造的 RSA 体制描述如下:

系统参数:令 p 和 q 是两个的不同的大的奇素数,$n = pq$,$\varphi(n) = (p-1)(q-1)$,此处 φ 是 Euler 函数。选取 e,使得 $\gcd(e, \varphi(n)) = 1$,并计算 d,使得 $ed \equiv 1 \bmod \varphi(n)$。公开参数 (n, e) 作为公钥,而参数 (p, q, d) 则作为私钥。设 m 为明文,c 为密文,则加、解密算法如下:

加密算法:$E_K(m) = m^e \equiv c \bmod n$

解密算法:$D_k(c) = c^d \equiv m \bmod n$

这是因为,$ed \equiv 1 \bmod n$,所以必有某个整数 $t \geq 1$,使得:$ed = t\varphi(n) + 1$,从而有:

$$D_K(c) \equiv c^d \equiv (m^e)^d \equiv m^{t\varphi(n)+1} \equiv (m^{\varphi(n)})^t m \equiv 1^t m \equiv m \bmod n$$

这里用到了数论中一个基本结论:$m^{\varphi(n)} \equiv 1 \bmod n$。

例 3.2.1 设用户 A 选择 $p = 101$,$q = 113$,那么 $n = pq = 11413$,$\varphi(n) = 100 \times 112 = 11200$。由于 $11200 = 2^6 5^2 7$,所以,当且仅当 e 不能被 2、5 或 7 整除

时一个整数 e 可以选为加密指数（即公钥）。实际上，用户 A 不会分解 $\varphi(n)$，他将利用欧几里得算法来验证 $\gcd(\varphi(n),e)=1$，同时计算 d。假定 A 选择 $e=3533$，他用扩展的欧几里得算法计算：

$$d = 3533^{-1} \bmod 11200 = 6597$$

因此，A 的私钥为 $d=6597$。A 公开 $n=11413$ 和 $e=3533$。假定用户 B 要加密明文 9726 并发给 A，他将计算

$$9726^{3533} \bmod 11413 = 5761$$

然后把密文 5761 通过公开信道发出。当 A 收到了密文 5761 后，他将用私人密钥 d 计算：

$$5761^{6597} \bmod 11413 = 9726$$

从而恢复明文。

对于 RSA 密码体制，有很多方面可以讨论，包括密钥生成（将在第 7 章中介绍）、加密和解密的实现细节及效率，还有安全性等。

3.2.2　RSA 中的模幂运算

下面讨论 RSA 的一些细节。在 RSA 体制中，加密和解密运算就是模指数运算（也称模幂运算）。如计算形如 $c = m^e \bmod n$ 的函数，可以由 $e-1$ 次模乘来实现；然而，如果 e 非常大，其效率会非常低。因此，寻找高效的算法非常重要。下面介绍的平方-乘积算法就能极大提高模幂运算的效率。

设 e 有 k 位，$e = e_{k-1}2^{k-1} + e_{k-2}2^{k-2} + \cdots + e_1 2 + e_0$，由平方-乘积算法如下：
平方-乘积算法：Square-and-Multiply(m,e,n)

$\quad z \leftarrow 1$

$\quad$ for $i = k-1$ downto 0 do

$\quad\quad z \leftarrow z^2 \bmod n$

$\quad\quad$ if $e_i = 1$

$\quad\quad$ then $z \leftarrow (z \times m) \bmod n$

$\quad$ return (z)

这样，对于 k 位的 e 来说，用平方-乘积算法计算 $m^e \bmod n$ 只需要做不超过 $2k$ 次的模乘运算。

仍取 $p=101, q=113, n=11413, e=3533=(110111001101)_2$，即将 e 表示成二进制。利用平方-乘积算法，通过计算 $9726^{3533} \bmod 11413$ 来加密明文 9726，过程如下：

i	b_i	z
11	1	$1^2 \times 9726 \pmod{11413} = 9726$
10	1	$9726^2 \times 9726 \pmod{11413} = 2659$
9	0	$2659^2 \pmod{11413} = 5634$
8	1	$5634^2 \times 9726 \pmod{11413} = 9167$
7	1	$9167^2 \times 9726 \pmod{11413} = 4958$
6	1	$4958^2 \times 9726 \pmod{11413} = 7783$
5	0	$7783^2 \pmod{11413} = 6298$
4	0	$6298^2 \pmod{11413} = 4629$
3	1	$4629^2 \times 9726 \pmod{11413} = 10185$
2	1	$10185^2 \times 9726 \pmod{11413} = 105$
1	0	$105^2 \pmod{11413} = 11025$
0	1	$11025^2 \times 9726 \pmod{11413} = 5761$

因此,如前所述,密文是 5761。

在解密时,为了加速解密过程,不再使用平方-乘积算法计算 $c^d \bmod n$,而是利用私钥 p 和 q,先计算

$$c_1 = c \bmod p, d_1 = d \bmod (p-1)$$
$$c_2 = c \bmod q, d_2 = d \bmod (q-1)$$

令 $m_1 = c_1^{d_1} \bmod p, m_2 = c_2^{d_2} \bmod q$,用中国剩余定理解同余方程

$$\begin{cases} m = m_1 \bmod p \\ m = m_2 \bmod q \end{cases}$$

从而求出明文 m。这样做可以明显提高解密的速度。

3.2.3 RSA 的安全性

RSA 体制的安全性显然与分解大数 n 的困难性密切相关,因为,如果能分解公钥参数 $n = pq$,则可以轻易地求出私钥 d,因而体制将不安全。但是,攻击 RSA 体制是不是必须要分解 n 呢?比如说,不分解 n,能否直接猜测 $\varphi(n) = (p-1)(q-1)$ 的值?能否直接尝试每一种可能的 d,直到获得正确的

一个为止？或者，如果 e 不太大，能否通过对密文直接开方来恢复明文？到目前为止，对适当选择的 d，穷尽搜索是不可行的。同样，对适当选择的 e，开方也是不可行的。而猜测 $\varphi(n)$ 的值，则几乎和分解 n 一样困难。但如果参数选择或使用方法不当，则容易导致分解 n 的难度降低，甚至可能不必分解 n，就可直接攻击 RSA 体制，我们将在随后的章节中逐步加以说明。

对于大整数的因子分解，已经有很多方法，目前认为比较有效的是二次筛法(quadratic sieve)、椭圆曲线分解算法(elliptic curve factoring)和数域筛法(number field sieve)等。其他经典的算法有 pollard-rho 算法、pollard $p-1$ 算法、William 的 $p+1$ 算法、连分式算法(continued fraction)，还有试除法(trial division)等。有些算法相当复杂，在此不一一介绍。

作为一个例子，这里简单介绍一下 pollard $p-1$ 算法。

pollard $p-1$ 算法

输入：要分解的(奇)整数 n，和一个预先制定的"界" B。

输出：如果成功，则可分解出 n 的一个素因子。

算法：Pollard $p-1$ Factoring Algorithm(n,B)

$a \leftarrow 2$

for j from 2 to B

    do $a \leftarrow a^j \bmod n$

$r \leftarrow \gcd(a-1,n)$

if $1 < r < n$

    then return r

    else return "failure"

说明：设 $n = pq$，且 $p-1$ 可以被分解为

$$p - 1 = \prod_{i=1}^{t} p_i^{a_i}$$

其中 p_i 是第 i 个素数，a_i 为大于等于 0 的整数。该算法是假设 $p-1$ 可以分解为许多小素数的积，即存在 B，使得对 $i = 1,2,\cdots,t$，都有 $p_i^{a_i} \leq B$ 成立。于是必有 $(p-1) | B!$。于是在算法中的 "for 循环" 结束时，有：

$$a \equiv 2^{B!} \bmod n$$

由于 $p | n$，所以必有：

$$a \equiv 2^{B!} \bmod p$$

而由 Fermat 定理可知：

$$2^{p-1} \equiv 1 \bmod p$$

这样就有 $a \equiv 1 \bmod p$,因此 $p|(a-1)$。因为 $p|n$,所以有 $p|r = \gcd(a-1, n)$。由于 $1 < r < n$,它必是 n 的非平凡因子,从而必然有 $n = pq = r(n/r)$。这样就实现了对 n 的因子分解。

这个方法实际上要求 RSA 在参数选择时必须非常小心,即素因子 p、q 不能是任意的素数,还必须满足一定的条件,这一点我们在非对称密钥的管理中还将专门介绍。

1999 年,512 位的大整数已被成功分解。所以要使用更大的模数。如取模数 n 为 1024 位(相当于十进制数 308 位),则以当前的计算机水平,还很难分解。而要分解 2048 位的模数 n,更是难以想象的。但要注意的是,虽然提高 n 的位数会大大提高 RSA 体制的安全性,但其计算量呈指数增长,以致系统实现的难度也随之增大,加密和解密的效率会明显降低,实用性也越差。

3.3 ElGamal 算法

3.3.1 ElGamal 加解密算法

ElGamal 算法由 Taher Elgamal 于 1984 年提出,并以其名字命名。该算法的安全性依赖于计算离散对数问题(Discrete Logarithm Problem,简称 DLP)的困难性。离散对数问题表述如下:

离散对数问题(DLP)

设 $(G, \cdot)$ 是 n 阶有限循环乘法群,$G = \langle \alpha \rangle = \{\alpha^i | 0 \leq i \leq n-1\}$,$\alpha$ 是其生成元。在 $\langle \alpha \rangle$ 中,给定 β,必存在唯一的整数 $t, 0 < t \leq n-1$,使得: $\alpha^t = \beta$。t 称为 β(对于底 α)的离散对数,记为 $\log_\alpha \beta$。而给定 α 和 β 来求解 t 则称为离散对数问题。

在密码学中主要应用离散对数问题的如下性质:对于足够大的 n 来说,如果 $\langle \alpha \rangle$ 中使用了模幂运算,那么求解离散对数是非常困难的,而其逆运算即指数运算可以应用"平方-乘积"方法有效地计算出来。

Elgamal 算法就是基于有限循环群上离散对数问题的困难性而构造的非对称加密体制。下面以群 $(Z_p^*, \cdot)$ 为例介绍这一体制。在进行加解密之前,需要生成算法的相关参数。

系统参数：设 p 是一个素数，使得群 $(Z_p^*, \times)$ 上的离散对数是难处理的（因此 p 必须足够大）。$\alpha \in Z_p^*$ 是 Z_p^* 的一个本原元（参见代数学基础）。令 $M = Z_p^*, C = Z_p^* \times Z_p^*$。定义

$$K = \{(p, \alpha, x, y) | y \equiv \alpha^x \bmod p\}$$

其中 $0 < x < p - 1$ 是随机选取的。α 和 p 可由一组用户共享，称为系统公开参数，用户公钥为 y，私钥为 x。

如果要对消息 m 进行加密，先将 m 按照模 p 进行分组，使每组 m_i 都小于 p（以下仍将 m 视为其中的一组）。加、解密算法如下：

加密算法：随机选取参数 $r \in Z_{p-1}$ 使 $\gcd(r, p-1) = 1$，计算

$$\begin{cases} c_1 \equiv \alpha^r \bmod p \\ c_2 \equiv m \cdot y^r \bmod p \end{cases}$$

密文为：

$$c = E_k(m, r) = (c_1, c_2) \qquad (*)$$

解密算法：对于 $c_1, c_2 \in Z_p^*$，解密运算为

$$D_{k'}(c_1, c_2) \equiv c_2 (c_1^x)^{-1} \bmod p = m$$

可以简单地验证加密和解密是逆运算。当收到密文 (c_1, c_2) 时，接收方用私人密钥 x 计算：

$$D_{k'}(c_1, c_2) \equiv c_2 (c_1^x)^{-1} \bmod p$$

因为

$$D_{k'}(E_k(m, r)) \equiv D_{k'}(c_1, c_2) \equiv m \cdot y^r (\alpha^{rx})^{-1} \equiv m \bmod p$$

所以接收方可正确恢复明文 m。

例 3.3.1 设 $p = 2579, \alpha = 2$ 是模 p 的本原元。令 $x = 765$ 为私钥，所以

$$y = 2^{756} \bmod 2579 = 949$$

假设用户 A 现在想要传送消息 $m = 1299$ 给用户 B，设 A 选择了随机数 $x = 853$，那么计算

$$c_1 = 2^{853} \bmod 2579 = 435$$
$$c_2 = 1299 \times 949^{853} \bmod 2579 = 2396$$

当用户 B 收到密文 $c = (435, 2396)$ 后，计算 $m = 2396 \times 435^{765} \bmod 2579 = 1299$ 即得明文。

说明：

① 因为密文既依赖于明文 m，又依赖于选择的随机数 r，所以对于同一个

明文会有许多$(p-1)$个可能的密文。因而,在 ElGamal 密码体制中,加密运算是随机的。

② (*)式意味着密文是Z_p^*中的元素对(c_1,c_2),故密文的大小恰为明文的两倍,即 ElGamal 密码体制的加密算法有数据扩展。

对 ElGamal 算法,我们可以简单地理解为:加密时,明文 m 通过乘以 y^r "伪装"起来,产生 c_2。值 $α^r$ 作为密文的一部分传送,主要是传递关于参数 r 的信息。解密时,利用私钥 x,可以从 $α^r$ 计算出 y^r。最后用 c_2 除以 y^r 除去伪装,得到 m。不过,因为用该体制加密的密文依赖于明文和加密者选取的随机数,所以这种密码算法是非确定性的。

3.3.2 ElGamal 的安全性

ElGamal 算法的安全性主要与计算离散对数的算法以及加密、解密算法有关。

就加、解密算法来说,如果使用同一个 r 加密两个消息 m_1 和 m_2,结果为(c_{11},c_{22})和(c_{12},c_{22}),由于 $c_{12}/c_{22}=m_1/m_2$,若 m_1 已知,则 m_2 很容易计算出来,反之亦然。所以,不能使用同一个 r 来加密两个明文,否则算法是不安全的。

对于离散对数的计算,已经有一些针对满足特定条件的素数 p 的算法,如对 $p-1$ 为小的素因子乘积时,可以采用 Pohilg-Hellman 算法,还可以采用 Shanks 时-空折中算法。此外还有指标计算方法,采用因子基,先计算因子基中素数的离散对数,然后计算期望元素 $β$ 的离散对数等。

要安全实现 ElGamal 算法,需要选择合适的参数,特别是系统参数 p。当然 ElGamal 型的算法不是必须在上 Z_p^* 实现。实际上它可以在任何一个高阶有限循环群上实现。选择群的标准是:

① 群中的运算容易实现,以保证有效性;

② 群中的离散对数问题是困难的,以保证安全性。

目前最受关注的群是 Z_p^* 和定义在有限域上的椭圆曲线的点所构成的循环群。基于定义在有限域上的椭圆曲线的点所构成的循环群所构造的公钥算法称为椭圆曲线密码(Elliptic Curve Cryptology,简称 ECC),在同等的安全性下,它比 RSA 和 Z_p^* 上的 ElGamal 算法的参数要短得多,因而有更高的效率。以下我们介绍这一算法。

3.4 ECC 算法*

3.4.1 椭圆曲线密码概述

椭圆曲线(Elliptic curve)作为纯数学对象已被人们研究了一百多年,到目前已有许多深刻的结果。刚开始人们研究椭圆曲线是因为它的许多优美性质,而它真正走向应用却是最近几十年的事情。这些应用领域包括编码理论、伪随机数的生成、数论算法(如大数的分解和素数的证明)等。近年来,人们利用椭圆曲线上的双线性对来构造基于身份的密码方案(加解密、数字签名、密钥协商等),从而使得这一领域成为密码学新的研究热点。

1985年,V. Miller 和 N. Koblitz 独立地提出了椭圆曲线密码体制(ECC),从而使人们对椭圆曲线的研究再度掀起高潮,并且围绕椭圆曲线密码体制的快速算法、安全性和实现上进行了大量的工作,引起了社会的广泛关注。特别是经过 Centicom 公司的不懈努力,ECC 已成为安全领域(包括一些论坛如 ANSI、IEEE、ISO、IETF 和 WAP)内最重要的标准。1999年1月,ANSI 出台了 ECDSA 标准,2000年 NIST 也提出了 ECDSA 标准。主要的标准有:IEEEP1363、ANSIX9.62、ANSIX9.63、ISO/IEC14888、ISO/IEC14946、FIPS186-2、IETF 等,这将极大地提高 ECC 在全球范围内的广泛应用。实际上,ECC 已被公众所广泛接受,许多大公司如摩托罗拉、西门子、康柏等已将 ECC 用于他们的信息安全系统。

表 3.4.1 ECC 和 RSA 的效率对比

	163 比特的 ECC(ms)	1024 比特的 RSA(ms)
密钥生成	3.8	4,708.3
签名	2.1(ECNRA) 3.0(ECDSA)	228.4
验证	9.9(ECNRA) 10.7(ECDSA)	12.7
D-H 密钥交换	7.3	1,654.0

ECC 之所以如此被人们所重视,主要是由于它的良好的密码特性,如安全强度高、密钥长度小、带宽要求低、加(解)密快。随着基域 F_q 的选择和其

中元素的表示方法的不同,有限域 F_q 中元素的运算(加法,乘法,求逆等)可以快速实现。实际上,在相同的安全强度下,ECC 运算(如数字签名,分发密钥)要比 RSA/DSA 快得多。表 3.4.1 给出了 RSA 和 ECC 的速度对照。

从表 3.4.1 可以看出,在密钥对的生成、签名、验证签名、密钥交换等密码运算上,ECC 要远优于 RSA。

3.4.2 有限域上的椭圆曲线密码体制

椭圆曲线可以定义在任意有限域上,但人们感兴趣的主要是 Z_p(其中 p 为素数)和特征为 2 的有限域 $F_{2^m}(m \geq 1)$。有关椭圆曲线的数学知识,参见附录的数学基础。本节介绍这两种有限域上的椭圆曲线密码体制。

域 Z_p 上的椭圆曲线参数指定了椭圆曲线 $E(Z_p)$ 及其基点 $\alpha = (x_p, y_p)$(即循环群的生成元)。这对于确切定义基于椭圆曲线密码学的公钥体制是必要的。Z_p 上的椭圆曲线域参数是一个六元数组:

$$T = (p, d, e, a, n, h)$$

其中 p 是定义 Z_p 的素数,元素 $d, e \in Z_p$ 决定了由下面的方程定义的椭圆曲线 $E(Z_p)$

$$y^2 = x^3 + dx + e \pmod p$$

并且满足

$$4d^3 + 27e^2 \not\equiv 0 \bmod p$$

$\alpha = (x_p, y_p)$ 是 $E(Z_p)$ 上的基点,素数 n 是 α 的阶,整数 h 是余因子 $h = |E(Z_p)|/n$。

为了避免一些已知的对 ECC 的攻击,选取的 p 不应该等于椭圆曲线上所有点的个数,即 $p \neq |E(Z_p)|$,并且对于任意的 $1 \leq m \leq 20, p^m \not\equiv 1 \bmod n$。类似地,基点 $\alpha = (x_p, y_p)$ 的选取应使其阶数 n 满足 $h \leq 4$。

求解有限域上椭圆曲线的点所形成的循环群中的离散对数,称为椭圆曲线离散对数问题(ECDLP)。它也是难解的。因此,可以构造 ElGamal 类型的公钥密码体制。

系统参数:设 $E(Z_p)$ 是定义在 $Z_p(p > 3$ 为素数)上的椭圆曲线,$E(Z_p)$ 包含一个 n 阶循环子群 H,生成元为 $P = (x_0, y_0)$。设在 H 中离散对数是难处理的。则 $((E(Z_p), n, P)$ 为系统公开参数。

密钥生成:对于上述系统参数,对用户 A 来说,他的公、私钥按如下来产生:

① 选一随机整数 $d \in [1, n]$;

② 计算倍点 $Q = dP$；
③ A 的公钥是点 Q，私钥是随机整数 d。
根据上述密钥，就可以构造如下 ElGamal 类型的椭圆曲线加密方案。
加密变换：（用户 B 给用户 A 发送消息 M）
① 查找用户 A 的公钥 Q；
② 将消息 M 表示为域 Z_p 中的元素；
③ 选一随机整数 $k \in [1, n-1]$；
④ 计算椭圆曲线上的点 $kP = (x_1, y_1)$；
⑤ 计算倍点 $kQ = (x_2, y_2)$，若 $x_2 = 0$ 则回到第三步；
⑥ 计算 $c = mx_2$；
⑦ 将加密数据 (x_1, y_1, c) 发送给 A。
解密变换：（用户用自己的私钥 d 解密出消息 M）
① 用户 A 计算倍点 $(x_2, y_2) = d(x_1, y_1)$；
② 计算 $m = cx_2^{-1}$，恢复出消息 m。

例 3.4.1 设 $E(Z_{11})$ 是 Z_{11} 上的椭圆曲线 $y^2 = x^3 + x + 6$。取本原元 $\alpha = (2,7)$，按 ElGamal 公钥密码体制，用户 A 的私人密钥取 $a = 7$，计算公钥 $\beta = 7\alpha = (7,2)$，随机选取 $r, 0 \leq r \leq 12$ 则加密变换

$$E_k(m, r) = (r\alpha, m + r\beta) = (c_1, c_2)$$

这里 $m \in E(Z_{11})$。解密变换为

$$D_k(c_1, c_2) = c_2 - 7c_1$$

如果消息 $m = (10, 9) \in E(Z_{11})$ 是待加密的明文，则用户 B 选随机数 $r = 3$ 即可计算

$$c_1 = 3(2, 7) = (8, 3)$$
$$c_2 = (10, 9) + 3(7, 2) = (10, 9) + (3, 5) = (10, 2)$$

故 $c = ((8 \times 3) \times (10 \times 2))$ 是密文。解密时

$$m = (10, 2) - 7(8, 3) = (10, 2) - (3, 5) = (10, 2) + (3, 6) = (10, 9)$$

这样，我们便完成了椭圆曲线 $E(Z_p)$ 上的 ElGamal 公钥密码体制。

但是，这种体制存在如下两个问题：

① Z_p^* 上 ElGamal 体制的消息扩展为 2（指密文 $c = (c_1, c_2)$ 由两部分组成，消息长度也是明文 m 的两倍），而椭圆曲线 $E(Z_p)$ 上的 ElGamal 体制的消息扩展为 4。这就是说，每个明文加密成密文要由 4 个元素组成，长度也扩展了四倍。

② 在椭圆曲线 $E(Z_p)$ 上的 ElGamal 体制中，明文消息为椭圆曲线 $E(Z_p)$

上的点，但没有确定的产生 $E(Z_p)$ 中点的方法或把一般明文转换成 $E(Z_p)$ 中点的方法。

Menezes 和 Vanstone 解决了上述问题。他们以椭圆曲线作伪装，明文、密文用任意域中元素（非零）的有序对（不必为 $E(Z_p)$ 中点），且消息的扩展仍为 2。

3.4.3 Menezes-Vanstones 椭圆曲线密码体制

该体制也包含系统参数、加密算法和解密算法三个部分。

系统参数：设 $E(Z_p)$ 是定义在 Z_p（$p>3$ 为素数）上的椭圆曲线，$E(Z_p)$ 包含一个循环子群 H。在 H 中离散对数是难处理的。令 $M = Z_p^* \times Z_p^*$，$C = E(Z_p) \times Z_p^* \times Z_p^*$，$\alpha,\beta$ 为公钥，a 为私钥。定义

$$K = \{(E(Z_p),\alpha,a,\beta) | \beta = a\alpha, \alpha \in E(Z_p)\}$$

则 K 为系统参数。其中 $E(Z_p)$、α 为系统公开参数，β 为公钥，a 为私钥。

加密变换：取一个秘密随机数 $r \in Z_{|H|}$，则对 $m = (m_1,m_2) \in Z_p^* \times Z_p^*$

$$E_k(m,r) = (c_0, c_1, c_2)$$

其中 $c_0 = r\alpha$。若令 $r\beta = (b_1, b_2)$，则 $c_1 = b_1 m_1 \bmod p$，$c_2 = b_2 m_2 \bmod p$。

解密变换：任给一个密文 $c = (c_0, c_1, c_2)$，$ac_0 = (b_1, b_2)$

$$D_k(c) = (c_1 b_1^{-1} \bmod p, c_2 b_2^{-1} \bmod p)$$

例 3.4.2 在例 3.4.1 中，$\alpha = (2,7)$，$a = 7$，$\beta = 7\alpha = (7,2)$。欲加密消息 $m = (9,1)$，选取随机数 $r = 6$，计算

$$c_0 = 6\alpha = 6(2,7) = (7,9), 6\beta = 6(7,2) = (8,3)$$

于是 $b_1 = 8, b_2 = 3$，而

$$c_1 = b_1 m_1 (\bmod 11) = 8 \times 9 (\bmod 11) = 6$$
$$c_2 = b_2 m_2 (\bmod 11) = 3$$

故密文为 $c = ((7,9),6,3)$。解密时，先计算 $ac_0 = 7(7,9) = (8,3)$，然后计算

$$m = (6 \times 8^{-1} (\bmod 11), 3 \times 3^{-1} (\bmod 11))$$
$$= (6 \times 7 (\bmod 11), 3 \times 4 (\bmod 11)) = (9,1)$$

利用平方-乘积算法，在乘法群中可以有效计算幂 α^a。椭圆曲线中群运算写为加法，可以用一个类似的称为"倍数-和"算法计算椭圆曲线上点 P 的倍数 aP（平方运算 $a \mapsto a^2$ 由倍数运算 $P \mapsto 2P$ 代替，两个群元素的乘积转换为椭圆曲线上两点的和）。

3.4.4 椭圆曲线密码的安全性

20世纪90年代,最通用的公钥密码是RSA和ElGamal算法。其密钥长度一般为512比特。1999年8月22日,基于互联网的分布式计算,在多台机器的合作下,一个512位的大整数被成功分解,这意味着512位的RSA算法已不安全。为安全起见,目前至少使用1024位的大数。而为了达到对称密钥128比特的安全水平,NIST则推荐使用3072比特的RSA密钥。但这样会带来两个问题,一是长密钥增加了密钥管理(如密钥生成和密钥存储)的困难,二是计算速度更为缓慢,效率将更低。相比之下,ECC则有明显的优势,因为160位密钥的ECC算法所提供的安全性与1024位的RSA相当,而且计算效率也更高。所以,ECC不仅在理论上有其独特的研究价值,而且它的密钥长度短,易于分配和储存,且所有用户都可选择同一个有限域F上的椭圆曲线,使所有用户可用同样的硬件来完成运算。因此,ECC的研究已引起人们越来越多的关注。

可以说,ECC是目前比特安全性强度最高的密码系统。一些熟知的离散对数攻击算法对于ECC似乎都不能奏效。也就是攻击ECDLP的算法都是完全指数时间算法,而目前对于大数分解问题(IFP)和离散对数问题(DLP)却有次指数时间的攻击算法,这就意味着,当密钥比特长度增加时,攻击ECDLP的算法强度将比攻击IFP和DLP的强度增加更快,正是由于此,在使用相同长度的密钥时,ECC将比RSA(基于IFP难问题)体制和DSA(基于DLP难问题)体制更安全。

目前已有的攻击ECDLP问题的算法包括穷举法、Baby-step giant-step算法、Pollard-ρ算法、并行Pollard-ρ算法、Pohlig-Hellman算法、Pollard's lambda法、Weil下降法,及对于一些特殊的所谓超奇异椭圆曲线的MOV攻击法等。

可以说,至今仍没有发现攻击ECDLP的次指数时间复杂度算法(ECDLP是否存在次指数时间的算法这一问题仍是一个谜),且最好的攻击算法是Pollard-ρ算法,它需要作$\sqrt{\pi(N/2)}$次椭圆曲线的加法运算。表3.4.2是用Pollard-ρ算法计算ECDLP问题的大致所需时间表,表3.4.3是用素域筛法分解大整数N的能力,其中1MIPS(Million Instructions per Second)是一台每秒能执行100万条指令的计算机运算一年的计算能力。从两表可以看出,ECC确实比RSA或DSA的安全强度大得多。表3.4.2表明用10000台速度为1000MIPS的计算机,当点P的阶数为$N \approx 2^{150}$时,计算一个关于点P的ECDLP需要3800年。而在同样的条件下,分解一个整数$N \approx 2^{512}$时,或是计算有限域

F_p 上的 DLP 问题,只需要 26.3 年。

表 3.4.2 　　用 Pollard-ρ 方法计算 ECDLP 的能力

域的大小(比特数)	N 的大小(比特数)	$\sqrt{\pi(N/2)}$	MIPS
155	150	2^{75}	3.8×10^{10}
210	205	2^{103}	7.1×10^{18}
239	234	2^{117}	1.6×10^{23}

表 3.4.3 　　用素域筛法分解整数 N 的计算能力

N 的大小(比特数)	512	768	1024	1280	1536	2048
MIPS	3×10^4	2×10^8	3×10^{11}	1×10^{14}	3×10^{16}	3×10^{20}

根据 Centicom 公司的报告,到目前为止,ECC2K-108、ECCp-109 和 ECC2-109 都被成功破解。这三个挑战都是采用软件利用大量的计算机实现的。其中,ECCp-109 是在 2002 年 6 月破解的,利用了 10000 台普通 PC,耗时 549 天;ECC2-109 是在 2004 年 4 月破解的,利用了 2600 台计算机,耗时 17 个月,大约相当于一台 Athlon XP 3200+ 连续工作 1200 年的工作量。从这些数据可以看出,ECDLP 问题需要的资源量是巨大的。

从前面的分析可知,在相同的安全需求下,ECC 所需要的密钥尺寸长度远比 RSA 或 DSA 来得小,表 3.4.4 给出了同等安全条件下,RSA、DSA 体制和 ECC 体制密钥的长度比较情况。这对于一些计算能力和存储空间有限的安全应用系统(如 smart 卡、PC(personal computer)卡、便携式计算机及无线装置),就显得极有意义。

表 3.4.4 　　RSA/DSA 和 ECC 的密钥长度比较

RSA/DSA 密钥比特数	ECC 密钥比特数	攻击时间 MIPS 年	RSA/DSA 密钥长度比
512	106	10^4	4.83:1
768	132	10^8	5.82:1
1024	160	10^{12}	6.40:1
2048	211	10^{20}	9.71:1
21000	600	10^{78}	35.0:1

上表中的 DSA 是数字签名算法,将在第 5 章介绍。

3.5 基于身份的公钥体制 *

3.5.1 双线性映射

令 q 为素数,G_1、G_2 分别是阶数为 q 的加法群和乘法群,P 为群 G_1 的生成元,1 为 G_2 的单位元。若映射 $\sigma: G_1 \times G_1 \to G_2$ 满足下列性质:

① 双线性(Bilinear):$\forall P_1, P_2 \in G_1, \forall a, b \in Z_q^*$,有 $\sigma(aP_1, bP_2) = \sigma(P_1, P_2)^{ab}$。

② 非退化性(Non-degenerate):$\sigma(P_1, P_2) \neq 1$。

③ 可计算性(Computable):$\forall P_1, P_2 \in G_1$,存在有效算法计算 $\sigma(P_1, P_2)$。

则称之为双线性映射。

说明:

① $\sigma(aP_1, bP_2) = \sigma(P_1, P_2)^{ab}$ 意味着:
$$\sigma(P_1 + P_2 + P_3) = \omega(P_1, P_3)\sigma(P_2, P_3)$$
$$\sigma(P_1, P_2 + P_3) = \sigma(P_1, P_2)\sigma(P_1, P_3)$$

(因为 G_1 是加法群,将 P_1、P_2、P_3 分别表示为 P 的倍数即可证明。)

② 如果 $\sigma(P, P) = 1$,则 $\forall P_1, P_2 \in G_1$,有 $\sigma(P_1, P_2) = 1$,即 $G_1 \times G_1$ 中的所有元素都映射到 G_2 中的单位元。反过来说,只要 $\sigma(P, P) \neq 1$,则 σ 不仅不会将所有 $G_1 \times G_1$ 中的元素映射到 G_2 中的单位元,而且是一个满射(即可以映射到 G_2 中的每个元素),因为 G_2 也是素数阶循环群,所以 $\sigma(P, P)$ 必定是 G_2 的生成元。

对于适当选取的大素数 q,使得 $p = 2q + 1$ 也是大素数。适当选取的基于有限域的椭圆曲线 E,令 G_1 是 E 上的 q 阶加法群;又令 G_2 是 Z_p^* 的 q 阶子群,则 G_1、G_2 中的离散对数问题都是难解的。

3.5.2 IBC 简介

1984 年,著名的 RSA 公钥体系的发明者之一 A. Shamir 就提出直接以身份为公钥,而不是依赖于数字证书,可能是简化公钥加密体系的最好途径。2000 年,D. Boneh 和 M. Franklin 在数学上取得了一个重大突破,并发明了第一种切实可行的基于身份的加密(Identity-based Encryption,简称 IBE)算法,它是一种能以任意字符串作为有效公钥的非对称加密算法。作为一种新的密码体制,也称为 IBC(Identity-based Cryptosystem)。

IBE 有一个可信第三方,称为 PKG(Private Key Generator)。PKG 有一个主密钥 s,用以生成用户的私钥,而用户公钥就是用户的身份。此外,PKG 还负责生成系统所需要的统一的公开参数。

IBE 包括以下四个部分:

① 系统设置:PKG 生成系统主密钥和通用的系统参数。

② 生成用户私钥:用主密钥和特定用户的公钥(由用户身份决定的参数,如用户 ID)为该用户产生一个私钥。

③ 加密算法:用特定用户的公钥加密报文的算法。

④ 解密算法:特定用户接收到密文后,用私钥解密密文的算法。

1. 系统设置

设 q 为大素数,PKG 适当选取 q 阶加法群 G_1 和 q 阶乘法群 G_2,要求 G_1 和 G_2 上的离散对数问题都是难解的。又设 G_1 的生成元为 P,$\sigma: G_1 \times G_1 \rightarrow G_2$ 是双线性映射。选择三个安全 Hash 函数:

① $H_1: \{0,1\}^* \rightarrow G_1$。

② $H_2: G_2 \rightarrow \{0,1\}^n$ 是明文长度单位。

③ $H_3: \{0,1\}^* \times G_1 \rightarrow Z_q^*$。

PKG 再随机选取 $s \in Z_q^*$,作为系统的主密钥,计算 $K_{PKG} = sP$ 作为系统公钥,并发布全局系统参数 $\{G_1, G_2, \sigma, n, P, K_{PKG}, q, H_1, H_2, H_3\}$。

PKG 的私钥 s 是机密的,s 的机密性是系统安全的基础。

2. 用户私钥生成

假设 U 是系统用户。U 的身份信息,如用户的名字、身份证号码或者邮箱等,记为 UID,可看成是 U 的公钥。用户首先需要向 PKG 申请自己的私钥 K_U^{-1}。记 $Q_U = H_1(\text{UID})$,则 $K_U^{-1} = sQ_U$。K_U^{-1} 由 PKG 脱机生产并安全地交付给 U。由于 $Q_U \in G_1$,因此由 sQ_U 来计算 s 是困难的。

这里,K_U^{-1} 实际上是 PKG 的一个短签名,U 可以通过下式来判定其私钥的有效性(判断 PKG 是否有不诚信行为或操作错误):

$$\sigma(K_U^{-1}, P) \stackrel{?}{=} \sigma(Q_U, K_{PKG})$$

如果相等,则其私钥是正确的,因为 $\sigma(K_U^{-1}, P) = \sigma(sQ_U, P) = \sigma(Q_U, sP) = \sigma(Q_U, K_{PKG})$。

3. 加密过程

设 A(比如 Alice)和 B(比如 Bob)都是系统用户,A 要加密消息 $M \in \{0,1\}^m$ 给 B。A 先根据 B 的身份信息 BID 计算 $Q_B = H_1(\text{BID})$,然后选择一个随

机数 $r \in Z_q^*$ 并计算：
$$U = rP, V = M \oplus H_2(\sigma(Q_B, K_{PKG})^r)$$
密文即为 $C = <U,V>$。

4. 解密过程

B 收到消息 C 后计算：
$$M = V \oplus H_2(\sigma(K_U^{-1}, U))$$
因为
$$\sigma(K_U^{-1}) = \sigma(sQ_B, rP) = s(Q_B, rsP) = \sigma(Q_B, K_{PKG})^r$$
上式中用到了 σ 的双线性。

基于该算法也可构造签名算法，这些算法称为基于身份的密码体制（Identity-based Cryptosystem，简称 IBC）。

3.6 注 记

非对称算法有着诸多优势：不仅可以用于加密，更重要的是能用于分配密钥、实施认证。自动识别并不必然要使用非对称算法。但一些重要安全系统中的自动识别特别是防伪识别，对非对称算法的使用越来越多，因为它可以提供更好的识别和认证功能。

本章的基本内容是 RSA 算法和 ElGamal 算法，了解非对称算法，至少要先了解这两个最为基本也最为常用的算法。ECC 和 IBE 学习起来有些难度，可以酌情选修。

尽管在运算速度上远低于对称算法，但其重要性是不言而喻的。因此，NESSIE 把征集非对称算法作为重要内容。不过相比于对称算法，非对称算法的种类和数量都不够丰富——NESSIE 共收到 17 个对称分组算法，却只收到 5 个公钥算法：AEC Encrypt、ECIES、EPOC、PSEC 和 RSA-OAEP。NESSIE 在评估过程中特别注重安全性，要求具有可证明的安全性。在这一准则下，经过两年共两轮的评选，最终 PSEC-KEM（PSEC 的改进版）、ACE-KEM（ACE 的改进版）以及 RSA-KEM 三个算法入选。尽管 RSA-KEM 没有正式提交给 NESSIE，但因为被纳入 ISO/IEC 标准（18033）中，且具有可证明的安全性，因而也受到推荐。

除了熟知的基于大数分解和离散对数困难问题的非对称算法外，还有基于二次剩余的 Rabin 公钥算法、基于格基的公钥算法、基于 Lucas 序列的公钥算法以及基于矩阵覆盖的公钥算法等。

公钥算法的安全性通常都基于计算困难问题。但这些问题的计算困难性是相对于计算能力而言的。就目前计算机的计算能力而言,大数分解和离散对数都是困难的。但是,一旦量子计算机出现,这两个问题都不再困难,那时,以这两个问题为基础的公钥体制都将不再安全。不过不必担心,因为量子密码已然出现。

习题三

1. 简述非对称密码体制的思想。
2. 简述对称密码算法和非对称算法的区别和各自的优缺点。
3. 在使用 RSA 公钥系统中,如果截取了发送给其他用户的密文 $C = 10$,假设此用户的公钥为 $e = 5, n = 35$,试求明文。
4. 选取素数 $p = 47, q = 71, n = pq = 3337$,选取 $e = 79$ 为 RSA 体制的公钥,试用扩展的欧几里得算法计算出私钥 d,然后对消息 $m = 688$ 加密,求出密文 c,再用 d 来解密以验证加密过程的正确性。
5. 证明:在 RSA 体制中,如果已知 $\varphi(n)$,则易分解 $n = pq$ 并求出私钥 d。
6. 对函数 f 来说,如果有 $f(x) = x$,则称 x 为 f 的不动点。现在取 f 为 RSA 加密函数 $E_k(\cdot)$,这里 RSA 参数为 $n = pq$,公钥为 e,而 $E_k(m) = m^e \bmod n$,问 $E_k(\cdot)$ 是否存在不动点(即是否有 $E_k(m) = m$)?如果存在,有多少个不动点?
7. 求 Z_{31}^* 的一个生成元。若在 ElGamal 体制中取私钥 $x = 13$,试给出明文 $m = 19$ 的一个密文。

第4章 散列算法

本章介绍单向函数和散列函数的概念及散列函数的构造思想,并介绍若干典型的散列算法,包括经典的 MD5、SHA-1 等,以及 NESSIE 中给出的 Whirlpool 算法等。

4.1 单向 Hash 函数

4.1.1 单向 Hash 函数的产生背景

前面介绍了对称和非对称的算法,它们可以用来加密数据,保护消息的机密性。可有时候,传递的消息并不需要保密,但必须确保消息在传递过程中的完整性,即没有被篡改、破坏而发生改变。此外,上一章中我们也简单地提到,非对称算法可以用于数字签名,但对整个数据直接用非对称算法进行签名,当数据量很大时,不仅产生签名的计算量很大,而且产生的签名也很长。这显然是很不经济、很不方便的。

基于上述需求,我们自然希望,能将数据先作处理,"压缩"成短的甚至是固定长度的数据,而该数据与原数据"几乎"是一一对应的,即原数据的任何一点改变都会在"压缩"后的结果中反映出来。这样,当处理结果一同传递过去时,就可以判别数据的完整性。而对压缩后的定长的短数据再行签名,也就可以看成是对原数据的签名。

为此,我们需要满足以下特性的"压缩"算法 H:

① 对于任意的输入 X,能够产生较短的定长输出 H(X),并且计算 H(X) 是容易的。

② 输出对输入必须具有敏感性,即输入数据的任意一点改变(通常指二进制数据中任一比特的改变),都将在输出值中反映出来,从而产生不同的输出。

由于输出值是定长的,所以输出值的集合必然是一个有限集,而输入的数据则有无限的可能,所以输入值的集合是一个无限集。而从无限集到有限集的映射必然是多对一的映射,而不可能是一一映射。这就带来一个问题,即显然有不同的输入 X 和 Y,使得 H(X) = H(Y)。如果对任意的输入 X,能方便地求出 Y,使得 H(X) = H(Y),则必然无法确定对 H(X) 的签名到底是代表对 X 的签名还是对 Y 的签名。所以,对于 H,还必须有以下的要求:

③ 找到 X≠Y 使 H(X) = H(Y) 是十分困难的,即在计算上是不可行的。

但是,对于完整性保护来说,这还不够。因为,如果被传递的数据是 X,作为校验的是其"压缩"值 H(X)。即:

$$A \to B: X, H(X) \qquad \| \text{ 表示 A 向 B 发送数据}(X \| H(X))$$

当攻击者 C 将 X 篡改成 X′,即用 X′替换 X 时,C 可以同时计算 H(X′)并一同发送。即

$$C \to B: X', H(X')$$

这样,B 并不能从 H(X′)中判断出 X 已被篡改成了 X′。所以,为了能通过 H(X)来校验 X 的完整性,通信双方事先必须有一些约定,比如在数据中加上特定的秘密数据 Y,再通过计算 H(X,Y)来检验 X 在传递过程中是否发生改变。但是,如果能从 H(X)反过来求 X,则攻击者可以从 H(X,Y)求出(X,Y),进而可以计算 H(X′,Y)。这样一来,A、B 仍然不能保护数据 X 的完整性。所以,对于 H 自然还有以下要求:

④ 不能由输出反求输入,或者说,由 H(X) 计算 X 在计算上是不可行的。

具有以上特性的函数就是本章将要介绍的(单向)Hash 函数,也称散列函数或杂凑函数。作为一种密码算法,也称为散列算法或杂凑算法。以下我们先给出 Hash 函数的确切定义,然后讨论如何才能设计出这样的函数,最后介绍几个著名的 Hash 函数。

4.1.2 Hash 函数的概念

我们先分别定义单向函数和 Hash 函数,再定义密码学上需要的单向 Hash 函数。

定义 4.1.1 设 $f: A \to B$ 是一个函数,若它满足:

① 对所有 $x \in A$ 易于计算 $f(x)$;

② 对"几乎所有的 $x \in A$"由 $f(x)$ 求 x 是计算上不可行的。

则称 f 为一个单向(one-way)函数。

例 4.1.1 (离散对数)对足够大的 p,上一章所介绍的乘法群 Z_p^* 中的模 p 的指数函数是单向函数。

这个例子说明,单向函数是存在的。

定义 4.1.2 若函数 h 将任意长度的比特串 m 映射成一个较短的固定长度的比特串 $h(m)$,则称函数 h 为 Hash 函数,又称散列函数或杂凑函数,$h(m)$ 称为 m 的 Hash 值(散列值或杂凑值)。

可见,Hash 函数是一个输出值为定长的压缩函数。当 m 是一个消息时,通常也称 $h(m)$ 为 m 的消息摘要。

定义 4.1.3 若 Hash 函数 h 为单向函数,则称其为单向 Hash 函数(或单向散列函数、单向杂凑函数)。

注:有不少文献直接将 Hash 函数定义为单向的。

例 4.1.2 因为 Hash 函数是一个从无限集到有限集的映射,必然是"多对一"的映射(即多个原像映射到同一个像),所以必然存在不同的输入对应相同的输出。

定义 4.1.4 设 h 为 Hash 函数。如果有两个比特串 m_1 和 m_2,且 $m_1 \neq m_2$,使得 $h(m_1) = h(m_2)$,则称 m_1 和 m_2 是 h 的一个碰撞。

对 Hash 函数来说,碰撞是必然的,也是大量存在的。问题是寻找碰撞是否容易,这才是密码学关注的重点。因此有必要给出下面的概念。

定义 4.1.5 设 h 是一个 Hash 函数,若对任意给定的 m_1,寻找一个 m_2,$m_2 \neq m_1$,使得 $h(m_1) = h(m_2)$ 在计算上是不可行的,则称 h 是弱无碰撞的 Hash 函数。

无碰撞通常称为碰撞自由(Collision-free)。一个弱无碰撞的 Hash 函数不能保证找不到一对消息 m_1、m_2,$m_1 \neq m_2$,使得 $h(m_1) = h(m_2)$。这就是说,也许有消息 m_1、m_2,$m_1 \neq m_2$,使得 $h(m_1) = h(m_2)$。但对随机选择的 m_1,要故意地选择另一个消息 m_2,$m_1 \neq m_2$,使得 $h(m_1) = h(m_2)$ 是计算上不可行的。

定义 4.1.6 设 h 是一个 Hash 函数,若寻找任意的 m_1、m_2,$m_1 \neq m_2$,使得 $h(m_1) = h(m_2)$ 在计算上是不可行的,则称 h 是强无碰撞的 Hash 函数。

弱无碰撞的 Hash 函数是在随机选择消息 m 的情况下,考察这个特定消息的无碰撞性;而强无碰撞的 Hash 函数是考察任意两个消息的无碰撞性。显然,如果一个 Hash 函数是强无碰撞的,则它一定是弱无碰撞的。不仅如此,强无碰撞还包含了单向性。事实上,如果一个 Hash 函数 h 不是单向的,则由定义 4.1.1,必然存在一些 $y \in B$,使得计算 y 的原像很容易。这样,h 就不是强无碰撞的。就是说,强无碰撞的 Hash 函数一定是单向 Hash 函数。所以,人们更关注强无碰撞的 Hash 函数。

碰撞实际上反映了一个 Hash 函数的安全性——如果寻找一个 Hash 函数

的碰撞是容易的(计算上可行的),则该 Hash 函数是不安全的。直观地说,容易找到碰撞不符合上一节中提出的对 Hash 函数的需求。所以,Hash 函数的安全性意味着寻找碰撞是困难的,即在计算上是不可行的。

值得注意的是,弱无碰撞的 Hash 函数随着重复使用次数的增加而安全性逐渐降低,这是因为,用同一个弱无碰撞的 Hash 函数 Hash 的消息越多,找到一个消息的 Hash 值等于先前消息的 Hash 值的机会就越大,从而系统的总体安全性降低。而强无碰撞的 Hash 函数则不会因其重复使用而降低安全性。

那么,怎样才能构造出符合安全需要的单向 Hash 函数呢?分为两步来考虑:先构造出能将任意长的输入压缩为定长输出的 Hash 函数;然后考虑其安全性,使其满足单向性或强无碰撞性的要求。

4.1.3 Hash 函数的迭代结构

一个 Hash 函数的基本功能是,将任意长度的输入数据压缩成固定长度的 Hash 值作为输出。为此,一般总是先将输入的比特串划分成固定长的段 $m_1 m_2 \cdots m_t$。设 $|m_i| = s, 1 \leq i \leq t$。如果输入的比特串的长度不是 s 的倍数,则最后一段 m_t 不满足 $|m_t| = s$。此时,与分组密码相似,可以通过约定的方法加以填充,使之满足 $|m_t| = s$。然后,采用与分组密文反馈相似的迭代结构处理各段。而迭代结构中要用到一个重要的函数——迭代函数,它将每一个长为 s 的段映射成长为 n 的段。迭代结构如图 4.1.1 所示。

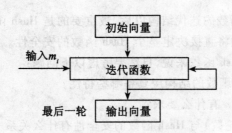

图 4.1.1 Hash 函数的迭代结构

使用迭代函数可实现数据压缩,因此迭代函数又称为压缩函数。设迭代函数为 g,将第 i 次迭代的输出记为 h_i,则 $h_i = g(h_{i-1}, m_i)$,而 $h_0 = \text{IV}$,最后的输出 h_t 就是整个 Hash 函数的输出,即 $h(\text{IV}, m) = h_t$。这样,通过迭代结构,对每一段 s 位的输入 m_i 进行迭代,就实现了将任意长的输入 m 映射为长为 n 的输出向量 h_t,从而得到 m 的 Hash 值。

当然，上述迭代结构不是唯一的。有时候还可以加上其他内容，比如在输出之前增加一些变换(图 4.1.2)。

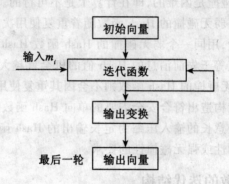

图 4.1.2 带有输出变换的迭代结构

迭代函数中 s 与 n 的关系有以下三种：
① $s > n$。此时每一轮迭代都有数据压缩。
② $s = n$。此时单轮迭代既无数据压缩，又无数据扩展。
③ $s < n$。此时单轮迭代有数据扩展。如果 $|m| < s$，则仍是数据扩展。只有当 $|m| \geq ks > n$ 时，$h(m)$ 才是数据压缩。

设计迭代函数时，一般并不单纯地考虑压缩性能，更多地还要考虑安全性。

确定了 Hash 函数的迭代结构以后，最重要的是 Hash 函数的安全性。显然，迭代函数的特性将直接决定整个 Hash 函数的安全性。因此，对于设计我们所需要的单向 Hash 函数来说，自然要考虑以下问题：
① 单轮的迭代函数的结构应具备哪些特性？
② 对参数 s 和 n 有什么要求？
③ 迭代次数(轮数)与 Hash 函数的安全性有什么关系？

对这一类问题了解得越多，越是有助于我们设计更为安全的 Hash 函数。怎么才能弄清这些问题呢？换个角度来思考，可能会找出一些答案：一个 Hash 函数可能会遭受哪些易见的攻击？清楚了这一点，那么抵抗这些易见的攻击就是对设计的起码要求。

4.1.4　对 Hash 函数的攻击

讨论 Hash 函数的安全性，最好的办法就是看能否找到有效的攻击方法，即能否找到其碰撞。假设攻击者知道 Hash 算法,那么他可以用选择明文攻击,即他可以随意地选择若干消息,计算它们的 Hash 值,再试图计算出与它们碰撞的消息。目前已经提出一些攻击 Hash 函数和计算碰撞消息的方法。其中,有的是一般方法,可以用来攻击任何类型的 Hash 函数,如穷举攻击、生日攻击等;有的是特殊方法,只能用来攻击某些特殊类型的 Hash 函数,如中途相遇攻击等。

1. 穷举攻击(Exhaustive Attack)

通常,Hash 函数被设计成一个二元函数 $h(\text{IV}, m)$,其中 IV 是一个初始向量,也称为初始值。使用初始值有一个显然的好处,即通信双方可以通过约定一个秘密的初始值,来认证消息的完整性。

给定一个 Hash 函数 h,记 $H = h(H_0, m_1)$ 为消息的 Hash 值,其中 H_0 为初始值。攻击者在所有可能的消息中用穷举搜索的方法寻找一个消息 $m_2, m_1 \neq m_2$,使 $H = h(H_0, m_2) = h(H_0, m_1)$,这种攻击方法就是穷举攻击法。由于限定目标 $h(H_0, m_1)$ 来寻找 $h(H_0, m_2)$,所以这种攻击称为目标攻击。若不限定算法的初始值 H_0,寻找 $m_2, m_1 \neq m_2$,使 $h(H_0, m_2) = h(H_0, m_1)$,则称这种攻击为自由起始目标攻击。一般说来,使用穷举攻击法是很难奏效的,因为消息空间总是能大到你无法穷举的地步。

2. 生日攻击(Birthday Attack)

生日攻击源于生日问题。

令 $a = \dfrac{1}{365}, b = 1 - a = \dfrac{364}{365}$。

生日问题一:在一个教室中至少有多少个学生,才能使得有一个学生和另一个已确定的学生的生日相同的概率不小于 0.5?

因为除已确定的学生外,其他学生中任意一个与已确定学生同日生的概率为 a,而不与已确定的学生同日生的概率为 $b = 1 - a$。所以,如果教室里有 t 个学生,则 $(t-1)$ 个学生都不与已确定学生同日生的概率为 b^{t-1}。因此,这 $(t-1)$ 个学生中至少有一个与已确定的学生同日生的概率为 $p = 1 - b^{t-1}$,要使 $p \geq 0.5$,只要 $b^{t-1} \leq 0.5$ 即可,亦即 $t \geq 183$ 可使 $p \geq 0.5$。

生日问题二:在一个教室中至少应有多少学生,才能使得有两个学生的生日在同一天的概率不小于 0.5?

易见,第一个人在特定日出生的概率为 a,而第二个人不在该特定日出生的概率为 $1 - a$,同样,第三个人与前两个人不同日出生的概率为 $1 - 2a$,依此类推,t 个人都不同日出生的概率为

$$\left(1-\frac{1}{365}\right)\left(1-\frac{2}{365}\right)\cdots\left(1-\frac{t-1}{365}\right)$$

因此,至少有两个学生同日出生的概率为

$$p = 1 - \prod_{i=1}^{t-1}\left(1-\frac{i}{365}\right)$$

熟知,当 x 是一个比较小的实数时,有

$$e^{-x} = 1 - x + \frac{x^2}{2!} - \frac{x^3}{3!} + \cdots$$

所以当 x 较小时近似地有 $1 - x \approx e^{-x}$。从而有

$$\prod_{i=1}^{t-1}\left(1-\frac{i}{365}\right) \approx \prod_{i=1}^{t-1} e^{-\frac{i}{365}} = e^{-\frac{t(t-1)}{2\times 365}}$$

于是有 $p \approx 1 - e^{-t(t-1)/2\times 365}$。将此式看成等式可得

$$e^{t(t-1)/365} = 1/(1-p)^2$$

两边取对数即得

$$t^2 - t \approx 365\ln\frac{1}{(1-p)^2}$$

去掉 t 这一项,即近似地有

$$t \approx \left(365\ln\frac{1}{(1-p)^2}\right)^{1/2}$$

取 $p = 0.5$,即有 $t \approx 1.17\sqrt{365} \approx 22.3$。因此,在一个教室中至少有 23 名学生才能使得至少有两个学生生日在同一天的概率不小于 0.5。

易见,弱无碰撞的 Hash 函数正是基于生日问题一的攻击而定义的,而强无碰撞的 Hash 函数则是基于生日问题二的攻击而定义的。

例 4.1.3 令 h 是一个 Hash 值为 80bit 的 Hash 函数,给定消息 m_1 及其 Hash 值 $h(m_1)$,并假定 2^{80} 个 Hash 值出现的概率相等,则对任意 m_2 有 $p(h(m_2) = H) = 2^{-80}$。现进行 t 次试验,找到一个 m_2,使 $h(m_1) = h(m_2)$ 的概率为 $1 - (1 - 2^{-80})^t \approx t \cdot 2^{-80}$,因此,当进行 $t \approx 2^{74} = 10^{22}$ 次试验时,找到满足要求的 m_2 的概率接近于 1。

若不限定 Hash 值,在消息集中找一对消息 m_1 和 m_2,使 $h(m_1) = h(m_2)$,根据生日问题之二所需的试验次数至少为 $1.17 \times 2^{40} < 2 \times 10^{12}$。利用大型计算机,至多用几天时间就能找到 m_1 和 m_2。由此可见,Hash 值仅为 80bit 的 Hash 函数不是强无碰撞的 Hash 函数。

一般情况下,假设往 N 个箱子中随机投 q 个球,然后检查是否有一个箱

中装有至少两个球。设 Hash 函数 $h: X \rightarrow Y$，这 q 个球对应于 q 个随机的 $x_i \in X$，而 N 个箱子对应于 Y 中 $N = |Y|$ 个可能的元素，N 即为消息摘要的长度。由对生日问题二的分析可知：对超过 $1.17\sqrt{N}$ 个 X 中的随机元素所计算出的 Hash 值中，有至少 50% 的概率出现一个碰撞。这意味着，安全的消息摘要的长度有一个下界。通常建议用 160 比特或更长的消息摘要。

上述攻击过程与 Hash 算法的结构无关，因而可用于攻击任何 Hash 函数。

3. 中途相遇攻击（Meet in the Middle Attack）

在分析 2-DES 的安全性时，我们已经介绍了中途相遇攻击。对 Hash 函数，考虑图 4.1.2 的结构。假设从输入 m 到输出变换之前的映射为 f，而且最后的输出变换 u 是可逆的，则可以进行如下的攻击：对一个给定的输出值 y，先计算 $u^{-1}(y) = y'$，再寻找两个不同的原像 m_1、m_2，$m_1 \neq m_2$，使得 $f(m_1) = f(m_2)$。这里，攻击是对某个中间值进行的。在中间阶段有一个匹配的概率与生日攻击成功的概率一样。中途相遇攻击主要适用于攻击具有分组链接结构的 Hash 函数。

为了避免中途相遇攻击，人们考虑了二重迭代方案。然而，一般的中间相遇攻击不仅能破解二重迭代方案，而且也能破译 p 重迭代方案，所需要的运算量为 $O(10^p \cdot 2^{n/2})$，这里 n 是 Hash 函数的输出值长度。

以上攻击方法为 Hash 函数的设计提供了借鉴，抵抗这些攻击也成了设计 Hash 函数的基本要求。

4.1.5 安全单向 Hash 函数的设计

设计一个真正安全的 Hash 函数是十分困难的，因为至少到目前为止，人们还不能给出一个可行的构造安全 Hash 函数的充分条件。但是，人们已经得到很多重要的必要条件，如单向性、随机性、抗差分攻击性等。

1. 单向性

单向性是设计 Hash 函数的一个基本的也是十分显然的要求，因为不具有单向性的函数是不能用做认证的。直观上，一个 Hash 函数是无穷的消息空间（无限集）到具有有限个散列值构成的散列空间（有限集）的映射，所以总体上看，它肯定是不可逆的。但这并不意味着对几乎所有的象都难以找到原像。如果迭代函数设计得不好，则有可能找到多个原像。对一个迭代函数来说，当 $s \leq n$ 时，有可能是一一映射（$s = n$）或者一对多映射（$s < n$），因此未必就能保证单向性。

2. 伪随机性

如果一个函数对随机选择的输入,能够产生随机的输出序列,则称其为伪随机映射。已经证明:只有迭代函数是伪随机映射,它才能抵抗生日攻击。如果一个伪随机函数是可逆的,并且其逆也是伪随机函数,就称其为超伪随机函数。而超伪随机函数可抵抗中途相遇攻击。这个结果告诉我们,为了抵抗中途相遇攻击,宜选择超伪随机函数作为迭代函数。

3. 抗差分攻击

与分组密码相似,迭代函数存在差分分析攻击的可能性。因此,在构造迭代函数时,必须使其能够抵抗差分攻击。

以上的要求都是原则性的。下面介绍几种有代表性的构造迭代函数的方法。

(1)用对称加密算法构造迭代函数

设 E 是一个分组加密算法,分组长度为 s,直接将 E 作为迭代函数,而所构造的 Hash 函数记为 h。又设 m 是需要 Hash 的一个明文串,根据 E 的要求可将 m 填充成长度为 s 的倍数。不失一般性,假定 m 被分成 t 个长为 s 的段 $m_1 m_2 \cdots m_t, m_i \in \{0,1\}^s, 1 \leq i \leq t$,给定该分组算法 E 的初始值 $h_0 = IV$,以下方法可产生一个 Hash 函数 h:

$$h_i = E_{h_{i-1}}(m_i), i = 1, 2, \cdots, t$$

最后产生的消息摘要为 $h(m) = h_t$。

但是,Hash 函数对 Hash 值的长度是有要求的。通常,分组长度要大于 128bit 才能抵抗生日攻击和中间相遇攻击。因此为安全起见,要选择分组长度符合要求的加密算法。

为了增强 Hash 函数的安全性,还可以通过以下方法来构造迭代函数:

① $h_i = E_{h_{i-1}}(m_i) \oplus m_i$ $i = 1, 2, \cdots, t$
② $h_i = E_{h_{i-1}}(m_i) \oplus m_i \oplus h_{i-1}$ $i = 1, 2, \cdots, t$
③ $h_i = E_{h_{i-1}}(m_i \oplus h_{i-1}) \oplus m_i$ $i = 1, 2, \cdots, t$
④ $h_i = E_{h_{i-1}}(m_i \oplus h_{i-1}) \oplus m_i \oplus h_{i-1}$ $i = 1, 2, \cdots, t$

利用分组算法构造迭代函数的方法还有很多,如:

① Rabin 方法(把 m_i 作为密钥)

$h_0 = IV$

$h_i = E_{m_i}(h_{i-1}); i = 1, 2, \cdots, t$

$h(m) = h_t$

② 密码分组链接(CBC)方法

$$h_0 = IV$$
$$h_i = E_k(m_i \oplus h_{i-1}); i = 1, 2, \cdots, t$$
$$h(m) = h_t$$

这种方法可以带有一个密钥 k。通信双方通过事先约定 k,可以校验数据的完整性。

③ 结合明/密文链接法
$$m_{t+1} = IV(将初始向量作为第 t+1 组明文)$$
$$h_i = E_k(m_i \oplus m_{i-1} \oplus h_{i-1}); i = 1, 2, \cdots, t+1$$
$$h(m) = h_{t+1}$$

后两种方法都带有一个密钥 k。通信双方通过事先约定 k,可以校验数据的完整性。

(2) 用公钥算法构造迭代函数

以 RSA 算法为例,即把 RSA 加密算法作迭代函数。设 n 是两个不同的素数 p 和 q 之积,e 是与 $(p-1)(q-1)$ 互素的大数,消息 m 按长度 n 分段为 $m_1 m_2 \cdots m_t$,那么,令

$$h_0 = IV$$
$$h_i = (h_{i-1} \oplus m_i)^e \bmod n \quad i = 1, 2, \cdots, t$$

则 $h(m) = h_t$。式中,n 和 e 是公开参数。当然,如果选择 p 为一个安全素数,那么由于寻找 e 要计算离散对数是困难的,所以也可以基于 ElGamal 加密算法来构造迭代函数。

(3) 直接构造,即专门设计具有数据压缩功能的单向迭代函数。这种方法没有确定的模式,但越来越受到人们的重视。

已有的研究结果表明,如果迭代函数 g 是安全的,那么用 g 构造的 Hash 函数也应当是安全的。

以上介绍的方法都是一般性的。下面详细介绍国际上通用的标准 Hash 算法:MD5 算法和 SHA-1 算法。然后介绍 NESSIE 中新给出的 Whirlpool 算法。

4.2 MD5 算法

美国麻省理工学院教授、RSA 算法的设计者之一 Rivest,于 1990 年设计了一个称为 MD4 的单向 Hash 函数,其中 MD 是指消息摘要(message digest)。MD4 的输入消息可任意长,输出为定长 128bit。MD4 最初的设计目标是,破

解它(寻找碰撞)几乎只能用强力攻击,但后来发现 MD4 没有达到这个目标。为了克服 MD4 的缺陷并增强安全性,Rivest 于 1991 年对 MD4 作了改进,称为 MD5。它比 MD4 更复杂,但设计思想相似,并且也产生 128bit 的 Hash 值。MD5 特别适合于软、硬件快速实现。

4.2.1 MD5 算法描述

MD5 算法对明文输入采用 512 位分组。对每一个 512 位分组的操作称作一次主循环(即一次迭代),而每一次主循环又分为四轮,每一轮操作都是对四个 32 位的寄存器 a、b、c、d 中的内容(仍记为 a、b、c、d)加上明文分组的变换,变换的结果仍放回 a、b、c、d 中。第一轮主循环开始前,寄存器 a、b、c、d 中的内容是初始向量,最后一轮循环结束后,寄存器 a、b、c、d 中的内容即为输出。MD5 的框架结构如图 4.2.1 所示。

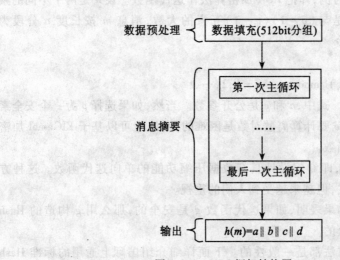

图 4.2.1　MD5 框架结构图

MD5 的处理过程如下:

1. 填充(数据预处理)

给定一个输入字符串 x,要求 x 的位数(长度)$|x| < 2^{64}$。首先对 x 通过填充产生一个下列形式的分组字符串:$m = m_0' m_1' \cdots m_{n-1}'$,这里每个 $m_i'(0 \leq i \leq n-1)$ 是长为 32bit 的串,$n \equiv 0 \mod 16$,并称每个 m_i' 为一个字。对 x 的填充方法是:

(1) 先在 x 的右边填上一个 1；

(2) 级联若干个 0，使得整个消息的长度模 512 等于 448；

(3) 再级联一个 64 位，这 64 位是 x 的长度 $|x|$ 的二进制表示。MD5 规定，最后这 64 位表示成两个字，第一个字表示低 32 位，第二个字表示高 32 位。

这样，m 经填充后的长度一定为 512 的倍数。

在 m 的填充中，一个极端的特例是 x 的长度恰是 448 位。此时，仍需要填充一个 1 和 511 个 0（共 512 位），再添加 64 位，最后这 64 位是 448 的二进制表示。这样产生的 m 的长度恰为 512 的 2 倍数（即 $448 + 1 + 511 + 64 = 1024$ 位）。

令 $m = M_0 M_1 \cdots M_{L-1}$，这里 $M_i (0 \leq i \leq L-1)$ 的长度为 512bit，$L = n/16$。从 M_0 到 M_{L-1}，对每个 M_i 执行一次主循环，最后产生 m 的一个 128 位的消息摘要。

2. 初始向量

MD5 指定了四个 32 位的初始值 a、b、c、d，作为寄存器中最初的内容，用 16 进制表示为：

$$a = 01234567, b = 89abcdef, c = fedcba98, d = 76543210$$

这四个值共 128 位，形成 MD5 的初始向量，即作为最初的输入。

3. 主循环

先将四个初始值 a、b、c、d 置入另外四个寄存器 A、B、C、D 中，即：$A \leftarrow a$，$B \leftarrow b$，$C \leftarrow c$，$D \leftarrow d$。然后执行算法的主循环：

for $i = 0$ to $L-1$ do 主循环（即作 L 次主循环）

主循环结构如图 4.2.2 所示。

每次主循环的输入是消息字符串的一个 512bit 的分组 M_i，每个分组 M_i 又被分成 16 个字（每个字 32bit），记一个分组中的 16 个字为 $M_i = m_0 m_1 \cdots m_{15}$。主循环有四轮，每轮 16 次操作，这 16 次操作的每一次使用一个字 m_j 作输入。每次的操作过程如图 4.2.3 所示。

图中的函数 Φ 是一个三元的非线性函数，Φ 总是取以下四个函数之一：

$$F(X, Y, Z) = (X \wedge Y) \vee (\overline{X} \wedge Z)$$
$$G(X, Y, Z) = (X \wedge Z) \vee (Y \wedge \overline{Z})$$
$$H(X, Y, Z) = X \oplus Y \oplus Z$$
$$I(X, Y, Z) = Y \oplus (X \wedge \overline{Z})$$

四个函数 F、G、H、I 分别给第一至第四轮运算使用，即 F 给第一轮，G 给

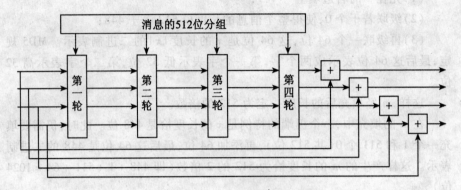

图 4.2.2 MD5 的主循环结构图

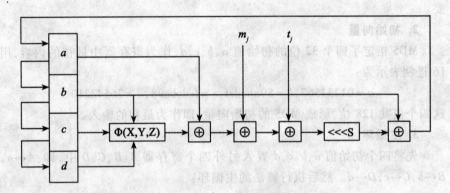

图 4.2.3 MD5 一轮的一次操作过程图

第二轮，H 给第三轮，I 给第四轮使用。X、Y、Z 分别是寄存器 b、c、d 中的内容，即寄存器 b、c、d 中的 32bit 输出是 Φ 的输入。循环中用到的运算符号含义如下：

X⊕Y：表示 X 与 Y 逐位模 2 加；

X∧Y：表示 X 与 Y 逐位与；

X∨Y：表示逐位或；

$\overline{X}$：表示 X 的按位逻辑补；

X + Y：表示整数的 mod 2^{32} 加法；

X <<< S：表示 X 左移 S 位，0≤S≤31。

Φ 产生一个 32bit 的输出，然后与寄存器 a 中的 32bit 相加后再与 m_j 相加,最后再和常量 t_j 相加,其结果循环左移 s_j 位后再与 b 寄存器的 32bit 相加,最后送入寄存器 a 中。常数 t_i 是 $2^{32} \times \sin(i)$ 的整数部分,其中 i 的单位是弧度。

图中这一过程可以记为:

$FF(a,b,c,d,m_j,s_i,t_i)$ 表示 $a = b + (((a + F(b,c,d)) + m_j + t_i) <<< s_i)$

$GG(a,b,c,d,m_j,s_i,t_i)$ 表示 $a = b + (((a + G(b,c,d)) + m_j + t_i) <<< s_i)$

$HH(a,b,c,d,m_j,s_i,t_i)$ 表示 $a = b + (((a + H(b,c,d)) + m_j + t_i) <<< s_i)$

$II(a,b,c,d,m_j,s_i,t_i)$ 表示 $a = b + (((a + I(b,c,d)) + m_j + t_i) <<< s_i)$

各轮的 16 次操作分别是:

第一轮:

$FF(a,b,c,d,m_0,7,d76aa478)$　　$FF(d,a,b,c,m_1,12,e8c7b756)$
$FF(c,d,a,b,m_2,17,242070db)$　　$FF(b,c,d,a,m_3,22,c1bdceee)$
$FF(a,b,c,d,m_4,7,f57c0faf)$　　$FF(d,a,b,c,m_5,12,4787c62a)$
$FF(c,d,a,b,m_6,17,a8304613)$　　$FF(b,c,d,a,m_7,22,fd469501)$
$FF(a,b,c,d,m_8,7,698098d8)$　　$FF(d,a,b,c,m_9,12,8b44f7af)$
$FF(c,d,a,b,m_{10},17,ffff5bb1)$　　$FF(b,c,d,a,m_{11},22,895cd7be)$
$FF(a,b,c,d,m_{12},7,6b901122)$　　$FF(d,a,b,c,m_{13},12,fd987193)$
$FF(c,d,a,b,m_{14},17,a679438e)$　　$FF(b,c,d,a,m_{15},22,49b40821)$

各次操作的 a,b,c,d 是按右循环移位排列的,m_j 的足标按顺序排列。

第二轮:

$GG(a,b,c,d,m_1,5,f61e2562)$　　$GG(d,a,b,c,m_6,9,c040b340)$
$GG(c,d,a,b,m_{11},14,265e5a51)$　　$GG(b,c,d,a,m_0,20,e9b6c7aa)$
$GG(a,b,c,d,m_5,5,d62f105d)$　　$GG(d,a,b,c,m_{10},9,02441453)$
$GG(c,d,a,b,m_{15},14,d8a1e681)$　　$GG(b,c,d,a,m_4,20,e7d3fbc8)$
$GG(a,b,c,d,m_9,5,21e1cde6)$　　$GG(d,a,b,c,m_{14},9,c33707d6)$
$GG(c,d,a,b,m_3,14,f4d50d87)$　　$GG(b,c,d,a,m_8,20,455a14ed)$
$GG(a,b,c,d,m_{13},5,a9e3e905)$　　$GG(d,a,b,c,m_2,9,fcefa3f8)$
$GG(c,d,a,b,m_7,14,676f02d9)$　　$GG(b,c,d,a,m_{12},20,8d2a4c8a)$

各次操作的 a,b,c,d 是按右循环移位排列的,m_j 的足标按 $(1 + i \times 5)(0 \leq i \leq 15)(\bmod 16)$ 排列。

第三轮:

$HH(a,b,c,d,m_5,4,fffa3942)$　　$HH(d,a,b,c,m_8,11,8771f681)$
$HH(c,d,a,b,m_{11},16,6d9d6122)$　　$HH(b,c,d,a,m_{14},23,fde5380c)$

$HH(a,b,c,d,m_1,4,a4beea44)$ $HH(d,a,b,c,m_4,11,4bdecfa9)$
$HH(c,d,a,b,m_7,16,f6bb4b60)$ $HH(b,c,d,a,m_{10},23,bebfbc70)$
$HH(a,b,c,d,m_{13},4,289b7ec6)$ $HH(d,a,b,c,m_0,11,eaa127fa)$
$HH(c,d,a,b,m_3,16,d4ef3085)$ $HH(b,c,d,a,m_6,23,04881d05)$
$HH(a,b,c,d,m_9,4,d9d4d039)$ $HH(d,a,b,c,m_{12},11,e6db99e5)$
$HH(c,d,a,b,m_{15},16,1fa27cf8)$ $HH(b,c,d,a,m_2,23,c4ac5665)$

各次操作的 a,b,c,d 是按右循环移位排列的,m_j 的足标按 $(5+i\times3) \bmod 16$ $(0 \leqslant i \leqslant 15)$ 排列。

第四轮：

$II(a,b,c,d,m_0,6,f4292244)$ $II(d,a,b,c,m_7,10,432aff97)$
$II(c,d,a,b,m_{14},15,ab9423a7)$ $II(b,c,d,a,m_5,21,fc93a039)$
$II(a,b,c,d,m_{12},6,655b59c3)$ $II(d,a,b,c,m_3,10,8f0ccc92)$
$II(c,d,a,b,m_{10},15,ffeff47d)$ $II(b,c,d,a,m_1,21,85845dd1)$
$II(a,b,c,d,m_8,6,6fa87e4f)$ $II(d,a,b,c,m_{15},10,fe2ce6e0)$
$II(c,d,a,b,m_6,15,a3014314)$ $II(b,c,d,a,m_{13},21,4e0811a1)$
$II(a,b,c,d,m_4,6,f7537e82)$ $II(d,a,b,c,m_{11},10,bd3af235)$
$II(c,d,a,b,m_2,15,2ad7d2bb)$ $II(b,c,d,a,m_9,21,eb86d391)$

各次操作的 a,b,c,d 是按右循环移位排列的,m_j 的足标按 $(0+i\times7) \bmod 16$ $(0 \leqslant i \leqslant 15)$ 排列。

所有以上这些运算都执行完之后,将 a,b,c,d 分别加上 A,B,C,D 作为下一轮主循环的输入,即:$a=a+A,b=b+B,c=c+C,d=d+D$。然后用下一分组的 512 bit 数据继续运行主循环。

最后的输出是:$h(m) = a \parallel b \parallel c \parallel d$。

4.2.2 MD5 的安全性

MD5 有很好的混乱效果,最后输出的 Hash 值的每一比特均是输入中每一比特的函数。想要找到任意的具有相同 Hash 值的两个消息,最初认为需要执行 $O(2^{64})$ 次操作,而找到具有给定 Hash 值的一个消息需要执行 $O(2^{128})$ 次操作,即最初认为 MD5 是安全的。但现在看来,MD5 并不安全。

最早破解 MD5 的是我国的王小云教授,她给出了产生 MD5 碰撞的方法,并且该方法是高效的。但她找到的碰撞不能预先指定其中的一个,就是说,可以找到 m_1 与 m_2,$m_1 \neq m_2$,使得 $h(m_1) = h(m_2)$,但是不能对给定的 m_1 来找出 m_2,$m_1 \neq m_2$,并且 $h(m_1) = h(h_2)$。对给定的消息找到碰撞显然更有意义。但是,不管能够找到什么样的碰撞,已经说明 MD5 不够安全。

4.3 安全 Hash 算法

安全 Hash 算法(Secure Hash Algorithm,简记为 SHA)是美国 NIST(美国国家标准技术研究所)和 NSA(国家安全局)共同设计的一种标准算法,用于数字签名标准(digital signature standard,即 DSS),也可用于其他需要 Hash 算法的情况(FIPS 180)。

1995 年,NIST 又公布了 FIPS 180-1,通常称为 SHA-1。SHA-1 是 SHA 的变形。2001 年 5 月 30 日,NIST 宣布 FIPS 180-2 的草案接受公众评审,这次提议的标准包括 SHA-1 和 SHA-256、SHA-384、SHA-512,后缀"256"、"384"、"512"表示消息摘要的长度。

4.3.1 SHA-1 算法描述

SHA-1 的总体结构与 MD5 类似,即先进行数据预处理(填充),再进行主循环,最后输出寄存器中的值。只是其中使用了五个寄存器 a、b、c、d、e,因此输出 $h(m) = a \| b \| c \| d \| e$,共 160 位。

SHA-1 的算法如下:

1. 数据预处理

SHA-1 算法的数据预处理(填充)阶段和 MD5 一样,只是最后附加的字符串长度的 64 位表示有所不同:高字位在前、低字位在后。显然,SHA-1 要求输入消息的长度也要小于 2^{64} 位。

2. 初始变量

五个 32 位寄存器 a,b,c,d,e 的初始值(因为该算法要产生 160 位的 Hash 值,所以比 MD5 多一个 32 位的寄存器)以 16 进制表示为:

$a = 67452301, b = \text{efcdab89}, c = 98\text{badcfe}, d = 10325476, e = \text{c3d2e1f0}$

3. 主循环

先将 a、b、c、d、e 这五个寄存器中的内容置入另外五个寄存器 A、B、C、D、E 中,即:$A \leftarrow a, B \leftarrow b, C \leftarrow c, D \leftarrow d$ 和 $E \leftarrow e$,然后开始主循环。

主循环次数是预处理后的消息中 512 位分组的数目。每次主循环处理 512 位消息,这 512 位消息分成 16 个 32 位的字 $m_0 m_1 \cdots m_{15}$,并将它们扩展变换成所需的 80 个 32 位的字 $w_0 w_1 \cdots w_{79}$,变换方法如下:

$w_t = m_t$ 对于 $t = 0$ 至 15

$w_t = (m_{t-3} \oplus m_{t-8} \oplus m_{t-14} \oplus m_{t-16}) <<< 1$ 对于 $t = 16$ 至 79

SHA-1 算法还使用了四个常数：

$k_t = 5a827999$ 对于 $t = 0$ 至 19

$k_t = 6ed9eba1$ 对于 $t = 20$ 至 39

$k_t = 8f1bbcdc$ 对于 $t = 40$ 至 59

$k_t = ca62c1d6$ 对于 $t = 60$ 至 79

主循环根据 t 的取值（$0 \leq t \leq 19, 20 \leq t \leq 39, 40 \leq t \leq 59, 60 \leq t \leq 79$）分为四轮，每轮 20 次操作。每次操作都是对 a,b,c,d,e 中的内容和一个字 w_t 以及一个常数 k_t 进行运算，同时改变五个寄存器的值。一次操作的结构如图 4.3.1 所示。

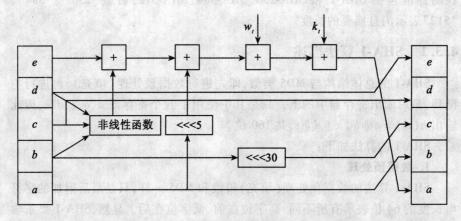

图 4.3.1 SHA-1 算法的一次操作（主循环中对一个字的操作）

图 4.3.1 中的非线性函数有四个，每轮使用一个，分别是：

$f_t(X,Y,Z) = (X \wedge Y) \vee (\overline{X} \wedge Z)$ 对于 $t = 0$ 至 19

$f_t(X,Y,Z) = X \oplus Y \oplus Z$ 对于 $t = 20$ 至 39

$f_t(X,Y,Z) = (X \wedge Y) \vee (X \wedge Z) \vee (Y \wedge Z)$ 对于 $t = 40$ 至 59

$f_t(X,Y,Z) = X \oplus Y \oplus Z$ 对于 $t = 60$ 至 79

其中各运算的定义与 MD5 相同。

设 t 是操作序号（$t = 0$ 至 79），w_t 表示扩展后消息的第 t 个子分组，$<<< s$ 表示循环左移 s 位，则主循环过程如下：

for $t = 0$ to 79

  TEMP $= f_t(b,c,d) + e + (a <<< 5) + w_t + k_t$

$$e = d$$
$$d = c$$
$$c = b <<< 30$$
$$b = a$$
$$a = \text{TEMP}$$

在这之后，a,b,c,d 和 e 分别与 A,B,C,D 和 E 相加后作为下一个 512 位分组的输入，即：$a = a + A, b = b + B, c = c + C, d = d + D, e = e + E$，然后用下一个 512 位数据分组继续运行算法。

最后的输出是：$h(m) = a \parallel b \parallel c \parallel d \parallel e$。

4.3.2 SHA-1 的安全性

SHA-1 的 Hash 值是 160 位，比 MD5 多了 32 位。如果两种 Hash 函数在结构上没有任何问题，SHA-1 比 MD5 更能抵抗强力攻击。在预处理部分，SHA-1 增加的冗余也明显增加了强度。另外，在 SHA-1 的压缩函数中，16 个字的消息分组扩充为 80 字的效果是，任何两个不同的 16 字分组都经过混乱产生新的字，这进一步扩充了压缩函数在消息输入时与 MD5 的差异。

尽管 SHA-1 与 MD5 相比似乎有更好的安全性，但王小云教授还是创造性地给出了 SHA-1 的碰撞，这说明 SHA-1 和 MD5 一样存在安全问题。

4.4 注 记

Hash 算法也有很多。我们只介绍了两个最为著名、也是目前使用最为广泛的 Hash 算法：MD5 和 SHA-1。对于初次涉及密码的同学来说，这两个算法较为复杂，容易为其复杂的细节所困惑。不过我们可以先略去算法细节，而了解算法的基本特征：将任意长的数据摘要成固定长的数据，而且这种摘要与原数据息息相关，以至于原数据任一比特的改变都将在摘要中反映出来；此外，找到两个不同的数据，使它们的摘要相同是困难的。

Hash 函数并不具备加密信息的功能，但可用于认证和数字签名。在介绍数字签名和认证技术时，我们将要用到它。

近几年来，对 Hash 函数的研究有了很大的突破。我国学者王小云及其所带领的研究人员，对著名的 MD4、MD5、HAVAL-128、RIPEMD 和 SHA-1 等一系列 Hash 算法的安全性做了深入的分析，指出了其安全性方面的不足。MD5 和 SHA-1 是国际上 Hash 算法的典型代表，应用也最为广泛。尤其是 SHA-1，它是美国政府选定的标准 Hash 算法。因此,王小云等人所取得的这些研究成果,是近年来震动国际密码学界的重大成就。

这期间,Biham 和 Chen 也给出了一个新的分析方法,称为自然比特技术,并用它发现了 SHA-0 的近碰撞。Joux, Carribault, Jalby 和 Lemuet 也利用这一技术,得到了攻击 SHA-0 的一些结果。

诸多 Hash 算法的安全性受到挑战,导致了对新的更为安全的 Hash 算法的迫切需求。NESSIE 和 ECRYPT 都包括了对新的 Hash 函数的研究。Whirlpool、SHA-256、SHA-384 和 SHA-512 等都作为终选的 Hash 函数。但这些函数的安全性如何,仍是需要进一步探讨的问题。而 ECRYPT 则把设计快速及可证安全的 Hash 函数,以及寻找安全 Hash 函数设计或已有 Hash 函数"加固"的一般准则的研究,作为重要的研究方向。

习题四

1. 什么是 Hash 函数?它有哪些特点?
2. 对 Hash 函数有哪些安全要求?为什么?
3. 使用 MD5 时,长为 1000 比特的数据应如何填充?
4. 在 SHA 算法中,已知 $w_0, \cdots, w_{15}$,试计算 w_{16}、w_{18} 和 w_{20}。
5. 试用 DES 算法的 CBC 模式构造一个输出长度为 128 位的散列算法。
6. 试用 3-DES 算法构造一个输出长度为 192 位的散列算法。
7. 试用 AES 的 CFB 模式构造一个输出长度为 384 位的散列算法。
8. 试用模数为 1024 位的 RSA 算法构造一个输出长度为 512 位的散列算法。

第 5 章 数字签名

数字签名源于实际的需求。本章介绍数字签名的概念和若干基本签名方案,然后介绍一种满足特定需要的数字签名方案。

5.1 数字签名简介

5.1.1 数字签名的产生背景

对重要文本进行签署,以示签署者对文本内容负责或认可,一直是一种基本而又重要的工作和生活方式,也是法律上认定责任的重要依据。例如,部门主管对方案的批复需要签名,涉及多方的合同也必须经过当事各方的签署才能生效。常见的传统签署方式是手写签名,这依赖于人们的以下共识:
① 没有两个人的手写签名是完全相同的。
② 被签名的文本与对该文本的签名是不可分离的。
基于这种共识,手写签名有以下特点:
① 签名能被确认
② 签名不可伪造、无法复制
③ 签名者事后无法否认其签名

随着计算机网络的发展,大量的电子文本代替了传统的纸质文本。因此,签署的方式也必须做出相应的改变。于是,数字签名(digital signature)便应运而生了。数字签名是对手写签名的一种数字化模仿。数字签名在身份验证、保护数据完整性、实现不可否认性,以及进行密钥管理等方面都有重要作用,它在电子商务系统中也具有特殊作用。

如同手写签名是唯一可由签名者产生的、与被签署的文本不可分离的字符,数字签名也是唯一可由签名者产生的、只与被签署的电子文本相关的数据。不过,手写签名与被签署的文本天然地不可分离,也不可复制;而基于数据的可分离、可复制性,数字签名却总是可分离、可复制的。因此人们希望,数

字签名这种可分离可复制的特点,不致影响其他更为重要的特性,如:
① 数字签名是只能由签名者唯一产生的数据。
② 数字签名可以被确认,即接受签名的一方(称为验证者)能验证签名。
③ 数字签名不可伪造。
④ 签名者事后不能否认自己所做的数字签名,这意味着即使签名者事后想否认自己的签名,公正的第三方也能够做出正确的裁决。

产生数字签名的唯一性,必然要求签名者拥有一个只有他自己才知道的秘密(密钥),而且签名时还必须利用特定的方法,将这个秘密与被签署的数据"捆绑"在一起,并且这种"捆绑"还不能导致签名所用密钥的泄露。另外,数字签名还要能被验证,而且验证应该是公开进行的。这些特点决定了数字签名只能用非对称算法来实现,因为对称算法显然不满足这些要求。非对称算法的私钥是被用户唯一拥有的,而只要承认用户的公钥,那么该公钥就可以用来确认相应私钥的真实性,从而可以验证数字签名的正确与否。随着公钥体制的产生,以及社会对数字签名的迫切需求,数字签名的出现可以说是必然的。

5.1.2　数字签名的概念

一个完整的数字签名体制至少由两部分组成:秘密的签名算法(Signature Algorithm)和公开的验证算法(Verification Algorithm)。通常,用 $s = Sig_k(m)$ 表示对消息 m 的签名,其中 $Sig_k(\cdot)$ 表示签名算法,k 是用户拥有的签名密钥。而对签名 s 的验证则用 $v = Ver_{k'}(m,s)$ 表示,$Ver_{k'}(\cdot)$ 表示验证算法,k' 表示与 k 相应的验证密钥,验证结果 v 只有真假二值,真表示签名通过了验证,是正确的、可接受的,而假则相反。显然,签名密钥是秘密的,只有签名者掌握。验证签名 s 的算法及参数(包括 k')都必须是公开的,以便他人验证。

更一般地,人们将一个数字签名体制表示成五元组 (M,G,K,S,V),其中 M 是所有可能的消息组成的有限集,G 是所有可能的数字签名组成的有限集,K 是密钥空间,S 是签名算法集,V 是验证算法集。对于用户的签名密钥 $k \in K$,有一个容易计算的签名算法:

$$s = Sig_k(m)$$

同时,存在一个与 k 相应的验证密钥 k' 和易于验证签名真假的验证算法:

$$v = Ver_{k'}(m,s)$$

对每个消息 $m \in M$,数字签名 s 是 M 到 G 的一个映射,对每个 m 及其签名 s,验证算法 v 是 $M \times G$ 到二值集合 {真(true),假(false)} 的函数。

$$Ver_{k'}(m,s) = true \Leftrightarrow s = Sig_k(m)$$

前面提到,数字签名只能由非对称算法来实现。基于公钥密码算法的数字签名本质上是公钥密码算法的逆序应用,即用私钥签名,用公钥验证。

我们知道,非对称算法多数是分组算法。当被签名的消息很长时,如果每组产生一个签名,则签名也将很长。这无论是对签名的产生,还是对签名的存储、传递和验证,都是很不利的。更好的方法是,先对被签名的消息数据进行不可逆的"压缩",即:使用安全的 Hash 函数 h 计算其消息摘要(Hash 值),再对消息摘要进行签名。这样的签名机制可用图 5.1.1 表示。

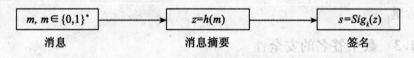

图 5.1.1　数字签名的一般机制

由于 Hash 值通常都很短,只要运行一次签名算法就可以产生签名。事实上,这样做还有其他额外的好处——一个适当选择的安全 Hash 函数还会增加抗伪造攻击的能力。因此,目前的签名普遍都采用这种机制,只有特殊情形(如带消息恢复)才直接对数据签名。所以,将对消息摘要的签名等价于对消息的签名,已成为数字签名常见的一般机制。

验证时,验证者也要先产生消息摘要 $z = h(m)$,然后验证是否有 $Ver_{k'}(z,s) = true$。

于是,一个完整的签名机制是:签名者先产生消息摘要,再对消息摘要签名,然后将签名发送给验证者,验证者用验证算法验证签名。验证通过并被接受后,签名才告结束。

数字签名涉及签名和验证双方,可看成是一种协议。最简单的签名只需由一方签名再由另一方验证,即只需要一个交互。也有的签名比较复杂,需要双方或多方经多个交互才能完成,这时签名不单是一个算法,而是一个协议或方案。

最早出现的数字签名体制是 RSA 签名体制,它是 RSA 加密体制简单的逆序运用。正因为简单实用,所以至今它仍是应用最为广泛的签名技术。此外还有很多基于离散对数问题的签名方案,以及基于双线性映射的数字签名方案。一些签名方案具有普适性,是通用签名方案,也称基本签名方案。也有许多签名方案是针对特定要求而设计的,如盲签名要求签名者无法获知所签名的消息内容,群签名要求一个群体的每个成员都能代表群体签名,等等。目前已经提出很多数字签名算法,而且新的签名算法仍在不断涌现。

数字签名算法可以按不同的标准大致分类:

① 按照功能分类:可分成普通(或基本)的数字签名和特殊功能的数字签名,如不可否认签名、盲签名、群签名、代理签名等。这是最常见的分类方法。

② 按照验证方法分类:可分成验证时自动恢复被签名信息(也称带消息恢复)和验证时需要输入被签名信息(也称带附录)两类。

③ 按照是否使用随机数分类:可分成确定的和随机的两类。

我们按照第一种分类,先介绍基本的数字签名体制,再介绍特殊功能的签名方案。

5.1.3 数字签名的安全性

对一个数字签名体制来说,如果由 m 及其签名 s 难以推出签名密钥 k,或者,伪造一个 m',使得:

$$s = Sig_k(m) = Sig_k(m')$$

在计算上是不可能的,则称该签名体制是安全的。

基于非对称算法构造的签名体制不可能是无条件安全的,因为当攻击者有无限的资源时,签名密钥无法抵抗穷尽搜索攻击。所以签名体制的安全性只能是实际安全性,即计算安全性。目前较多地用所谓"可证明安全"的方法来分析签名体制的安全性,即假设一个签名体制是可伪造的,然后将其归约到一个困难问题是可解的。

由于签名中使用了 Hash 函数,所以要求 Hash 函数必须是安全的。否则,存在以下两种显然的攻击:

① 攻击者从一个有效的签名消息 (m,s) 开始,其中 $s = Sig_k(h(m))$。然后,攻击者只要找到 $m' \neq m$,使得 $h(m') = h(m)$ 即可。这样,(m',s) 将成为一个可以验证的签名消息,即攻击者针对给定消息 m 伪造了一个签名。

② 攻击者先找到两个消息 $m' \neq m$,使得 $h(m') = h(m)$,然后将消息 m 发送给签名者并获得签名 (m,s),$s = Sig_k(h(m))$。这样,(m',s) 也成为一个可以验证的签名消息,从而也成功地伪造了对 m 的签名。

第一种攻击是对已知消息的签名进行伪造。为了阻止这种攻击,要求 Hash 函数 h 至少是弱无碰撞的。第二种攻击是对选择消息的签名进行伪造。为了阻止这种攻击,要求 h 是强无碰撞的。

与加密相比,数字签名实际上有高的安全性要求。一方面,加密只要求加密算法是安全的,而数字签名不仅要求签名算法本身是安全的,还要求使用的 Hash 函数也是安全的。另一方面,消息加密只要求在解密之前是安全的,而消息的签名很可能在对消息签名多年之后还要验证其签名,且可能需要多次验证其签名。

数字签名体制的安全性在许多安全系统中的作用都是十分关键的,如电子商务系统中,签署电子合同或流转资金都要用数字签名来确认。在电子政务系统中,电子文件的签署也离不开数字签名技术。如今数字签名技术也已经发展成为密码技术的一个重要分支,并且得到了日益广泛的应用。以下我们介绍若干典型的签名方案,并简单介绍其安全性,但不对安全性作深入分析。

5.2 普通数字签名方案

普通数字签名方案(体制)是指可以签署任何消息,但不具备其他特殊功能的数字签名方案,也可称为基本数字签名方案,如 RSA 数字签名方案、ElGamal 型数字签名方案以及基于椭圆曲线的数字签名方案等。而其他特殊签名方案则是用基本签名方案构造的。

ElGamal 型数字签名方案是一类相近的方案,最初的方案由 ElGamal 提出,后来产生了若干不同的变形。它们大部分都是作用在 Z_p^* 上的,其中 p 是大素数,且 Z_p^* 上的离散对数是难解的。但是所有这些体制都可以推广到任何有限循环群上,只要该群上的离散对数问题是难解的,即计算上是不可行的。

5.2.1 RSA 数字签名方案

基于 RSA 加密算法,将其作逆序运用,就是用私钥和解密算法签名,用公钥和加密算法验证,即获得 RSA 数字签名算法。RSA 签名算法是确定性的数字签名方案,能够提供消息恢复。算法描述如下:

设 $n = pq$,p 和 q 是两个大素数,令 $M = G = Z_n$,随机选取整数 $e,1 < e < \varphi(n)$,使得

$$\gcd(e,\varphi(n)) = 1, ed \equiv 1 \bmod \varphi(n)$$

公开 n 和 e,保密 p,q,d。对消息 $m \in Z_n$,令

$$s = Sig_k(m) \equiv m^d \bmod n$$

则 s 为 m 的数字签名。给定消息 m 及其数字签名 s,可如下验证其真假:

$$Ver_e(m,s) = true \Leftrightarrow m \equiv s^e \bmod n$$

因为，当 s 确是消息 m 的签名时，必有 $s \equiv m^d \bmod n$。因为 $ed \equiv 1 \bmod \varphi(n)$，故有

$$s^e \equiv m^{ed} \equiv m \bmod n$$

使用公钥算法对消息签名的基本前提是，用户的签名私钥是用户个人的机密，而相应的用户公钥是真实的。在这样的前提下，一个用户 A 基于 RSA 算法用其私钥 d 所做的签名，必然只有 A 才能产生，因为私钥 d 只有 A 知道。而验证算法使用了 RSA 的加密算法，所以任何人，只要相信 e 是 A 的公钥，都能验证 A 所做的签名是否有效。

RSA 签名体制的效率等同于 RSA 解密算法的效率。如果直接对消息签名，则每次只能签 $[\log_2 n]$ 比特的消息，获得同样长度的签名。因此，当消息很长时，需要将消息分成 $[\log_2 n]$ 比特的分组，逐组进行签名。这样做效率很低，所以要采用对消息摘要签名的机制——先对消息求 Hash 值，产生消息摘要，再对消息摘要签名，即对消息 m 的签名为：

$$s = Sig_d(h(m)) = (h(m))^d \bmod n$$

这样，只要做一次 Hash 计算，再做一次签名运算即可完成签名。

直接使用 RSA 签名体制对消息签名，还有一个明显的安全问题：设用户 A 对消息 m_1 和 m_2 的签名分别是 s_1 和 s_2，那么任何一个拥有 (m_1, m_2, s_1, s_2) 的人都可以伪造如下的消息 m 及其签名 s：

$$m = m_1 m_2, s = Sig_d(m) = Sig_d(m_1) Sig_d(m_2) \bmod n$$

这是因为 $(m_1 m_2)^d \bmod n = m_1^d m_2^d \bmod n = Sig_d(m_1) Sig_d(m_2) \bmod n$，其中 d 为用户私钥。

如果在签名之前先将消息 Hash 成消息摘要，则不存在上述问题，因为一般都有

$$h(m_1 m_2) \neq h(m_1) h(m_2)$$

即上面的不等式以极大的概率成立，而相等的概率则是可以忽略的。所以，对于 RSA 签名体制要特别强调，必须采用一般签名机制，先产生消息摘要，再对消息摘要签名。

RSA 签名体制的安全性依赖于 RSA 加密体制的安全性。可以证明，如果 RSA 签名体制不安全时，那么大数分解问题是可解的，从而 RSA 加密体制也不安全。就是说，本质上，大数分解问题的困难性是 RSA 签名体制安全的保证。所以，RSA 签名体制是可证安全的。

5.2.2 ElGamal 数字签名方案

ElGamal 数字签名体制是由 T. ElGamal 于 1985 年提出的,其改进形式已被 NIST(美国国家标准技术研究所)作为数字签名标准(DSS)。ElGamal 数字签名体制的安全性基于求离散对数的困难性,且是一种非确定性体制。对同一明文消息,由于选择的随机参数不同而有不同的签名。ElGamal 数字签名算法如下。

设 p 是一个足够大的素数,使得在 Z_p^* 上的离散对数问题是难处理的。设 $g \in Z_p^*$ 是一个本原元(即乘法循环群 Z_p^* 的生成元)。令 $\alpha(1 \leq a \leq p-1)$ 是用户随机选取的私钥,定义

$$K = \{(p,g,\alpha,\beta) | \beta \equiv g^\alpha \bmod p\}$$

其中 p、g 是公钥参数,β 是公钥,它们用来验证签名。

对于 $K=(p,g,\alpha,\beta)$ 和一个秘密的随机数 $k \in Z_p^*$,定义 $Sig_\alpha(m,k) = (\gamma, \delta)$,其中

$$\gamma = g^k \bmod p$$
$$\delta = (m - \alpha\gamma)k^{-1} \bmod (p-1)$$

验证算法为:

$$Ver_\beta(m,(\gamma,\delta)) = true \Leftrightarrow \beta^\gamma \gamma^\delta = g^m \bmod p$$

使用 ElGamal 签名时,有以下问题需要注意,否则会影响安全性:

(1) 不能泄露随机数 k。一旦泄露随机数 k,则可由 $\delta = (m-\alpha\gamma)k^{-1} \bmod (p-1)$ 求出签名密钥 $\alpha = (m - \delta k)\gamma^{-1} \bmod (p-1)$。

(2) 不能使用相同的 k 对两个不同消息进行签名。否则,设对消息 m_1、m_2 的签名中使用了相同的 k,签名分别是 (γ,δ_1),(γ,δ_2),$\gamma = g^k \bmod p$。由签名算法可知

$$\delta_1 = (m_1 - \alpha\gamma)k^{-1} \bmod (p-1), \delta_2 = (m_2 - \alpha\gamma)k^{-1} \bmod (p-1)$$

从而有

$$k(\delta_1 - \delta_2) = (m_1 - m_2) \bmod (p-1)$$

令 $d = \gcd(p-1, \delta_1 - \delta_2)$,$\delta_1 - \delta_2 = \delta'd$,$p-1 = p'd$,显然 d 也是 $m_1 - m_2$ 的因子,令 $m_1 - m_2 = m'd$,则有 $m' \equiv k\delta' \bmod p'$,于是得到 p' 个 k 的候选值,再由 $\gamma = g^k \bmod p$ 即可确定 k 的值,进而可求出签名密钥 α。

(3) 不能直接应用签名方案,否则有下面两种伪造攻击:

① 设 A 是签名者,对手 B 可以同时选择 $0 \leq i,j \leq p-2$,使得 $\gcd(j,p-1) = 1$。然后计算

$$\gamma = g^i \beta^j \bmod p, \delta = -\gamma j^{-1} \bmod (p-1), m = -\lambda i j^{-1} \bmod (p-1)。$$

不难证明,(γ, δ) 是 A 对消息 m 的合法签名。

② 若对手 B 已知 (γ, δ) 是 A 对消息 m 的合法签名,则 B 可利用它再伪造 A 的签名。为此,B 选择整数 $0 \leq h, i, j \leq p-2$,使得 $\gcd(h\gamma - j\delta, p-1) = 1$。然后 B 计算

$$\lambda = \gamma^h g^i \beta^j \bmod p$$
$$\mu = \delta \gamma (h\gamma - j\delta)^{-1} \bmod (p-1)$$
$$m' = \lambda (hm + i\delta)(h\gamma - j\delta)^{-1} \bmod (p-1)$$

不难证明 (λ, μ) 是 A 对消息 m' 的合法签名。

如果使用通用的签名机制,对消息摘要进行签名,即签名为

$$\delta = (h(m) - \alpha\gamma) k^{-1} \bmod (p-1)$$

则上述攻击方法不成立。这里我们再一次看到了采用一般签名机制的好处。

5.2.3 Schnorr 数字签名方案

1989 年,Schnorr 提出了一种可看做是 ElGamal 签名方案变型的签名体制,描述如下:

设 p 是使得 Z_p^* 上离散对数问题难处理的一个素数,q 是能整除 $p-1$ 的素数。设 $g \in Z_p^*$ 是模 p 同余 1 的 q 次根(即 g 是 Z_p^* 中的 q 阶元),并定义

$$K = \{(p, q, g, \alpha, \beta) | \beta \equiv g^\alpha \bmod p\}$$

其中 $1 \leq \alpha \leq q-1$ 为私钥,p, q, g 和 β 是公钥,h 是安全的 Hash 函数。

对于 (p, q, g, α, β) 和一个秘密的随机数 $k, 1 \leq k \leq q-1$,签名算法为

$$Sig_\alpha(m, k) = (r \| s)$$

其中 $r = h(m \| g^k)$ 且 $s = (k + \alpha r) \bmod q$。相应的验证算法为

$$Ver_\beta(m, (r \| s)) = true \Leftrightarrow h(m \| g^s \beta^{-r}) = r$$

这是因为 $g^s \beta^{-r} \equiv g^{k+\alpha r} g^{-\alpha r} \equiv g^k \bmod p$。

Schnorr 签名方案有以下特点:

① 签名的长度缩短了,因为 r 依赖于 Hash 函数的输出长度,而 s 的长度取决于 $q < p$。

② 将 Hash 函数直接集成到了签名算法当中。

假定 h 是安全的 Hash 函数,则 Schnorr 签名方案的安全性将依赖于 Z_p^* 上离散对数问题的难解性。

5.2.4 数字签名标准 DSS

DSA 是数字签名算法(digital signature algorithm)的缩写,现在已成为一个

专门的数字签名体制。DSA 数字签名体制于 1991 年 8 月由美国国家标准与技术研究所(NIST)公布,1994 年 12 月 1 日被正式采用为美国联邦信息处理标准(FIPS 186),称为数字签名标准(digital signature standard,简称 DSS)。DSS 是被政府认可的第一个数字签名标准。这个签名标准有较大的兼容性和适用性,已成为网络安全的基本构件之一。而 DSA 则是 DSS 中所采用的专门签名算法,它是 ElGamal 和 Schnorr 签名算法的变型。DSA 还规定,在消息被签名之前,要用 SHA-1 算法产生消息摘要。方案描述如下:

设 p 是长为 L($512 \leq L \leq 1024$)比特的素数,$L \equiv 0 \bmod 64$,在 Z_p^* 上离散对数是难处理的,q 是能被 $p-1$ 整除的 160 比特的素数。设 $g \in Z_p^*$ 是 1 模 p 的 q 次根,即 g 是 Z_p^* 中的 q 阶元,选取秘密参数 α,$1 \leq \alpha \leq q-1$,计算 $\beta \equiv g^\alpha \bmod p$,令参数集

$$K = \{p, q, g, \alpha, \beta\}$$

其中 p, q, g 和 β 是验证公钥,α 是签名私钥。对于 $K = \{p, q, g, \alpha, \beta\}$ 和一个秘密的随机数 k,满足 $1 < k < q - 1$,对消息 $m \in \{0,1\}^*$ 的签名是 $Sig_\alpha(m, k) = (\gamma, \delta)$,其中

$$\gamma = (g^k \bmod p) \bmod q$$
$$\delta = (h(m) + \alpha\gamma)k^{-1} \bmod q$$

(若 $\gamma = 0$ 或 $\delta = 0$,则另选一个随机数 k。)

对于 m 和 $\gamma, \delta \in Z_p^*$,验证是通过下面的计算完成的:

$$e_1 = h(m)\delta^{-1} \bmod q, e_2 = \gamma\delta^{-1} \bmod q$$
$$Ver_\beta(m, (\gamma, \beta)) = true \Leftrightarrow (g^{e_1}\beta^{e_2} \bmod p) \bmod q = \gamma$$

2001 年 10 月,NIST 建议 p 选为 1024 位的素数(即 L 的唯一允许值为 1024),同时声明这"既不是标准也不是指南",但确实表示了对安全性的一些担心。

5.2.5 基于椭圆曲线的数字签名方案*

在 2000 年,椭圆曲线数字签名算法(ECDSA, Elliptic curves digital signature algorithm)作为 FIPS 186-2 得到了批准。ECDSA 方案如下。

设 p 是一个素数或 2 的方幂,E 是定义在 F_p 的椭圆曲线。设 g 是 E 上阶数为 q 的一个点,使得在群 $\langle g \rangle$ 上的离散对数问题是难处理的。定义

$$K = \{(p, q, E, g, \alpha, \beta) \mid \beta = \alpha g\}$$

其中 $1 \leq \alpha \leq q - 1$ 为私钥,p, q, E, g 和 β 是公钥,对于 $K = (p, q, E, g, \alpha, \beta)$ 和一个秘密的随机数 k,$1 \leq k \leq q - 1$,关于消息 m 的数字签名为

其中
$$Sig_\alpha(m,k) = (r,s)$$
$$\alpha g = (u,v), u,v \in F_p$$
$$r = u(\bmod q), s = k^{-1}(h(m) + \alpha r)(\bmod q)$$

这里 $r,s \in Z_q^*$,且 $r \neq 0, s \neq 0$,否则另选一个随机数 k;u,v 是 E 上的点 αg 的坐标分量,h 是安全 Hash 函数。签名的验证过程如下:
$$w = s^{-1}(\bmod q), i = wh(m)(\bmod q)$$
$$j = wr(\bmod q), (u,v) = ig + j\beta$$
$$Ver_\beta(m,(r\|s)) = true \Leftrightarrow u(\bmod q) = r$$

例 5.2.1 给定基于定义在 Z_{11} 上的椭圆曲线 $y^2 = x^3 + x + 6$。设签名体制的参数是 $p=11, q=13, g=(2,7), \alpha=7$ 以及 $\beta=(7,2)$。又设对消息 m,有 $h(m)=4$。签名者选择随机数 $k=3$ 为 m 签名。为此将计算:
$$(u,v) = 3(2,7) = (8,3)$$
$$r = u \bmod 13 = 8$$
$$s = 3^{-1}(4 + 7 \times 8) \bmod 13 = 7$$

因此 $(8\|7)$ 是对 m 的签名。

验证者执行下面的计算来验证签名:
$$w = 7^{-1}(\bmod 13) = 2, i = 2 \times 4(\bmod 13) = 8$$
$$j = 2 \times 8(\bmod 13) = 3, (u,v) = 8g + 3\beta = (8,3), u(\bmod 13) = 8 = r$$

因此,签名得到了验证。

5.3 盲签名*

5.3.1 盲签名简介

盲签名是这样一种体制,就是签名者 A 对一个数据做了签名,但并不知道所签名数据的真实内容。对于提供数据的 B 来说,B 既需要 A 的签名,但又不希望 A 知道所签名的数据内容。一个直观例子是,B 需要 A 对一份文件签名,但 B 用不透明的复写纸把文件盖上,然后交给 A 签名;A 虽然在复写纸上签了名,但并没看到文件,这就是盲签名。自从出现对电子现金技术的研究以来,盲签名已成为最重要的实现工具之一。一个盲签名体制包括两个实体:消息发送者和签名者,发送者同时也是签名的验证者。发送者将消息发送给签名者,让签名者对给定的消息签名,但要求不能泄露关于消息和消息签名的任何信息。1982 年,Chaum 首次提出盲签名概念,并利用盲签名技术提出了第一个电子现金方案。盲签名技术可以保护用户的隐私权,因此,这一技术在诸多电子现金方案中广泛使用。

盲签名需要应用两个密码算法,第一个是加密算法,目的是为了隐蔽信息,也称为盲变换,第二个是真正的签名算法。

设发送消息者为 B,签名者为 A,A 的签名密钥为 k,则盲签名过程如图 5.3.1 所示。

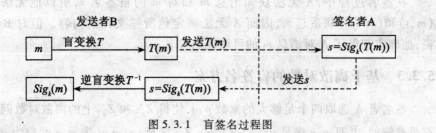

图 5.3.1　盲签名过程图

盲签名的特点是:

① 消息的内容对签名者是盲的(即签名者不清楚被签名消息的内容);

② 签名者不能将所签文件 $T(m)$ 和实际要签的文件 m 联系起来,即使他保存所有签过的文件,也不能确定出所签文件的真实内容。

B 将消息 m 变换成 $T(m)$ 的过程通常也称为盲化,而逆盲变换则称为脱盲。显然,盲变换对签名者 A 来说应是不可逆的,因而 A 无法从盲化的结果中得到 m。

5.3.2　基于 RSA 的盲签名方案

签名者 A 选两个大素数 p、q,计算 $n=pq$,随机选择 e,$1<e<\varphi(n)$,满足 $\gcd(e,\varphi(n))=1$;由 $ed\equiv 1 \bmod \varphi(n)$ 求出 $d\equiv e^{-1} \bmod \varphi(n)$,再选择一个安全的单向 Hash 函数 h。公开 n、e 和 h。

设发送者 B 要求签名者 A 对消息 m 进行盲签名。则他和 A 执行如下协议:

① B 随机选盲因子(blinding factor)$r\in Z_p^*$,计算:

$$m'\equiv h(m)r^e \bmod n$$

并将 m' 发送给 A。

② 签名者 A 收到 m' 后,用 RSA 的私人密钥 d 对 m' 进行盲签名得

$$s'=Sig_d(m')\equiv (m')^d \bmod n$$

并将 s' 发送给 B。

③ B 收到 s' 后,进行脱盲计算:
$$s = s'/r \equiv h(m)^d \bmod n$$

则 s 是 A 对 $h(m)$ 的签名。由签名的一般机制,它等价于对 m 的签名。B 如下验证签名的正确性:
$$Ver_A(h(m), s) = true \Leftrightarrow s^e \equiv h(m) \bmod n$$

在签名过程中,A 无法获知消息 m 和对 m 的盲签名 s,所以他无法将 (m, s) 和 (m', s') 联系起来,因而 A 无法确定他所签文件的内容。但对 B 来说,他确实获得了 A 对消息 m 的可验证的签名。

5.3.3 基于离散对数的盲签名方案

签名者 A 选取两个足够大的素数 p、q,使得 Z_p^* 和 Z_q^* 上的离散对数问题都是难解的,并且 p、q 满足 $q|(p-1)$,$g \in Z_p^*$ 满足 $|g| = q$(表示 g 的阶为 q)。秘密选取 $\alpha \in Z_q^*$,计算:
$$\beta \equiv g^\alpha \bmod p$$

将 α 作为私钥,p、q、g 和 β 作为公钥。

设验证者 B 要让签名者 A 对消息 m 进行盲签名。则 B 和 A 执行下列协议:

① 签名者 A 随机选择 $k \in Z_q^*$,计算:
$$\bar{r} \equiv g^k \bmod p$$

并把 $\bar{r}$ 发送给 B。

② 验证者 B 随机选两个数 $e_1, e_2 \in Z_q^*$,计算:
$$r \equiv \bar{r}^{e_1} g^{e_2} \bmod p$$
$$\bar{m} \equiv e_1 m r \bar{r}^{-1} \bmod q$$

并把 $\bar{m}$ 发送给 A。

③ A 计算:
$$\bar{s} \equiv (\alpha \bar{r} + k \bar{m}) \bmod q$$

并把 $\bar{s}$ 发送给 B;

④ B 进行脱盲计算:
$$s \equiv (\bar{s} \cdot r \cdot (\bar{r})^{-1} + e_2 m) \bmod q$$

这样,$(r \| s)$ 是对消息 m 的一个盲签名。

该签名的验证过程为:$g^s \equiv \beta^r \cdot r^m \bmod p$。这是因为

$$s \equiv (\bar{s} \cdot r \cdot (\bar{r})^{-1} + e_2 m) \bmod q$$
$$\equiv (\alpha \bar{r} + k\bar{m}) r (\bar{r})^{-1} + e_2 m$$
$$\equiv \alpha r + k e_1 m \bar{r} r^{-1} r (\bar{r})^{-1} + e_2 m$$
$$\equiv \alpha r + (k e_1 + e_2) m \bmod q$$

所以

$$\alpha^s \equiv \alpha^{\alpha r + (k e_1 + e_2) m (\bmod q)} \bmod p$$
$$\equiv \alpha^{\alpha r} (\alpha^{(k e_1 + e_2)})^m \bmod p$$
$$\equiv \beta^r ((\alpha^k)^{e_1} \alpha^{e_2})^m \bmod p$$
$$\equiv \beta^r (\bar{r}^{e_1} \alpha^{e_2})^m \bmod p$$
$$\equiv \beta^r r^m \bmod p$$

当然,对于一个长的消息 m 来说,应按照一般签名机制在上述过程中用 $h(m)$ 代替 m。由于消息 m 被盲化成 $\bar{m}$,所以 A 无法获知消息 m。对于签名,A 虽然得到了 r,但无助于了解 m 和 s。

5.3.4 盲签名方案的应用

盲签名广泛应用于电子选举和电子货币中。这里我们以电子选举为例,来说明盲签名是如何应用的。

设 A 是选举管理中心,B 是选民,v 是选票,$I(B)$ 是选民 B 的身份信息。B 不想让 A 知道其选票内容。但是,任何一张选票产生后,必须先经过管理中心对投票的选民身份进行确认,然后对选票进行签名后,才能生效。因此,选民 B 填好选票 v 后,先对选票 v 用盲变换 T 进行盲化,得到 $T(v)$,然后对 $T(v)$ 签名,得到 $s = Sig_B(T(v))$,再将 $(I(B), T(v), s)$ 发送给 A。

选举管理中心 A 收到 $(I(B), T(v), s)$ 后,执行如下步骤:

① 检查 B 有无权利参加选举。若 B 无权参加选举,则将 B 的选票 $T(v)$ 作废,不予签名。否则,进行下一步。

② 检查 B 是否已经参加过投票,即检查 $T(v)$ 是否为重复投票。若已参加过投票,则将 B 的选票作废,不予签名。否则,进行下一步。

③ 检查 s 是否选票 $T(v)$ 的有效签名。若不是,则将 B 的选票 $T(v)$ 作废,不予签名。否则,对 B 的选票签名,得 $s' = Sig_A(T(v))$,并把 s' 发送给选民 B。

最后选举管理中心 A 宣布他对选票签名的总人数,并公布 $(I(B), T(v), s)$ 的列表。

选民 B 获得 s' 后,要验证 A 对他的选票签名是否有效。若无效,要重新向 A 申请对自己的选票进行签名。如果 A 的签名有效,则 B 将从 s' 中获得 A

对 v 的签名 s'',然后匿名地将 (s'',v) 发送给计票站。

例 5.4.1 一个基于 RSA 签名体制的简单电子投票方案。

假设 A 和 B 所采用的都是基于 RSA 的签名算法,A 的公钥为 e_A,私钥为 d_A,模数为 n_A;B 的公钥为 e_B,私钥为 d_B,模数为 n_B;并设 h 是一个安全的 Hash 算法。则 B 可先向 A 提出申请,A 先检查 B 的选民身份是否合格,如合格,则发送给 B 一个随机数 $0 < r_B < \min(n_A, n_B)$。B 收到参数 r_B 后,再选择一个随机数 $r < \min(n_A, n_B)$,如下产生 $T(v)$ 和 s:

$$T(v) = h(v) r^{e_A} \bmod n_B, s = (h(v) r^{e_A})^{d_B} r_B \bmod n_B$$

A 收到 B 的数据 $(I(B), T(v), s)$ 后,验证下式是否成立

$$T(v) = (s/r_B)^{e_B} \bmod n_B$$

如果成立,则计算签名

$$s' = T(v)^{d_A} \bmod n_A$$

B 收到 s' 后,容易验证签名是否有效。然后计算

$$s'' = s'/r = h(v)^{d_A} \bmod n_A$$

这是因为

$$s' = (h(v) r^{e_A})^{d_A} = h(v)^{d_A} r \bmod n_A$$

最后,B 将 (s'', v) 匿名发送给计票站。

在这个过程中,A 虽然对 $h(v)$ 做了签名,但 A 并不知道 v 的内容,也不知道签名 s''。属于典型的盲签名。

方案中我们加上随机数 r,是为了即使在投票结束后,A 也无法通过比对 v 与 $T(v)$ 来获知 v 的投票者 B 的身份。而增加随机数 r_B,是为了防止别有用心的人捣乱,重放 B 过去的投票,致使 B 无法参与投票。

5.4 注 记

通过对本章的学习,读者至少应当清楚,存在着仿照手写签名的数字签名技术,它以公钥密码算法为基础,而且签名是可以验证的。

就密码学保护机密性和实现认证这两个目标来说,数字签名并不提供机密性保护,但它是实现认证的重要手段。尤其是对于非否认来说,目前它几乎是唯一的手段。

数字签名有很多种,本章只介绍了其中很少的一部分,其他的如群签名、短签名、环签名、一次性签名、多重签名、Fail-Stop 签名、结构化签名等都没作介绍。即使是普通数字签名,本章所介绍的也只是典型的几种。同样,对于具

有特殊功能的数字签名方案,也只介绍了盲签名。

对数字签名方案来说,最关键的是安全性,尤其是不可伪造性。对数字签名方案的安全性分析,目前主要采取可证安全性方法。当然,可证安全并不意味着绝对安全,只是从理论上说,签名方案的安全性可以归结到一个难解的问题上。

许多签名方案都是针对实际需要设计的,可以满足实际中的一些要求,但并非都是完美的。一则设计与需求未必完全吻合,二则需求也在不断变化,因此方案也需不断改进。所以,如果读者留意一下,会发现大量不断改进的签名方案。在实现防伪识别时,也可以根据特定需要设计专门的数字签名方案。不过需要提醒的是,设计方案看似简单,但要确保方案的安全却相当困难。

习题五

1. 简述一个数字签名体制的一般形式。
2. 简述数字签名算法与非对称加密算法的区别。
3. 盲签名中对盲变换有什么要求?
4. 对 RSA 签名算法,选取 $p=97, q=131$,公开密钥为 $e=5$,求签名密钥 d,然后直接对消息 $m=978$ 计算签名 s,再用公钥验证其正确性。
5. 对 ElGamal 签名体制,选取素数 $p=11, g=2$,签名密钥 $\alpha=8$,计算公开密钥 β,选取随机数 $k=5$,求直接对消息 $m=5$ 的签名。
6. 设 E 表示椭圆曲线 $y^2 \equiv x^3 + x + 26 \bmod 137$,可以看出 $E=137$ 是一个素数,因此,E 中任何非单位元素是 $(E, +)$ 的生成元。假设 ECDSA 在 E 上实现,生成元 $A=(2, 6), \alpha=54$。

(1) 计算公钥 $B=\alpha A$。

(2) 当 $k=75$ 时,直接对 $m=10$ 签名,求得到的签名 s。

第6章 密钥管理的基本技术

使用密码算法必然要对密钥进行管理。本章介绍密钥管理的概念、原则和手段,并介绍若干基本的密钥管理技术。

6.1 密钥管理的概念和原则

6.1.1 密钥管理的概念

人们评价一个密码体制的安全性,往往看它是否有一整套强的算法。其实,就密码技术所保护的信息系统的安全性而言,强的密码算法固然重要,而对密钥的保护则更为关键。密码体制可以公开,密码设备可以丢失,但密钥是万万不能丢失或泄露的,否则就好比是丢了钥匙的保险柜,这样的保险柜再好也不保险。密钥正是密码系统这个"保险柜"的钥匙。早在19世纪,A. Kerckho 就阐明了密码分析的一个基本假设,这个假设就是秘密必须全寓于密钥中,他假设密码分析者已有密码算法及其实现的全部详细资料。在这种假设下,一个密码系统的安全性取决于对密钥的保护,而不是对密码系统的保护。因此密钥的保护与安全管理对保密系统的安全极为重要。

早期的密码体制没有密钥的概念,对密码算法和密钥没有明显的区分。随着信息加密需求量的迅速增加,需要不断更换新的密码算法和设备,这样,人力、物力、财力耗费太大,时间也不允许。于是人们采取固定一部分加密算法或参数而经常更换另一部分加密算法或参数的方法。这种可经常变化的部分就是通常意义上的密钥。密钥与密码算法的分离,大大促进了密码技术的发展。密钥的经常变化也大大提高了数据加密的安全性。它使得密码算法完全公开成为可能。密码作为当今社会的商品之一,其算法是不可能保密的(对国家级的密码分析机构来说,解剖一个密码设备的代价与破译一种密码相比,几乎可以忽略不计),所以密码安全性不能依赖对算法的保密,而应依赖于对密钥的变化和保护。因此,保证密钥正常使用和变化的密钥管理在整个密码体制安全中扮演着极为重要的角色。

纵观古今中外许多密码被破译的实例,大多不是因为其密码算法存在可供攻击的弱点,而往往是因密钥管理和使用上的漏洞所致。一位密码学家说得好:"世界上最杰出的密码算法,也帮助不了那些习惯于选择配偶名字作为密钥的使用者,或是将密钥写在小纸条上装进口袋的人"。可见,密钥的选择,密钥的保护、存储等,对密钥的安全起着关键作用。因此可以说,密钥管理是密码安全的关键所在。

密钥的变化一方面加强了密码的安全性,但另一方面,密钥频繁的、动态的变化过程,可能给攻击者提供可乘之机。例如,密钥的生成过程中可能有某些意想不到的规律,或者在自动分发过程中也许有懈可击,或者在存储过程中有被非法访问之机,等等。总之,从密钥入手攻击密码,一直是破译者的分析手段之一。有经验的密码分析家的眼睛总是盯着密钥管理这一密码体制安全的"软肋"。密码设计者不但要在算法上精心设计,巧妙安排,而且要在密钥管理上精雕细刻,周密考虑,根据给定的环境、条件,尽量做到滴水不漏,无懈可击。这样,才能保证整个密码体制的安全运行。

密钥管理的任务就是为密码通信各方提供各种密码运算所需的密钥材料,在密钥材料的整个生存期内严格控制密钥材料的使用,直到它们被销毁为止,并确保密钥材料在各个阶段或环节都不能出现任何纰漏。所以,密钥管理就是从产生、使用到销毁的全过程管理密钥的理论和技术,其主要内容包括:密钥的生成与分发、密钥的存储与备份、密钥的使用和更新、密钥的销毁和归档、密钥的分割与托管。

密钥管理的各部分内容是有机联系的,是一个整体,任何部分都不能出现差错,否则都会影响整个密码系统的安全。

以下先介绍密钥管理的一般原则和基本手段,具体的管理方法,将在随后的章节中根据密钥的不同(指对称密钥与非对称密钥)分别介绍。

6.1.2 密钥管理的原则和手段

一个好的密钥管理系统应当不依赖于人的因素。这不仅是为了提高密钥管理的自动化水平,根本目的是为了提高系统的安全程度。为此,密钥管理必须遵循以下原则:

① 在密钥管理设备以外,密钥不允许以明文形态出现。

② 任何个人不应具有存取或确定任何明文形态的秘密密钥(指对称算法的密钥和非对称算法的秘密密钥)的能力。

③ 密钥管理系统必须具有防止泄露秘密密钥的能力。

④ 密钥管理系统必须具有检测秘密密钥被泄露的能力,具有防止或检测出秘密密钥在规定用途外被使用以及密钥被故意或非法修改、替代、删除的能力。

⑤ 一个已泄露的密钥,不应损害到之前或之后的密钥。当已知或怀疑密钥被泄露时,应立即停止使用该密钥。

⑥ 若干用户间共同密钥的泄露,不应危及其他任何用户间的共同密钥。

⑦ 生成秘密密钥的方法必须满足:任何秘密密钥值都是不可预测的,或每个秘密密钥值出现的概率均等。

⑧ 局部故障或失误不会危及整个密钥管理系统的安全。

⑨ 密钥不能被修改,不能从密码设备中读取。

遵循以上原则,可以尽量减少安全风险,增强保密系统的安全性。

密钥管理的方法取决于密钥管理的手段和通信网的结构。

现有的密钥管理的基本手段有物理手段、人工手段和逻辑手段。

物理手段:包括使用密钥生成器、存储器以及电磁屏蔽装置、密钥材料保护设施等。

人工手段:包括配备专职的密钥管理人员、警卫人员和信使等。

逻辑手段:包括密钥自动分发、口令字、身份识别、密钥加密保护等。

对于结构、作业环境和技术条件不同的通信网络,分别采用不同的手段进行密钥管理。

6.2 密钥管理的基本要求

密钥管理涉及很多环节,如密钥的生成、分发、存储、备份、使用、更新、销毁、归档等。为了保护重要密钥不被一个人垄断,还要将密钥分割,让多人共享该密钥。此外,为了防止极少数人利用密钥从事破坏犯罪活动,还要对密钥进行托管。其中每个环节的管理都有其要点和基本技术。本节介绍密钥管理的基本要求和一般技术。

6.2.1 密钥的生成与分发

密钥的生成直接影响密码的保密性能,是密钥管理的基础。密钥的生成是指安全产生以后要用的密钥或密钥对(非对称体制)的过程。密钥只能在密钥管理设施内产生。密钥管理的设施是指一种受保护的含密码部件的密码设备(例如密码装置),密钥管理设施具有存取控制设备,以保护其内容免于非经许可的泄露、更改、替代、重放、插入和删除。密钥的生成应在满足一定条件的密钥生成器中进行,所生成的密钥应具有随机的或伪随机的特性。密钥空间中的每一个密钥出现的概率应均等,而且与它的先导或后继都无任何关系,并具有不可预测的特性。密钥生成的方法可根据实际情况采用随机过程或伪随机过程,其强度至少不低于使用生成密钥的加密算法的强度。密钥生成方法的设计应满足:攻击密钥发生器并不比攻击加密过程本身来得容易。

密钥生成的过程应在一个安全的地方进行。在此处,应禁止对密钥的访问和防止对密钥的非法查看。同时,对密钥应采用双重控制使用,即由两个以上的独立个体,同时控制存取或使用密钥材料及生成密钥的函数和信息等,以保护它们的安全,任何单个用户不可能存取或使用它们。

生成的方法应满足以下要求:

① 若初始密钥在密钥空间中不可预测,则生成的新密钥也应在密钥空间中不可预测。

② 生成的过程应该是不可逆的,即泄露一个新生成密钥后,既不可能推出初始密钥,也不可能造成该新密钥前的任何其他生成密钥的泄露。

在密钥生成过程中,应对生成的密钥进行自动检测,以检测是否存在生成错误(例如重复输出相同的密钥;0、1 个数不平衡等),一旦检测到任何错误,应立即停止密钥生成器的运算并查明错误原因。

密钥生成后还必须进行检测,只有符合随机性检验标准的非弱密钥才能用作密钥。

密钥的分发是指可靠地向合法请求的用户提供密钥,将密钥安全地传送到合法用户的密码装置中。一般而言,用户量越大,密钥分发和装载的难度越大。

密钥分发的基本要求是:

① 区分用户和密钥层次,控制密钥的分发数量和范围;

② 保证密钥分发过程中的绝对安全;

③ 按时按需供应,以保证密码通信的不间断;

④ 方法简便易行,尽量自动分发。

密钥分发最原始的是人工方式,如采用专门的信使传递密钥,或将密钥存储在安全的设备中(目前常见的有安全的 IC 卡、U-Key 等),面对面交给用户。人工方式的装载是指密钥通过手工安装或键盘输入。

自动方式是指密钥被自动地分发到用户的密码装置中,通常是在已有密钥保护下,通过网络自动分发。详细内容见对称密钥的管理。

所生成的用手工方式分发的密钥应受到保护和监控,防止非法使用、修改、替代、销毁或泄露,已满使用期的密钥应被销毁。所生成的用自动方式分发的密钥应受到物理保护,以防止密钥的泄露、修改和替代,同样需防止生成算法的修改和替代。

6.2.2 密钥的存储与备份

密钥的存储是指用一种允许的能够确保安全的方式存储密钥。性能可靠的存储媒介,是保护密钥安全、方便使用的重要条件。

密钥存在的形式通常有:加了密的密钥、明文形态的密钥和密钥分量。加了密的密钥是指在安全的密码装置中经"密钥加密密钥"加密后的密钥。密钥分量是由密钥生成的若干参数,这些参数可按一定的方式恢复秘密密钥,但部分参数的泄露不会影响秘密密钥的安全。例如:$K = K_1 \oplus K_2$,其中 K 是秘密密钥,K_1 和 K_2 称为密钥分量。而将秘密密钥拆分成两个以上的独立密钥分量称为秘密分割,将 K 拆分成 K_1 和 K_2 就是最简单的秘密分割。

密钥存储的基本要求是:在安全的密钥管理设施之外,密钥不允许以明文形态出现。

具体地说,密钥应尽量以加密形式和密钥分量形式存储。对于明文形态的秘密密钥,只是为了备份才能以其分量形式存储,否则只能存储在密钥管理设施内部,并要求进行存取控制,即存入、取出应经过加密和脱密。明文形态的秘密密钥应存储在安全的密码装置里,或者将密钥存储到物理上受保护的设施中。安全的密码设备即使在遭到破坏时,也不会使秘密密钥以明文形态从设备中输出。

公开密钥在以明文形态存储而不以证书形式存储时,可设置软、硬件安全存取措施,防止非法存取,以保护公开密钥值不被改变。

对于密钥分量,要求独立的密钥分量应单独保管。例如:A 单独秘密保管密钥分量 K_1,B 单独秘密保管密钥分量 K_2。这样,只知道 K_1 或 K_2 都是毫无用处的,只有当它们结合在一起时才能生成密钥。单独的个人 A 或 B 都无法恢复密钥 K。

实现密钥安全存储的办法通常有:

① 物理上的安全措施;
② 软件和硬件应设有一套安全措施;
③ 用密钥加密密钥来加密;

④ 将密钥变换成根据用途规定的一个函数的输出值;
⑤ 将密钥存储在只读存储器中;
⑥ 将密钥进行分割,部分存储于终端,部分存储于可控的 ROM 中。

对于密钥存储设备,有以下要求:

密钥存储设备中应设置一套安全机制对密钥进行保护,以防止非法访问。一旦出现对以明文形态存储的秘密密钥的非法访问,安全机制应立即删除或毁坏密钥。

短时间的电力故障不会导致密钥存储设备中密钥的丢失。

如果密钥的生成与设备中计数器的计数相关,那么该计数器应受到保护。

密钥的备份是指在密钥使用期中存储该密钥的一个受保护的拷贝,用于恢复遭到破坏的密钥。

对于密钥备份,有以下要求:

备份密钥应保存在一个安全的存储装置中,例如密钥装载器,或密钥管理设施中。

所有备份的密钥拷贝,与正在使用的密钥一样,受到相同等级或更高级别的安全保护。

如果备份的密钥拷贝是可读的,它们应该至少以两个密钥分量的形式存在,而且每一个密钥分量应包括足够大的校验和,以保证其错误率极低。密钥分量应分别由不同的个人保管。

密钥的恢复是指用备份的密钥分量恢复密钥。密钥的恢复应该在双重控制下进行。恢复密钥时,应采取相应的安全措施,使得密钥在恢复过程中不致泄露。

6.2.3 密钥的使用和更新

密钥的使用是指应用密钥对其他数据进行保护和认证,以实现加密、解密、签名等,从而发挥密码系统的效能。

为了防止密钥的非法使用,密钥使用须满足以下要求:

① 一个密钥只能用于预定单元中的预定函数;
② 密钥只能由通信双方使用;
③ 当已知或怀疑密钥被泄露时,应立即停止使用,并从它的使用单元中删除;

密钥更新是指密钥的使用期已到,当通信双方任一方请求更换时或者已知或怀疑密钥已被泄露时,用新的密钥替换已用过的密钥。密钥更新是保证通信各方进行安全通信不可缺少的一个重要环节。

密钥更新的要求是：

① 当已知或怀疑密钥被泄露时,密钥和它的变形都应该更新替换。如果怀疑的密钥是一个密钥加密密钥或由其他密钥推导出来的密钥,各层和它有关的所有密钥都应被更新替换。

② 密钥更新周期要远小于用字典攻击或穷尽攻击能确定该密钥的时间。

③ 密钥更新必须将存储在所有单元中的密钥更换掉,被更换的密钥应立即销毁。

④ 所更换的密钥应得到确认。如果现存的密钥周期与新密钥周期有所重叠时,应该规定一个有效的接替日期(或其他默认的参考时间),以便从规定之时起,不再使用旧密钥。

⑤ 如果条件允许,数据加密密钥(会话密钥)的更新周期应尽量短,最好每一次通信都更换密钥。

当已知或怀疑密钥被泄露时,用分发一个新密钥来更换该密钥。当不知道或不怀疑密钥被泄露时,可以定期用不可逆变换产生一个新密钥来更换该密钥。

6.2.4 密钥的销毁和归档

密钥的销毁是指消除密钥,使其不可使用。对于对称密钥和非对称密钥,销毁的方式存在一定的差异。对于对称密钥,销毁是指明文形态的秘密密钥或它的分量,在其使用期已到或者不再需要使用时,在特定的存储单元中清除。对于非对称密钥,如果密钥已到使用期限,可以通过从存储单元中将其清除来销毁。但如果密钥使用期限未到,则需要采用列表公告(此列表称为黑名单)宣称该密钥已经作废,使其不可再用。这种方式通常称为吊销。对于公钥的吊销,将在非对称密钥管理中作专门的介绍。以下若非特别说明,销毁都是对对称密钥而言。

密钥销毁的一般要求是：

① 一个密码装置不再使用时,存储在该装置中的所有密钥都应被销毁;

② 密钥传送给另一方的过程一旦完成,中途存储的任何明文形态的密钥都应立即销毁;

③ 非法访问所导致的密钥销毁应通过置零的方式来实现。即使在电源发生故障的情况下,也应保证密钥销毁有效地进行;

④ 所有不再需要的密钥拷贝,应在双重控制下销毁。

密钥销毁的方式是将一个新的密钥值或非秘密密钥值重新写入密钥存储器;或者销毁密钥存储器的媒体。

密钥的归档是指当一个密钥在它的密钥使用期终止或受损之后继续存储(归档)时,要求对每个这样的密钥加上标识符,或转换不同的形式或格式,以明确它是存档的密钥且已作废,不存二义性。

密钥归档的一般要求是:

① 所有归档的密钥都应该用一个特定的密钥对其进行加密。归档后的密钥不应再重新使用;

② 适用于现用密钥的所有约束条件和安全措施,也适用于归档密钥;

③ 归了档的密钥只用于证实归档前通信的合法性。检验结束后,检验中所有存储归档密钥的单元都应置零;

④ 密钥归档后应不会增加泄露现用密钥的危险性;

归了档的明文形态的密钥应被装载在一个安全的密码装置中,用于证实归档前密钥使用的合法性。

6.3 随机数与伪随机数生成

6.3.1 随机数生成

产生随机数的设备或方法称为随机数生成器(random number generator,简记为 RNG)。由于电脑中通常用二进制来表示数据,因此随机数也被视为随机比特序列。产生随机比特序列的设备或方法称为随机比特生成器。随机比特生成器需要一个自然的随机性发生源,而设计硬件设备或软件程序来产生这种随机性并生成一个无偏(0、1 的分布平衡)且不相关(下一比特与之前的比特不相关)的比特序列却是一项困难的工作。另外,对于大多数的密码应用来说,生成器必须不易为敌手的观察和操纵。

基于自然随机性发生源的随机比特生成器易受外界因素的影响,这就要求这样的设备必须进行周期性的测试,例如利用上节中的统计测试方法。

1. 基于硬件的生成器

基于硬件的随机比特生成器产生出的随机性是在一些物理现象中出现的。这样的物理现象包括:

① 放射性衰变过程中粒子的消逝时间。

② 由半导体二极管或电阻器产生的热噪声。

③ 自由运行的振荡器的频率不稳定性。

④ 在一段固定的时间内对金属绝缘半导体电容进行充电。

⑤ 密封的磁盘驱动器中的空气急流,它能在磁盘驱动器扇区寻道等待时间内产生随机波动。

⑥ 来自麦克风的声音或照相机的视频输入。

通常,基于前两种物理现象的生成器必须置于使用随机比特装置的外部,因此容易受到敌手的观察和操纵。而基于振荡器和电容的生成器则可以构建在电路板上并密封于抗震硬件中,以防止敌手的主动攻击。

但是,这样的物理过程可能产生有偏的或是相关的比特。在这种情形下,可以用 de-skewing 技术来进行处理。

2. 基于软件的生成器

利用软件来设计随机比特生成器比使用硬件更困难。可以用来构造软件随机比特生成器的过程包括:

① 系统时钟。

② 敲击键盘或鼠标移动中的消逝时间。

③ 输入、输出缓冲器的内容。

④ 用户的输入。

⑤ 操作系统的参数值,例如系统加载量和网络统计量。

这些过程的运行会因不同的因素而产生相当大的变化,例如计算机平台。另外,防止敌手对这些过程进行观察和操纵也是很困难的。例如,若一个敌手对随机序列的生成时间有所了解,则他便可能以较高的准确度来猜测那一时刻系统时钟的内容。一个设计较好的软件随机比特生成器应该像许多好的、可行的随机源一样发挥效用。

实际中,通常使用多种随机源,对每一种随机源采样,然后再利用复杂的混合函数对样本序列进行组合,这样做可以防止少数随机源失败及被敌手观察或操纵,以获得性能更好的随机数。

3. de-skewing 技术

自然的随机比特源可能会有缺陷,换言之,其输出比特可能有偏差(此源产生 1 的概率不等于 1/2)或者是相关的(此源产生 1 的概率依赖于先前产生的比特)。目前有许多不同的技术可以在一个有缺陷的生成器的输出比特基础上生成真随机比特序列,这样的技术称为 de-skewing 技术。

例 6.3.1 假设一个生成器产生了有偏差但不相关的比特。假定产生 1 的概率为 p,产生 0 的概率为 $1-p$,其中 $0 < p < 1$ 是一个固定的未知量。将这个生成器的输出序列分组成两比特对,然后把 10 串变成 1,01 串变成 0,而舍

去 00 和 11 串,则所得到的新序列可能既是无偏差的,又是不相关的。

还有一种实用的 de-skewing 技术,就是对有偏差或相关的比特序列作散列,即作为 Hash 函数的输入,则其输出值(Hash 值)通常是无偏且不相关的,因而有较好的随机性。

6.3.2 伪随机数生成器的概念

在密钥生成中已经提到,要求密钥空间中的每一个密钥出现的概率应均等,而且与它的先导或后继都无任何关系,并具有不可预测性。换言之,即要求生成的密钥必须是一定长度的随机数。

如上所述,产生真随机数是比较困难的,通常都采用物理方法。但在网络安全系统中,一般很少采用这种方法,因为一方面,这种方法获得的随机数其随机性和精度不够,另一方面这些设备又很难连接到网络系统中。实际的安全系统中多采用伪随机数来代替随机数。

在第 2 章中,我们已经介绍了伪随机序列的概念。伪随机序列的一个有限长输出即为伪随机数。显然,伪随机数并非真正的随机数,而是"看似"随机数,即单从输出结果看,无法将它和真随机数区分开。例如前面提到的密钥生成算法:$K_X = E_K(E_K(DT) \oplus V)$。这里,$K_X$ 是由密钥生成密钥 K、秘密种子值 V、日期-时间值 DT 和加密算法决定的。对于生成者而言,这个算法是确定的,因而 K_X 是一个确定的值,而非随机数。但是,如果不知道 K、V 和 DT 值,即使知道加密算法,也很难预测 K_X 的值。特别是,如对 K_X 所进行的随机性测试很难将它与一个真随机数区分开,则它看上去就像是一个随机数,这就是伪随机数。实际上,信息安全系统中所使用的绝大多数随机数都是伪随机数,而且习惯上将其称为随机数。

产生伪随机数的设备或算法称为伪随机数生成器(pseudorandom number generator,简记为 PRNG),而二进制的 PRNG 称为伪随机比特生成器(pseudo-random bit generator,简记为 PRBG)。

在给定长度为 k 的真随机二进制序列时,PRBG 能输出一个长度为 $l \gg k$(即 l 远大于 k)的伪随机二进制序列。PRBG 的输入称为种子。显然,PRBG 是一种确定性算法,即在给定了相同的初始种子时,生成器将产生相同的输出序列,因而 PRBG 的输出并不是真正随机的。这样做的目的是想通过利用一个短的真随机序列将其扩展成一个长序列,以使敌手不能有效地区分 PRGB 的输出序列和长度为 l 的真随机序列。

对于 PRBG 有两个基本的安全要求:

其一，PRBG 的输出序列与真随机序列应该是统计上不可区分的；

其二，对于拥有有限计算资源的敌手而言，输出比特是不可预测的。

为了证明一个 PRBG 是安全的，必须通过统计测试或下一比特测试来检验它们是否具有真随机序列所具有的特性。当然对于一个生成器来说，通过这些统计测试只是其安全的必要条件，而不是充分条件。

定义 6.3.1 一个 PRBG 通过了所有的多项式时间统计测试是指：任何多项式时间算法均不能以大于 1/2 的有效概率来正确区分该生成器的输出序列和一个相同长度的真随机序列。

定义 6.3.2 一个 PRBG 通过了下一比特测试是指：不存在这样的多项式时间算法，当输入 PRBG 的输出序列 s 的前 l 个比特时，该算法能够以大于 1/2 的有效概率预测出序列 s 的第 $l+1$ 个比特。

说明：

① 测试的运行时间是以输出序列长度 l 的多项式为界的。

② 对 PRBG 的下一比特测试与多项式时间统计测试是等价的，即可以证明：PRBG 通过下一比特测试，当且仅当它通过了所有的多项式时间统计测试。

定义 6.3.3 通过了下一比特测试的 PRBG 称为密码学上安全的伪随机比特生成器（简记为 CSPRBG）。

显然，构造密码学上安全的伪随机比特生成器，是应用密码学的一项基本内容。

6.3.3 标准化的伪随机数生成器

本节介绍一些标准化的伪随机数生成器。

1. ANSI X9.17 生成器

ANSI X9.17 生成器源于 ANSI X9.17 标准，是由美国联邦信息处理标准（Federal Information Processing Standards，简称 FIPS①）推荐的一种方法，其目的是伪随机地生成 DES 算法的密钥和初始向量。下面的算法中，E_k 表示使用 112 比特（两个 DES 密钥）密钥 k 和 E-D-E 方式的三重 DES 加密。

ANSI X9.17 伪随机比特生成器算法如下：

输入：随机（且保密）的 64 比特种子 s，整数 m 和 3-DES 的 EDE 加密密

---

① FIPS 是美国政府制订的一套描述文档处理的标准，它为搜索提供标准的法则，并为政府办事处内部使用提供其他的信息处理标准。

钥 k。

输出：m 个伪随机 64 比特串 $x_1, x_2, \cdots, x_m$。

① 计算中间值 $I = E_k(D)$，其中 D 是当前日期/时间的 64 比特表示。

② 对于 i 从 1 到 m，执行如下操作：

2.1 $x_i \leftarrow E_k(I \oplus s)$。

2.2 $s \leftarrow E_k(x_i \oplus I)$。

③ 返回 $(x_1, x_2, \cdots, x_m)$。

返回值 $(x_1, x_2, \cdots, x_m)$ 即为生成器的输出。

每一个输出比特串 x_i 均可用做 DES 操作模式中的初始向量（IV）。如果要将 x_i 作为 DES 密钥，则需要将 x_i 的每个序号为 8 的倍数的比特重新设置为前七位的奇偶校验位。

2. FIPS 186 生成器

FIPS 186 生成器也是由 FIPS 推荐的，用于伪随机地生成 DSA 的秘密参数，包括多个算法。

算法 1 基于 SHA—1 的 FIPS 186 单向函数

输入：一个 160 比特串 t 和一个 b 比特串 c，$160 \le b \le 512$。

输出：一个 160 比特串 $G(t, c)$。

① 将 t 拆分成 5 个 32 比特分组：$t = H_1 \| H_2 \| H_3 \| H_4 \| H_5$。

② 用 0 对 c 进行填充来获得 512 比特消息分组：$X \leftarrow c \| 0^{512-b}$。

③ 将 X 拆分成 16 个 32 比特字：$x_0 x_1 \cdots x_{15}$，并且置 $m \leftarrow 1$。

④ 执行 SHA-1 中的步骤 4（这会改变 H_i 的值）。

⑤ 输出一个级联式：$G(t, c) = H_1 \| H_2 \| H_3 \| H_4 \| H_5$。

这个算法允许用户给定两个随机的输入，并利用 Hash 函数输出 160 位的伪随机数。

算法 2 基于 DES 的 FIPS 186 单向函数

输入：两个 160 比特串 t 和 c。

输出：一个 160 比特串 $G(t, c)$。

① 将 t 拆分成 5 个 32 比特分组：$t = t_0 \| t_1 \| t_2 \| t_3 \| t_4$。

② 将 c 拆分成 5 个 32 比特分组：$c = c_0 \| c_1 \| c_2 \| c_3 \| c_4$。

③ 对于 i 从 0 到 4，执行操作：$x_i \leftarrow t_i \oplus c_i$。

④ 对于 i 从 0 到 4，执行操作：

4.1 $b_1 \leftarrow c_{(i+4) \bmod 5}, b_2 \leftarrow c_{(i+3) \bmod 5}$。

4.2 $a_1 \leftarrow x_i, a_2 \leftarrow x_{(i+1) \bmod 5} \oplus x_{(i+4) \bmod 5}$。

4.3 $A \leftarrow a_1 \| a_2, B \leftarrow b_1' \| b_2$,其中 b_1' 为 b_1 的最低 24 个有效位。

4.4 将 B 作为密钥,用 DES 对 A 进行加密:$y_i \leftarrow DES_B(A)$。

4.5 将 y_i 拆分成左右两个 32 比特分组:$y_i = L_i \| R_i$。

⑤ 对于 i 从 0 到 4,执行如下操作:$z_i \leftarrow L_i \oplus R_{(i+2) \bmod 5} \oplus L_{(i+3) \bmod 5}$。

⑥ 输出一个级联式:$G(t,c) = z_0 \| z_1 \| z_2 \| z_3 \| z_4$。

这个算法也有两个随机的输入,并利用 DES 算法输出 160 位的伪随机数。

算法 3 生成 DSA 私钥的 FIPS 186 伪随机数生成器

输入:整数 m 和一个 160 比特素数 q。

输出:区间 $[0, q-1]$ 中的 m 个伪随机数 $a_1, a_2, \cdots, a_m$,用做 DSA 的私钥。

① 任选整数 $b, 160 \leq b \leq 512$。

② 生成一个随机(且秘密)的 b 比特种子 s。

③ 定义 160 比特串 t = 67452301 efcdab89 98badcfe 10325476 c3d2e1f0(十六进制表示)。

④ 对于 i 从 1 到 m,执行如下操作:

4.1(可选的用户输入)选择一个 b 比特串 y_i,或置 $y_i \leftarrow 0$。

4.2 $z_i \leftarrow (s + y_i) \bmod 2^b$。

4.3 $a_i \leftarrow G(t, z_i) \bmod q$(函数 G 如算法 1)。

4.4 $s \leftarrow (1 + s + a_i) \bmod 2^b$。

⑤ 返回 $(a_1, a_2, \cdots, a_m)$。

这个算法允许用户用预备的随机或伪随机源产生放大的随机或伪随机串。而 $\bmod 2^b$ 意味着每次取低位的 b 比特。算法中也可以选择算法 2 给出的 G 函数,但 b 的位数要确定为 160 比特。

算法 4 用于 DSA 每消息秘密的 FIPS 186 伪随机数生成器

输入:整数 m 和一个 160 比特的素数 q。

输出:区间 $[0, q-1]$ 中的 m 个伪随机数 $k_1, k_2, \cdots, k_m$,用做 DSA 的每消息秘密数 k。

① 任选整数 $b, 160 \leq b \leq 512$。

② 生成一个随机(且秘密)的 b 比特种子 s。

③ 定义 160 比特串 t = efcdab89 98badcfe10325476 c3d2e1f0 67452301(十六进制表示)。

④ 对于 i 从 1 到 m,执行如下操作:

4.1 $k_i \leftarrow G(t, s) \bmod q$($G$ 由算法 4 或算法 5 定义)。

4.2 $s \leftarrow (1 + s + k_i) \bmod 2^b$。

⑤ 返回$(k_1, k_2, \cdots, k_m)$。

这个算法效果同上。

6.3.4 密码学上安全的伪随机比特生成器

1. RSA 伪随机比特生成器

RSA 伪随机比特生成器是基于 RSA 加密算法而设计的。它从对一个种子的加密开始,不断迭代,每次迭代输出一个最低位,最后生成一个长度为 l 的伪随机比特序列 $z_1, z_2, \cdots, z_l$。生成算法如下:

① 生成两个大的秘密素数 p 和 q,并计算 $n = pq, \varphi(n) = (p-1)(q-1)$。任意选择一个整数 $e, 1 < e < \varphi(n)$,满足 $\gcd(e, \varphi(n)) = 1$。

② 在区间 $[1, n-1]$ 内任意选择一个整数 x_0(种子)。

③ 对于 i 从 1 到 l,执行如下操作:

3.1 $x_i \leftarrow x_{i-1}^e \bmod n$。

3.2 $z_i \leftarrow x_i$ 的最低位比特。

④ 输出序列 $z_1, z_2, \cdots, z_l$。

由于大数模幂运算速度很慢,所以这个生成器效率较低。作为一种改进,可以每次迭代后输出最低的若干比特。但这个数相当于 n 应足够小,以保证安全性。此外,还可以通过下述改进来提高效率。

2. Micali-Schnorr 生成器

这仍是基于 RSA 算法的一个 PRBG,但每次迭代输出多个比特。生成算法如下:

① 生成两个大的秘密素数 p 和 q,计算 $n = pq, \varphi(n) = (p-1)(q-1)$。令 N 是 n 的二进制位数。选择一个整数 $e, 1 < e < \varphi(n)$,满足 $\gcd(e, \varphi(n)) = 1$,且 $80e \leq N$。令 $r = N - k$,其中 $k = \lfloor N(1 - 2/e) \rfloor$。

② 选择一个比特长度为 r 的随机序列 x_0(种子)。

③ 生成一个长度为 $k \cdot l$ 的伪随机序列。对于 i 从 1 到 l,执行如下操作:

3.1 $y_i \leftarrow x_{i-1}^e \bmod n$。

3.2 $x_i \leftarrow y_i$ 的最高 r 位比特。

3.3 $z_i \leftarrow y_i$ 的最低 k 位比特。

④ 输出序列 $z_1 \| z_2 \| \cdots \| z_l$,其中 $\|$ 为级联符号。

由于每一次指数为 e 的运算都可以生成 $\lfloor N(1 - 2/e) \rfloor$ 比特,因此该算法要比 RSA-PRBG 效率更高。例如,若 $e = 3, N = 1024$,则每一次指数运算将产

生 $k=341$ 个比特,而且每次指数运算只需要对 $r=683$ 比特的数进行一次模平方和一次模乘运算。

这个算法也是密码学意义上安全的,即:对于随机的 r 比特序列 x 来说, $x^e \bmod n$ 的分布与区间 $[0, n-1]$ 上整数的均匀分布在所有多项式时间统计测试下是相同的。

3. Blum-Blum-Shub 生成器

Blum-Blum-Shub 伪随机比特生成器(也称为 $x^2 \bmod n$ 生成器或 BBS 生成器)。

① 随机生成两个大的秘密素数 p 和 q,每一个均模 4 余 3,并计算 $n=pq$。

② 在区间 $[1, n-1]$ 内随机选择一个整数 s(作为种子),满足 $\gcd(s, n) = 1$,并计算 $x_0 \leftarrow s^2 \bmod n$。

③ 对于 i 从 1 到 l,执行如下操作:

3.1 $x_i \leftarrow x_{i-1}^2 \bmod n$。

3.2 $z_i \leftarrow x_i$ 的最低位比特。

④ 输出序列 $z_1, z_2, \cdots, z_l$。

这个算法生成一个长度为 l 的伪随机比特序列。每生成一个伪随机比特 z_i,需要进行一次模平方运算。如果每次提取步骤 3.2 中 x_i 的 j 个最低位比特,即把步骤 3.2 改为: $z_i \leftarrow x_i \bmod n$,则该生成器的效率可显著提高,其中 $j = c \cdot \lg(\lg n)$ 且 c 为一个常数。假设 n 充分大,那么调整后的生成器也是密码学意义上安全的。但对一个固定比特长度(如 1024 比特)的模 n 来说,还不能确定 c 值的精确范围,以保证该生成器在整数分解问题困难性假设下是密码学意义上安全的。

6.4 注 记

对一个密码系统而言,密码算法固然很重要,密钥管理也同样不可或缺。这就如同家里的防盗门与钥匙保管,哪一样出了问题都无法保证安全。

较早的密码学教材中通常并不包含密钥管理的内容,但现在的许多教材中都把密钥管理作为单独的一章。随着大量密码算法和各种针对密钥的攻击方法的出现,相应地,密钥管理的理论和技术也迅速发展,内容日益丰富,似乎有日渐成为一个密码学分支的趋势,一些学校甚至已经开设了单独的密钥管理课程。所以,要较为详细地介绍密钥管理的主要内容,用一章来介绍篇幅会显得过长,因而本书将其分三章来介绍。随后的两章将分别介绍非对称与对称密钥的管理。

本章所介绍的是一些最基本的密钥管理技术。重点介绍了伪随机数的生成,因为无论是对称算法还是非对称算法,其密钥生成都要使用伪随机数。对稍微复杂一些的密钥管理问题,如密钥托管和秘密共享等,则没有提及。毕竟,本书作为密码学应用于自动识别领域的导引,意在介绍一些基本理论和技术,因而对暂时不必要的内容,不作深入系统的介绍。

习题六

1. 简述密钥管理的基本内容。
2. 试用 ANSI X9.17 伪随机比特生成器算法构造一个输出为 32 比特的伪随机数生成算法。
3. 试用 FIPS 186 生成器构造一个输出为 480 比特的伪随机数生成算法。
4. 试设计一个每次输出一比特的伪随机数生成算法。
5. 试设计一个每次输出为 192 比特的伪随机数生成算法。

第7章 非对称密钥的管理

非对称密钥管理是密钥管理的重要组成部分。本章先分析非对称密钥管理的特点,再介绍非对称密钥生成技术和保障公钥真实性的公钥管理技术,主要是介绍 PKI。

7.1 非对称密钥管理的特点

非对称密钥体制与对称密钥体制有很大的不同。对称密钥是单钥体制,而非对称密钥体制是双钥体制,一个是公开密钥(公钥),一个是秘密密钥(私钥)。对于对称算法,一般记用户 A 和 B 之间的对称密钥为 K_{AB}。对于非对称算法,一般记用户 U 的公钥为 K_U,私钥为 K_U^{-1},即 K_A 表示用户 A 的公钥,K_A^{-1} 表示用户 A 的私钥;K_B 表示用户 B 的公钥,K_B^{-1} 表示用户 B 的私钥;等等。

非对称密钥与对称密钥在密钥生成、分发、保护、使用和更新上,都有很多不同。

在密钥生成上,对称密钥的生成通常是产生一个符合算法长度要求的随机数,然后进行检测,看它是否适合作为密钥(如满足随机性、不能为弱密钥等),通过检测即可作为密钥。非对称密钥则首先要生成公钥参数,如 RSA 体制要先生成两个符合要求的大素数 p 和 q,得到模数 $n = pq$,作为公钥参数。然后选择合适的公钥 e,再根据相应算法计算私钥 d。而对 Z_p 上基于离散对数的公钥体制,则要先生成合适的大素数 p,再计算 Z_p^* 的生成元 g,(g, p) 即为公钥参数。然后先选择合适的大整数 α 作为私钥,再根据私钥计算 $\beta = g^{\alpha} \bmod p$ 作为公钥。基于椭圆曲线的离散对数与此类似,即要先寻找合适的有限域上的椭圆曲线,再计算其上的有限群的生成元作为公钥参数,再选择合适的整数做私钥,并计算相应公钥,等等。其他公钥体制也都有类似的生成公开参数、选择私钥和计算公钥的过程。

在分发和保护上,对称密钥要分发给通信双方,并要求双方严格保密。非对称密钥的私钥则只能分发给一个用户并严格保密,而对应的公钥则是公开的,可以让任何人获取,但同时又要保证它的真实性,即不能被恶意假冒和篡改。

在使用上,对称密钥主要用来保护数据的机密性,即主要用于加密,特殊情形下也可用来保护消息的完整性(如分组密码的 CBC 或 OFB 模式就能提供完整性保护);而非对称密钥的公钥可用于加密,或验证签名及消息完整性,私钥可用于解密和数字签名等。

在更新上,对称密钥只需要销毁旧的密钥并归档,再用新密钥代替即可。而公钥的更新则相当繁琐,因为不仅要生成新的公钥参数、公钥及相应私钥,并对公、私钥加以保护,同时还要对旧的公钥进行管理。如果旧的公钥已到期,即公钥规定的使用期限已满,可将其归档。但对尚未到期就已作废的公钥,则要另行管理,通常采用公布黑名单的方式,使旧的公钥不能再使用,同时要对作废公钥进行归档。

所以,总的来说,公钥虽然有很多优势,但其管理更为困难,成本也更高。其难点在于,一是如何保证公钥的真实性,二是如何吊销尚未到期就已作废的公钥。

我们知道,当用户 A 要加密一个秘密消息给用户 B,或验证一个用户 B 的签名时,A 首先必须确认 K_B 是 B 的公钥。如果用户 C 向 A 声称,K_C 是用户 B 的公钥,而 A 不能区分 K_B 与 K_C,则 C 就可以冒充 B。这样,公钥就失去了其安全作用,甚至还会带来危害。所以真实性意味着,每个用户的公钥必须是真实可信的,即任一用户的公钥与其身份是一致的,当用户 A 声称其公钥为 K_A 时,其他用户必须能确信这一点,才可以使用 K_A。

此外,当用户的私钥遗失,需要更换新的公、私钥时,对旧的公钥不能简单销毁或置之不理,因为要防止他人利用旧的公钥来进行欺骗和破坏。所以吊销公钥意味着要采取相应的措施,让所有人都明确知道它是一个不能再使用的公钥。

对公钥的管理有多种方式,最为著名的是公钥基础设施(public key infrastructure,简称 PKI),此外还有组合公钥(combinative public key,简称 CPK)以及基于身份的公钥(identity based cryptosystem,简称 IBC,它本身既是一种新的公钥密码体制,也是一种新的公钥管理方案)等。

由于公钥算法中大量用到了大素数,以下先介绍素数的生成技术,再介绍公钥参数的生成技术,然后介绍公钥基础设施 PKI。

7.2 素数生成

7.2.1 素数生成简介

许多密码算法中都要用到大素数,如 RSA 算法,基于离散对数的公钥算法(ElGamal 算法)等。以 RSA 为例,目前 RSA 的参数 $n=pq$ 要 1024 位以上才能保证安全,这样,每生成一个公私钥对,就需要两个 512 位的大素数 p 和 q。而对于安全性要求更高的公钥,其参数 n 可能要达到 2048 位,这样,每生成一个公、私钥对,就需要两个 1024 位的大素数。于是,如何寻找这种大素数,就成了应用公钥密码的一个基本问题。

那么,是不是任意(二进制)位数的大素数都存在呢?数论中关于素数分布的结果早已给了我们肯定的答复。以下是几个相关的结论。

结论 1:(素数定理)令 $\pi(x)$ 表示区间 $[2, x]$ 中素数的个数,则 $\pi(x) \sim x/\ln x$,即区间 $[2, x]$ 中素数的个数近似为 $x/\ln x$。

结论 2:(Dirichlet 定理)设 $\gcd(a,n)=1$,令 $\pi(x,n,a)$ 表示区间 $[2, x]$ 中与 a 模 n 同余的素数的个数,$\varphi(n)$ 是欧拉函数,则

$$\pi(x,n,a) \approx \frac{x}{\varphi(n)\ln x}$$

换言之,对任何 n,在 Z_n^* 中,$\varphi(n)$ 个同余类中素数的个数符合均匀分布。

结论 3:(第 n 个素数的近似值)令 p_n 表示第 n 个素数。则 $p_n \approx n\ln n$。更确切地说,有

$$n\ln n < p_n < n(\ln n + \ln \ln n), \quad n \geq 6$$

以上结论保证了,对足够大的 n,存在相当多的 n 位二进制素数。

寻找大素数称为素数生成。任给一个正整数,用某种方法来测试(判断)它是否为素数,称为素性测试。

由数论基础(参见第 11 章)可知:如果不大于 $\sqrt{n}$ 的素数都不能整除 n,则 n 必为素数。但如果照这种方法来生成素数,计算量太大,效率太低。因此需要更高效的方法。通常采用如下的随机搜索方法来寻找素数:

① 随机生成一个适当大小的奇数 n 作为候选;
② 检测 n 的素性;
③ 若 n 是合数,返回到第 1 步。

此外还可以用顺序搜索方法来寻找素数:

① 随机生成一个适当大小的奇数 n 作为起始候选;

② 检测 n 的素性;

③ 若 n 是合数,置 $n = n + 2$,返回到第 2 步。

无论是随机搜索还是顺序搜索,都有一个关键的问题需要解决,即如何检测一个大数的素性(即是否为素数)。

7.2.2 概率素性测试与真素性测试

所谓概率素性测试法,是指这样一种算法,其输入为一奇数,输出为两种状态 Yes 或 No 之一。若输入一奇数 n,而输出为 No,即表示 n 必定为合数。若输出为 Yes,则表示 n 为素数的概率为 $1 - \varepsilon$,其中 ε 为此素数测试法中可控制的任意小的数,但不能为 0。例如,我们可选 ε 为 2^{-100},则若输入为 n,输出为 Yes,表示 n 为素数的概率是 $1 - 2^{-100}$,几乎可确定为素数。对这样是素数的概率很大而不是素数的概率极小的数,我们称之为概率素数。

概率测试法主要依据著名的费尔马(Fermat)定理(参见数学基础之数论部分)。该定理告诉我们:若 n 为素数,则对任一整数 $a, 0 < a < n$,必定满足其 $a^{n-1} \equiv 1 \mod n$,或 $a^{(n-1)/2} \equiv \pm 1 \mod n$。这样,可随机选择整数 $a \in [2, n-1]$,判别是否有 $a^{n-1} \equiv 1 \mod n$。这种测试方法就是 Fermat 测试法。如果对多个不同的 a 都通过了测试,则随着测试次数的增加,n 是素数的概率也在增加。所以说,这是一种概率素性测试方法。目前,基于 Fermat 定理已经设计了多种概率素性测试方法,如 Fermat 测试法、Solovay-Strassen 测试法、Lehman 测试法及 Miller-Rabin 测试法。

需要特别指出的是,在概率素数中,确有少量合数,它们能够通过某些概率素性测试法的测试,这些合数我们称之为伪素数(Pseudo-prime)。

例 7.2.1 $n = 341 = 11 \times 13$,但 n 满足 $2^{n-1} = 2^{340} \equiv 1 \mod 341$。

以下我们介绍两种常用的概率素性测试法。

1. Solovay-Strassen 素性测试法

对一个奇整数 n 的 Solovay-Strassen 素性测试方法如下:

算法 7.2.1 Solovay-Strassen 素性测试

① 选择一随机数 $a, a \in [a, n-1]$。

② 如果 $J(a, n) = a^{(n-1)/2} \mod n$,则回答"$n$ 是素数"(J 是 Jacobi 符号,参见数论基础);否则,回答"n 是合数"。

这是因为,如果 n 是素数,则必有 $J(a, n) = a^{(n-1)/2} \equiv \pm 1 \mod n$。

假定我们已经生成了随机数 n,且用 Solovay-Strassen 算法已检测其素性。如果运行了算法 m 次,则 n 为素数的概率为 $1 - 2^{-m}$。实际应用中,可适当选

取 m,使得错误概率 ε 非常小。该算法的复杂性取决于执行模运算的次数。从算法不难发现,做一次检测,至多执行 $O(\log n)$ 次模运算,每次所需时间为 $O((\log n)^2)$。这说明该算法的复杂性为 $O((\log n)^3)$,这是关于 $\log n$ 的多项式时间。

2. Miller-Rabin 的概率素数测试法

Miller-Rabin 测试法依赖于这样一个结论:若 $n = 2^s t + 1$ 是素数,则对于整数 a,$\gcd(a,n) = 1$,必有某些 j,$0 \leq j \leq s-1$,使得 $a^t \equiv 1 \mod n$ 或者 $a^{2^j t} \equiv -1 \mod n$。该结论来源于 Fermat 定理。

算法 7.2.2 Miller-Rabin 素性测试

输入正奇数 n,且 $n = 2^s t + 1$,其中 $s \geq 1$,且 t 为奇数。

① 任选一正整数 a,$2 \leq a \leq n-2$,并测试 a 是否满足

(i) $a^t \not\equiv 1 \mod n$

(ii) $a^{2^j t} \not\equiv -1 \mod n$,$0 \leq j \leq s-1$

若 a 满足条件(i)、(ii),则 n 必为合数。否则,称 n 通过一次测试,即 n 可能为素数。

② 任意选择 k 个不同的 a,重复步骤①。

可以证明,若 n 不是素数,则能通过 k 次测试的概率小于 $(1/4)^k$。选择 k 即能控制此概率素数测试法中的 ε。当 $k = 50$,且 n 能通过上述测试时,则 n 为素数的概率为 $1 - 2^{-100}$。这样一来,在同样的概率下,Miller-Rabin 测试法要比 Solovay-Strassen 测试法减少一半的次数。

由素数的分布可知,当 $n < x$ 时,Miller-Rabin 测试法的平均测试次数约为

$$\frac{\frac{1}{2}x}{\pi(x)} \approx \frac{\frac{1}{2}x}{\frac{x}{\ln(x)}} = \frac{1}{2}\ln(x)$$

次,可以得到一个小于 x 的素数。由于 Miller-Rabin 测试法需要指数运算,一次指数运算约为 $O((\log_2 x)^3)$ 个位运算。因此,找到一个 m 位的素数,计算复杂度约为 $O(m^4)$。

真素性测试法是经过测试产生真素数的方法。若真素性测试法的输出为 Yes,则输入的 n 必定为素数。

真素性测试法早就存在,例如,Lucas 在 1876 年就提出如下的方法:

n 为素数 $\Leftrightarrow$ 存在正整数 a 使 n 满足:

$a^{n-1} = 1 \mod n$ 且对 $n-1$ 的任一素因子 q 有

$a^{(n-1)/q} \equiv \pm 1 \mod n$

因为此方法必须分解出 $n-1$ 的所有素因子,当 $n-1$ 很大时因子分解本身就很难实现,所以这个方法并不实用。

1988 年,澳大利亚学者 Demytko 提出了一个较实用的真素数生成方法。该方法严格说来不能算作测试方法,而是从一个较小的素数出发构造一个较大素数的方法。该方法基于 Demytko 所证明的下述结论:

定理 7.2.1 设 p_i 为奇素数,若 $p_{i+1} = h_i p_i + 1$ 满足下列条件:
① $h_i < 4(p_i + 1)$,且 h_i 为偶数;
② $2^{h_i p_i} \equiv 1 \mod p_{i+1}$;
③ $2^{h_i} \not\equiv 1 \mod p_{i+1}$。

则 p_{i+1} 必定为素数。

此定理允许我们由一个已知的小素数构造一个较大的素数。例如从 16 位的素数 p_0 出发,可找到一个 32 位的素数 p_1,再由 p_1 找到 64 位的素数 p_2……依此类推,即可找出所需位数的大素数。

此外,还可利用椭圆曲线方法生成大素数。此处不再介绍。

7.2.3 强素数生成

只产生大素数对密码学的应用来说是不够的。例如,在第 3 章中我们介绍了 Pollard $p-1$ 算法,该算法表明,如果素数 p 的因子都比较小,则容易计算 p 并分解 n。所以,用于 RSA 算法的大素数必须能抵抗 Pollard $p-1$ 算法的攻击。在第 5 章介绍数字签名时我们也指出,DSA 算法需要生成素数 $p = 2q + 1$,且 q 也是一个大素数。所以,现代密码学中所使用的大素数,通常要满足某些条件,以保障其安全性。

定义 7.2.1 若素数 p 满足
① 存在两个大素数 p_1 及 p_2,使得 $p_1 \mid (p-1)$ 且 $p_2 \mid (p+1)$。
② 存在四个大素数 r_1、s_1、r_2 及 s_2 使得 $r_1 \mid (p_1 - 1)$、$s_1 \mid (p_1 + 1)$ 及 $r_2 \mid (p_2 - 1)$、$s_2 \mid (p_2 + 1)$。则称 p 是一个强素数。

显然,RSA 体制需要强素数。

这里介绍如何利用概率及真素性方法,产生 RSA 所需要的强素数 p。由强素数的定义可知,p 涉及 6 个小于 p 的素数 p_1、p_2、r_1、r_2、s_1 及 s_2。

算法 7.2.3 利用概率素性测试法产生强素数 p
输入:一个整数 L。
输出:L 位的强素数 p。
① 对 $i = 1, 2$,设 p_i 的长度为 L_i,先利用 Miller-Rabin 概率素性测试法获得

4 个素数 r_i、s_i，其长度为 $1/\{2[L_i - \ln(0.693L_i) - C]\}$，其中 C 为小常数，C 的目的在增加找出 L_i 位 p_i 的概率。

② 计算 s_i^{-1}，使得 $s_i s_i^{-1} = 1 \bmod r_i, 1 < s_i^{-1} < r_i$。

③ 计算 $2^{L_i-1}/2r_i s_i$ 的商 Q_i 及余数 R_i，即 $2^{L_i-1} = 2r_i s_i Q_i + R_i$。

④ 若 $2s_i s_i^{-1} - 1 > R_i$，则

$$p_i = 2s_i s_i^{-1} - 1 + 2r_i s_i Q_i \qquad (7.2.1)$$

若 $2s_i s_i^{-1} - 1 < R_i$，则

$$p_i = 2s_i s_i^{-1} - 1 + 2r_i s_i (Q_i + 1) \qquad (7.2.2)$$

⑤ 利用概率素数测试法测试 p_i 是否为素数。若不是，则令 $p_i \leftarrow p_i + 2r_i s_i$，直到 p_i 通过测试为止。

然后，利用步骤①~⑤获得两个长度分别为 L_1 及 L_2 的素数 p_1 及 p_2，再利用步骤②~⑤，将 p_1 及 p_2 取代 r_i 及 s_i，即可由 p_1 及 p_2 产生强素数 p。

在上述过程中，(7.2.1)式及(7.2.2)式的目的是，找出长度为 L_i 位的满足 $p_i = 1 \bmod r_i$ 和 $p_i = -1 \bmod s_i$（即 $r_i | (p_i - 1)$ 及 $s_i | (p_i + 1)$）的最小奇素数。因为 $s_i s_i^{-1} = 1 \bmod r_i$，且 $p_i = -1 \bmod s_i$，所以不论(7.2.1)式还是(7.2.2)式，都有 $p_i = 1 \bmod r_i$。因为在(7.2.1)式中，$2s_i s_i^{-1} - 1 > R$，所以

$$p_i = 2s_i s_i^{-1} - 1 + Q 2 r_i s_i > 2^{L_i-1}$$

在(7.2.2)式中，由于 $2s_i s_i^{-1} - 1 < R$，需要再加 $2r_i s_i$，才可以保证 $p_i > 2^{L_i-1}$。当然，这样所获得的 p_i 不一定是素数。若不是素数，则加 $2r_i s_i$ 并不改变 $p_i = 1 \bmod r_i$ 和 $p_i = -1 \bmod s_i$ 的结果。若 r_i 及 s_i 的长度满足步骤①的限制，则有较大可能找出长度为 L_i 的 p_i。重复利用步骤③~⑤，即可产生位数为 L 的强素数 p。

此外，还可以利用确定性素数产生算法产生 L 位的强素数。此处不再介绍。

7.3 公钥参数的生成

7.3.1 RSA 公钥参数的生成

建立 RSA 公钥系统，需要先生成系统参数。RSA 参数生成算法如下：

算法 7.3.1 生成 RSA 参数

① 生成两个大素数 p 和 q

② 计算 $n = pq, \varphi(n) = (p-1)(q-1)$

③ 选择一个随机数 $1 < e < \varphi(n)$，使得 $\gcd(e, \varphi(n)) = 1$
④ 计算 $d = e^{-1} \mod \varphi(n)$
⑤ 公钥为 (n, e)，私钥为 (p, q, d)

RSA 体制的安全性建立在因子分解困难性基础之上。因此，在建立 RSA 系统的过程中，选择参数 p、q、e 时，必须分外小心。必须使得 n、e 公开后，无法从 n 和 e 得到 p、q、d 或 $\varphi(n)$，以确保系统的安全性。

1. 选择 n 的注意事项

RSA 体制的所有安全性基于因子分解的密码系统，其 n 的质因子 p 与 q，必须适当选择，以保证因子分解在计算上不可能。

（1）p 及 q 应大到使得因子分解 n 在计算上不可行

若能因子分解 n，则 RSA 即被破解。因此，p 及 q 的长度必须大到使因子分解 n 为计算上不可能。由于因子分解问题为密码学最基本的难题之一，10 多年来，因子分解的算法已有长足进步。20 世纪 80 年代初期，分解 50 位十进制数已经很难，但 10 年后已能分解 106 位十进制数。目前，n 为 512 比特（约 155 位十进制数）时已经不安全。由于可根据需要自行选择 RSA 中 n 的长度，因此，因子分解算法尽管在不断改进，但在没有找到多项式时间的算法以前，RSA 体制仍是安全的。

（2）p 与 q 必须为强素数

如前所述，如果 $n = pq$ 且 $p - 1$ 的所有素因子均很小，即

$$p - 1 = \prod_{i=1}^{t} p_i^{a_i}$$

其中，p_i 为第 i 个素数，a_i 为大于等于 0 的整数，且 $p_i < B$，B 为已知的小整数，则存在 Pollard $p - 1$ 因子分解法，可以轻易地分解 n。

（3）p 及 q 的差必须很大

当 p 与 q 差距很小时，可预先估计 $\frac{p+q}{2}$ 的平均值为 $\lceil \sqrt{n} \rceil$，然后利用下式

$$\left(\frac{p+q}{2}\right)^2 - n = \left(\frac{p-q}{2}\right)^2$$

进行测试，若上式右边为平方数，则可得 $\frac{p+q}{2}$ 及 $\frac{p-q}{2}$，从而可分解 n。

例 7.2.2 令 $n = 143$。估计 $\frac{p+q}{2}$ 为 12，则 $12^2 - n = 1$。所以 $\frac{p+q}{2} = 12$，$\frac{p-q}{2} = 1$，从而得 $p = 13$，$q = 11$。

(4) $p-1$ 与 $q-1$ 的最大公因子应很小

考虑下面的攻击方法:设攻击者获得密文 $c = m^e \bmod n$。令 $c_1 = c$,接着计算下列递归式:

$$c_2 = c_1^e = M^{e^2} \bmod n$$
……
$$c_i = c_{i-1}^e = M^{e^i} \bmod n$$

若 $e^i = 1 \bmod \varphi(n)$,则 $c_i = m \bmod n$ 且 $c_{i+1} = m^e = c \bmod n$。当 i 很小时,利用此攻击法可获得明文 m。而 Simmons 和 Norris 证明,$p-1$ 及 $q-1$ 的最大公因子越大,i 越小。这说明当 i 很小时,不需分解 n 即可攻破 RSA。

由欧拉定理可知,当 $i = \varphi(\varphi(n)) = \varphi((p-1)(q-1))$ 时,$e^i = 1 \bmod \varphi(n)$。$p-1$ 和 $q-1$ 的最大公因子越小,$\varphi(\varphi(n))$ 越大,从而可避免此方法的攻击。

(5) 每个用户必须有自己的模数 n,即用户之间不能使用共同的 n

这主要有两个原因:第一,若某中心选择公用的 RSA 模数 n,然后把 (e_i, d_i) 分发给众多用户,则任一用户由一对 (e_i, d_i) 都能分解出模数 n,从而任何用户都可以求出共享该模数的每个用户的解密密钥 d_i。第二,如果用户 A 与 B 使用共同的模数 n,设 A 的公钥为 (n, e_1),B 的公钥为 (n, e_2),其中 $\gcd(e_1, e_2) = 1$。当用户 C 要把同一个消息 m 发送给 A 和 B 时,C 将分别计算 $c_1 = m^{e_2} \bmod n, c_2 = m^{e_1} \bmod n$ 并发送密文 c_1, c_2。一旦窃听者截获 c_1, c_2,就能计算出 m。因为 $\gcd(e_1, e_2) = 1$,从而可计算 $h_1 = e_1^{-1} \bmod e_2, h_2 = (h_1 e_1 - 1)/e_2, m = c_1^{h_1}(c_2^{h_2})^{-1} \bmod n$。

2. 选择 e 的注意事项

(1) e 不能太小

由于模乘运算的计算量很大,为了加快加密运算的速度,许多学者建议 e 应该尽可能小。例如 Knuth 曾建议所有人均选择 $e = 3$,以加速加密运算及降低储存公开密钥的空间。可是,当 e 太小时,对于一些使得 $m^3 < n$ 的明文 m,密文 $c = m^3 \bmod n$ 在加密中没有用到模 n 的运算,可直接将 c 开立方来得到 m。因此,e 不能太小。一些学者建议使用 $e = 2^{16} + 1$。

(2) e 对于模 $\varphi(n)$ 的阶应该最大

为避免 Simmons 及 Norris 攻击法,e 应选择对模 $\varphi(n)$ 的阶最大,这在选择 n 的注意事项中已经提及。

3. 选择 d 的注意事项

d 的长度不能很小。尽管有些场合需要使用位数较短的秘密密钥 d,以降低解密或签名时间,但 d 的长度减小会造成安全性的降低,使得 RSA 变得不安全。

很明显,若 d 的长度太小,可先加密已知明文 m,得 $c = m^e \bmod n$,再直接猜测 d,计算是否有 $c^d \bmod n = m$。一旦等式成立,就意味着对 d 的猜测是正确的。1990 年,M. Wiener 针对长度较小的 d 提出了一种攻击法。他证明了,在 $3d < n^{1/4}$ 且 $q < p < 2q$ 时,利用连分数算法,可以在多项式时间内求出正确的 d。这意味着,秘密密钥 d 的长度不应小于 $n^{0.25}$。例如,n 长度为 512 位时,d 的长度应大于 128 位。更新的研究结果表明,d 的长度不应小于 $n^{0.3}$。

7.3.2　ElGamal 公钥参数的生成

在 ElGamal 体制中,要为用户产生公钥参数,并生成公钥与相应的私钥。首先,要产生一个大的素数 p,$G = Z_p^*$ 是一个模 p 的乘法循环群。要求出 G 的生成元 g。再在 $(1, p-2)$ 之间随机生成用户私钥 α,并计算 $\beta = g^\alpha \bmod p$ 作为相应的公钥。

前面已经介绍了如何产生大素数 p。产生 p 之后,很重要的是如何产生乘法群 G 的生成元 g。这需要用到群特别是有限循环群的有关结论。关于有限循环群,参见第 12 章"代数学基础"。

设 G 的阶 n 的因子分解式为 $n = p_1^{e_1} p_2^{e_2} \cdots p_k^{e_k}$,如果存在 $g \in G$,对所有的 i($1 \leq i \leq k$),都有 $g^{n/p_i} \neq 1$,那么 G 是一个循环群,而 g 为其生成元。

对于 $G = Z_p^*$,显然 G 是一个 $p-1$ 阶循环群。对任意的 $g \in G$,g 是 G 的生成元当且仅当 g 的阶为 $p-1$。令 $n = p-1$,n 的因子分解式为 $n = p_1^{e_1} p_2^{e_2} \cdots p_k^{e_k}$,则根据上面的结论,自然有下面寻找 G 的生成元的算法:

算法 7.3.2　求 n 阶循环群 G 的生成元

输入:$n = p_1^{e_1} p_2^{e_2} \cdots p_k^{e_k}$。

输出:G 的一个生成元 g。

① 随机选择一个 $g \in G$,$1 < g < p-1$。

② 对 i 从 1 到 k,执行如下操作:

2.1 计算 $b \leftarrow g^{n/p_i}$。

2.2 若 $b = 1$,则转到步骤 1。

③ 返回 g。

上面的算法中,第②步所找的正是满足 $g^{n/p_i} \neq 1$(对每个 i)的元素。

在 Schnorr 数字签名算法和 DSA 算法中,需要生成大素数 p,且 $p-1$ 有一个大的素因子 q,还要生成一个 q 阶元 g。这就涉及 Z_p^* 中 q 阶元的计算。Z_p^*

中 q 阶元 g 的生成算法如下:

算法 7.3.3 生成 Z_p^* 中的 q 阶元

输入:大素数 p 及其大的素因子 q,令 $n = p - 1, n = p_1^{e_1} p_2^{e_2} \cdots p_k^{e_k}$。

输出: $Z_p^* = G$ 的一个 q 阶元 u。

① 随机选择一个 $g \in G, 1 < g < p - 1$。

② 用算法 7.3.2 计算 g 是否为 G 的生成元

2.1 若 g 是 G 的生成元,则转到步骤 3。

2.2 若 g 不是 G 的生成元,则转到步骤 1。

③ 计算 $u = g^{(p-1)/q} \mod p$。

④ 返回 u。

有了算法 7.3.2,这个算法就很好理解。实际上,只要找到了 G 的生成元 g,则 $u = g^{(p-1)/q} \mod p$ 必是 q 阶元,否则与 g 是生成元矛盾。

有了上述准备,很容易生成 ElGamal 公钥参数:给定任意正整数 t,用素数生成算法生成 t 位强素数 p。然后用算法 7.3.2 求 Z_p^* 的生成元 g,再随机选择私钥 α,并计算 $\beta = g^\alpha \mod p$ 即可。

7.4 公钥基础设施 PKI 简介

7.4.1 PKI 的体系结构

本章开头就提到,公钥管理的一个基本问题是,如何保证公钥是像用户所声称的那样是真实的,即当用户 A 声称他的公钥是 K_A 时,如何确保 A 没有进行欺骗。随着公钥在网络中的应用日益广泛,特别是随着电子商务、电子政务等的兴起,这一问题也越来越突出,因为,电子商务或政务活动要求用户必须是诚信的,而公钥的真实性是用户使用公钥的基础,也是网络上用户间建立信任的基础。为解决网络中存在的上述问题,人们提出了一种基于可信第三方的解决方案——PKI(public key infrastructure),即公钥基础设施。

所谓基础设施,就是基本的服务框架和平台,如电力基础设施、通信基础设施等。一个基础设施必须为上层的应用提供基础的平台和标准化的服务。例如,电力基础设施必须有发电厂(站)、电力输送线路、变电所等,还有一系列标准的用电接口。我们通常使用的 220 伏插座,就是普通照明用电的标准接口。对于照明、电视、洗衣机、电冰箱等一系列上层应用来说,不需要知道电力基础设施的细节,只需要能使用标准接口(插座)即可。

PKI 作为人们使用公钥的基础设施,就是要建立一个基础性的安全服务框架,并给出应用公钥的标准接口。PKI 作为一个用公钥密码算法的原理和技术来实现并提供安全服务的通用性的基础平台,它的主要内容是,通过可信第三方为用户的公钥提供"证明",来担保用户公钥的真实性,并提供基于公钥的多种安全服务,如为用户提供机密性、完整性、非否认性服务等。其最基础、最核心的内容,就是确保用户公钥的真实性,并为公钥的应用制定相关标准。

PKI 的基本思想是,由权威的、可信任的、公正的第三方,为用户的公钥签发一份"证书",称为公钥证书,以证明(担保)用户公钥的真实性。公钥证书包含了用户名、用户公钥、公钥算法、公钥的有效期限等许多信息,它将用户身份与其公钥捆绑在一起,第三方再为这些信息产生一个数字签名,以确保这些信息的真实性。公正的第三方通常称为证书机构(certificate authority),即 CA。而 PKI 就是以 CA 为核心的生成证书、认证证书、管理证书(保存、更新、吊销等),并基于证书提供相应安全服务的基础设施。

PKI 通常由证书机构(CA)、证书库、密钥备份及恢复系统、证书作废处理系统、PKI 应用接口系统等主要组成部分。

① 证书机构——公正的第三方,证书的签发机构,它是 PKI 的核心。

② 证书库——CA 证书的集中存放处,也是公共信息库,提供公众证书查询。

③ 密钥备份及恢复系统——对用户的解密密钥进行备份,当丢失时进行恢复,但签名密钥不能备份和恢复。

④ 证书作废处理系统——证书由于某种原因需要作废,终止使用,将通过证书撤销列表(certificate revocation list,CRL)来完成。

⑤ PKI 应用接口系统——是为各种各样的应用提供安全、一致、可信任的方式与 PKI 交互,确保所建立起来的网络环境安全可信。

为了使众多 CA 能统一运行,需要对 CA 进行管理,为其制定相关政策,这样的管理机构称为政策 CA(policy CA,简记为 PCA),又称为管理 CA。这些政策可能包括 PCA 管理范围内密钥的产生、密钥的长度、证书的有效期规定及撤销处理等,并为下属 CA 签发公钥证书。在政策 CA 之上,还要有政策的批准机构(policy approval authority),即 PAA。PAA 也是最高层的 CA,又称为根 CA(root CA,RCA)。PAA 为自己签发一个证书,并负责创建整个 PKI 系统的方针、政策,批准下属 PCA 的政策,为下属 PCA 签发公钥证书,建立整个 PKI 体系的安全策略,同时具有监控各 PCA 行为的责任。而在 CA 和用户之间,通常还有一层辅助性的机构,称为注册机构(register authority,RA),负责接受用户注册、对用户身份进行核准等。它们共同组成PKI体系结构,该结构由多种认证机构与各种终端实体组成,其结构模式一般为多层次的树状结构,如图7.4.1所示。

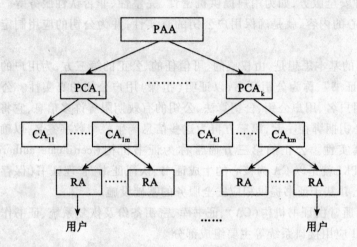

图 7.4.1　PKI 的体系结构

　　CA 系统的层数并不是确定不变的,主要是根据用户需求来确定。具体实施中,根据功能的不同,结构也会有所变化。例如,公钥可以方便地应用到电子商务中。安全电子交易(secure electronic transaction,简记为 SET)就是应用公钥进行商务交易的典型范例。在 SET 中,由于网关、商家和持卡人都有不同的 CA,所以,除了上层的 CA 外,还要对网关、商家和持卡人 CA 分别管理,所以要增加一层。这样,SET CA 和 Non-SET CA 在结构上就有所区别,如图7.4.2 和图 7.4.3 所示。

　　因为 SET CA 是针对电子商务的,它只对网关、商家和持卡人(消费者)颁发证书。但为了便于管理,具体实施中,在第三层以下,通常分类设立子 CA,并且可能不需要 RA。而 Non-SET CA 则更具普遍性,可以签发更多种类的证书,并且通常在运营 CA 之下都有 RA。

7.4.2　PKI 证书

　　公钥证书是由 CA 出具的一种权威性的电子文档,该文档按国际标准X.509 所规定的格式产生,该标准是由国际电信联盟(ITU-T)制定的。目前的X.509 有 V1、V2 和 V3 等不同的版本。V2 和 V3 都是在 V1 的基础上所进行

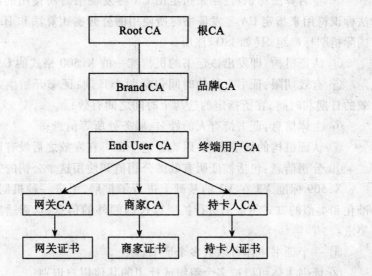

图 7.4.2 SET CA 结构

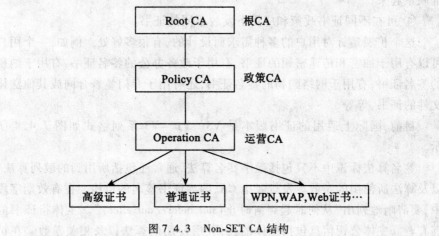

图 7.4.3 Non-SET CA 结构

的功能扩充,其中每一版本必须包含下列信息:

① 版本号:用来区分 X.509 的不同版本号;

② 序列号:由 CA 给予每一个证书的分配唯一的数字型编号,当证书被取消时,实际上是将此证书的序列号放入由 CA 签发的 CRL 中,这也是序列号唯一的原因;

③ 签名算法标识符:用来指定用 CA 签发证书时所使用的签名算法。算法标识符用来指定 CA 签发证书时所使用的公开密钥算法和 Hash 算法,需向国际指明标准组织(如 ISO)注册;

④ 认证机构:即发出该证书的机构唯一的 X.500 格式的 CA 名字;

⑤ 有效期限:证书有效的时间包括两个日期:证书开始生效期和证书失效的日期和时间,在所指定的这两个时间之间有效;

⑥ 主体信息:证书持有人的姓名、服务处所等信息;

⑦ 认证机构的数字签名:以确保这个证书在发放之后没有被改过;

⑧ 公钥信息:包括被证明有效的公钥值和使用这个公钥的方法名称;

X.509 标准 V3 在 V2 的基础上进行了扩展,引进一种机制,允许通过标准化和类似的方式将证书进行扩展以包括额外的信息,从而适应下面的一些要求:

① 一个证书主体可以有多个证书;

② 证书主体可以被多个组织或社团的其他用户识别;

③ 可按特定的应用名(不是 X.500 名)识别用户,如将公钥同 E-mail 地址联系起来;

④ 可在不同证书政策和应用下发放不同的证书。

这个扩展是针对用户的多种需求而设计的,有很多好处。例如,一个用户可以有用于加密和传递密钥的证书,有用于政务办公的签名证书,有用于纳税的签名证书,有用于网络购物的签名证书,还有用于专门签署合同或其他法律文件的证书,等等。

目前,国际上通用的证书版本是 V3。V1 ~V3 系列格式如图 7.4.4 所示。

签名算法标识中不只包括数字签名算法,通常还包括所用到的散列算法,以及算法所使用的参数。发行者指 CA,即为证书签名的机构。在有效期字段中,要清晰地列出"从何时起到何时止(not before/not after)"。主体指证书的拥有者。主体公钥信息包括主体的公钥、所使用的算法以及相关参数。在扩展项中,可以定义和限制证书中所列公钥及其对应私钥的用途,如用于加密、签名、密钥协商等。证书签名信息也包括签名算法、参数和 CA 所做的数字签名。

公钥证书如同网络环境中主体(如人、服务器等)的身份证,用于证明主体的身份及其公钥的合法性、真实性。

第 7 章 非对称密钥的管理

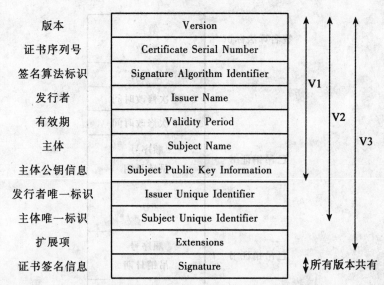

图 7.4.4 X.509 V1~V3 系列的公钥证书格式

7.4.3 PKI 的证书管理与安全服务

为了获取公钥证书,用户要先到 RA(注册中心)登记,由 RA 验证用户的真实身份,然后汇集到 CA 处,由 CA 统一签发证书。公钥证书中的公钥可以由用户自己产生,也可以受用户的委托,由 CA 帮助产生。证书产生后,还要进行严格的管理。管理的内容包括证书的存储与查询、密钥的备份与恢复、证书的撤销(作废)与更新等。

证书的存储与查询:证书产生后,要在 CA 处保存起来,同时要发放给用户。大量用户证书在 CA 处形成一个证书库,由 CA 负责管理。用户可以到 CA 公布的证书目录上查找证书。

密钥的备份与恢复:通常,用于加密的公钥,它所对应的私钥(解密密钥)在 CA 处要有备份(托管)。这一方面是出于用户密钥安全的需要,另一方面也是国家安全的需要。当用户的私钥损坏时,可以到 CA 处恢复解密密钥。

证书的撤销(吊销):当用户的私钥丢失时,须到 CA 作挂失处理。CA 接到挂失请求后,将丢失的公钥证书信息列入一个专门的 CRL 列表中。CRL 又称为黑名单,凡列入黑名单的证书都是已经作废的证书,不能再使用。X.509 给出了 CRL 的标准格式(图 7.4.5)。

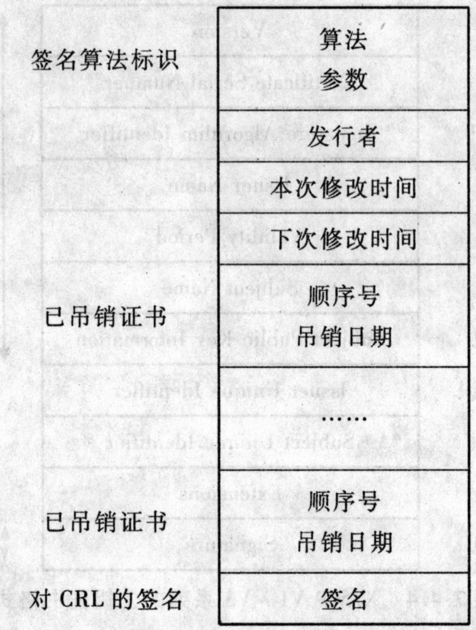

签名算法标识	算法
	参数
	发行者
	本次修改时间
	下次修改时间
已吊销证书	顺序号
	吊销日期
	……
已吊销证书	顺序号
	吊销日期
对 CRL 的签名	签名

图 7.4.5 X.509 的 CRL 格式

CA 不仅负责产生 CRL,还要负责保护 CRL 不被非法修改和破坏,同时负责及时更新 CRL。

证书的认证和使用:用户在使用证书时,须先查询黑名单。若证书没有出现在黑名单中,还要检查有效期,在有效期内的可以使用,不在有效期内的证书自动作废。如果证书不在黑名单中,且在有效期内,则进一步验证证书的签名。假设用户 A 的公钥是 K_A,其他用户要确认(认证)K_A 是 A 的公钥,则在 PKI 中就需要通过 CA 为 A 所出具的公钥证书来实现。

帮助用户实现对公钥证书真实性的认证,是 PKI 的一项最基本的服务。在图 7.4.1 中,假设有两个用户 A 和 B,A 的证书是由 CA_{11} 签发的,而 B 的证书是由 CA_{km} 签发的,那么 A 与 B 之间如何相互认证对方的公钥证书呢?这里我们假定,用户 A 和 B 只知道根 CA 的公钥。对 B 而言,有多种途径可以获取 A 的公钥证书,例如 A 可以向 B 发送其公钥证书,B 也可以通过 CA 的证书库查询 A 的公钥证书。但 B 并不知道 A 的证书发行者(CA_{11})的公钥,因此要查询 CA_{11} 的公钥证书,但 CA_{11} 的证书是由 CA_1 签发的,因此还要向上查询 CA_1 的公钥。CA_1 的公钥证书是由根 CA 签发的,可以验证其正确性。然后,再验证 CA_{11} 的证书,最后再验证 A 的证书。这样逐级认证,就形成一个链——认证链。在这个过程中，PKI 不仅要提供 A 的公钥，还要提供 CA_{11} 和 CA_1 的公钥，以便用户查询和认证。同样，A 也可以通过从 RCA 到 CA_{km} 的认证链来认证 B 的公钥。

PKI 不仅包括 CA 机构及对公钥证书的管理，还提供标准的安全服务。这些服务包括：认证、完整性、机密性及不可否认性等。实现这些安全服务的基础是用户公钥的真实性，即当用户 A 声称其公钥为 K_A 时，其他用户必须能确信这一点，才可以使用 K_A 来实现其他的安全目标。

例如，用户 B 在确认了 A 的公钥 K_A 的真实性之后，可以进一步认证 A 的身份，同时建立会话密钥以保护数据机密性，或认证数据完整性。在 PKI 中，X.509 以协议的形式给出了标准的认证方式。协议如下：

$$\text{用户 A} \xrightarrow{A,[T_A,N_A,B,X_A,[K_{AB}]K_B]K_A^{-1}} \text{用户 B}$$

$$\text{用户 A} \xleftarrow{B,[T_B,N_B,A,X_B,[K_{BA}]K_A]K_B^{-1}} \text{用户 B}$$

$$\text{用户 A} \xrightarrow{A,[N_B]K_B^{-1}} \text{用户 B}$$

通常，我们将其写成更简洁的形式：

① $A \rightarrow B: A,[T_A,N_A,B,X_A,[K_{AB}]K_B]K_A^{-1}$

② $B \rightarrow A: B,[T_B,N_B,A,X_B,[K_{BA}]K_A]K_B^{-1}$

③ $A \rightarrow B: A,[N_B]K_B^{-1}$

其中，A、B 表示用户名，T_A、T_B 分别是 A、B 生成的时戳，N_A、N_B 分别是 A、B 生成的随机数，也称乱数（Nonce），X_A、X_B 分别是 A、B 传递的数据，K_{AB} 表示 A 产生的会话密钥，$[X]K_A$ 表示用公钥 K_A 加密 X，而 $[X]K_A^{-1}$ 表示 A 对 X 的签名，且这里的签名都定义为可恢复消息的，即从签名中可以恢复出消息 X。如果签名实际上是不可能恢复消息的，则将其理解为 $(X,[X]K_A^{-1})$。B 产生的其他数据符号与 A 类似。

上述协议中，如果只有步骤①，则称为单向认证。如果有步骤①和②，则称为双向认证。如果三个步骤都有，则称为三向认证。单向认证只是 B 认证 A，双向认证是 A 与 B 互相认证，而三向认证对 B 来说可以不关心时戳，而是通过 N_B 来判断数据是否以前某个消息的重放（称为重放攻击）。无论哪种认证，都可以实现身份认证、完整性认证，并保护数据机密性，同时防止重放攻击。就是说，X.509 协议基于公钥的真实性，同时提供了身份认证、密钥协商（建立）、数据机密性、完整性等多项服务。

除了 X.509 外,PKI 还有许多相关的标准,这里不一一列出。

7.5 注 记

因为对称密钥的更新可以使用非对称算法来实现,并且要用到非对称密钥管理技术,所以我们先介绍非对称密钥的管理,下一章再介绍对称密钥的管理。

本章所介绍的素性测试方法是最基本的。其实还有很多素数测试和生成方法。例如雅可比和测试法、椭圆曲线测试法、Gordon 强素数生成算法等。另外,NIST 还给出了生成 DSA 素数的标准化方法,用以生成 DSA 算法所需要的素数。

对于公钥参数,本章只介绍了 RSA 和 ElGamal 两种最常见算法的参数生成方法。显然,每种公钥算法都要生成独特的公钥参数,一些参数的生成可能还要用到许多专门的数学知识。例如,为了生成椭圆曲线公钥算法的参数,不仅要选择有限域 Z_p,还要选择合适的椭圆曲线,并计算加法群的生成元,这些都需要代数、有限域和椭圆曲线的专门知识。为了不致使读者为深奥的数学专门知识所困扰,本章只介绍了极为基本的内容,意在使读者了解基本的公钥参数生成技术。

对于公钥管理,PKI 可以说是提出最早也最为著名的技术。目前,PKI 已制定了大量标准,并形成了多种版本。由于 PKI 的开放性,它在电子商务系统中有其独特优势,因此初期发展较快。但由于成本较高,对服务商在线要求也高,故制约了其发展。因此,人们又提出了其他的公钥管理方案,如 CPK。CPK 是近年才提出的,尚缺乏相应标准,应用范例也不多,但在封闭环境中使用时,其身份标识即为公钥,而且信任是直接的,不需要链式认证,在本地即可查找任一用户的公钥,这些长处正好可以弥补 PKI 的不足。IBC 不仅是一种密码体制,实际上也提供了一种新的公钥管理方案。基于 IBC 的公钥管理方案目前已有若干应用,它也有身份标识即为公钥、直接信任以及不需要链式认证的优势。但由于双线性映射对系统的安全性有多大影响尚未得到明确的结论,只能依赖于一些假设,因此多少会影响使用者对它的信任。

习题七

1. 公钥管理包括哪些内容?有什么特点?

2. 试用素数定理估算 512 比特的素数的个数。

3. Miller-Rabin 测试法依据的也是 Fermat 小定理,为什么它比 Fermat 测试法要快?快在哪里?

4. 生成 RSA 参数时,对模数的素因子有什么要求?为什么?

5. 生成 RSA 参数时,对公钥 e 和私钥 d 有什么要求?为什么?

6. 试求 Z_{31}^* 的一个生成元。

7. 试求 Z_{47}^* 中的一个 23 阶元。

8. 在使用 PKI 公钥证书时,要检查和认证哪几项内容?为什么?

第8章 对称密钥的管理

对称密钥管理有其自身的特点。本章先介绍对称密钥的管理结构,再着重介绍对称密钥的更新和协商技术——密钥建立协议。

8.1 对称密钥的种类与管理结构

8.1.1 对称密钥的种类

对称密钥的特点是,加密密钥与解密密钥相同,或相互可以推导。因此,对称密钥必须是保密的。对称密钥的种类很多,但从其用途来看主要有三种:数据加密密钥、密钥加密密钥、主机主密钥。

1. 数据加密密钥

两个通信终端用户在一次通话或数据交换时所使用的密钥,称为数据加密密钥,也称会话密钥、报文密钥或工作密钥。数据加密密钥为通信双方所共享。数据密钥可事先约定,也可在密钥加密密钥的控制下通过某种算法动态地生成。

2. 密钥加密密钥

建立或传送会话密钥时,要对会话密钥或建立会话密钥的相关密钥材料进行加密,加密会话密钥或会话密钥材料所采用的密钥,称为密钥加密密钥或主密钥。在主机和主机之间,主机和终端之间传送会话密钥都需要用相应的密钥加密密钥进行加密。因此每台主机都要存储有关至本主机范围内各终端的密钥加密密钥,如终端只需要一个与主机交换会话密钥时所需的密钥加密密钥,该密钥称为终端主密钥,每台主机都要存储或能获得有关至其他主机的密钥加密密钥。其可以用主机主密钥控制下的某种算法来产生。密钥加密密钥通常是对称算法的密钥或非对称算法中的公开密钥。

3. 主机主密钥

它是对存储于主机上的密钥(如密钥加密密钥)进行加密的密钥,使被加密存储的密钥不以明文形式存在。

8.1.2 对称密钥的管理结构

根据对称密钥的功能,可以利用层次化结构,将以上三种对称密钥分为三层进行管理,如图 8.1.1 所示。

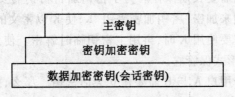

图 8.1.1 三层密钥保护结构

在上述模型中,密钥依次向下提供加密保护功能,即如表 8.1.1 所示。

表 8.1.1 各层密钥功能表

层次	密钥种类	密钥功能
第一层	主密钥	用来保护"密钥加密密钥"
第二层	密钥加密密钥	用来保护"数据加密密钥"
第三层	数据加密密钥	用来保护通信数据(报文)

之所以要采用三层密钥保护结构,主要是为了方便管理并提高安全性。一般来说,数据报文量大,不少数据有固定的格式,容易找到明-密对照或受到攻击。如果长时间使用同一个密钥来加密数据,容易造成安全隐患。所以,自然的想法是,经常更换会话密钥,最好能每次通信都使用不同的密钥,用完立即销毁。下次通信时,再产生一个新的会话密钥。但是,要实现这一目的,必须要建立安全的密钥更新通道。密钥加密密钥就是为此而设计的。其基本思想是,先在两个通信者 A 和 B 之间秘密分配一个密钥加密密钥 K_{ab},再用 K_{ab} 来建立会话密钥,即每次通信前,可以先随机产生一个会话密钥 K_{AB},并用 K_{ab} 来加密并传递它:

$$A \rightarrow B : [K_{AB}]K_{ab}$$

当然,实际应用时,不会如此简单,因为,一旦某一个会话密钥被破译,攻击者可以重放 $[K_{AB}]K$ 而不需要知道 K_{ab}。所以,更好的方法是加上时间等信息。比如：
$$A \to B : [T, K_{AB}]K_{ab}$$
其中 T 是时间信息。这样，接收者可以通过时间 T 来判断所收到的密钥是否为重放的。而在实际的保密系统中，传递会话密钥的方式通常更为复杂，以确保会话密钥的安全。

密钥加密密钥需要长期保存。为了密钥加密密钥的安全，通常又用更高级的密钥即主密钥来加密"密钥加密密钥"K，使 K 以密文的形式存放，而主密钥则单独存放。需要使用 K 时，再用主密钥临时解密。使用过后立即删除 K 的明文，仍以密文形式保管它。

现在假设两个用户 A 与 B 需要建立会话密钥。那么，按照上述结构的要求，A 与 B 必须共享一个密钥加密密钥 K_{ab}。这样，当用户 A 需要与 n 个用户进行保密通信时，它必须保存 n 个密钥加密密钥。随着 n 的增大，A 管理密钥加密密钥的负担也在增大，而且一旦出现差错，它与所有用户的保密通信都会受到威胁。另外，在一个有 n 个用户的系统中，如果每对用户都有一对不同的密钥，那么就需要有 $n(n-1)/2$ 个不同的密钥。因此，需要设计更好的方法来管理密钥。如果有一个专门负责密钥管理的中心机构来帮助大家管理密钥，又会怎么样呢？密钥管理中心就是在这样的背景下产生的。

密钥管理中心是这样的机构，它与每个用户共享一个长期密钥（密钥加密密钥），而当用户间需要进行保密通信时，用户可以在它的帮助下建立会话密钥。密钥管理中心通常有两种，即密钥分配中心(key distributing center，简称 KDC)与密钥传递中心(key transmitting center，简称 KTC)。KDC 和 KTC 都是为一群用户提供密钥管理的服务中心，它们与每个用户共享一个长期的对称密钥作为密钥加密密钥，用于帮助用户间建立会话密钥。记中心 KDC 或 KTC 为 S，则 S 与用户的关系如图 8.1.2 所示。

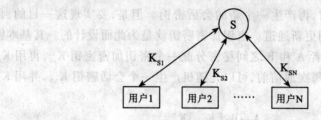

图 8.1.2　KDC 和 KTC 的基本结构

其中 K_{S1} 表示用户 1 与 S 共享的对称密钥……K_{SN} 表示 S 与用户 N 的共享密钥。KDC 与 KTC 的不同之处在于，KDC 负责生成会话密钥，并将其分配给用户；而 KTC 则不负责生成密钥，只负责传递（转发）由用户自己生成的密钥。

无论 KDC 还是 KTC，作为密钥管理中心，都要负责将密钥秘密地分配或转发给需要进行保密通信的用户。设需要进行保密通信的用户为 A 和 B，则 A、B 必须在 S 的帮助下建立会话密钥。这时，A、B、S 之间需要先用密钥加密密钥进行保密通信，以建立会话密钥。这种通信是以约定的格式和步骤进行的，即以协议的形式进行，所以称为会话密钥建立协议。

记 A 与 S 之间共享的对称密钥为 K_{AS}，B 与 S 之间共享的对称密钥为 K_{BS}，会话密钥为 K_{AB}，则通常的协议方法是，A 或 B 向 S 提出申请，然后 S 生成 K_{AB}，并用 K_{AS} 和 K_{BS} 加密 K_{AB} 后分发给 A 和 B。这一类协议有很多。需要特别说明的是，有一些协议虽然为用户间建立了会话密钥，但攻击者可以利用协议自身的不足，骗取用户间的会话密钥，这样的协议我们称为不安全的协议。由于密钥建立协议自身也存在是否安全的问题，所以，以下介绍密钥建立协议时，不仅要介绍协议的过程，同时还要指出其安全性。

8.2 基于 KDC 和 KTC 的会话密钥建立

8.2.1 Otway-Rees 协议

1. 协议过程

该协议是 D. Otway 和 O. Rees 于 1987 年提出的，协议过程如下：

① A→B：M, A, B, $[N_A, M, A, B]K_{AS}$
② B→S：M, A, B, $[N_A, M, A, B]K_{AS}$, $[N_B, M, A, B]K_{BS}$
③ S→B：M, $[N_A, K_{AB}]K_{AS}$, $[N_B, K_{AB}]K_{BS}$
④ B→A：M, $[N_A, K_{AB}]K_{AS}$

说明：这是一个基于 KDC 的协议，作为 KDC 的 S 负责分发密钥。

第一步，A 首先发起和 B 的通信，向 B 发送明文 A、B（即 A、B 的标识符）和一个执行本次协议的唯一识别符 M，同时发送只有 S 才能恢复的密文$[N_A, M, A, B]K_{AS}$，其中不仅包含了 M、A、B，供 S 鉴别 A 的身份，而且包含了由 A 生成随机数 N_A，以便 A 能借此把握协议的新鲜性，并希望在 S 的帮助下建立与 B 的保密通信。随机数 N_A 通常也称为乱数（nonce），它是一次性的随机值，协议结束后即销毁。

第二步，B 向 S 发送 M, A, B, $[N_A, M, A, B]K_{AS}$, $[N_B, M, A, B]K_{BS}$，

其中 N_B 是 B 生成的乱数。

第三步，S 收到 B 的消息后，分别用 K_{AS} 和 K_{BS} 解密，得到 (N_A,M,A,B) 和 (N_B,M,A,B)，随即比较两次解密得到的 (M,A,B) 是否相同；若不同，则认证未通过，终止协议；若相同，则生成 A 和 B 的会话密钥 K_{AB}，然后分别加密得到 $[N_A,K_{AB}]K_{AS}$，$[N_B,K_{AB}]K_{BS}$，并将其发送给 B。

第四步，B 将 $[N_B,K_{AB}]K_{BS}$ 解密，得到 K_{AB}，同时比较收到的 N_B 与自己保存的 N_B 是否一致，以此判断收到的消息的新鲜性。然后将 $[N_A,K_{AB}]K_{AS}$ 发送给 A；A 将 $[N_A,K_{AB}]K_{AS}$ 解密，也得到 K_{AB}，并判断其新鲜性。至此，A、B 都得到了 K_{AB}，随后可用它进行保密通信。

2. 协议的安全性

该协议不够安全，因为对入侵者(invader) I 来说，存在如下的攻击方法：

① A→B：$M,A,B,[N_A,M,A,B]K_{AS}$
② B→S：$M,A,B,[N_A,M,A,B]K_{AS},[N_B,M,A,B]K_{BS}$
③ I→B：$M,[N_A,\mathbf{M,A,B}]K_{AS},[N_B,\mathbf{M,A,B}]K_{BS}$
④ I→A：$M,[N_A,\mathbf{M,A,B}]K_{AS}$

这样，如果 A 和 B 不进行仔细检查，就会将 (M,A,B) 当作会话密钥 K_{AB}（即将 (M,A,B) 当作一条消息来处理）。因为协议通常是自动执行的，攻击完全可能成功。

这种攻击运用了两种攻击方法。一是将消息 $[N_A,\mathbf{M,A,B}]K_{AS}$ 和 $[N_B,\mathbf{M,A,B}]K_{BS}$ 重新放回到协议中，称为重放攻击；二是利用了协议中若干消息类型相同（上述加黑部分）的特点，称为类型攻击。

Michael Burrows、Martin Abadi 和 Roger Needham 于 1990 年指出，N_B 不用加密，并提出了如下的修改方案：

① A→B：$M,A,B,[M,A,B,N_A]K_{AS}$
② B→S：$M,A,B,[M,A,B,N_A]K_{AS},N_B,[M,A,B]K_{BS}$
③ S→B：$M,[N_A,K_{AB}]K_{AS},[N_B,K_{AB}]K_{BS}$
④ B→A：$M,[N_A,K_{AB}]K_{AS}$

1993 年，Colin Boyd 和 Wenbo Mao 又提出了如下的修改方案：

① A→B：$M,A,B,[M,A,B,N_A]K_{AS}$
② B→S：$M,A,B,[M,A,B,N_A]K_{AS},[M,A,B,N_B]K_{BS}$
③ S→B：$M,[A,N_A,K_{AB}]K_{AS},[B,N_B,K_{AB}]K_{BS}$
④ B→A：$M,[A,N_A,K_{AB}]K_{AS}$

而 Martin Abadi 和 Roger Needham 于 1994 年则又给出了新的修改方案：

① A→B：A, B, N_A
② B→S：A, B, N_A, N_B
③ S→B：$[N_A, A, B, K_{AB}]K_{AS}$, $[N_B, A, B, K_{AB}]K_{BS}$
④ B→A：$[N_A, A, B, K_{AB}]K_{AS}$

至于修改后的方案是否安全,留作练习。

8.2.2 基于对称算法的 NS 协议

1. 协议过程

该协议是 Needham 和 Schroeder 于 1978 年提出的,简称对称密钥 NS 协议,协议过程如下:

① A→S：A, B, N_A
② S→A：$[N_A, B, K_{AB}, [K_{AB}, A]K_{BS}]K_{AS}$
③ A→B：$[K_{AB}, A]K_{BS}$
④ B→A：$[N_B]K_{AB}$
⑤ A→B：$[N_B-1]K_{AB}$

说明:这也是一个基于 KDC 的协议。

第一步,A 向可信中心 S 发送 A 和 B 的标识符,请求 S 帮助建立 A 与 B 的保密通信,同时发送 A 产生的随机数 N_A,以便判别执行协议的新鲜性;

第二步,S 生成 A 与 B 的会话密钥 K_{AB},并加密成 $[N_A, B, K_{AB}, [K_{AB}, A]K_{BS}]K_{AS}$ 后,发送给 A;

第三步,A 解密 $[N_A, B, K_{AB}, [K_{AB}, A]K_{BS}]K_{AS}$ 后,得到会话密钥 K_{AB},并通过 N_A 判别 K_{AB} 的新鲜性,然后将预定给 B 的密文 $[K_{AB}, A]K_{BS}$ 发送给 B;

第四步,B 收到 $[K_{AB}, A]K_{BS}$ 后,将其解密,得到会话密钥 K_{AB},为了向 A 证实自己已经收到了 K_{AB},B 用刚收到的 K_{AB} 加密一个由 B 新生成的随机数 N_B,并将密文发送给 A;

第五步,A 收到 $[N_B]K_{AB}$ 后,用 K_{AB} 解密,再计算 $[N_B-1]K_{AB}$ 并返回给 B,以便 B 能确信 A 也收到了 K_{AB},同时利用 N_B 来判断 K_{AB} 的新鲜性。

2. 协议的安全性

假设有一个 K_{AB} 泄露了,并且入侵者(也称攻击者)I 成功拦截到 $[K_{AB}, A]K_{BS}$,则此后的通信便不再安全,因为存在如下的攻击方案:

① I(A)→B：$[K_{AB}, A]K_{BS}$
② B→I(A)：$[N_B]K_{AB}$
③ I(A)→B：$[N_B-1]K_{AB}$

上式中 I(A) 表示攻击者 I 以 A 的名义与 B 通信。由于 I 掌握了 K_{AB} 以及 $[K_{AB}, A]K_{BS}$，则从此以后，只要 B 不保存以前使用过的会话密钥 K_{AB}（一般通信结束后都立即销毁，并不保存），B 就很难发现被攻击了。尽管攻击的条件不容易成立，但这仍然是一个安全隐患。从这个协议中不难发现，建立会话密钥时，判断密钥是否"新鲜"非常重要。

攻击过程中，消息 $[K_{AB}, A]K_{BS}$ 被重放，属于重放攻击。同时，攻击者在协议中冒充了 A，这种方法称为冒名攻击。

8.2.3 Yahalom 协议

1. 协议过程

该协议是 Yahalom 于 1988 年最初在一个私人通信中提出的协议，过程如下：

① $A \rightarrow B$：A, N_A
② $B \rightarrow S$：$B, [A, N_A, N_B]K_{BS}$
③ $S \rightarrow A$：$[B, K_{AB}, N_A, N_B]K_{AS}, [A, K_{AB}]K_{BS}$
④ $A \rightarrow B$：$[A, K_{AB}]K_{BS}, [N_B]K_{AB}$

说明：这仍是一个基于 KDC 的协议。

第一步，A 向 B 发送 (A, N_A)，其中 N_A 是 A 生成的随机数；

第二步，B 生成随机数 N_B，并将其与 (A, N_A) 一起用 B 与 S 共享的秘密密钥 K_{BS} 加密，生成 $(B, [A, N_A, N_B]K_{BS})$ 后再发送 S，请求 S 帮助 A 和 B 建立保密通信；

第三步，S 生成会话密钥 K_{AB}，并分别加密成 $[B, K_{AB}, N_A, N_B]K_{AS}$ 和 $[A, K_{AB}]K_{BS}$ 后发送给 A；A 收到后，用 K_{AS}^{-1} 解密即得到 K_{AB}，并用 N_A 判别会话密钥的新鲜性；

第四步，A 用刚刚收到的 K_{AB} 和 N_B 生成 $[N_B]K_{AB}$，并连同 $[A, K_{AB}]K_{BS}$ 一起发送给 B；B 收到后可用 K_{BS}^{-1} 解密 $[A, K_{AB}]K_{BS}$，得到 K_{AB}，并用 K_{AB} 解密 $[N_B]K_{AB}$，得到 N_B，由此判断 K_{AB} 的新鲜性，并确认 A 已收到了会话密钥。

2. 协议安全性

协议最后一步中，B 无法从消息 $[A, K_{AB}]K_{BS}$ 判断会话密钥 K_{AB} 的新鲜性，从而无法确定它是否为重放的。这似乎是该协议的一个瑕疵。

所以，1989 年，Burrows、Abadi 和 Needham 曾给出了 Yahalom 协议的一个修改：

① $A \rightarrow B$：A, N_A

② $B \rightarrow S$: B, $N_B[A, N_A]K_{BS}$
③ $S \rightarrow A$: N_B, $[B, K_{AB}, N_A]K_{AS}$, $[A, K_{AB}, N_B]K_{BS}$
④ $A \rightarrow B$: $[A, K_{AB}, N_B]K_{BS}$, $[N_B]K_{AB}$

修改的协议在第四步将 N_B 与 K_{AB} 放在一起用 K_{BS} 加密传递，目的正是为了便于 B 判断 K_{AB} 的新鲜性。不过，在第二、第三步，N_B 以明文形式发送了，这仍可能会带来问题。

事实上，在原协议中，乱数 N_B 的机密性弥补了协议的一些不足。J. Clark 等曾经给出过对原协议的如下攻击：

① $I(A) \rightarrow B$: A, N_A
② $B \rightarrow I(S)$: B, $[A, N_A, N_B]K_{BS}$
③ $I(A) \rightarrow B$: $[A, N_A, N_B]K_{BS}$, $[N_B]K_{AB}'$

这里，$K_{AB}' = (N_A, N_B)$（即将 N_A、N_B 链接在一起，合并成一个数据当成 K_{AB}'）。就是说，攻击者 I 以 A 的名义向 B 发起攻击，并在第二步中，拦截 B 发送给 S 的信息，再返回给 B，让 B 误以为 (N_A, N_B) 是新建立的会话密钥。但是，攻击并不算成功。因为攻击者 I 并不知道 N_B，所以无法计算 $[N_B]K_{AB}'$。

8.2.4 简化的 Kerberos 协议

Kerberos 是 MIT 作为 Athena 计划的一部分开发的认证服务系统，而 Kerberos 协议是 Kerberos 认证系统的一部分。Kerberos 协议共有六步，这里作了若干简化，略去了认证过程，只保留了其建立会话密钥的部分，因此称作简化的 Kerberos 协议。

1. 协议过程

如前，A、B 是用户（客户机），而 S 是认证中心（服务器，密钥管理中心）。

① $A \rightarrow S$: A, B
② $S \rightarrow A$: $[T_S, L, K_{AB}, B, [T_S, L, K_{AB}, A]K_{BS}]K_{AS}$
③ $A \rightarrow B$: $[T_S, L, K_{AB}, A]K_{BS}$, $[A, T_A]K_{AB}$
④ $B \rightarrow A$: $[T_A + 1]K_{AB}$

说明：

第一步，A 向 S 发送 A 和 B 的标识符，请求 S 帮助建立 A 与 B 的会话密钥；

第二步，S 生成会话密钥 K_{AB} 和时戳 T_S，并给定使用期限 L，加密处理成 $[T_S, L, K_{AB}, B, [T_S, L, K_{AB}, A]K_{BS}]K_{AS}$ 后发送给 A；

第三步，A 解密，得到会话密钥 K_{AB} 及其使用期限 L，并用 T_S 判断其新鲜性,然后生成新的时戳 T_A,将其与 A 的标识符一起用会话密钥 K_{AB} 加密成 $[A,T_A]K_{AB}$,与$[T_S,L,K_{AB},A]K_{BS}$一同发送给 B;

第四步,B 收到 A 发来的消息后,先解密$[T_S,L,K_{AB},A]K_{BS}$,获得会话密钥 K_{AB} 及其使用期限 L,再用 K_{AB} 解密,得到 T_A,以判定 A 确实收到了 K_{AB},同时判别 K_{AB} 的新鲜性。

2. 协议安全性

很多人对该协议的安全性作过分析,目前为止没有发现实质性的安全漏洞。但这并不意味着协议就是安全的,因为还没有一种方法可以严格证明一个协议是安全的,尽管专家们一直在寻找这样的方法。

8.2.5 Big-mouth-frog 协议

1. 协议过程

① A→S: $A,[T_A,B,K_{AB}]K_{AS}$

② S→B: $[T_S,A,K_{AB}]K_{BS}$

说明:该协议最初由 M. Burrows 提出,1989 年在"A Logic of Authentication"一文中讨论了其安全性。协议非常简单,只有两步。

第一步,A 产生一个时戳 T_A,同时产生一个会话密钥 K_{AB},然后用 A 与 S 共享的密钥加密密钥 K_{AS} 加密数据(T_A,B,K_{AB}),并将密文发送给 S。

第二步,S 将来自 A 的密文解密,得到 K_{AB},然后将数据(T_S,A,K_{AB})用 K_{BS} 加密后转发给 B,其中 T_S 是 S 生成的时戳。B 收到 S 的消息后,解密可得到 K_{AB},同时用 T_S 验证 K_{AB} 的新鲜性,从而判断它是否是重放的消息。如果不是重放的消息,随后可用 K_{AB} 与 A 会话。

显然,会话密钥 K_{AB} 是由 A 生成的,S 只负责转发它,所扮演的是 KTC 的角色,因此这是一个基于 KTC 的协议。协议可图示如下:

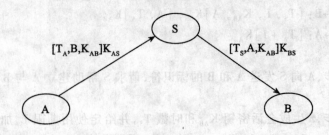

据说因其看上去像一只大嘴青蛙而得名。

2. 协议安全性

协议存在两个明显的不足：一是使用了时戳，这要求 A 与 S 及 B 的时钟要保持同步，否则协议执行过程中，会出现误判，即本来没有受到攻击，而因为时钟不同步，导致 S 或 B 认为受到了攻击，致使会话密钥难以建立。二是 A 无从判别 B 是否正确收到了 K_{AB}。不过这两点还不至于对协议安全性产生很大影响。但是，在实现协议时，S 和 B 都要特别注意对时戳的检查，否则协议将是不安全的。以下的攻击说明了这一点：

① I(A)→S： A，[T_A，B，K_{AB}]K_{AS}
② S→B： [T_S，A，K_{AB}]K_{BS}

这里，假设 I 成功破译了一个较早的会话密钥 K_{AB}，并截获了当时的密文 [T_A，B，K_{AB}]K_{AS}，如果 S 不仔细对时戳 T_A 进行检查，则 I 可以实施重放攻击。当然，如果 S 对 T_A 进行认真检查，这种攻击是不成立的。

该协议最大的瑕疵在于，攻击者可以反复重放，从而延长一个伴随会话密钥的时戳。攻击方法如下：

① A→S： A，[T_A，B，K_{AB}]K_{AS}
② S→B： [T_S，A，K_{AB}]K_{BS}
①′ I(B)→S： B，[T_S，A，K_{AB}]K_{BS}
②′ S→I(A)： [T_S'，B，K_{AB}]K_{AS}
①″ I(A)→S： A，[T_S'，B，K_{AB}]K_{AS}
②″ S→I(B)： [T_S''，A，K_{AB}]K_{BS}

这样，攻击者 I 就成功地对 S 实施了欺骗，将伴随 K_{AB} 的时戳从时刻 T_S 延长到时刻 T_S''。如此反复继续下去，一旦成功破译 K_{AB}，便可实施对 A、B 的攻击。设此时的时戳为 $T_S^{(n)}$，I 以 S 的名义把消息 [$T_S^{(n)}$，A，K_{AB}]K_{BS} 发送给 B，同时还以 B 的名义发起协议，将 K_{AB} 通过 S 发送给 A：

①$^{(n)}$ I(B)→S： B，[$T_S^{(n)}$，A，K_{AB}]K_{BS}
②$^{(n)}$ S→A： [$T_S^{(n+1)}$，B，K_{AB}]K_{AS}

这种攻击可能会使 A、B 都得到已被破译的会话密钥 K_{AB}，对协议的安全性产生了实质的影响，因此，协议是不够安全的。

攻击过程中，攻击者处在 A 与 B 中间，时而冒充 A，时而冒充 B，这种攻击方法称为中间人攻击。

8.2.6 Syverson 双方密钥分配协议

1. 协议过程

这是 P. F. Syverson 于 1993 年提出的密钥建立协议。协议过程如下：

① $A \to B: A, N_A$
② $B \to S: B, N_B, [N_B, N_A, A]K_{BS}$
③ $S \to A: S, B, N_S, [N_A, N_S, B]K_{AS}$
④ $A \to S: A, [K_{AB}, N_S, B]K_{AS}$
⑤ $S \to B: S, [N_B, K_{AB}, A]K_{BS}$
⑥ $B \to A: [N_A + 1]K_{AB}$

说明：协议步骤较多，共六步。前三步交换乱数，从第四步开始传递会话密钥。

第一步，A 发起协议，请求与 B 建立会话密钥，并传递 A 生成的乱数 N_A。

第二步，B 也生成一个乱数 N_B，并将 N_A 和 N_B 交给 S。消息 $[N_B, N_A, A]K_{BS}$ 可以使 S 相信 N_B 确实是由 B 产生的。

第三步，S 也生成一个乱数 N_S，将其交给 A。消息 $[N_A, N_S, B]K_{AS}$ 可以表明 S 的身份，使 A 相信 N_S 确实是由 S 产生的，并且是刚刚产生的——即"新鲜的"，因为其中含有 A 刚刚产生的 N_A。

第四步，A 生成会话密钥 K_{AB}，并秘密传递给 S。消息 $[K_{AB}, N_S, B]K_{AS}$ 意在使 S 相信，该消息是由 A 刚刚产生的，且会话密钥要传递给 B。

第五步，S 将会话密钥 K_{AB} 秘密传递给 B。消息意在使 B 确信，该消息来自 S，所传递的 K_{AB} 是 B 与 A 共享的会话密钥，且是新鲜的。

第六步，B 通过 $[N_A + 1]K_{AB}$ 告知 A，已经收到 K_{AB}。

显然，这也是一个基于 KTC 的会话密钥建立协议。

2. 协议安全性

协议粗看上去似乎没什么安全问题。但 Syverson 自己却给出了如下的攻击方法：

① $I(A) \to B: A, N_A$
② $B \to S:\quad B, N_B, [N_B, N_A, A]K_{BS}$
③ $S \to I(A): S, B, N_S, [N_A, N_S, B]K_{AS}$

这三步中，攻击者 I 以 A 的名义向 B 发起协议，至第三步，I 拦截 S 发送给 A 的消息。随后，I 又以 B 的名义向 A 重新发起一轮协议：

④ $I(B) \to A: B, N_S$

⑤ A→I(S)： A,N_A',[N_A',N_S,B]K_{AS}

A 按照协议生成乱数 N_A' 和密文[N_A',N_S,B]K_{AS},而 I 拦截了这些消息。随后,I 再将拦截的消息稍作处理(去掉明文 N_A')后发给 S。而按照协议,S 会将 N_A' 当作会话密钥 K_{AB} 处理,将其转发给 B：

⑥ I(A)→S： A,[N_A'(=K_{AB}),N_S,B]K_{BS}

⑦ S→B： S,[N_B,N_A'(=K_{AB}),A]K_{BS}

⑧ B→I(A)： [N_A+1]K_{AB}

这样,I 就成功欺骗了 B,使 B 误以为它已经与 A 建立了会话密钥 K_{AB} = N_A'。而实际上,I 也掌握了 K_{AB} = N_A'。这说明,协议是不安全的。

8.3 基于公钥的会话密钥建立

前面给出的都是基于对称环境的会话密钥建立协议,即只使用对称算法,不使用非对称算法。但在有公钥的环境中,基于非对称算法来建立会话密钥则更为简便,在现实安全系统中也更为常见。下面介绍基于非对称算法的会话密钥建立协议。

符号定义：CERT(P)表示主体 P 的公钥证书,[X]K_P 表示用 P 的公钥加密消息 X,[X]K_P^{-1} 表示用 P 的私钥对数据 X 作签名。

一般来说,对 X 的签名应该是[H(X)]K_P^{-1},其中 H(X)是一个适当选择的安全的 Hash 函数。对接受签名的一方(签名验证者,也称验证方)来说,要验证签名的正确性,还必须知道消息 X。这样,或者验证者早已拥有 X,或者,产生签名的一方(签名方)要同时发送 X 及其签名,即发送(X,[H(X)]K_P^{-1})。但无论如何,结果是一样的,即验证方能同时得到 X 及其签名。从函数运算的角度略加抽象,可以认为[[X]K_P^{-1}]K_P = X,这样,验证方通过计算[[X]K_P^{-1}]K_P,就可既得到 X,同时也验证了其签名。所以,许多文献中,特别是在抽象地描述安全协议的文献中,通常都以[X]K_P^{-1} 来表示可以恢复明文 X 同时可作验证的签名,而实际上它可能是数据(X,[H(X)]K_P^{-1})。以下我们也采用这种记法,即约定以[X]K_P^{-1} 来表示可以恢复明文 X 同时可作验证的签名。

8.3.1 Denning-Sacco 协议

1. 协议过程

该协议是由 D. E. Denning 和 G. M. Sacco 于 1981 年提出的。协议步骤

如下：

① A→S: A, B

② S→A: CERT(A), CERT(B)

③ A→B: CERT(A), CERT(B), $[[T_A, K_{AB}]K_A^{-1}]K_B$

说明：CERT(A)和CERT(B)分别是 S 签发的 A 和 B 的公钥证书，T_A 是 A 生成的时戳。第一步由 A 提出请求，第二步 S 传递公钥证书。关键是第三步，A 生成了会话密钥 K_{AB}，并作了签名后，用 B 的公钥 K_B 加密传送给 B。如前所述，这里，$[T_A, K_{AB}]K_A^{-1}$ 可以理解为可恢复明文的签名，即可以看成是 $(T_A, K_{AB}, [H(T_A, K_{AB})]K_A^{-1})$。因此，B 可以用自己的私钥 K_B^{-1} 解密得到 T_A 和 K_{AB}，并能用 A 的公钥 K_A 对签名作验证。

2. 协议安全性

协议使用了公钥作为密钥加密密钥，并使用了签名技术，以确认密钥是由 A 产生的。但是，这个协议却存在着安全漏洞。以下的攻击说明了这一点：

R. Needham 等提出了如下的攻击方案：

① A→S: A, B

② S→A: CERT(A), CERT(B)

③ A→B: CERT(A), CERT(B), $[[T_A, K_{AB}]K_A^{-1}]K_B$

④ B→S: B, C

⑤ S→B: CERT(B), CERT(C)

⑥ B→C: CERT(B), CERT(C), $[[T_A, K_{AB}]K_A^{-1}]K_C$

这里，B 是攻击者。B 在收到 A 传来的会话密钥后，再发起协议，将会话密钥传给 C，而 C 却以为这是 A 传来的，因而用它和 A 通信，这时 B 就可以窃听 C 与 A 的保密通信。这种攻击通常发生在一个安全系统的"内部"（它拥有合法的公钥），因此称为内部攻击。所以，这个协议的漏洞在于，不能防止内部攻击。

为此，M. Abadi 和 R. Needham 对协议提出了如下的修改：

① A→S: A, B

② S→A: CERT(A), CERT(B)

③ A→B: CERT(A), CERT(B), $[[A, B, T_A, K_{AB}]K_A^{-1}]K_B$

这样修改以后，上述攻击已难成功，因为 A 已经在签名中明确指出接收者是 B。事实上，最后一步中不用提 A 的名，因为 A 的签名已经保证了消息来自于 A。即协议的最后一步可改为：

③′ A→B: CERT(A), CERT(B), $[[B, T_A, K_{AB}]K_A^{-1}]K_B$

此外,我们还可对协议的最后一步作如下修改:

③″ A→B:CERT(A), CERT(B), $[[T_A, K_{AB}]K_B]K_A^{-1}$

即先做加密,再对密文进行签名。这样,B 就无法再欺骗 C,因为他无法伪造这样的签名:$[[T_A, K_{AB}]K_C]K_A^{-1}$。

8.3.2 PGP 协议

PGP(pretty good privacy,简称 PGP)是广泛使用的一种安全电子邮件系统。它由美国的 Philip Zimmermann 于 1991 年设计,用于加密重要文件和电子邮件。PGP 目前在全世界都可免费得到,它有多个不同的版本,以适应不同的平台。PGP 中包含了多种密码算法,如 RSA、ECC、DSS、CAST-128、IDEA、3-DES、AES、SHA-1 等,还包含了 DH 密钥协商(将在下节介绍)。

PGP 有三种使用模式:仅认证、仅保密和认证加保密。仅保密模式的协议过程如下:

$A→B:A, [M]K_{AB}, [K_{AB}]K_B$

认证加保密模式的协议过程如下:

$A→B:A, [[M]K_A^{-1}]K_{AB}, [K_{AB}]K_B$

在以上模式中,消息 M 要先做压缩处理(接收方自然也要做解压缩处理),这里我们略去了数据压缩的过程。而签名$[M]K_A^{-1}$仍然意味着对 M 的 Hash 值签名,并且明文是可恢复的。PGP 中的 Hash 函数是 SHA-1,产生 160 比特的消息摘要。由于 PGP 中使用了公钥,系统中也包括了对公钥的管理。这里我们假定公钥的正确性是有保障的。

在仅保密模式中,A 生成一个会话密钥 K_{AB},用 K_{AB} 加密消息 M,再用 B 的公钥加密会话密钥。$[M]K_{AB}$ 和 $[[M]K_A^{-1}]K_{AB}$ 实际上都是会话过程,略去这一部分,只有$[K_{AB}]K_B$ 是用于会话密钥建立的。所以,这两种模式中用于会话密钥建立的子协议是:

$A→B:A, [K_{AB}]K_B$

这真是一个非常简洁的协议。就会话密钥的安全性来说,由于 K_{AB} 是单向使用的,即只有 A 向 B 发送消息时才使用。而 B 向 A 发送消息时,将会按照协议重新生成一个会话密钥,并用 A 的公钥加密。所以,会话密钥的安全性是有保障的。

基于公钥的会话密钥建立协议还有很多,但大多融合在带有认证和保密的安全系统中。我们将在后面的章节中给出更多的介绍。

8.4 密钥协商

密钥协商是指进行保密通信的双方共同协商一个会话密钥,而不是由中心分配或由一方指定。通常的做法是,双方都提供一些生成会话密钥的参数,再用这些参数作为密钥材料按照某种算法计算密钥。这样,会话密钥就是双方共同参与生成的,也即双方协商的结果,所以称为密钥协商。由于通信双方要交换生成会话密钥的数据,所以也称为密钥交换。

8.4.1 DH 密钥协商

DH 密钥协商方案是 1976 年由 W. Diffie 和 M. Hellman 提出的,也是第一个基于公钥算法的密钥交换方案。该方案基于求解离散对数问题的困难性。

设 p 是一个大素数。以下仅在模 p 的乘法群 Z_p^* 上描述该方案。该方案可在任何一个离散对数计算困难的有限群上实现。

设 α 是生成元,(p,α) 是公开参数。用户 A 与 B 的协商过程如下:

① A→B: $X = \alpha^x \bmod p$

② B→A: $Y = \alpha^y \bmod p$

说明:A 随机生成参数 $x \in Z_p^*$,并计算 $X = \alpha^x \bmod p$,然后将 X 发送给 B。同样,B 也随机生成参数 $y \in Z_p^*$,并计算 $Y = \alpha^y \bmod p$,然后将 Y 发送给 A。当交换完成后,双方各自计算会话密钥 K_{AB}。A 计算 $K_{AB} = Y^x \bmod p$,B 计算 $K_{AB} = X^y \bmod p$。显然,$X^y \bmod p = Y^x \bmod p = \alpha^{xy} \bmod p$。所以,双方的计算结果是一致的,从而建立了共同的会话密钥 K_{AB}。

不过,这个方案有一个弱点,即容易遭受中间人攻击。攻击方法如下:

① A→I(B): $X = \alpha^x \bmod p$

② I(B)→A: $Z = \alpha^z \bmod p$

③ I(B)→B: $Z = \alpha^z \bmod p$

④ B→I(A): $Y = \alpha^y \bmod p$

就是说,当 A 发起协议时,攻击者 I 拦截消息 X,而以 B 的名义给 A 发送消息 Z,同时,又以 A 的名义,向 B 发送消息 Z,而 B 按照协议回送消息 Y。这样做的结果是,A 事实上与 I 共享了会话密钥 $K_{AI} = \alpha^{xz} \bmod p$,B 也与 I 共享了另一个会话密钥 $K_{BI} = \alpha^{yz} \bmod p$,而 A 和 B 并不能察觉到这一点。在以后的通信中,当 A 用 K_{AI} 加密一个机密消息并发送给 B 时,I 可以拦截该消息,先用

K_{AI}解密,再用 K_{BI} 加密后发送给 B。即:

① A→I(B):$[M]K_{AI}$

这里 M 是机密消息,I 拦截 $[M]K_{AI}$,计算 $M = [[M]K_{AI}]K_{AI}^{-1}$,再计算 $[M]K_{BI}$。

② I(A)→B:$[M]K_{BI}$

这样,I 就得到了 A 与 B 之间的机密消息 M。

为了弥补这一缺陷,通常都辅助以别的信息,例如 A 与 B 可以事先共享一个秘密,再以此秘密信息用 Hash 函数计算与 X 和 Y 有关的完整性校验值,以防止中间人攻击。假设 A 与 B 事先共享了秘密值 W,则他们可以如下完成协商:

① A→B:$X = \alpha^x \bmod p$,H(W, X)

② B→A:$Y = \alpha^y \bmod p$,H(W, Y)

这样,由于只有 A 和 B 知道秘密 W,所以 B(或 A)可以通过 H(W, X)(或 H(W, Y))来检查所接收到的 X(或 Y)是否来自 A(或 B)。而中间人并不知道 W,所以无法实施攻击。

8.4.2 Aziz-Diffie 密钥协商协议

这是 A. Aziz 和 W. Diffie 在 1994 年为无线局域网设计的一个密钥协商协议。协议基于公钥密码算法和公钥证书而设计。

协议过程如下:

① A→B:CERT(A),N_A

② B→A:CERT(B),$[N_A, [N_B]K_A]K_A^{-1}$

③ A→B:$[[N_A']K_B, [N_B]K_A]K_A^{-1}$

说明:协议中还包括其他一些与密钥协商无关的数据,此处是简化的情形。

第一步,A 生成一个随机数 N_A,并连同自己的公钥证书一起发送给 B。

第二步,B 也生成一个随机数 N_B,并用 A 的公钥加密,然后对密文 $[N_B]K_A$ 和 N_A 用自己的私钥做签名,再将自己的公钥证书、密文 $[N_B]K_A$ 和签名数据一同发送给 A。

第三步,A 重新生成一个随机数 N_A',用 B 的公钥加密,再对密文和做签名,然后将密文连同签名一起发送给 B。

最后,A 与 B 各自计算会话密钥 $K_{AB} = H(N_A', N_B)$。显然,K_{AB} 是双方协商的结果。

协议中,公钥加密保证了 N_A' 和 N_B 的机密性,N_A 保证了 N_B 的新鲜性,N_B

又保证了 N_A' 的新鲜性,而签名则确保了消息的来源。

8.4.3 SSL V3.0 中的密钥协商

SSL(secure socket layer 的简称)协议是指安全套接层协议,它由著名的 Netscape 公司设计,最初的版本于1994年推出,目的是为基于 WEB 的应用提供安全通信。

SSL 协议可以同时提供加密与认证服务,适用于客户匿名登录服务器的情形。客户与服务器进行身份认证后,在服务器与客户之间产生一个加密信道,客户可以安全使用服务器提供的服务。SSL 协议包括记录层协议、握手协议、改变密文协议和告警协议等多个子协议。以下仅给出协议中的涉及密钥协商的部分。

协议过程如下:

① $A \rightarrow B$: N_A, T_A M_1
② $B \rightarrow A$: N_B, T_B M_2
③ $B \rightarrow A$: CERT(B) M_3
④ $A \rightarrow B$: $[N_A']K_B$ M_4
⑤ $B \rightarrow A$: $[H(K_{AB}, M_B, (M_1, M_2, M_3, M_4))]K_{AB}$
⑥ $A \rightarrow B$: $[H(K_{AB}, M_A, (M_1, M_2, M_3, M_4))]K_{AB}$

其中 A 通常是客户,而 B 通常是服务器。

第一步,A 想与 B 通信,A 产生随机数 N_A 和时戳 T_A 发给 B。

第二步,B 收到 A 的消息后,也产生随机数 N_B 和时戳 T_B 发给 A。

第三步,B 随后把自己的公钥证书 CER(B) 发给 A。

第四步,A 收到消息后,验证 B 的公钥证书,并得到 B 的公钥 K_B,用 K_B 加密自己产生的随机数 N_A' 发给 B。A 计算 $K_{AB} = F(N_A, N_B, N_A')$,这里 F 是一个 A、B 都已知的公开可计算函数。

第五步,B 收到 $[N_A']K_B$ 后,解密得到 N_A',并计算 $K_{AB} = F(N_A, N_B, N_A')$。然后计算消息认证码 $H(K_{AB}, M_B, (M_1, M_2, M_3, M_4))$,其中 M_B = "server finished"是已知消息,M_1、M_2、M_3、M_4 分别为协议前四步中产生的消息,即:$M_1 = N_A \| T_A, M_2 = N_B \| T_B, M_3 = \text{CERT}(B), M_4 = [N_A']K_B$。然后,B 用 K_{AB} 加密 $H(K_{AB}, M_B, (M_1, M_2, M_3, M_4))$,发送给 A。

第六步,A 收到消息后,用自己计算出的 K_{AB} 解密 $[H(K_{AB}, M_B, (M_1, M_2, M_3, M_4))]K_{AB}$。然后验证消息认证码 $H(K_{AB}, M_B, (M_1, M_2, M_3, M_4))$,再计算消息认证码 $H(K_{AB}, M_A, (M_1, M_2, M_3, M_4))$,其中 $M_A =$

"client finished"是已知消息,然后用自己的 K_{AB} 加密后,发送给 B。

从协议过程可以看出,在前四步进行完之后,A,B 分别计算出自己的 K_{AB},并在后两步验证双方是否拥有相同的 K_{AB},保证以后能用 K_{AB} 进行保密通信。显然,K_{AB} 是双方协商的结果。

现在 SSL 协议已有了一点改进,称为 TLS,也称为 SSL V3.1。

密钥协商的方案还有很多,在应用系统中我们还将再介绍一些。

8.5 注 记

对称密钥的管理当然也包括密钥的生成、存储、备份、分发、使用、更新、销毁、存档等一系列过程。在第 6 章中,我们已经介绍了随机数的生成技术。就对称密钥的生成来说,主要是生成长度(如 DES 要求生成 56 比特,3-DES 要求生成 112 或 168 比特,AES 要求生成 128、192 或 256 比特,等等)符合算法要求的随机数,再检测其是否为弱密钥。只要不是弱密钥,就可以用作对称算法的密钥。因此,本章开始并没有讨论对称密钥的生成,而是直接讨论密钥的存储与管理结构。

本章着重介绍的是对称密钥的更新技术,重点是会话密钥的建立。会话密钥是数据加密密钥,通常使用后立即销毁,下次使用时再临时建立。建立会话密钥的方式与环境有关。在纯对称的环境中(即没有公钥的环境中),通常有 KDC 和 KTC 两种方式。我们介绍的协议中,会话密钥通常是由中心直接产生并分配,或由某一方产生并由中心传递。但这不是绝对的,因为双方也可以在中心的帮助下共同协商会话密钥,但这样一来,A 必须向 B 传递一个安全参数,反过来 B 也必须向 A 传递一个安全参数,而且必须经过 S 的转发,所以协议将更复杂,效率更低。在非对称环境中,既可以由一方生成并传递给另一方,也可以由双方协商。但要特别强调的是,非对称环境有其自身的特点,公钥加密和私钥签名的使用都很有讲究,稍不留神就会产生漏洞,所以设计密钥建立协议时要特别小心地加以避免。

本章花了较大篇幅介绍了若干密钥建立协议。一方面,这是对称密钥管理的重要内容;另一方面,密钥建立协议可以根据环境做不同的设计,但设计密钥建立协议必须非常小心,否则会带来意想不到的安全问题。所以,本章在介绍密钥建立协议时,既介绍了一些比较著名比较安全的协议,也介绍了一些存在明显漏洞的协议,并简要介绍了一些攻击方法。我们希望读者能够认识到,密钥建立协议是安全系统中一个核心的部件,设计或选用时都要特别注意协议自身的安全性。

如何才能确保一个密钥建立协议是安全的？即如何确保一个密钥建立协议能够建立起会话密钥，并且该密钥是可靠的、不会泄露的？这是一个协议自身安全性分析问题。目前对该问题已经有深入的研究，很多学者提出了多种分析协议安全性的方法，如模型检测方法、逻辑化方法、串空间方法、可证安全性方法（随机谕示模型方法）以及泛组合方法等。所以，通常在设计一个密钥建立协议后，要用这些方法对其安全性进行分析，没有发现漏洞才可使用。不过需要说明的是，这些方法虽然可以用来帮助发现协议的漏洞，但并不能确保协议的安全性。事实上，还没有一种方法能够确保（证明）一个协议是真正安全的。

习题八

1. 对称密钥的管理有什么特点？为什么要分层管理？
2. KDC 与 KTC 有何异同？如果要减轻中心的负担，应该选择 KDC 还是 KTC？为什么？
3. 试给出 NS 协议的改进方案。
4. 能否对 Big-mouth-frog 协议进行修改？要求仍在两步之内完成会话密钥的建立，但可提高其安全性。
5. 在 DH 密钥协商中，如果参与协商的 A、B 双方已经共享了某个秘密参数 W，能否不使用 Hash 函数完成安全的会话密钥协商？如果能，应对 DH 协议做哪些修改？
6. 试分析 Aziz-Diffie 协议和 SSL V3.0 协议的安全性。
7. 设 S 是 KDC，A、B 是用户，试分析下列基于 KTC 的密钥建立协议的安全性：

（1）A→S：$A, B, [K_{AB}, N_A]K_{AS}$

（2）S→B：$[A, B, N_A, K_{AB}]K_{BS}$

（3）B→A：$[N_A]K_{AB}$

8. 设 A、B 是用户，试分析下列基于公钥证书的密钥建立协议的安全性：

（1）A→B：$A, Cert(A), N_A$

（2）B→A：$B, Cert(B), N_B, [N_B']K_A$

（3）A→B：$[N_B' + 1]K_B$

（4）双方计算：$K_{AB} = H(N_A, N_B, N_B')$

第 9 章 认 证 技 术

密码技术可以用于保护数据的机密性并实现认证。本章介绍若干基本的认证技术,包括完整性认证、身份认证和非否认等,先介绍几种不同认证的概念,再介绍实现这些认证的若干常见协议,如身份认证协议、公平非否认协议等。

9.1 几种不同的认证

9.1.1 认证的概念和种类

认证就是对某些事情加以确认或证明。在网络通信中,实体间经常要对许多问题进行确认,如:谁在与我通信?传送的数据在传递过程中是否被篡改?我发送的数据是否被合法接收者正确接收?事后能否向公正的第三方证明,我确实已经把某些数据传送给某个特定实体,或者某个实体确实给我传递过某些数据?等等。对这些问题的确认就是认证。认证通常根据目标的不同加以分类。从网络通信的安全目标来说,主要有数据完整性、实体身份及实体的行为需要认证,因此相应地就有完整性认证、身份认证和"行为认证"。"行为认证"是本书提出的说法,它通常称为非否认或防抵赖。此外,为了防止攻击者通过重放某个以前传递过的消息实施攻击(即重放攻击),还要对实体行为的时间加以确认——通常不是确认一个具体的时间,而是确认行为是"正在进行时",具有"实时性",特别是,所处理(发送或接收)的数据是刚刚产生不久的,亦即"新鲜的",因此我们称之为"新鲜性"认证或"实时性"认证。

认证通常都以协议的形式实现。通过协议,通信双方传递一定格式的数据。这些数据中的部分或全部可以为需要认证的安全目标提供"证明",称为"证据"。因此,一个能实现认证的协议必然包含证据。

完整性认证即确认数据是完整的,没有受到破坏或篡改。这是一个简单、清晰的概念,前面几章也曾提到过。关于完整性认证本章主要介绍具体的实现技术。身份认证和行为认证是较为复杂的概念,以下作进一步的阐释。

9.1.2 身份认证的概念

身份认证也叫实体认证、身份识别或身份鉴别,是指确认通信方的身份,即让验证者确认正在与之通信的另一方就是所声称的实体。对消息的发送者的身份认证通常称为信源认证或消息源认证,对消息接收方的身份认证通常称为信宿认证或消息宿认证。如果只是一方认证另一方,称为单方认证或单向认证。若通信双方相互认证,则称为双方认证或双向认证。

身份认证的目的是防止伪装和欺骗。实现身份认证的协议称为身份认证协议或身份认证方案。协议中,证明者(certifier)C 以协议规定的格式,向验证者(verifier)V 发送与其身份有关的消息(证据),使验证者相信自己确实是C。

一个身份认证协议要达到以下要求:
① 若 C 和 V 都是诚实的,则完成协议时,V 能确认 C 的身份。
② 除了 C 自己外,任何冒充者(pretender)P 不能利用协议(包括在协议中插入消息、重新执行协议或使用以前执行协议时所传递的信息)成功冒充C,即 P 不能通过协议向 V 证明自己是 C。

以上要求决定了此类协议必须是实时的过程,即具有实时性,这样才能使验证者 V 确认"正在"与 V 通信的证明者是 C。这与消息完整性认证不同,完整性认证不需要实时性。

实施身份认证的证据要具有以下特点:
① 只有证明者 C 能提供自己的身份证据
② 验证者 V 能认可证据,并由此确认 C 的身份

证据又分为两类,一类是直接证据,该证据是 C 自己产生的,可以直接证明自己的身份。一类是间接证据,即证据是他人产生的,是他人对 C 的身份进行担保。根据证据的不同,身份认证协议也可分为直接认证和间接认证。

9.1.3 非否认的概念

非否认又称防抵赖,是对行为的一种认证。对行为的认证是指,在网络系统中,对消息的生成、发送或接收等行为(也称操作)进行认证,使得行为者(如消息生成者、发送者或接收者)不能在事后否认其行为。防抵赖就是防止事后(实施行为之后)对行为的抵赖,而非否认也是使得行为在事后无法否认,二者本质上都是一种认证,即通过认证,使得行为无法否认、不可抵赖。

第9章 认证技术

网络通信中的行为一般是指,某实体(行为主体)在某时间(行为时间)对某对象(行为对象)做了某种操作(行为种类)。我们统称行为主体、行为时间、行为对象和行为种类等为行为属性。因此,行为认证需要确认行为的一系列属性,即认证以下内容:

① 行为主体身份(哪个行为主体,即确认是谁)
② 行为种类(实施了何种行为,即确认做了什么操作)
③ 行为对象(对何对象实施了行为,即确认对什么做了操作)
④ 行为时间(确认实施操作的具体时间)

如:A 在时间 T 发送了数据 M。其中,A 是行为主体(操作者),"发送"是行为种类,"数据 M"是行为对象,T 是行为时间。所以简单地说,行为认证就是确认哪个实体、在什么时间、对什么数据做了什么操作。

行为认证与身份认证有较大的不同。主要体现在以下两点:①身份认证要确认的只是正在实施行为的实体身份;而行为认证不只是确认身份,还要确认行为的种类、对象和时间。②身份认证是实时认证,是确认"正在"参与通信的实体身份;行为认证则不是实时的,而是事后的,是在行为完成之后对行为的一系列属性的认证。

行为认证较多应用于电子政务、电子商务等领域。如在电子政务中,一方要向另一方提供政务文档(公文),就要求事后双方不能否认自己提供或接收文档的行为。电子商务中,双方要就某商务签署合同,也要求双方事后不能否认自己的行为。

行为认证也是通过协议实现的,这样的协议通常称为非否认协议。行为认证除了要能确认行为属性外,一般还要具有"公平性",即保证双方实施操作的先后次序不损害行为主体的利益。如网络中电子合同的签署,如果先签署的一方直接将自己签署的合同发送给另一方,则另一方可以选择不签署合同。事后,如果合同对自己有利,可以再行签署,如果不利,则不作签署,这样明显就对先签署的一方不利。对于合同当事人为三方或更多方时,也存在同样的问题。一般来说,对于一个电子合同协议,如果按照协议签订电子合同,任意一个合同当事人不会因为其他当事人的作弊或通信线路故障而处于不利地位,就称为公平电子合同协议。显然,为了保障每一个合同当事人的利益,电子合同协议应该具有公平性。所以,公平性也是行为认证协议的一个重要特点。而为了实现公平性,通常需要公正的第三方(可信第三方,即 TTP)的参与,以起到公证、担保的作用。另外,公平交换协议、电子选举协议等也都是非否认协议。

9.2 完整性认证

完整性认证可以用前面介绍的密码学基础知识,通过协议来实现。实现的方式大致可以根据所使用的算法来分类,有基于 Hash 函数的,有基于对称加密算法的,也有基于非对称算法的。

9.2.1 基于 Hash 算法的完整性认证

以下记消息数据为 M,H(·) 表示 Hash 函数,H(X) 表示消息 X 的 Hash 函数值,H(X,Y) 表示由 X 和 Y 产生的 Hash 函数值,其中 Y 可以作为初始变量,也可以与 X 直接拼接成一个数据。通常用符号 X∥Y 表示将数据 X 和 Y 简单地首尾相接(X 位于 Y 之前),称为 X 与 Y 的级联或串接(同样地可以有 Y∥X)。所以,H(X,Y) 可能是 H(X∥Y),也可能是 H(Y∥X)。如前,仍用"A→B:X"表示 A 向 B 发送消息 X。并且假定所使用的算法都是安全的。

使用 Hash 算法来保护信息的完整性是常用的技术。设 A 与 B 进行通信,最简单的完整性保护方法是,A 与 B 事先(指在执行协议通信前)共享一个秘密值 Y。于是,可用下述方法实现对消息 X 的完整性保护:

A→B:X,H(X,Y)

即 A 向 B 发送 X 的同时,还发送数据 H(X,Y)。H(X,Y) 称为消息认证码(message authenticate code,简记为 MAC)或完整性校验值。而接收方收到后,重新计算 MAC,并与收到的 MAC 进行比较(见图 9.2.1)。如果一致,则完整性得到确认。

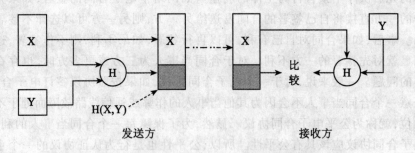

图 9.2.1 使用 Hash 函数并基于共享秘密的完整性认证

图 9.2.1 中,不妨假设 B 收到的消息为{X′,H(X,Y)}。然后 B 用 X′和

自己保存的秘密值 Y 计算 H(X′,Y),再与收到的 H(X,Y)进行比较。如果 H(X,Y)≠H(X′,Y),则 X≠X′,即消息 X 在传送过程中受到破坏。否则,H(X,Y) = H(X′,Y),从而 X = X′,消息 X 的完整性得到确认。

在构造 MAC 时,共享秘密 Y 通常作为 Hash 函数的初始向量来使用,也可以消息的前缀和后缀来使用,即将 Y 置于 X 之前或之后,即 H(X,Y) = H(Y ∥ X)或 H(X,Y) = H(X ∥ Y),当然,发送方与接收方的计算应保持一致。

一种标准化的方法是使用带密钥的 Hash 函数来构造 MAC,称为 HMAC。它显然也是一种基于 Hash 函数的 MAC。HMAC 通过 Hash 函数来构造 MAC,这种方法已经成为国际标准,编号为 ISO/IEC 9797-2:2002。这个标准中规定了使用密钥和 Hash 函数或其轮函数计算 MAC 的三种方法。第一种方法是 MDx-MAC,使用依赖于密钥的方式修改轮函数和设置初始值 IV;第二种方法是 HMAC,HMAC 来源于 Internet RFC 2104 和 NIST FIPS 198;第三种方法是修改的 MDx-MAC。每一种方法又建议使用 ISO/IEC 10118-3 中的三个 Hash 函数中的任意一个,因此 ISO/IEC 9797-2 总共定义了 9 个不同的 Hash 函数。HMAC 算法已成为 NESSIE 工程中进一步推荐的密码算法。

HMAC 的基本思想是:使用 Hash 函数 H 及 K_1 和 K_2 来计算
$$MAC = H(K_1 \parallel H(K_2 \parallel m))$$
其中 K_1 和 K_2 由同一个密钥 K 生成且 $K_1 \neq K_2$。

HMAC 的工作流程如下:

令 H 是 Hash 函数,K 表示密钥,B 表示计算消息摘要时数据块的字节长度(MD5 和 SHA-1 是 64 字节),L 表示消息摘要的字节数,$ipad$ 表示 0x36 重复 B 次,$opad$ 表示 0x5c 重复 B 次。K 可以有不超过 B 字节的任意长度,但一般建议 K 的长度不小于 L。当使用长度大于 B 的密钥时,先用 H 对密钥进行散列操作,然后用得出的 L 字节作为 HMAC 的真正密钥。

计算一个数据"$data$"的 HMAC 的操作如下:

① 在 K 的后面加上适当长度的 0 以得到 B 字节的串。
② 将上一步得到的 B 字节串与 $ipad$ 异或。
③ 将数据流"$data$"串联在第②步得到的 B 字节串后面。
④ 将 H 应用于上一步的比特串。
⑤ 将第①步得到的 B 字节串与 $opad$ 异或。
⑥ 将第④步的消息摘要串联在第⑤步的 B 字节串后面。
⑦ 应用 H 于上一步的比特串。

上面的描述可以表达为:$MAC = H((K \oplus opad) \parallel H((K \oplus ipad) \parallel data))$。

由于只有收发双方拥有密钥 K,因此 MAC 值只有收发双方能正确计算,从而可以认证数据的完整性。

9.2.2 基于对称分组算法的完整性认证

利用对称分组加密算法,也可以实现完整性认证。设 A 与 B 事先共享对称密钥 K_{AB},则至少有以下几种方法可以实现对消息 X 的完整性认证:

① 使用对称分组加密算法中的 CBC 和 CFB 模式加密消息 X。

② 对 X 的 Hash 值 H(X)用 K_{AB} 进行加密。

③ 利用对称分组算法构造 X 的完整性校验值。

在方法①中,由于 CBC 和 CFB 模式的密文是所有明文的函数,所以,如果消息被篡改,将无法恢复出明文。该方法既保证了 X 的机密性,又实现了对 X 的完整性认证。但其不足之处是,传输过程中密文任一比特出现错误,将导致无法还原明文 X,更无从校验其完整性。

方法②可以表示为:A→B:X,$[H(X)]K_{AB}$。则 B 收到 X 后,重新计算 $[H(X)]K_{AB}$ 并与收到的值相比较。认证的框图如图 9.2.2 所示。

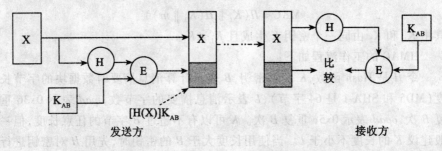

发送方　　　　　　　　　　　　　　　　接收方

图 9.2.2　使用对称分组加密和 Hash 算法的完整性认证

图 9.2.2 中的 K 即为 K_{AB}。基于 K_{AB} 的机密性,攻击者如果用 X′替换了 X,则无法正确计算出 $[H(X')]K_{AB}$。不过这样做既要使用加密算法,又要使用 Hash 函数。

方法③需要对所使用的加密算法作一些处理。设双方共享的密钥是 K。令 $g_0 = K$,将 X 按算法要求的长度分组,并设分组为 $X_1, X_2, \cdots, X_n$。E 是对称分组加密算法,符号 E(K, X)表示用密钥 K 加密 X。则以下几种常见的方法都可以形成 X 的完整性校验值:

① $g_i = E(g_{i-1}, X_i) \oplus X_i$。

② $g_i = E(g_{i-1}, X_i) \oplus X_i \oplus g_{i-1}$。
③ $g_i = E(X_i, g_{i-1}) \oplus X_i \oplus g_{i-1}$。

以上三种方法,最后输出 g_n 作为完整性校验值。认证框图如图 9.2.3 所示。

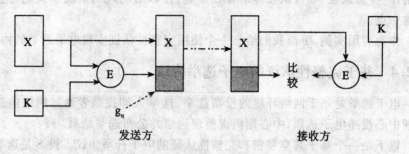

图 9.2.3 使用对称分组加密算法的完整性认证

上述方法基于 $K = g_0$ 的机密性。如果攻击者将 X 替换为 X′,则无法产生正确的 g_n。

9.2.3 基于非对称算法的完整性认证

非对称算法的私钥可以对消息进行签名,而安全的签名是无法伪造的,这也可以用来保证消息的完整性。记 A 的公、私钥为 K_A、K_A^{-1},A 对消息 X 的签名记为 $[H(X)]K_A^{-1}$,而 B 只要确认 A 的公钥 K_A 是可靠的,就可通过签名确认 X 的完整性。过程如图 9.2.4 所示。

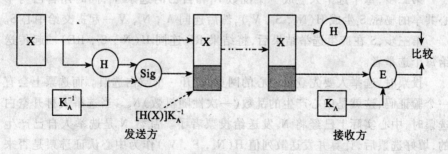

图 9.2.4 使用非对称算法的完整性认证

图 9.2.4 可简单地表示为:$A \to B: X, [H(X)]K_A^{-1}$。图中的符号 Sig 表示

签名运算。如果攻击者将消息 X 替换为 X′,则无法给出正确的签名 $[H(X')]K_A^{-1}$。

以上各种完整性认证方法没有绝对的好坏之分,要看具体的应用环境。在实际的应用系统中,完整性认证往往不是单独进行的,通常要和其他应用如机密性、身份认证、非否认性等结合在一起,在以后的应用系统中我们将会看到这一点。

作为应用实例,下面我们给出一个使用完整性认证实现电子选举的协议。

9.2.4 基于完整性认证的电子选举协议

电子选举是基于网络环境的投票选举,选举人即投票者通过网络向选举管理中心投递电子选票,中心则负责整理选票并公布选举结果。

以下是一个基于共享秘密和完整性认证的电子选举协议。设 S 是选举管理中心,A_i 是选举人,V_i 是选票,RE 是选举结果,$H(\cdot)$ 是一个约定的散列函数。协议步骤如下:

① $S \to A_i : N_S$

② $A_i \to S : A_i, N_i, V_i, H(N_S, S_i, V_i)$

③ $S \to A_i : RE, H(N_i, S_i, RE)$

说明:电子选举当然要求电子选票是真实有效的。为此,该协议有一个假设的前提,即选举管理中心 S 与每个参与选举的投票者 A_i 之间,要预先分配一个共享的秘密值 S_i。A_i 和 S 利用 S_i 来构造认证码(MAC),以确认选票及选举结果在传递过程中的完整性,从而保证选票的有效性及选举结果的真实性。

第一步,S 将自己刚刚生成的乱数 N_S 发送给每个参与选举人 A_i。

第二步,每个选举人生成一个乱数 N_i 和自己的选票 V_i,同时用自己与中心共享的秘密 S_i 生成 $H(N_S, S_i, V_i)$,然后连同 A_i,N_i,V_i 一起提交给中心 S。

第三步,S 在产生选举结果后,将结果 RE 连同 $H(N_i, S_i, RE)$ 一起传送给每个选举者。

投票时,选举人要先登录中心的网页,打开一个空白选票。而选票上会有一个验证码,这就是中心产生的乱数(一次性随机数)N_S。当选举人打开空白选票时,中心实际上已经将 N_S 发送给投票者了。乱数 N_i 是选举人自己产生的,填好选票后,计算并发送散列值 $H(N_S, S_i, V_i)$ 作为中心认证选票是否来自有效选举人的依据。$H(N_i, S_i, RE)$ 是由中心计算的,作为选举人认证结果 RE 是否可靠(来自管理中心)的依据。

不难看出,散列值 $H(N_S, S_i, V_i)$ 只有 S 和 A_i 可以计算。因此,当中心 S

收到$\{A_i, N_i, V_i, H(N_s, S_i, V_i)\}$时,可以通过重新计算$H(N_s, S_i, V_i)$来验证以下几点:①$\{N_i, V_i\}$是否来自$A_i$;②选票$V_i$是否由$A_i$刚刚填写的,即不是以前填写的;③$\{N_i, V_i\}$在网络传递过程中没有被修改。

同样,$H(N_i, S_i, RE)$也只有S和A_i可以计算。当选举人A_i收到$\{RE, H(N_i, S_i, RE)\}$时,可以通过重新计算$H(N_i, S_i, RE)$来确认RE是否来自中心S,同时还可以确认RE是否刚刚发布的新结果。

当然,从协议中选举人无法判断选举结果是否准确,即无法判断S有没有作弊,所公布的结果是否与真实的选举结果一致。换言之,选举人无法通过本协议对选举结果的统计进行监督。当然,这是协议之外的问题,与本协议的安全性无关。

9.3 对称环境中的身份认证

对称环境是指系统用户不使用公钥体制,都没有公钥,因而只使用对称加密算法或Hash算法。

9.3.1 询问-应答协议

询问-应答协议也称挑战-应答协议。下面是一个常见的单向身份认证协议,参与协议的A、B双方共享一个对称密钥K_{AB},当A向B发出请求时,B发出询问,A作应答,以证明自己的身份。这里,A是证明者,B是验证者。

协议步骤如下:

① $B \rightarrow A: N_B$

② $A \rightarrow B: [N_B]K_{AB}$

说明:通常,A是用户,而B是服务器,A申请登录服务器B时,B要认证A的身份。为此,B在第一步中向A发送一个随机数N_B,该随机数即是B对A的询问,也称挑战。A接到该随机数后,用共享密钥加密,然后将密文$[N_B]K_{AB}$作为应答返回给B。

作为一个单向认证协议,B可以确认A的身份,因为对B来说,除了自己,只有A还掌握密钥K_{AB}。$[N_B]K_{AB}$即为A出示的证据,这种证据是直接的,因此这是一个直接认证。

需要说明的是,这个协议只能作为单向认证使用。若认证是双向的,则协议不安全。因为,假如A也依据同样的协议认证B的身份,即A也向B发送一个随机数作为询问,要求B做出应答,则存在如下的攻击方法:

① $B \to P(A): N_B$
② $P(A) \to B: N_B$
③ $B \to P(A): [N_B]K_{AB}$
④ $P(A) \to B: [N_B]K_{AB}$

说明：在协议中 P(A) 表示冒充者 P 以 A 的名义参与协议。在第一步中，B 向 A 发送 N_B 时，P 拦截该消息；第二步，P 冒充 A 将 N_B 返回给 B，作为 A 对 B 的询问；第三步，B 若不将该乱数与自己所发送的乱数相比较，则按照协议应返回应答 $[N_B]K_{AB}$；第四步，P 拦截到 $[N_B]K_{AB}$ 后，又将 $[N_B]K_{AB}$ 发送给 B，作为 A 对 B 的应答。这样，P 就成功地冒充了 A。实际上，整个过程中，A 并未参与协议。

如果协议要做双向认证，则可作如下修改：
① $B \to A: N_B$
② $A \to B: [A, N_B]K_{AB}$
③ $A \to B: N_A$
④ $B \to A: [B, N_A]K_{AB}$

这样，A 做的应答与 B 做的应答就可以区分开。

9.3.2 Woo-Lam 协议

该协议是由 T. Woo 和 S. Lam 在 1992 年提出的。协议的前提是，A 和 B 都处在对称环境中，A、B 之间没有共享密钥，但存在一个密钥管理中心 S (TTP)，A 与 S 共享密钥 K_{AS}，B 与 S 共享密钥 K_{BS}。协议要求一个用户向另一个用户证明自己的身份。设 A 是证明者，B 是验证者。协议步骤如下：

① $A \to B: A$
② $B \to A: N_B$
③ $A \to B: [N_B]K_{AS}$
④ $B \to S: [A, [N_B]K_{AS}]K_{BS}$
⑤ $S \to B: [N_B]K_{BS}$

说明：由于 A、B 之间没有共享密钥，所以他们需要在 S 的帮助下才能实现身份认证。

第一步，A 向 B 宣称自己是 A。

第二步，B 要对 A 的身份进行确认，所以 B 先向 A 发送一个由 B 生成的乱数 N_B。

第三步，A 接到 N_B 后，用他和 S 之间共享的密钥 K_{AS} 加密，将 $[N_B]K_{AS}$ 发送给 B,让 B 借助 S 的帮助来证实 A 的身份。

第四步,B 收到后,将其连同 A 的标识符一起用 B 和 S 之间的密钥 K_{BS} 加密,并将加密结果 $[A,[N_B]K_{AS}]K_{BS}$ 送给 S,请 S 帮助鉴别 A 的身份。

第五步,S 用 K_{BS} 解密 $[A,[N_B]K_{AS}]K_{BS}$,得到 $(A,[N_B]K_{AS})$,再用 K_{AS} 解密 $[N_B]K_{AS}$,得到 N_B,然后计算 $[N_B]K_{BS}$,并发送给 B,让 B 借此鉴别 A 的身份。

表面上看,B 把 N_B 告诉了 A,假设 S 是可信的,那么按照协议,S 确实从 A 处收到了 N_B,否则 S 不会生成消息 $[N_B]K_{BS}$。这样,消息 $[N_B]K_{BS}$ 就间接地证明了 A 的身份。

然而,这个协议却是不安全的,即事实上达不到认证的目的。如下的攻击方法说明了这一点。

① $P(A) \to B$: A
①' $P \to B$: P
② $B \to P(A)$: N_B
②' $B \to P$: N_B'
③ $P(A) \to B$: $[N_B]K_{PS}$
③' $P \to B$: $[N_B]K_{PS}$
④ $B \to S$: $[A,[N_B]K_{PS}]K_{BS}$
④' $B \to S$: $[P,[N_B]K_{PS}]K_{BS}$
⑤ $S \to B$: $[N_B'']K_{BS}$
⑤' $S \to B$: $[N_B]K_{BS}$

在上述攻击方法中,P 一边冒充 A 跟 B 通信,一边又以真实身份跟 B 通信。在第④步中,S 收到 $[A,[N_B]K_{PS}]K_{BS}$ 后,将密文 $[N_B]K_{PS}$ 当作 $[N_B'']K_{AS}$ 来解密,得到第⑤步中的 N_B'',B 不能识别该信息,从而不能认证 P 的身份。但 B 收到了 $[N_B]K_{BS}$,按照协议,A 通过了认证,但实际上,A 并未参与协议,而是 P 成功冒充了 A。

该协议稍作改进可以实现间接的身份认证。如何改进留作练习。

9.3.3 KryptoKnight 认证协议

该协议是由 R. Bird, I. Gopal, A. Herzberg 等在 1995 年提出的,R. Bird 等称之为 KryptoKnight 安全双向认证协议。协议步骤如下:

① $A \to B$: A, B, N_A
② $B \to A$: B, A, N_B, $H(N_A, N_B, B, K_{AB})$

③ A→B:A, B, H(N_A, N_B, K_{AB})

说明:该协议的前提是,A、B双方事先共享一个秘密 K_{AB}。

第一步,A 向 B 发送自己和 B 的身份标识符,以及由 A 生成的乱数 N_A。

第二步,B 也生成一个乱数 N_B,并计算消息认证码 H(N_A, N_B, B, K_{AB}),其中 K_{AB} 是 A 与 B 共享的秘密,然后将(B, A, N_B, H(N_A, N_B, B, K_{AB}))发送给 A。

第三步,A 也计算消息认证码 H(N_A, N_B, K_{AB}),并发送给 B。

A、B 双方通过消息认证码来认证对方的身份。协议中 A 与 B 发送的消息认证码是不同的,且其中含有秘密信息 K_{AB},这使得攻击者无法伪造,因此协议没有明显的不足。

9.4 非对称环境中的身份认证

非对称环境是指系统用户使用了非对称加密算法。这种环境可以分为多种情形,如基于 PKI,每个用户都有 CA 颁发的公钥证书,证书中有用户的身份信息;基于可信第三方(TTP),由 TTP 为用户生成并分发身份证书;基于身份,每个用户的身份即为公钥,并且用户有密钥管理中心产生并分发的私钥;等等。

9.4.1 基于非对称算法的 NS 认证协议

上一章我们介绍了使用对称算法的 NS 协议,它是由 Needham 和 Schroeder 提出的基于 KDC 的密钥建立协议。这里介绍的基于非对称算法的 NS 协议也是由他们两人提出的,因此得名。该协议假设有一个公钥管理中心 S,它负责为用户保管公钥,相当于 PKI 中的 CA。两个用户 A、B 基于非对称算法实施相互认证。最初的协议步骤如下:

① A→S:A, B
② S→A:[B, K_B]K_S^{-1}
③ A→B:[N_A, A]K_B
④ B→S:B, A
⑤ S→B:[A, K_A]K_S^{-1}
⑥ B→A:[N_A, N_B]K_A
⑦ A→B:[N_B]K_B

说明:NS 协议提出时,PKI 还没有出现,因此才需要 S。

第一步，A 向 S 发送 A 和 B 的标识符，表示 A 要求 S 提供 B 的公钥。

第二步，S 将 B 的公钥发送给 A。B 的公钥由 S 签名，相当于 S 出具的公钥证书。

第三步，A 用 B 的公钥加密 (A, N_A) 并将密文发送给 B，其中 N_A 是 A 生成的随机数(乱数)。

第四步，B 收到密文后将其解密，得到 N_A，随即向 S 发送 B、A 的标识符，索要 A 的公钥。

第五步，S 将 A 的公钥发送给 B。

第六步，B 用 A 的公钥加密 (N_A, N_B) 并将密文发送给 A，其中 N_B 是 B 生成的随机数。

第七步，A 将收到的密文解密，得到 N_B，再用 B 的公钥加密后返回给 B，以证明自己收到了 N_B。

在 PKI 的支持下，略去用户查找公钥的部分，协议实际上可以简化成以下三步：

① A→B：$[N_A, A]K_B$
② B→A：$[N_A, N_B]K_A$
③ A→B：$[N_B]K_B$

协议的目标是，通过以上交互，A 和 B 互相认证对方的身份，并交换两个秘密参数 N_A 和 N_B。然而遗憾的是，该协议并不是安全的，如下的攻击方法说明它不能真正实现其安全目标。

① A→B：$[N_A, A]K_B$
② B→C：$[N_A, A]K_C$
③ C→A：$[N_A, N_C]K_A$
④ A→B：$[N_C]K_B$
⑤ B→C：$[N_C]K_C$

在如上的攻击中，B 在收到 N_A 后，冒充 A 与 C 通信，将 N_A 发送给 C；C 向 A 发送 $[N_A, N_C]K_A$ 后，A 认为这是 B 发送来的，所以将 $[N_C]K_B$ 返回给 B，B 再将 $[N_C]K_C$ 发送给 C。这样，A 收到了 N_C 时，以为是 B 给的随机数，实际上这是 C 给的，而 A 对此并不清楚。同样，C 也不清楚 B 趁机从中得到了 N_C。就是说，B 并不严格地执行协议，而是对 A 和 C 进行欺骗，其结果是，A 认为它认证了 C 的身份，并相信自己与 C 共享了秘密参数 N_A 和 N_C；而 C 则认为它与 A 进行了相互认证，并共享了秘密参数 N_A 和 N_C。

为此，Lower 又对 NS 协议进行了修改，产生了下面的 NSL 协议：

① A→B：$[A, N_A]K_B$

② B→A：$[B, N_A, N_B]K_A$

③ A→B：$[N_B]K_B$

在修改的协议中，由于 B 必须在密文中声明自己的身份，因此以上攻击不再成立。因为，按照协议，如果 B 向 C 发送$[N_A, A]K_C$，则 C 的回复应为$[C, N_A, N_C]K_A$，这样 A 通过检查标识就能发现 B 在进行欺骗。

9.4.2 Schnorr 识别方案

1991 年 C. P. Schnorr 发表了一种识别方案，称为 Schnorr 方案。该方案有一个可信中心（可信第三方）TTP。TTP 负责选定自己的公、私钥对，还要选定签名生成算法 Sig_{TTP} 和签名验证算法 Ver_{TTP}（一般采用 DSS 签名），并为用户选定散列函数 H（产生签名或验证签名时使用），同时负责为识别方案选取满足下列条件的参数：

① 长度大于 1024 位的大素数 p，使 Z_p 上离散对数是难解问题。

② 长度大于 160 位的大素数 q，q 是 $p-1$ 的因子。

③ $g \in Z_p^*$ 是 q 阶元。

④ 安全参数 t（一般取 $t=40$），使得 $2^t < q$。

其中，H、Ver_{TTP}、p、q、g 是公开的。

然后，TTP 要用其私钥为用户生成身份证书颁发给用户，用户间基于身份证书实施身份认证。

TTP 向用户 A 颁发身份证书：

① TTP 为用户 A 建立身份信息 $ID(A)$（长度一般是 512 位）。

② A 选择秘密指数 $\alpha, 0 \leq \alpha \leq q-1$ 作为秘密身份信息，计算 A 的公开身份信息 $v = g^\alpha \mod p$ 并发送给 TTP。

③ TTP 对身份信息进行签名，即计算 $s = Sig_{TTP}(ID(A), v)$，并将身份证书 $C(A) = (ID(A), v, s)$ 发送给 A。

证明者 A 向验证者 B 证明其身份：

① A 随机选择 $0 \leq k \leq q-1$，计算 $\gamma = g^k \mod p$ 并将证书 $C(A)$ 和 γ 发送给 B。

② B 验证证书 $C(A)$ 中 TTP 的签名。若验证通过，则随机选择 $1 \leq r \leq 2^t$ 并将 r 发送给 A。

③ A 计算 $y = (k - \alpha \cdot r) \mod q$ 发送给 B。

④ B 验证 $\gamma = g^y v^r \mod p$。若成立，则 B 承认 A 的身份。

显然,掌握秘密身份信息 α 的用户 A 对于任何挑战 r 都能正确回答 y 并通过 B 的验证。步骤③中,由于随机数 k 的作用,该协议没有揭示任何关于 α 的信息。

这里 t 是安全参数。如果 t 值不够大,则攻击者有可能猜中 B 的随机数 r。这时敌手在步骤①中先选取 y,再计算 $\gamma \equiv g^y v^r \mod p$。当他收到 B 的随机数 γ 之后,在步骤③中把自己已经选好的 y 送给 B,B 在验证时肯定通过,所以攻击者成功伪装 A 的概率为 2^{-t}。

假定攻击者知道一个 γ 值并且成功伪装成 A 的概率大于 $2 \cdot 2^{-t}$,这意味着对于一个 γ 值,攻击者知道两对 $(r_1, y_1), (r_2, y_2)$,使得 $r \equiv g^{y_1} v^{r_1} \equiv g^{y_2} v^{r_2} \mod p$,从而有

$$y_1 - y_2 \equiv \alpha \cdot (r_2 - r_1) \mod q$$

因为,$0 < |r_2 - r_1| < 2^t < q$,故有 $\gcd(r_2 - r_1, q) = 1$,即 $(r_2 - r_1)^{-1}$ 存在。由上式即可求出 A 的秘密身份信息。换句话说,如果攻击者以不可忽视的概率成功执行识别协议,则它必定知道 A 的秘密身份信息 α。反过来,若攻击者不知道 A 的秘密身份信息,则成功执行识别协议的概率可以忽略不计。

协议中 A 可以事先计算出一批 $\gamma = \alpha^k \mod p$,从而可减少实时计算量。该协议的计算量和通信量都不大,较为适合计算能力有限的终端设备(如 IC 卡、移动电话等)。

显然,Schnorr 识别方案的安全性基于离散对数问题的难解性。不过,至今仍未证明该协议是安全的。

9.4.3 Okamoto 识别方案

1993 年,T. Okamoto 基于 Schnorr 方案提出了一种改进的识别方案。Okamoto 方案也需要一个可信中心 TTP,它负责选择两个大素数 p 和 q,$q | (p-1)$,并且 Z_p 中离散对数问题是难解的。选取 $\alpha_1, \alpha_2 \in Z_p$ 都是 q 阶元,故难以计算 $\log_{\alpha_1} \alpha_2$。令 Sig_{TTP} 和 H 分别是 TTP 的签名生成算法和选定的 Hash 函数。

TTP 向 A 颁发身份证书:

① TTP 为用户 A 建立身份信息 $ID(A)$。

② 用户 A 秘密选择随机指数 $0 \leq a_1, a_2 \leq q-1$ 作为秘密身份信息,计算公开身份信息 $v = \alpha_1^{a_1} \alpha_2^{a_2} \mod p$ 并发送给 TTP。

③ TTP 计算签名 $s = Sig_{TTP}(ID(A), v)$,将公开身份证书 $C(A) = (ID(A), v, s)$ 发送给 A。

证明者 A 向验证者 B 证明其身份：

① 用户 A 选择随机数 $0 \leq k_1, k_2 \leq q-1$，计算 $\gamma = \alpha_1^{k_1} \alpha_2^{k_2} \bmod p$，并发送 γ 和证书 $C(A) = (ID(A), v, s)$ 给用户 B。

② 用户 B 验证 $C(A)$ 中 TTP 的签名。如果成功，则选取随机数 $1 \leq r \leq 2^t$ 发送给用户 A。

③ 用户 A 计算 $y_1 = (k_1 - a_1 r) \bmod q, y_2 = (k_2 - a_2 r) \bmod q$，将 y_1, y_2 发送给用户 B。

④ 用户 B 验证 $\gamma \equiv \alpha_1^{y_1} \alpha_2^{y_2} v^r \bmod p$。如果成立，则承认通信对方是用户 A。

虽然 Okamoto 识别方案在速度和效率上都不如 Schnorr 识别方案，但只要假设 Z_p 上离散对数是难解问题，难以计算 $\log_{\alpha_1} \alpha_2$，就可以证明 Okamoto 方案是安全的。

9.4.4 Guillou-Quisquater 识别方案

L. C. Guillou 和 J. J. Quisquater 于 1988 年给出了一个基于 RSA 系统安全性的识别方案（简称为 G-Q 识别方案）。G-Q 识别方案需要一个可信中心 TTP。TTP 选择大素数 p、q 且 $n = pq$。TTP 确定自己的签名方案 Sig_{TA} 和散列函数 H，另外 TTP 选择一个长度为 40 位的素数 b 作为公钥（也是安全性参数），$a = b^{-1} \bmod \varphi(n)$ 是私钥。TTP 公开 n, b, H。

TTP 向用户 A 颁发身份证书：

① TTP 为用户 A 建立身份信息 $ID(A)$。

② 用户 A 秘密选择整数 $1 < u \leq n-1$ 且 $\gcd(u, n) = 1$，计算 $v = u^{-b} \bmod n$ 发送给 TTP。

③ TTP 计算 $s = Sig_{TTP}(ID(A), v)$，将证书 $C(A) = (ID(A), v, s)$ 发送给用户 A。

证明者 A 向验证者 B 证明其身份：

① A 随机选择 $1 \leq k \leq n-1$，计算 $\gamma = k^b \bmod n$，并将证书 $(ID(A), v, s)$ 和 γ 发送给 B。

② B 验证 s 是否 TTP 对 $(ID(A), v)$ 的签名。如果是，随机选择 $1 \leq r \leq b$ 并发送给 A。

③ A 计算 $y = k \cdot u^r \bmod n$ 并发送给 B。

④ B 验证 $\gamma \equiv v^r y^b \bmod n$。如果成立，则通信的对方是 A。

因为 A 掌握秘密信息 u，对任何挑战 r，A 能在步骤③中计算出 y，使得

$$v^r y^b \bmod n \equiv (u^{-b})^r (k \cdot u^r)^b \equiv k^b \equiv \gamma \bmod n$$

如果伪装成 A 的攻击者能猜出步骤②中 B 的挑战 r,则在步骤①中可先选定 γ,并取 $\gamma \equiv v^r y^b \bmod n$。其后在步骤③中发送在步骤①中选定的 y,使得在步骤④中 B 验证成立。不难看出,攻击者成功伪装 A 来欺骗 B 的概率为 $1/b$。

用类似 Schnorr 方案的方法可以证明:若攻击者知道一个 γ,并利用它成功伪装 A 的概率大于 $1/b$,则可以在多项式时间内计算出 A 的私有身份信息 u。因为这意味着,此时攻击者知道两对挑战与应答,即它知道 y_1, y_2, r_1, r_2(这里 $r_1 \neq r_2$),使得 $\gamma \equiv v^{r_1} y_1^b \equiv v^{r_2} y_2^b \bmod n$。不妨假设 $r_1 > r_2$,则有

$$v^{r_1 - r_2} \equiv (y_2/y_1)^b \bmod n$$

而 $0 < r_1 - r_2 < b$ 且 b 是素数,故存在 $t = (r_1 - r_2)^{-1} \bmod b$。令 $(r_1 - r_2)t = l \cdot b + 1$,由上式可得出 $v \equiv (y_2/y_1)^{bt}(v^{-1})^{lb} \bmod n$,最终得到 $u = (y_1/y_2)^t v^l \bmod n$。所以,协议的安全性依赖于从 v 计算 u 的困难性。但是,目前尚未证明该协议是安全的。

9.5 基于零知识证明的身份认证*

9.5.1 零知识证明的概念

零知识证明协议通过证明者和验证者交换多个信息,使验证者相信,证明者确实以极大的概率掌握某个秘密,但同时,证明者并没有泄露该秘密。与一般数学证明不同的是,零知识证明只是概率的而不是绝对的。

1989 年美国密码学会议上,"如何向你的小孩解释零知识证明"一文利用"洞穴图"(图 9.5.1)给出了一个零知识证明的形象而又直观的解释。图 9.5.1 中,证明者 P 向验证者 V 证明"他知道打开 C 与 D 之间秘密之门的咒语",但并不泄露它。

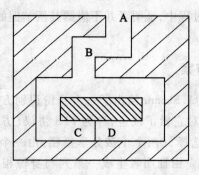

图 9.5.1 洞穴示意图

证明的过程是：
① V 站在 A 点；
② P 进入洞穴，可以向左到达 C 点，也可以向右到达 D 点；
③ V 看到 P 进入洞穴后，从 A 走到 B 点；
④ V 大声叫喊，随机地要求 P 从左边出来或从右边出来；
⑤ P 按照 V 的要求从指定方向出来（在必要时用咒语打开秘密之门）；
⑥ P 和 V 反复执行上述步骤 n 次。

如果 P 的确知道打开 C 与 D 之间秘密之门的咒语，则 P 每次都能从所 V 要求的方向走出洞穴。否则，P 每次成功的概率为 $1/2$。n 次后，P 欺骗成功的概率只有 2^{-n}。

更一般地，零知识证明基于一个交互式证明系统。交互证明是一种"挑战-应答"协议，证明由特定遍数组成，每一遍包括验证者的挑战和证明者的应答。其中证明者和验证者掌握一个输入 x，交互证明的目的是，证明者让验证者相信 x 有某种特定性质。确切地说，x 是某个特定判定问题的"是"实例。协议中证明者的计算能力不受限制，而验证者只有多项式时间的计算能力，他们轮流执行如下操作：
① 接收对方的消息；
② 执行自己的计算；
③ 发送消息给对方。

对于判定问题的交互证明系统是指协议要满足：
① 完备性：如果 x 是判定问题的"是"实例，则验证者总是接受证明者的证明；
② 合理性：如果 x 是判定问题的"否"实例，则验证者接受证明者证明的概率很小。

如果交互式证明过程中，证明者并不泄露其所掌握的秘密，就是零知识证明。

9.5.2 FFS 识别方案

1986 年 A. Fiat 和 A. Shamir 给出了一个身份识别方案，1988 年 U. Feige, A. Fiat 和 A. Shamir 又对它做了改进，称为 FFS 协议（方案）。该识别协议把"挑战-应答"和"切与选择"（两个小孩分享蛋糕，由一个小孩切，另一个小孩先挑）思想结合在一起。由证明者生成一系列与身份相关的问题（切蛋糕），验证者在所有问题当中选择其一（选择蛋糕）作为挑战，要求证明者回答，再由验证者验证回答的正确性。经过若干轮挑战与应答,由于真正的证明者掌握秘密知识,他能够回答所有问题,从而验证者可判定证明者的身份。

FFS 协议需要一个可信中心 TTP,它的任务是选择大素数 p 和 q,要求 p、$q \equiv 3 \bmod 4$,令 $n = pq$(n 称为 Blum 整数)。

用户 A 的身份信息产生过程如下:

① 用户 A 在 Z_n^* 中随机选择 k 个元素 $s_1, s_2, \cdots, s_k$,满足 $\gcd(s_i, n) = 1$,这几乎总是成立的,若不然,则可分解 n。A 再随机选择 k 个比特 $b_1, b_2, \cdots, b_k$。

② 计算 v_i,使得 $v_i = (-1)^{b_i} (s_i^2)^{-1} \bmod n, 1 \leqslant i \leqslant k$,且 Jacobi 符号 $\left(\dfrac{v_i}{n}\right) = 1$。

对于如上选择的 n,可以保证 v_i 有一个平方根。

③ 由 TTP 验证 A 的身份后,公布 $(v_1, v_2, \cdots, v_k), n$ 作为用户 A 的公开身份信息。

可信第三方要保证 A 的公开身份信息 $(v_1, v_2, \cdots, v_k), n$ 的真实性(这可以通过 TTP 对 A 的公开身份做签名来实现)。这里我们假设验证者 B 知道并相信 A 的公开身份信息 $(v_1, v_2, \cdots, v_k), n$。证明者 A 则要使验证者 B 相信 A 知道 $(s_1, s_2, \cdots, s_k)$,同时又不泄露它。

一轮 FFS 身份识别协议如下:

① A 随机选择 r,计算 $X = r^2 \bmod n$ 或 $X = -r^2 \bmod n$ 并发送给 B。

② B 随机选择 0、1 向量 $(e_1, e_2, \cdots, e_k)$ 发送给 A。

③ A 计算 Y 并发送给 B,其中

$$Y = r \cdot \prod_{i=1}^{k} s_i^{e_i} \bmod n$$

④ B 验证 X

$$X \equiv \pm Y^2 \prod_{i=1}^{k} v_i^{e_i} \bmod n$$

若成立,则该轮 A 成功应答了 B 的挑战。

执行 t 轮如上操作。如果每一轮 A 都能成功回答 B 的挑战,则 B 接受 A 的身份证明。这里 A 通过向 B 显示"拥有自己的秘密身份的知识"来证明他的身份。当 A 掌握秘密身份的知识时,他能对 B 的任何挑战给出应答 Y 并在步骤④中通过验证,这是因为

$$Y^2 \prod_{i=1}^{k} v_i^{e_i} \equiv r^2 \prod_{i=1}^{k} (s_i^2 v_i)^{e_i} \equiv \pm r^2 \equiv \pm X \bmod n$$

这说明该协议是完备的。

在每一轮中,攻击者要想冒充 A(伪装成 A),则需要在步骤①中猜中 B 的挑战 $(e_1, e_2, \cdots, e_k)$,然后选定 r,计算出

$$X \equiv \pm r^2 \prod_{i=1}^{k} v_i^{e_i} \bmod n$$

并发送给 B。继而,在步骤③中,攻击者令 Y 就是在步骤①中选定的 r,这样才能在步骤④中使 B 验证成功。可见,一轮协议中,攻击者成功伪装 A 的概率为 2^{-k},而 t 轮成功的概率为 $2^{-k \cdot t}$。由此可知,该协议是合理的。

显然,FFS 协议的安全基础是,在不能分解大整数 n 时,求模 n 的二次方根是困难的(等价于分解 n)。

9.6 注 记

在介绍现代密码学的概念时我们就提到,密码学是关于保密与认证的理论与技术。所以,认证是密码学的一项重要内容,也是密码学应用于信息安全所要实现的重要目标。

双方甚至多方之间在网络上实施认证,必然要通过网络交互若干信息来实现,所以认证必然以协议的形式实现。因此,介绍认证技术,自然要介绍多种认证协议。本章介绍的只是几个常见的认证协议,其中一些还不够安全。之所以选择这些协议,一方面是为了让大家了解认证是如何通过协议实现的,另一方面也想让大家了解到,协议是根据实际需要设计的,不同的环境和需求下要设计不同的协议。但是,认证协议也同密钥建立协议一样,存在自身安全的问题。如果协议设计得不好,并不能实现认证的目的。关于协议安全性分析,上一章的注记中已经提到有多种方法。这些方法有的也能用于分析认证协议的安全性。

有一种认证是基于身份的,但本章并没有介绍这种基于身份的识别方案,因为该方案在基于身份的公钥的基础上很容易实现,只需要产生一个签名,即可由用户身份来验证,因为用户身份就是公钥。当然,签名时应包含时间信息,以确保认证是实时的。

零知识证明本身并不是身份认证,而只是一个主体在不泄露秘密的前提下,证明自己确实知道某个秘密。但通常由于一些特别的秘密必然只能为某个特殊的主体所掌握,所以,一个主体如果证明了自己确实掌握该秘密,就等同于证明了自己是该特殊主体。其实基于数字签名来证明主体身份也可以看成是一种特殊的零知识证明——它通常只要一次交互,因为默认的前提是,只

有主体 A 能够掌握与公钥 K_A 相对应的秘密密钥,而签名则表明 A 确实掌握了它,同时签名也没有泄露秘密密钥。不过一般说到零知识证明,通常都不是指基于签名的零知识证明。

与 FFS 方案相关的还有一件趣事:1988 年 U. Feige、A. Fiat 和 A. Shamir 给出 FFS 零知识身份识别方案时,他们向美国政府申请专利,却被美国军方以"公布此一协议将危害到国家安全……"为由,拒绝其申请。但由于三位作者并非美国公民,且该协议是在以色列研究得到的,因此美国无法限制该协议的公开。

我们没有专门介绍非否认协议,这并不意味着它不重要,实际上它在电子政务和电子商务中都有很多应用。例如在网络税务系统中,纳税人交了税,收税方必须出具非否认证据。在电子公文系统中,用户间传递公文,通常发送双方都要相互认证身份,同时要求非否认,即发送方不能否认其发送过某公文,而接收方也不能否认其接收过某公文。同样,在电子商务中,买卖双方也必然要求非否认:买方下了订单,事后不能否认;买方向卖方付过款,卖方事后也不能否认;买方收到订货,事后同样不能否认。这些都离不开非否认协议。不过防伪识别强调的是识别,而不是非否认,因此本章没有介绍这部分内容。

习题九

1. 完整性认证、身份认证与非否认各有哪些特点?身份认证是否依赖于完整性认证?非否认是否依赖于身份认证?

2. 如果双方共享一个密钥 K,使用 AES 作为对称加密算法,且数据格式规定认证码长度为 64 比特,试设计一种符合要求的完整性认证方法。

3. 如果双方共享一个秘密参数 X,散列函数为 SHA-1,数据格式规定认证码的长度为 32 比特,试设计一种符合要求的完整性认证方法。

4. 在 PKI 的支持下,试设计一种只有两步(一个交互)的身份认证协议。这样的协议需要有什么前提?

5. 设 U 是用户,S 是税务管理中心,B 是银行,试着思考一下,如何基于 PKI 设计一种网络报税协议?在报税系统中能否做到对用户身份的自动识别?

第10章 密码学在防伪识别中的应用

上一章介绍了基本的认证技术，本章介绍密码学在防伪识别方面的应用，主要介绍在二维条码和 RFID 上的防伪应用。

10.1 二维条码的防伪技术

10.1.1 二维条码简介

条码又称条形码，最初是一维的，由美国的 N. T. Woodland 在 1949 年发明。近年来，随着计算机应用的不断普及，条码的应用得到了很大的发展。一维条码可以标出商品的生产国、制造厂家、商品名称、生产日期、图书分类号、邮件起止地点、类别、日期等信息，因而在商品流通、图书管理、邮电管理、银行系统等许多领域都得到了广泛的应用。

一维条码是由宽度不同、反射率不同的条和空，按照一定的编码规则(码制)编制成的，用以表达一组数字或字母符号信息的图形标识符，即条码是一组粗细不同，按照一定的规则安排间距的平行线条图形，常见的条码是由反射率相差很大的黑条(简称条)和白条(简称空)组成的。

为了阅读出条码所代表的信息，需要一套条码识别系统，它由条码扫描器、放大整形电路、译码接口电路和计算机系统等部分组成。由于不同颜色的物体，其反射的可见光的波长不同，白色物体能反射各种波长的可见光，黑色物体则吸收各种波长的可见光，所以当条码扫描器光源发出的光经光阑及一个凸透镜后，照射到黑白相间的条码上时，反射光经另一个凸透镜聚焦后，照射到光电转换器上，于是光电转换器接收到与白条和黑条相应的强弱不同的反射光信号，并转换成相应的电信号并输出到放大整形电路，白条、黑条的宽度不同，相应的电信号持续时间长短也不同。但是，由光电转换器输出的与条形码的条和空相应的电信号一般仅 10mV 左右，不能直接使用，因而先要将光电转换器输出的电信号经放大器放大，放大后的电信号仍然是一个模拟电信号,为了避免由条码中的疵点和污点导致错误信号,在放大电路需加一整形电路,把模拟信号转换成数字电信号,以便计算机系统能准确判读。这样便得到了被判读条码符号的条和空的数目及相应的宽度和所用码制,根据码制所对应的编码规则,便可将条形符号换成相应的数字、字符信息,通过接口电路送给计算机系统进行数据处理。

一维条码是较为经济、实用的一种自动识别技术,具有输入速度快、可靠性高、灵活实用、自由度大、设备结构简单、成本低等优点。但一维条码最大资料长度通常不超过 15 个字元,故仅可作为一种资料标识,用以存放索引,不能对产品进行描述。随着资料自动收集技术的发展,用条码符号表示更多信息的要求与日俱增,因此产生了二维条码。二维条码除具备一维条码的优点外,同时还具有高密度、大容量、抗磨损等特点,即有更大的信息容量(可表示文字、指纹、图像、声音等可数字化的信息)、更高的可靠性(良好的纠错能力),并具有保密性、防伪性强等优点。图 10.1.1 是二维条码与一维条码的简单对比。

二维条码主要有行排式(也称堆叠式、堆积式、层排式)二维条码和矩阵式(也称棋盘式)二维条码。

1. 堆积式二维条码

堆积式二维条码的编码原理建立在一维条码基础之上,按需要堆积成二行或多行。它在编码设计、校验原理、识读方式等方面继承了一维条码的一些特点,识读设备与条码印刷与一维条码技术兼容。但由于行数的增加,需要对行进行判定,其译码算法与软件也不完全等同于一维条码。有代表性的行排式二维条码有:Code 16K、Code 49、PDF417 等。

2. 矩阵式二维条码

矩阵式二维条码是在一个矩形空间中,通过黑、白像素在矩阵中的不同分布所做的编码。在矩阵相应元素位置上,用点(方点、圆点或其他形状)的出现表示二进制 1,点的不出现表示二进制的 0,点的排列组合确定了矩阵式二维条码所代表的意义。矩阵式二维条码是一种建立在计算机图像处理技术、组合编码原理等基础上的新型图形符号自动识读处理编码方式。具有代表性的矩阵式二维条码有:Code One、Maxi Code、QR Code、Data Matrix 等。

目前二维条码多达几十种,其中常用的标准编码方式(称为码制)有:PDF417、Datamatrix、Maxicode、QR Code、Code 49、Code 16K、Code one 等。此外还有 Vericode、CP、Ultracode 和 Aztec 条码等。以下以 PDF417 为例介绍二维条码的原理及其应用。

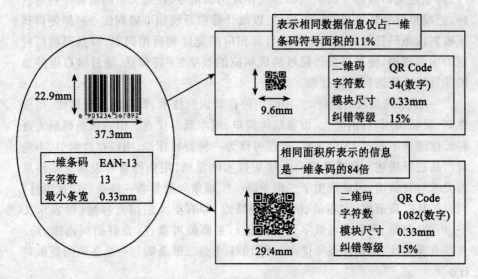

图 10.1.1 二维条码 QR-Code 与一维条码 EAN-13 的比较

PDF417 是美国符号科技(Symbol Technologies，Inc.)发明的二维条码，发明人是台湾省赴美学者王寅君博士。PDF417 是开放技术(算法公开、无专利)，可以自由使用，目前与 Maxicode、Datamatrix 同被美国国家标准协会(American National Standards Institute，ANSI)采纳为二维条码国际标准。PDF417 具有良好的错误检测和纠正能力，可从受损的条码中读回完整的资料，其错误复原率最高可达 50%，在部分污损、缺角破洞、横竖断裂以及标签折叠等情形下仍可复原。

每一个 PDF417 码由 3~90 行(也称横列)堆叠而成，每一行都包括五个部分：

① 起始码：位于最左边，标志一行的起始。
② 左标区：位于起始码之后，为指示符号字元。
③ 资料区：可容纳 1~30 个资料字元。
④ 右标区：位于资料区之后，为指示符号字元。
⑤ 结束码：位于最右边，标志一行的结束。

为了扫描方便，其四周皆有静空区，静空区分为水平静空区与垂直静空区，至少应为 0.020 寸。PDF417 条码的结构如图 10.1.2 所示。

除了起始码和结束码外，左标区、资料区和右标区都由字元组成，这些字

第10章 密码学在防伪识别中的应用

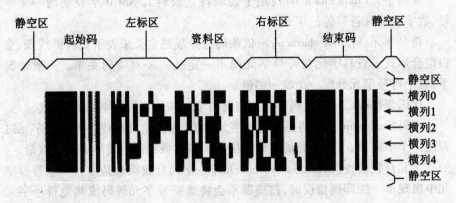

图 10.1.2　PDF417 条码的结构

元或字元的值称为字码(codeword)。每个字码由 17 个模组(modules)所构成,每个模组由 4 个线条(黑线)或 4 个空白(白线)组成,每种线条至多不能超过 6 个模组宽。每个 PDF417 码因资料大小不同,其行数及每行的资料模组数以及字码数都可以从 1 至 30 不等。字码的组成如图 10.1.3(来自网络)所示。

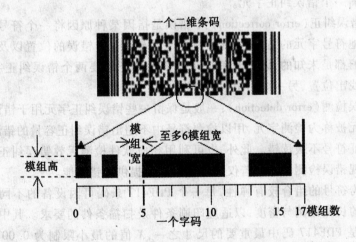

图 10.1.3　PDF417 条码的字码结构

PDF417 定义了多种字元,用于实现不同的功能。以下是涉及字元的若干基本概念。

资料字元(data character):用于表示特定资料的 ASCII 字符集的一个字母、数字或特殊符号等的字元。

符号字元(symbol character):依条码符号规则定义来表示资料的线条、空白组合形式。资料字元与符号字元间不一定是一一对应的关系。一般情况下,每个符号字元分配一个唯一的值。

代码集(code set):代码集是指将资料字元转化为符号字元值的方法。

字码(codeword):字码是指符号字元的值,为原始资料转换为符号字元过程的一个中间值,一种条码的字码数决定了该类条码所有符号字元的数量。

字元自我检查(character self-checking):字元自我检查是指在一个符号字元中出现单一的印刷错误时,扫描器不会将该符号字元解码成其他符号字元的特性。

错误纠正字元(error correction character):用于错误检测和错误纠正的符号字元,这些字元是由其他符号字元计算而得,二维条码一般有多个错误纠正字元用于检错与纠错。

E 错误纠正(erasure correction):E 错误是指在已知位置上因图像对比度不够,或有大污点等原因造成该位置符号字元无法辨识,因此又称为拒读错误。通过错误纠正字元对 E 错误的恢复称为 E 错误纠正。对每个 E 错误的纠正仅需一个错误纠正字元。

T 错误纠正(error correction):T 错误是指因某种原因将一个符号字元识读为其他符号字元的错误,因此又称为替代错误。T 错误的位置以及该位置的正确值都是未知的,因此对每个 T 错误的纠正需要两个错误纠正字元,一个用于找出位置,另一个用于纠正错误。

错误检测(error detection):一般是保留一些错误纠正字元用于错误检测,这些字元被称为检测字元,用以检测符号中不超出错误纠正容量的错误数量,从而保证符号不被读错。此外,也可利用相应软件检测无效错误纠正的计算结果实现错误检测功能。若仅为 E 错误则不提供检错功能。

因为符号的组合较有弹性,每一个 PDF417 条码可因设备的不同而印刷成不同的长宽比例与密度,以适应印刷条件及扫描条件的要求。其中每个模组宽 X 是 PDF417 码中最重要的尺寸之一,X 值的最小限制为 0.0075 英寸(约 0.191mm),在同一个条码符号中,X 的值是固定不变的。

PDF417 的最小高度与长度可由下列算式算出:

$$W = (17C + 69)X + 2Q, H = R \times Y + 2Q$$

其中:W = 条码宽度,H = 条码高度,X = 条码模组宽,Y = 层数,C = 每层符号字元的总数(含左右标区)，R = 层高，Q = 静空区大小。

PDF417 的一个重要特性是其自动纠错的能力较强。不过其纠错能力与每个条码可存放的信息量有关。PDF417 码将错误复原分为 9 个等级，其值从 0 到 8，级数越高，纠错能力越强，但可存放信息量就越少，一般建议编入至少 10% 的检查字码。

资料存放量与纠错等级的关系如表 10.1.1 所示。

表 10.1.1　　　　　　　　纠错等级关系表

纠错等级	纠正码数	可存资料量(位元)
默认值	64	1024
0	2	1108
1	4	1106
2	8	1101
3	16	1092
4	32	1072
5	64	1024
6	128	957
7	256	804
8	512	496

二维条码技术用途极为广泛。例如，可直接用于制作标签，如行包、货物的运输和邮递过程中，行包、邮件上可采用二维条码详细标示出货物的诸多属性并能由阅读器自动识别；汽车总装线、电子产品总装线，也可采用二维条码并通过二维条码实现数据的自动交换。

但是，二维条码只能近距离(通常在几公分之内)静态识读。这对于需要远距离或动态识读的标签并不适用。而基于射频技术的电子标签则能够远距离动态识读。

10.1.2　二维条码标签中的保密和防伪技术

对基于二维条码的标签，如果生产标签时不做任何处理，则极易仿造，并且任何阅读器都能识读标签，导致标签真假难辨，从而不适用于需要保密或认证的标签。而实际上,大量标签需要具有保密和认证功能,如身份证、驾驶证、医疗证、各种重要表格(如海关报关单、税务报表、保险登记表等任何需重复录入和禁止伪造、删改的表格,都可以将表中填写的信息编在二维条码中,以便自动录入表格内容并防止对表格的篡改)等。显然,在国防、公共安全、交通运输、医疗保健、工业、商业、金融、海关及政府管理等诸多领域,都需要具备保密或认证功能的二维条码标签,通常,我们称为防伪二维条码标签。

二维条码标签可通过密码技术实现保密或认证功能。方案有多种,视具体环境而定。

在对称环境下,可用对称密钥 K 对标签中的资料信息进行加密,再将密文放入标签。就是说,假如普通标签中资料区的信息是 X,那么加密标签中的信息则是[X]K。这要求生产标签时,产生标签的系统中要有对称加密算法和密钥 K。识读这种标签时,阅读器可以是专门的,此时阅读器上也存有密钥 K 和相应的解密算法,当加密标签被识别后,经解密还原得到明文信息。这样,不知道密钥的阅读器就不能识别。如果不是专用的,则该阅读器只负责读取密文,再通过网络接入识别系统(后台计算机),而识别系统中存有密钥 K,解密后由系统进行解密并识别。该方案如图 10.1.4 所示。

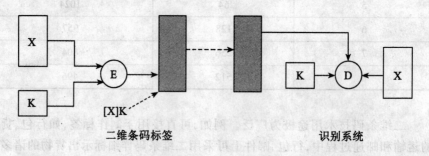

图 10.1.4　基于对称算法的二维条码加密与认证

如果资料不要求保密,只要求认证其合法性与完整性(即仅要求防伪),则可利用带密钥的 Hash 函数来实现。实现方式是,在资料区中加入认证信息。记被认证的数据为 X,$H(\cdot)$ 是安全的 Hash 函数,认证密钥为 K(可以是初始向量),则认证信息为 $H(K,X)$。制作二维条码标签时,将该认证信息与 X 一起放入资料区中。识别时,先读取标签中的数据 X 和认证信息,专用阅读器中有函数 $H(\cdot)$ 并存有密钥 K,阅读器先计算 $H(K,X)$,再与读取的认证信息比较。若一致,则通过认证,否则认证失败。同样,可以采用普通阅读器读取信息,再转入后台进行识别与认证。如图10.1.5所示。

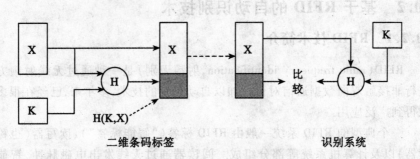

图10.1.5 基于散列算法的二维条码认证

在非对称环境中,生产二维条码标签时,需要使用生产方(通常也是认证方)的私钥。对于被认证的信息 X,可用生产方的私钥产生一个签名。假设生产方是 V,其公钥为 K_V,私钥为 K_V^{-1},则签名为 $[H(X)]K_V^{-1}$,其中 $H(\cdot)$ 是安全散列函数。将签名数据与 X 一同放入资料区,生成可认证的标签。识别时,先读取标签中的数据 X 和认证信息,专用阅读器中有签名验证算法,并存有 V 的公钥 K_V,阅读器利用标签中的数据 X 验证签名是否正确。若正确,则通过认证,否则认证失败。同样,可以采用普通阅读器读取信息,再转入后台进行识别与认证。如图10.1.6所示。

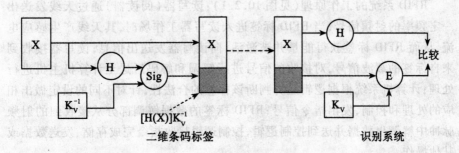

图10.1.6 基于非对称算法的二维条码认证

由于照片、指纹等信息也可数据化,因此,可以将这些信息数据化后放入条码中,用条码对照片的真伪进行识别。在身份证、医疗证、鉴定证(如珠宝鉴定证)等证件中加入二维条码,可以有效保证证件的真实性,达到防伪的目的。

10.2 基于 RFID 的自动识别技术

10.2.1 RFID 技术简介

RFID(radio frequency identification,射频识别)是一种通过无线射频方式进行非接触双向数据通信对目标加以自动识别的技术,多年来,已经在很多领域得到广泛应用。

一个典型的 RFID 系统一般由 RFID 标签("智能标签")、读写器(也称阅读器)以及计算机系统等部分组成。阅读器通过天线发出电磁脉冲,智能标签接收这些脉冲并发送已存储的信息到阅读器作为响应。实际上,这就是对存储器的数据进行非接触式的读、写或删除处理。从技术上来说,"智能标签"包含了包括具有 RFID 射频部分和一个超薄天线环路的 RFID 芯片的 RFID 电路,这个天线与一个塑料薄片一起嵌入到标签内。通常,在这个标签上还粘一个纸标签,在纸标签上可以清晰地印上一些重要信息。当前的智能标签一般为信用卡大小,对于小的货物还有 4.5cm×4.5cm 尺寸的标签,也有 CD 和 DVD 上用的直径为 4.7cm 的圆形标签。RFID 标签中一般保存有约定格式的编码数据,用以唯一标识标签所附着的物体。与传统的识别方式相比,RFID 技术无需直接接触、无需光学可视、无需人工干预即可完成信息输入和处理,且操作方便快捷。

RFID 系统的工作原理(见图 10.2.1):读写器(阅读器)通过天线发送出一定频率的射频信号;当 RFID 标签进入读写器工作场时,其天线产生感应电流,从而 RFID 标签获得能量并被激活,向读写器发送出信息;读写器接收到来自标签的载波信号,对接收的信号进行解调和解码后送至计算机主机进行处理;计算机系统根据逻辑运算判断该标签的合法性,针对不同的设定做出相应的处理和控制,发出指令信号;RFID 标签的数据解调部分从接收到的射频脉冲中解调出数据并送到控制逻辑,控制逻辑接收指令完成存储、发送数据或其他操作。

RFID 技术可以基本分为频率为 130kHz 左右的低频系统(LF)、频率为 13.56MHz 的高频(HF)系统以及频段在 900MHz 左右的超高频系统(UHF),还有工作在频率为 2.4GHz 或者 5.8GHz 的微波系统(见表 10.2.1)。除了频率范围外的另外一个差异性因素是电源:无源 RFID 收发器,这种收发器主要用在物流和目标跟踪,其自身并没有电源,而是从读/写器的 RF 电场获得能量;有源收发器由电池供电,因此具有数十米的长距离,但是体积更大,最重要

第10章 密码学在防伪识别中的应用

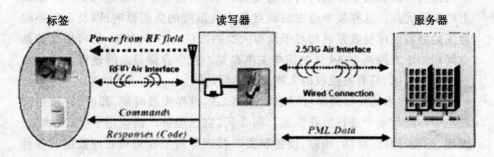

图 10.2.1 RFID 系统工作原理示意图

表 10.2.1 几种不同的 RFID 特性对照表

参数	低频率	HF	UHF	微波
频率	125~134kHz	13.56MHz	868~915MHz	2.45~5.8GHz
读取距离	达1.2米	0.7~1.2米	达4米	15米以上
速度	不快	中(少于5秒)	快(小于1秒)	非常快
潮湿环境	没有影响	没有影响	严重影响	严重影响
主要应用	门禁、锁车架、加油站等	智能卡、电子票、电子标签等	货盘记录、卡车登记、拖车跟踪	公路收费、集装箱跟踪

的是更贵。

低频 RFID 芯片(无源)当前主要应用在门禁控制、动物 ID、电子锁车架、机器控制的授权检查等。该技术读取速度非常慢并不是问题,因为只需要在单方向上传输非常短的信息,相应的 ISO 标准为 11484/85 和 14223。13.56MHz 系统将在很多工业领域中越来越重要,这种系统归为无源类,具有高度的可小型化特点,在最近几年不断得到改进。用来获取货物和产品信息,并符合 ISO 标准 14443。18000-3,1 的系统相对较慢,在某些情况下一次读操作需要几秒钟的时间,不同的数据量所需的具体时间不同。根据不同的种类,ISO 15693 标准类型的系统可以对付最大速度为 0.5m/s 的运动目标,能获得高达 26.48Kbps 的数据传输速度,能实现每秒 30 个对象的识别。UHF 和微波系统最终可以允许达到几米的覆盖距离;其通常具有自己的电池,因此适合于例如在装载坡道上货盘内的大型货物的识别,或者甚至是在汽车厂产品线上的车辆底盘。这些频率范围的缺点是大气湿度的负面影响,以及需要不时地或始终需要保持收发器相对于读写天线的方位。另外,10Kb 的可用存储器空间相当于大约两个 A4 页的简单文本存储。这个存储器空间还可以进一步分成几个扇区,只有被授权的人能进行读写访问。

  RFID 技术的发展最早可以追溯至第二次世界大战时期,那时,它被用来在空中作战行动中进行敌我识别。而今天,它已能够广泛应用于生产、物流、交通、运输、医疗、防伪、跟踪、设备和资产管理等需要收集和处理数据的各种应用领域。实际上,由带有可读和可写并能防范非授权访问存储器的智能芯片构成的电子标签已经可以在很多集装箱、货盘、产品包装、智能识别 ID 卡、书本或 DVD 中看到。但 RFID 标签目前最多的应用还是在物流管理上。在这个领域中,用 RFID 收发器(信用卡大小的塑料/纸标签,内含芯片、射频部分和天线)可以对各种各样的可移动货物/产品进行记录和跟踪。

  一般来说,二维条码标签成本要远低于 RFID 标签成本。所以,对价值较低的物品,特别是不需要远距离动态识别的物品,通常使用二维条码标签更为经济。而对于价值较高特别是需要远距离动态识别的物品,通常使用 RFID 标签。

  与条形码或磁条等其他 ID 技术相比,收发器技术的优势在于阅读器和收发器之间的无线链接:读/写单元不需要与收发器之间的可视接触,因此可以完全集成到产品里面。这意味着收发器适合于恶劣的环境,收发器对潮湿、肮脏和机械影响通常不敏感。因此,收发器系统具有非常高的读可靠性、快速数据获取,此外还能节省劳力和纸张,只是成本较高。但 RFID 技术的成本与实际的应用有关系。根据附加在金属基底上的天线的大小(对于 13.56MHz,当前为 7.5cm×4.5cm 或 4.5cm×4.5cm,对于 CD 的环形天线直径为 5cm),在量达到 1 百万的情况下,嵌入 RFID(即芯片、到天线的连接,基底材料上的天线)的成本约 20 至 50 美分,大约 50% 的成本为芯片成本,另外一半为天线和基底材料的成本(金属薄片和纸,或者粘接层)。成本当然与天线尺寸和金属薄片或纸的质量有关,例如全息纸(hologramed paper)将必然使 RFID 标签更贵。但随着芯片技术的发展,RFID 标签的成本一直在下降。尽管目前它的成本要远高于条码标签,但长远来看,它仍被认为是条形码标签的未来替代品。

  RFID 防伪标签的生成与识别与二维条码的方案类似,只不过标签的数据是存储在 RFID 芯片中而不是在二维条码资料区中。但是,RFID 通过射频天线传输数据,数据容易被截获。因此,如何防止 RFID 标签内容被非法读取是保护 RFID 标签的重要目标。以下介绍若干保护 RFID 标签的方案。

10.2.2 Hash-Lock 自动识别协议

Hash-Lock 协议是一种基于单向 Hash 函数的访问控制和自动识别机制。识别时,要求读取每个标签的识别号(ID 号,即标识)或者更多内容。以下仅考虑读取 ID 号。该协议使用 metaID = H(key) 来代替真实标签 ID 号进行识别,以隐藏真实标签 ID,避免信息泄露。为了成功实施相互认证,在发放标签之前,需要将 metaID、ID 和 key 这三组数据存放于由后台服务器管理的数据库中,并将 ID 和 key 存放于标签只读存储器(ROM)中。记 Sever 为管理数据库的服务器,Reader 为阅读器,TAG 为 RFID 标签,则协议步骤如下:

① Reader→TAG:Query
② TAG→Reader:metaID
③ Reader→Sever:metaID
④ Sever→Reader:key, ID
⑤ Reader→TAG:key
⑥ TAG→Reader:ID

说明:在协议中,阅读器首先向用射频向标签发出询问,射频标签并不直接回应 ID,而是回应 metaID。阅读器将其转送给服务器 Sever,Sever 根据 metaID 查找出 key 和 ID,将其发送给 Reader。Reader 再用 key 询问标签,这时标签再用 ID 回复 Reader。协议过程如图 10.2.2 所示。

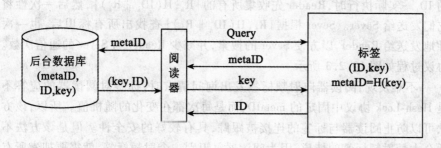

图 10.2.2　基于 RFID 的 Hash-Lock 协议

由协议过程可知,协议用 metaID 回应阅读器的询问,由于 metaID = H(key) 不是真实的标签 ID,所以在此处非法阅读器无法对标签 ID 进行标签复制或哄骗攻击。

但是由于每次询问时,标签的回应消息都是相同的,因此攻击者有机会进行连接跟踪,即由两次的询问回答能够确定是同一个标签。另外,由于在无线通信中传输的消息随时都有可能被攻击者窃听,而在此协议中,key 以明文形式传送给标签,标签 ID 号也以明文的形式传送给阅读器,很明显这将给攻击者窃取标签消息,甚至复制标签创造机会。因此,Hash-Lock 协议在安全性和隐私方面都存在不足。

10.2.3 随机 Hash-Lock 自动识别协议

为了避免被连接跟踪,射频标签的应答不能是固定的而应是随机的。随机 Hash-Lock 协议就是基于这一思想而设计的。为了实现随机性,该协议要求标签在每次应答前产生一个随机数,并根据该随机数计算一个 Hash 值作为应答。协议步骤如下:

① Reader→TAG:Query
② TAG→Reader:R_k,H($ID_k \parallel R_k$)
③ Reader→Sever:R_k,H($ID_k \parallel R_k$)
④ Sever→Reader:ID_k

其中,H(·)是一个安全的 Hash 函数,ID_k 表示第 k 个射频标签的标识,而 R_k 是第 k 个标签产生的一个临时性随机数。对于 Reader 的询问,TAG 产生随机数 R_k 并计算 H($ID_k \parallel R_k$)作为应答(其中 $\parallel$ 仍表示级联)。Reader 将 TAG 的应答转送给后台服务器,后台服务器根据 R_k,遍历标识 ID_i 并计算 H($ID_i \parallel R_k$),再与 H($ID_k \parallel R_k$)比较,直到找到相等的那一个,从而确定相应的 ID_k。实际执行时,Reader 先收集所有的 $\{R_k,H(ID_k \parallel R_k)\}$,然后一次性将它们发送给 Sever。Sever 根据 $\{R_k,H(ID_k \parallel R_k)\}$ 查找出所有标识后,也一次性地发送给 Reader,以方便 Sever 的搜索,并减少 Reader 与 Sever 的通信次数。协议过程如图 10.2.3 所示。

不难发现,阅读器向射频标签发出询问请求时,标签对阅读器的应答不是 Hash-Lock 协议中固定的 metaID,而是每次都在变化的随机值。所以,该方法可以防止阅读器与标签的连接被跟踪,具有较好的安全性。但是该方法不适合大量射频标签的情形,因为阅读器每识别一个射频标签,就需要搜索所有标签的 ID_k 并计算 H($ID_k \parallel R_k$)。此外,该方案还要求阅读器有较大的存储量,以存储所收集的全部 $\{R_k,H(ID_k \parallel R_k)\}$ 值。

10.2.4 Hash 链自动识别协议

Hash 链协议是针对 Hash-Lock 协议的改进协议。此协议采用了动态刷

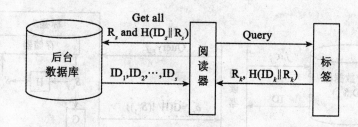

图 10.2.3 基于 RFID 的随机 Hash-Lock 协议

新机制来防止跟踪,它的实现方法主要是在标签中加入了两个 Hash 函数。但本质上,Hash 链协议仍是基于共享秘密的询问-应答协议。

为了实现动态刷新以防止跟踪,为此,协议为每个标签 t 设置了标签初始密钥值 $S_{t,1}$,且每一个标签的 $S_{t,1}$ 都不相同。认证过程中,传递的是对 $S_{t,1}$ 进行处理以后的值 $a_{t,j}$。与 Hash-Lock 协议类似,在发放标签之前,需要将标签的 ID 和 $S_{t,1}$ 存于后端数据库中,并将 $S_{t,1}$ 存于标签的随机存储器中。

设 H(·)是 Hash 函数,G(·)是一个公开可计算的单向函数,设 $H_0(\cdot) = H(\cdot)$,定义 $H_j(\cdot) = H(H_{j-1}(\cdot))$,则协议过程如下:

① R→TAG:Query,j
② TAG→R:$a_{t,j}$
③ R→S:$j, a_{t,j}$
④ S→R:ID

说明:在上述协议中,最初的询问包含了一个随机整数 j,标签计算并回答 $a_{t,j} = G(H_{j-1}(S_{t,1}))$。阅读器收到标签输出的 $a_{t,j}$ 后,将其转送给后台服务器,后台服务器对数据库中的标签 ID 及其初始密钥(ID,$S_{t,1}$)列表的每个 $S_{t,1}$,计算 $a_{t,j}^* = G(H_{j-1}(S_{t,1}))$,检查 $a_{t,j}$ 与 $a_{t,j}^*$ 是否相等。如果相等,就可以确定标签 ID,然后将其发送给阅读器。该协议流程如图 10.2.4 所示。

表面上看,由于询问是随机的,攻击者似乎无法通过窃听获得 ID,因为攻击者能够获得标签输出 $a_{t,j}$,但是不能从 $a_{t,j}$ 中获得 $S_{t,j}$。但是,由于标签回应认证请求时,它无法对阅读器身份进行认证,当一个非授权的阅读器向标签发送询问请求时,标签也会回应消息,攻击者如果能将阅读器接入后台服务器,便可利用这个消息哄骗系统。所以此协议并没有达到系统的安全需求。此外,该方案还存在一个明显的不足,即每次都要对大量标签计算 $a_{t,j}^*$,直到找到与 $a_{t,j}$ 匹配的为止。所以,该方案不适合标签量很大的情形,否则后台服务器

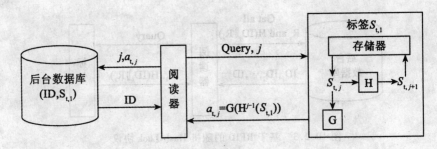

图 10.2.4 基于 RFID 的 Hash 链协议

的计算量会很大。当然,对于标签量不是很大的系统,如果系统对接入的每一个阅读器都进行认证,则该方案是安全适用的。

以上介绍的几种协议都是针对标签自身的安全保护,没有涉及标签内容的安全性。而要实现标签内容的保密,一者可以限制非法阅读器的阅读,二者可以如二维条码一样,将数据加密后再放入标签数据区中,其方案与二维条码类似,不再赘述。

10.3 注 记

本章简单介绍了密码技术在防伪识别中的应用,主要是基于二维条码和RFID 的防伪识别。

防伪二维条码和 RFID 标签的自动识别作为密码技术应用于信息安全的一个实例,无论从深度还是广度来说,都不具备典型性。但是,本书是应自动识别协会之邀,为自动识别专业的本科生所写的教材,因此专门增加了这一章的内容。如果不强调机密性和防伪性,仅就简单的自动识别而言,可以不需要密码技术,例如仓库、商场中的商品类型识别,只需要对商品的类型进行编码即可。但随着自动识别技术的应用日益广泛,对自动识别自然提出了机密性和防伪性的要求,例如大楼的门禁系统,对出入的人员要自动进行身份识别,一些贵重物品要进行防伪识别,等等。此外,一些物资(如军事物资)的管理,除了要防伪,还不能允许对物品的类型、数量的非法识别。因此,密码技术的使用也就在所难免。所以很自然地,本章介绍二维条码和 RFID 标签的自动识别技术时,着重强调的是其机密性和防伪性。

本章所给出的应用方案有的是标准的,有的是本书基于基本的认证技术给出的,极为简单。实际的应用可能会更复杂,这要视具体的应用而定。读者完全可以根据实际的需要设计更多的防伪识别方案。

习题十

1. 假设新一代身份证上设置了二维条码。如果每个省都有一个身份证制作中心,且不同的省制作的身份证是有区别的,试设计一种基于二维条码的身份证防伪方案。

2. 在上题中,如果每个地级市都有一个身份证制作中心,试重新设计一种基于二维条码的身份证防伪方案。

3. 某企业的产品需要使用二维条码标签,要求顾客在购买产品时能通过登录企业的门户网站验证产品的真伪。假定顾客拥有普通的二维条码阅读器,试为该企业设计一种标签制作方案。

4. 试设计一种基于 RFID 的可识别大量标签的电子标签自动识别协议。

5. 试设计一种既保密标签内容,又可防伪的 RFID 标签系统方案。

第 11 章 数论基础

数论是研究整数性质的一个数学分支。它是密码学的基础学科之一。数论中的许多概念是密码算法的基础,本章将介绍其他各章中所涉及的相关数论基础知识,但有些定理的证明将略去——或者用到的基础知识较多,或者证明比较复杂。为节省篇幅,请读者暂且接受它,或参见其他数论教材。熟悉数论的读者可跳过本章。

全体整数所组成的集合用 $\mathbf{Z}$ 表示,即 $\mathbf{Z} = \{\cdots,-3,-2,-1,0,1,2,3,\cdots\}$。全体自然数所组成的集合用 $\mathbf{N}$ 表示,即 $\mathbf{N} = \{0,1,2,3,\cdots\}$。

在以后几章中都使用以下符号:"$\forall$"表示"对任意的","$\exists$"表示"存在","$\Leftrightarrow$"表示"当且仅当"。

11.1 整数的因子分解

整数的因子分解,特别是两个大素数乘积的因子分解在密码学中有重要的应用。两个大素数乘积的因子分解是件十分困难的事情。目前使用非常广泛的 RSA 公钥密码体制,其安全性就是建立在这一问题的困难性之上。本节介绍整数的整除与素数的基本概念及性质、整数的最大公因数和最小公倍数及其求法等。

11.1.1 整除与素数

熟知,两个整数的和、差、积仍然是整数,但是用一个非零整数去除另一个整数所得的商却不一定是整数。因此,我们引入整除的概念。

定义 11.1.1 设 a,b 是两个整数,其中 $b \neq 0$。若存在一个整数 q,使得等式 $a = bq$ 成立,则称 b 整除 a,记为 $b \mid a$,且称 a 是 b 的倍数,b 是 a 的因子(或称因数、约数、除数)。若不存在上述整数 q,则称 b 不整除 a,记为 $b \nmid a$。

注:

① 0 是任何非零整数的倍数;1 是任何整数的因子;任何非零整数既是其自身的倍数又是其自身的因子。

② 每个非零整数 a 都有因子 ± 1、$\pm a$,a 的这四个因子称为平凡因子,a 的其他因子称为非平凡因子。显然,如果 a 有非平凡因子,则其非平凡因子的个数至少有两个。

③ 被 2 整除的整数称为偶数,不被 2 整除的整数称为奇数。

例 11.1.1 当 $a=24$ 时,它的全体因子是:± 1、± 2、± 3、± 4、± 6、± 8、± 12 和 ± 24,其中 ± 1、± 24 是平凡因子,其他 12 个因子是非平凡因子。

由整除的定义及乘法运算的性质,容易得到下面的结论:

定理 11.1.1 设 a,b,c 均为整数

① 若 $a|b$ 且 $b|c$,则 $a|c$; 传递性
② 若 $a|b$,则 $ca|cb$; 可乘性
③ 若 $ca|cb$ 且 $c\neq 0$,则 $a|b$; 可约性
④ 对任意整数 k 和 l,若 $a|b$ 且 $a|c$,则 $a|(kb+lc)$; 可加性
⑤ 若 $a|b$,且 $b\neq 0$,则 $|a|\leq |b|$(这里 $|x|$ 表示 x 的绝对值);
⑥ 若 $a|b$,且 $b\neq 0$,则 $(b/a)|b$。

例 11.1.2 令 $a=5,b=10,c=35,k=2,l=7$,其中 $5|10$ 且 $5|35$。则 $5|(2\times 10+7\times 35)$。

证明:因为 $(2\times 10+7\times 35)=5\times(2\times 2+7\times 7)=5\times 53$,因此有 $5|(2\times 10+7\times 35)$。证毕。

整数中有些非零整数除了平凡因子之外再无其他因子,它们在整数中的地位非常重要。为此,我们引入素数的概念。

定义 11.1.2 若整数 $a\neq 0$、± 1,且只有因数 ± 1 和 $\pm a$,则称 a 是素数(或质数、不可约数);否则称 a 为合数。

注:

① 当整数 $a\neq 0$、± 1 时,a 和 $-a$ 同为素数或合数。故以下提到素数总是指正素数。

② 每个合数必有素因子。

例 11.1.3 2,3,5,7,11,13,17,19 等都是素数;4,6,8,9,10,12,14 等都是合数。

关于素数,我们有以下几个基本而重要的结论。

定理 11.1.2 (素数判定定理)设正整数 $a>1$,若对所有小于等于 $\sqrt{a}$ 的素数 p,都有 $p\nmid a$,则 a 一定是素数。

注：由上述定理可得到一种寻找素数的方法：求不超过任意给定正整数 N（>1）的所有素数，只需先求出不超过 $\sqrt{N}$ 的所有素数 $p_1,p_2,\cdots,p_k$，然后列出从 2 到 N 的 $N-1$ 个整数，并从中删去除 $p_1,p_2,\cdots,p_k$ 以外的所有 $p_1,p_2,\cdots,p_k$ 的倍数，余下的即为所有不超过 N 的素数。这种寻找素数的方法称为 Eratosthenes 筛法。

例 11.1.4 求所有不超过 36 的素数。

解：先求出不超过 $\sqrt{36}=6$ 的全部素数：2,3,5。然后从 2 到 36 的所有整数中依次删去除 2,3,5 以外的 2 的倍数、3 的倍数及 5 的倍数，剩下的整数即为所求：

2 3 4̶ 5 6̶ 7 8̶ 9̶ 1̶0̶ 11 1̶2̶ 13 1̶4̶ 1̶5̶ 1̶6̶ 17 1̶8̶ 19
2̶0̶ 2̶1̶ 2̶2̶ 23 2̶4̶ 2̶5̶ 2̶6̶ 2̶7̶ 2̶8̶ 29 3̶0̶ 31 3̶2̶ 3̶3̶ 3̶4̶ 3̶5̶ 3̶6̶

没有删去的整数为 2,3,5,7,11,13,17,19,23,29,31，它们就是所有不超过 36 的素数。

定理 11.1.3 素数有无穷多个。

定理 11.1.4 （素数定理）设 $\pi(x)$ 表示不大于 x 的素数的个数，则 $\lim\limits_{x\to +\infty} \pi(x)\dfrac{\ln x}{x}=1$。

素数定理表明：当 x 充分大时，$\pi(x)$ 近似地等于 $x/\ln x$，即 $\pi(x)\approx x/\ln x$。

定理 11.1.5 任何大于 1 的正整数 a 均可分解为素数之积，即有分解式
$$a = p_1 p_2 \cdots p_k$$
其中 $p_i(1\leq i\leq k)$ 是素数，$p_1\leq p_2\leq \cdots \leq p_k$，且在不计素因子顺序的情况下，上述分解是唯一的。

将分解式中相同的素数乘积写成素数幂的形式，即得下面的整数唯一分解定理。

定理 11.1.6 （整数唯一分解定理）任何正整数 $a>1$ 均可唯一分解为下述素数幂之积：
$$a = p_1^{\alpha_1} p_2^{\alpha_2} \cdots p_k^{\alpha_k} \tag{11.1.1}$$
其中，$k\geq 1$，$p_i(1\leq i\leq k)$ 是素数，且 $p_1 < p_2 < \cdots < p_k$，$\alpha_i(1\leq i\leq k)$ 是正整数。

注：整数唯一分解定理也称为算术基本定理。此时，a 的正因子的个数为
$$\sigma(a) = (1+\alpha_1)(1+\alpha_2)\cdots(1+\alpha_k).$$

例 11.1.5 $51 = 3\times 17$；$1925 = 5^2 \times 7 \times 11$。

由整数唯一分解定理容易得到如下推论

推论：设 a 是大于 1 的正整数，其标准分解式由 (11.1.1) 式给出，则 d 是 a 的正因子的充分必要条件为 $d = p_1^{\beta_1} p_2^{\beta_2} \cdots p_k^{\beta_k}$，其中 $0 \leq \beta_i \leq \alpha_i, i = 1, 2, \cdots k$。

众所周知，计算（特别是用计算机计算）有限个因子的乘积是一件比较容易的事情，然而反过来，对一个较大的合数进行因子分解却要困难得多。事实上，迄今为止，人们尚未找到一种能快速分解任一大合数的有效方法。从另一个角度看，这未必是坏事——密码学家们正是据此而设计了目前使用非常广泛的 RSA 公钥密码体制。

11.1.2 最大公因数与最小公倍数

在研究整数的性质时，我们不仅需要了解单个整数的因子，而且需要讨论多个整数的公共因子与公共倍数，为此我们引入最大公因数和最小公倍数的概念。

定义 11.1.3 设 $a_1, a_2, \cdots a_n$ 是 n 个不全为零的整数，若整数 d 是它们中每一个的因数，即对每个 $i, 1 \leq i \leq n$，都有 $d \mid a_i$，则：

① 称 d 为 $a_1, a_2, \cdots, a_n$ 的一个公因数；

② 称它们的所有公因数中最大的一个正整数为 $a_1, a_2, \cdots, a_n$ 的最大公因数或最大公因子，记作 $(a_1, a_2, \cdots a_n)$ 或 $\gcd(a_1, a_2, \cdots a_n)$；

③ 若 $(a_1, a_2, \cdots, a_n) = 1$，则称 $a_1, a_2, \cdots, a_n$ 互素（或互质），若 $a_1, a_2, \cdots, a_n$ 中任意两个都互素，则称它们两两互素。

例 11.1.6 14 和 21 的公因数为 $\{\pm 1, \pm 7\}$，故 $(14, 21) = 7$。

4 和 14 的公因数为 $\{\pm 1, \pm 2\}$，故 $(4, 14) = 2$。

4、14 和 21 的公因数为 $\{\pm 1\}$，故 $(4, 14, 21) = 1$。

例 11.1.7 设 p 为素数，a 为任意整数，若 $p \nmid a$，则 $(p, a) = 1$。

证明：设 $(p, a) = d$，则由最大公因数的定义可知：$d \mid p$ 且 $d \mid a$。因为 p 为素数，所以由 $d \mid p$ 知 $d = 1$ 或 $d = p$。若 $d = p$，则由 $d \mid a$ 得 $p \mid a$，这与 $p \nmid a$ 矛盾，故 $d = 1$，即 $(p, a) = 1$。证毕。

由最大公因数定义容易得到：

① $(a_1, a_2, \cdots, a_n) = \max\{d \in \mathbf{Z} \mid d \mid a_1, d \mid a_2, \cdots, d \mid a_n\}$。

② 对任一非零整数 $a, (a, 0) = |a|$。

③ 对于任意两个整数 a、b，有 $(a, b) = (b, a)$。

④ 设 p 为素数，a 为任意整数，则 $(p, a) = p$ 或 $(p, a) = 1$。

⑤ 设 p 为素数，a、b 为整数，若 $p \mid ab$，则 $(p, a) = p$ 或 $(p, b) = p$。

⑥ $(a_1, a_2, \cdots, a_n) = (|a_1|, |a_2|, \cdots, |a_n|)$。

由后面将要介绍的最大公因子的性质可知,利用递归法,可将求取 n 个非零整数的最大公因子问题,转化为一系列求取两个整数的最大公因子问题。那么如何求取两个整数的最大公因子呢。这涉及两个整数的相除。由于并非任意两个整数都具有整除关系,故我们引入带余除法。

定理 11.1.7 (带余除法)设 a、b 是整数,其中 $b>0$,则存在唯一确定的两个整数 q 和 r,使得:

$$a = bq + r, 0 \leq r < b \tag{11.1.2}$$

其中 a 称为被除数,q 称为商,r 称为最小正余数。

注:$b \mid a$ 的充分必要条件为 $r=0$。

关于带余除法的这一定理是数论的基础性定理之一,我们将反复用到它。实际上,求取任意两个整数的最大公因子的基本方法就是反复使用带余除法。

以下我们介绍求取任意两个整数的最大公因子的常用方法——辗转相除法(Eucilid 除法)。

1. 两个整数的最大公因数求法——辗转相除法(Eucilid 除法)

定理 11.1.8 设 a、b 是两个整数,其中 $b>0$,则存在唯一确定的两个整数 q 和 r,使得下式成立

$$a = bq + r, 0 \leq r < b$$

且 $(a,b) = (b,r)$。

以后总是假设除数 $b>0$,并且因数总为正的。

设 $a \geq b > 0$,由带余除法可以得到下列等式

$$b = r_1 q_2 + r_2, 0 < r_2 < r_1$$
$$r_1 = r_2 q_3 + r_3, 0 < r_3 < r_2$$
$$\cdots \cdots \tag{11.1.3}$$
$$r_{n-2} = r_{n-1} q_n + r_n, 0 < r_n < r_{n-1}$$
$$r_{n-1} = r_n q_{n+1} + r_{n+1}, r_{n+1} = 0$$

因为 $b > r_1 > r_2 > \cdots$,故经有限次带余除法后,总可以得到一个余数是零,即 $r_{n+1} = 0$。由后向前不难推出,$(a,b) = r_n$。

上述过程给出了最大公因子的求法——辗转相除法。

例 11.1.8 用辗转相除法求 $a=4864, b=3458$ 的最大公因数。

解:由于

$$4864 = 3458 \times 1 + 1406$$
$$3458 = 1406 \times 2 + 646$$
$$1406 = 646 \times 2 + 114$$

$$646 = 114 \times 5 + 76$$
$$114 = 76 \times 1 + 38$$
$$76 = 38 \times 2$$

因此 $(4864, 3458) = 38$。

由上述计算过程即可得到求任意两个整数最大公因子的欧几里得算法(Euclidean algorithm)。欧几里得算法(Euclidean algorithm)是寻找两个正整数最大公因子的一个非常重要也非常有效的方法。欧几里得算法的一个重要方面是它避免了将整数分解为素数因子,同时这也是实现这个目标的一个合理的快速算法。这对于手工计算和机器计算都是一样的。

(1) Euclidean 算法

输入:非负整数 $a, b (a > b)$。

输出:(a, b)。

Euclidean 算法为:

① 当 $b \neq 0$ 时,$r \leftarrow a \bmod b, a \leftarrow b, b \leftarrow r$。

② 返回 a。

(2) 扩展 Euclidean 算法

输入:非负整数 $a, b (a > b)$。

输出:$d = (a, b)$ 和满足等式 $ax + by = d$ 的整数 x 和 y。

扩展 Euclidean 算法为:

① 如果 $b = 0$,则令 $d \leftarrow a, x \leftarrow 1, y \leftarrow 0$ 并返回 (d, x, y)。

② 令 $x_2 \leftarrow 1, x_1 \leftarrow 0, y_2 \leftarrow 0, y_1 \leftarrow 1$。

③ 当 $b > 0$ 时,做

$$q \leftarrow \lfloor a/b \rfloor, r \leftarrow a - qb, x \leftarrow x_2 - qx_1, y \leftarrow y_2 - qy_1$$
$$a \leftarrow b, b \leftarrow r, x_2 \leftarrow x_1, x_1 \leftarrow x, y_2 \leftarrow y_1, y_1 \leftarrow y$$

④ $d \leftarrow a, x \leftarrow x_2, y \leftarrow y_2$,返回 (d, x, y)。

例 11.1.9 用扩展 Euclidean 算法求 $(4864, 3458)$ 及满足 $4864 \cdot x + 3458 \cdot y = (4864, 3458)$ 的整数 x, y。

解:先做辗转相除

$$1406 = 1 \times 4864 - 1 \times 3458$$

$$\begin{aligned}646 &= 1 \times 3458 - 2 \times 1406 = 1 \times 3458 - 2 \times (1 \times 4864 - 1 \times 3458)\\ &= (-2) \times 4864 + 3 \times 3458\end{aligned}$$

$$\begin{aligned}114 &= 1 \times 1406 - 2 \times 646\\ &= 1 \times (1 \times 4864 - 1 \times 3458) - 2 \times ((-2) \times 4864 + 3 \times 3458)\end{aligned}$$

$$= 5 \times 4864 - 7 \times 3458$$
$$76 = 1 \times 646 - 5 \times 114$$
$$= 1 \times ((-2) \times 4864 + 3 \times 3458) - 5 \times (5 \times 4864 - 7 \times 3458)$$
$$= (-27) \times 4864 + 38 \times 3458$$
$$38 = 1 \times 114 - 1 \times 76$$
$$= 1 \times (5 \times 4864 - 7 \times 3458) - 1 \times ((-27) \times 4864 - 38 \times 3458)$$
$$= 32 \times 4864 - 45 \times 3458$$
$$0 = 1 \times 76 - 2 \times 38$$
$$= 1 \times ((-27) \times 4864 - 38 \times 3458) - 2 \times (32 \times 4864 - 45 \times 3458)$$
$$= (-91) \times 4864 + 128 \times 3458$$

最后得到$(4864,3458) = 38, x = 32, y = -45$。这个求解的详细过程可总结为下表：

q	r	x	y	a	b	x_2	x_1	y_2	y_1
				4864	3458	1	0	0	1
1	1406	1	-1	3458	1406	0	1	1	-1
2	646	-2	3	1406	646	1	-2	-1	3
2	114	5	-7	646	114	-2	5	3	-7
5	76	-27	38	114	76	5	-27	-7	38
1	38	32	-45	76	38	-27	32	38	-45
2	0	-91	128	38	0	32	-91	-45	128

上述求取最大公因数的过程可归结为如下定理：

定理 11.1.9 设 a、b 是任意两个正整数，则存在 s_n 和 t_n，使得 $s_n a + t_n b = (a,b)$，$n = 0,1,2,\cdots$。且 s_n, t_n 由下述递归式给出：

$$\begin{cases} s_0 = 1, s_1 = 0, s_j = s_{j-2} - q_{j-1} s_{j-1} \\ t_0 = 0, t_1 = 1, t_j = t_{j-2} - q_{j-1} t_{j-1} \end{cases} j = 2,3,\cdots,n$$

其中 q_j 称为不完全商。特别，若 $(a,b) = 1$，则存在整数 u,v，使得 $au + bv = 1$。

2. 最大公因数的性质

由定理 11.1.8 容易得到最大公因数的如下性质：

性质1：设 a、b、c 为整数，若 $c \mid a$ 且 $c \mid b$，则 $c \mid (a,b)$。

性质2：设 a、b、c 为整数，且 b、c 不同时为零，若 $(a,c)=1$，则 $(ab,c)=(b,c)$。特别，若 $(a,c)=1$，且 $c \mid ab$，则 $c \mid b$。

性质3：对整数 a、b 和 $c>0$，有 $(ac,bc)=(a,b)c$。特别，若 $c \mid a$ 且 $c \mid b$，则
$$(a/c,b/c)=(a,b)/c$$

性质4：对整数 a、b、c，有 $(a+bc,b)=(a,b)$。

性质5：对整数 a、b、c，$(ab,c)=1$ 成立的充要条件是 $(a,c)=1$ 且 $(b,c)=1$。

例 11.1.10 设 $a=23\times 1560,b=36\times 1560$，求 (a,b)。

解：$(a,b)=(23,36)\times 1560=1\times 1560=1560$。

3. 多个整数最大公因数的求取

有了求取两个整数最大公因数的方法之后，对于求取 n 个整数 $a_1,a_2,\cdots,a_n$ 的最大公因数，我们可以用递归法，将其转化为一系列求两个整数的最大公因数。

定理 11.1.10 设 $a_1,a_2,\cdots,a_n$ 是 n 个整数，且 $a_1\neq 0$。记 $(a_1,a_2)=d_2,\cdots,(d_{n-1},a_n)=d_n$，则 $(a_1,a_2,\cdots,a_n)=d_n$。

例 11.1.11 求 $(30,60,108,39,81)$。

解：因为 $(30,60)=30,(30,108)=6,(6,39)=3,(3,78)=3$，故 $(30,60,108,39,78)=3$。

定义 11.1.4 设 $a_1,a_2,\cdots,a_n$ 是 n 个整数，若整数 m 是它们中每一个数的倍数，则

① 称 m 为 $a_1,a_2,\cdots,a_n$ 的一个公倍数；

② 当 $a_1,a_2,\cdots,a_n$ 均非零时，称它们的所有公倍数中最小的一个正整数为 $a_1,a_2,\cdots,a_n$ 的最小公倍数，记作 $[a_1,a_2,\cdots,a_n]$ 或 $\text{lcm}(a_1,a_2,\cdots,a_n)$。

例 11.1.12 $[2,4,6]=12$

由定义容易得到：

① $[a_1,a_2,\cdots,a_n]=\min\{m\in\mathbf{Z}\mid m>0,a_1\mid m,a_2\mid m,\cdots,a_n\mid m\}$；

② $[a_1,a_2,\cdots,a_n]=[|a_1|,|a_2|,\cdots,|a_n|]$。

进而可以得到如下性质：

性质1 设 a、b、c 为整数，且 $c>0$，则 $[ac,bc]=c[a,b]$。

性质2 设 a、b 为整数，且 $(a,b)=1$，则 $[a,b]=|ab|$。

性质3 设 m 是 a、b 的任一公倍数，则 $[a,b]\mid m$。

性质4 $[a,b] = \dfrac{ab}{(a,b)}$。

由上述性质易下面的定理:

定理11.1.11 设 $a_1, a_2, \cdots, a_n$ 是 n 个整数，令 $[a_1, a_2] = m_2$, $[m_2, a_3] = m_3, \cdots, [m_{n-1}, a_n] = m_n$，则 $[a_1, \cdots, a_n] = m_n$。

例11.1.13 求 $[30, 60, 108, 39, 81]$。

解：$[30, 60] = \dfrac{30 \times 60}{(30, 60)} = \dfrac{30 \times 60}{30} = 60$

$[60, 108] = \dfrac{60 \times 108}{(60, 108)} = \dfrac{60 \times 108}{12} = 540$

$[540, 39] = \dfrac{540 \times 39}{(540, 39)} = \dfrac{540 \times 39}{3} = 7020$

$[7020, 81] = \dfrac{7020 \times 81}{(7020, 81)} = \dfrac{7020 \times 81}{27} = 21060$。

此外，利用整数唯一分解定理，可得到求取最大公因子的另一种方法：

定理11.1.12 设 a, b 为两个正整数，且

$$a = p_1^{\alpha_1} p_2^{\alpha_2} \cdots p_k^{\alpha_k}, \alpha_i \geq 0, i = 1, 2, \cdots, k$$

$$b = p_1^{\beta_1} p_2^{\beta_2} \cdots p_k^{\beta_k}, \beta_i \geq 0, i = 1, 2, \cdots, k$$

则有

$$(a, b) = p_1^{\delta_1} p_2^{\delta_2} \cdots p_k^{\delta_k}, \delta_i = \min(\alpha_i, \beta_i), i = 1, 2, \cdots, k$$

$$[a, b] = p_1^{\lambda_1} p_2^{\lambda_2} \cdots p_k^{\lambda_k}, \lambda_i = \max(\alpha_i, \beta_i), i = 1, 2, \cdots, k$$

证明是简单的，留作练习。

例11.1.14 求 231 与 1925 的最大公因子及最小公倍数。

解：因为 $231 = 3 \times 7 \times 11$, $1925 = 5^2 \times 7 \times 11$，所以有

$(77, 1925) = 7 \times 11 = 77$, $[77, 1925] = 3 \times 5^2 \times 7 \times 11 = 5725$

11.2 同余与同余式

同余是数论中的一个基本概念，它的引入简化了数论中的许多问题。目前，同余理论已发展成为初等数论中内容丰富、应用广泛的一个分支。

同余理论在密码学中也有重要应用。古典密码中的代换密码和置换密码均以同余理论为基础。而现代密码中更是随处可见其踪迹。

本节将主要介绍同余的基本性质与求解某些同余式的一般方法。

11.2.1 同余和剩余系

定义 11.2.1 给定一个正整数 m,如果用 m 去除两个整数 a 和 b 所得的余数相同,则称 a、b 对模数 m 同余,记作 $a \equiv b \bmod m$。如果余数不同,则称 a、b 对模数 m 不同余,记作 $a \not\equiv b \bmod m$。

易见,$a \equiv b \bmod m$ 的充分必要条件是 $m \mid (a-b)$。

例如,由于 $5 \mid (18-3)$,所以 $3 \equiv 18 \bmod 5$,这只是整除性记法上的不同。这个符号(源于 200 年前的高斯)的意思,就是让我们用可比较的特性,把同余当作是"等于"的变形,同余具有类似"等于"的性质。

由同余的定义出发,立即可得以下一些性质。

同余性质 1:
① $a \equiv a \bmod m$。 (自反性)
② 若 $a \equiv b \bmod m$,则 $b \equiv a \bmod m$。 (对称性)
③ 若 $a \equiv b \bmod m, b \equiv c \bmod m$,则 $a \equiv c \bmod m$。 (传递性)

由同余的上述关系可知,同余是一个等价关系。此外也容易证明同余的如下性质:

同余性质 2:
① 若 $a \equiv b \bmod m, \alpha \equiv \beta \bmod m$,则 $ax + by \equiv \alpha x + \beta y \bmod m$,其中 x, y 为任意给定的整数。
② 若 $a \equiv b \bmod m, \alpha \equiv \beta \bmod m$,则 $a\alpha \equiv b\beta \bmod m$。
③ 若 $a \equiv b \bmod m$,则 $f(a) \equiv f(b) \bmod m$,其中 $f(a)$ 为任意给定的整系数多项式。
④ 若 $a \equiv b \bmod m, d \mid m, d > 0$,则 $a \equiv b \bmod d$。
⑤ 若 $a \equiv b \bmod m, 0 < k \in \mathbf{N}$,则 $ak \equiv bk \bmod mk$。
⑥ 若 $a \equiv b \bmod m_i, 1 \leq i \leq k$,则 $a \equiv b \bmod [m_1, m_2, \cdots, m_k]$。
⑦ 若 $a \equiv b \bmod m$,则 $(a, m) = (b, m)$。
⑧ 若 $ac \equiv bc \bmod m, (c, m) = 1$,则 $a \equiv b \bmod m$。
⑨ 若 $ac \equiv bc \bmod m$,且 $(c, m) = d$,则 $a \equiv b \bmod (m/d)$。

以上性质都不难证明,留作练习。

例 11.2.1 证明十进制正整数 n 能被 9 整除的充分必要条件是 n 的各位数字之和可被 9 整除。

证明:若 $n = a_0 + 10a_1 + 10^2 a_3 + \cdots + 10^k a_k$,则由 $10^i \equiv 1 \bmod 9, i = 1, 2, \cdots, k$,以及上述性质 2 之③可得,$n \equiv (a_0 + a_1 + a_3 + \cdots + a_k) \bmod 9$。证毕。

例 11.2.2 已知 2008 年 12 月 5 日是星期五,问之后第 2^{10} 天是星期几?

解:因为 $2^3 \equiv 1 \mod 7$,且 $10 = 3 \times 3 + 1$,即有 $2^{10} = 2^{3 \times 3 + 1} = (2^3)^3 \times 2$,而 $(2^3)^3 \times 2 \equiv 1^3 \times 2 \mod 7$,故有 $2^{10} \equiv 2 \mod 7$,即之后第 2^{10} 天是星期日。

例 11.2.3 证明:当 n 是奇数时,$3 \mid 2^n + 1$;当 n 是偶数时,$3 \nmid 2^n + 1$。

证明:因为 $2 \equiv -1 \mod 3$,故 $2^n \equiv (-1)^n \mod 3$,从而有 $2^n + 1 \equiv (-1)^n + 1 \mod 3$,由此可知,当 n 是奇数时,$2^n + 1 \equiv 0 \mod 3$,即 $3 \mid 2^n + 1$;当 n 是偶数时,$2^n + 1 \equiv 2 \mod 3$,故 $3 \nmid 2^n + 1$。证毕。

由同余的性质 1 可知,对于给定的正整数 m,整数模 m 的同余关系是整数集合 **Z** 上的一个等价关系。据此关系,可将集合 **Z** 划分成若干个互不相交的同余等价类。

定义 11.2.2 设 m 是一个给定的正整数,记 $C_r = \{a \mid a \in \mathbf{Z}, a \equiv r \mod m\}$,$r = 0, 1, 2, \cdots, m-1$,则称 $C_0, C_1, \cdots, C_{m-1}$ 为模 m 的剩余类。任一剩余类集合中的任一元素称为该类的一个代表元。

易知 $C_r = \{r + km \mid k \in \mathbf{Z}\}$,$r = 0, 1, 2, \cdots, m-1$。通常,也将 C_r 记为 $[r]$。

定理 11.2.1 设 m 是一个给定的正整数,$C_0, C_1, \cdots, C_{m-1}$ 为模 m 的剩余类。则

① 每一个整数恰包含在某一个剩余类集合 C_r 中,此处 $0 \leq r \leq m-1$;

② $\forall a, b \in \mathbf{Z}, C_a = C_b$ 的充分必要条件为 $a \equiv b \mod m$;

③ $\forall a, b \in \mathbf{Z}, C_a \cap C_b = \emptyset$ 的充分必要条件为 $a \not\equiv b \mod m$;

④ $\forall a, b \in \mathbf{Z}, C_a = C_b$ 和 $C_a \cap C_b = \emptyset$ 有且仅有一个成立。

⑤ 若正整数 $n > m$,则任意 n 个整数中至少有两个数模 m 同余,且存在 m 个这样的数,其中任意两个数模 m 均不同余。

注:由上述定理易知,$C_0, C_1, \cdots, C_{m-1}$ 构成整数集合 **Z** 的一个分划,即 $C_0, C_1, \cdots, C_{m-1}$ 两两不相交,且 $\mathbf{Z} = \bigcup_{r=0}^{m-1} C_r$。

定义 11.2.3 在模 m 的剩余类 $C_0, C_1, \cdots, C_{m-1}$ 中分别取一个代表元 $a_r \in C_r$,$r = 0, 1, 2, \cdots, m-1$,则称 $\{a_0, a_1, \cdots, a_{m-1}\}$ 为模 m 的一个完全剩余系。

由此定义及定理 11.2.1 易得如下定理:

定理 11.2.2 m 个整数 $\{a_0, a_1, \cdots, a_{m-1}\}$ 为模 m 的一个完全剩余系的充分必要条件为它们两两模 m 不同余。

由此进一步可得:

定理 11.2.3 设 $(k, m) = 1$,$\{a_0, a_1, \cdots, a_{m-1}\}$ 为模 m 的一个完全剩余系,则 $ka_0, ka_1, \cdots, ka_{m-1}$ 也是模 m 的一个完全剩余系。

上述结论表明,完全剩余系与代表元的选取实际上是无关的。因此,我们常将$\{0,1,2,\cdots,m-1\}$作为模m的完全剩余系。

习惯上,我们记$Z_m=\{[0],[1],\cdots,[m-1]\}$是模$m$的所有$m-1$个等价类的集合(也记为$Z/(m)$),在不引起混淆的情况下,也记为$z_m=\{0,1,\cdots,m-1\}$。

如果对$a\in Z_m$,存在$x\in Z_m$使得$ax\equiv 1\bmod m$,则称a是可逆的,记为$x=a^{-1}\bmod m$。由扩展Euclidean算法可知:

$$a\text{ 是可逆的}\Leftrightarrow\gcd(a,m)=1$$

因为,要计算a的逆元$x=a^{-1}\bmod m$,只需求出满足$ax+my=1$中的x。而当$\gcd(a,m)=1$时,用扩展Euclidean算法即可求出x。

例11.2.4 求$3^{-1}\bmod 4$。

解:因$\gcd(3,4)=1$,令$x\equiv 3^{-1}\bmod 4$,求解$3x+4y=1$。用扩展的Euclidean算法最后得到$(-1)\times 3+1\times 4=1$,所以$3^{-1}\bmod 4\equiv(-1)\bmod 4\equiv 3$。

例11.2.5 设a_1,a_2是模m的同一个剩余类中的任意两个整数,则$(a_1,m)=(a_2,m)$。

由上例可知,模m的同一剩余类中的数与m的最大公因子均相同。特别当某一个剩余类中有一个数与模m互素时,则该类中的每个数均与m互素。

11.2.2 Euler定理和Fermat定理

Euler定理和Fermat定理是初等数论中两个基本而又重要的定理,在密码学中也占有重要地位。

在给出Euler定理之前,我们需要引入数论中的一个非常重要的概念,即Euler函数$\varphi(m)$。

定义11.2.4 设m是任一正整数,将不大于m并与m互素的正整数的个数记为$\varphi(m)$,称$\varphi(m)$为Euler函数。

易知$\varphi(m)$是正整数集合上的函数。

显然,$\varphi(1)=1$。对任意大于1的整数m,若$1,2,\cdots,m-1$中有k个数与m互素,则$\varphi(m)=k$。易见$\varphi(2)=1,\varphi(3)=2,\varphi(4)=2,\varphi(5)=4,\varphi(6)=2,\varphi(7)=6,\cdots$。

对于任意给定的正整数m,首先要能计算函数值$\varphi(m)$。

定理11.2.4 对素数p有:

$$\varphi(p)=p-1$$
$$\varphi(p^\alpha)=p^\alpha-p^{\alpha-1}$$

定理 11.2.5 若正整数 m 与 n 互素，则 $\varphi(mn) = \varphi(m)\varphi(n)$。

例 11.2.6 确定 $\varphi(37)$ 和 $\varphi(35)$ 的值。

解：因为 37 是素数，所以从 1 到 36 的所有正整数均与 37 互素。故有 $\varphi(37) = 36$。

要计算 $\varphi(35)$，我们列出所有小于 35 且与 35 互素的正整数如下：

1,2,3,4,6,8,9,11,12,13,16,17,18,19,22,23,24,26,27,29,31,32,33,34。由此可知共有 24 个数，因此 $\varphi(35) = 24$。

上题中的求解方法显然是笨拙的，我们自然希望有更好的方法。

定理 11.2.6 设 m 的标准分解 $m = p_1^{a_1} p_2^{a_2} \cdots p_k^{a_k}$，则

$$\varphi(m) = m\left(1 - \frac{1}{p_1}\right)\left(1 - \frac{1}{p_2}\right)\cdots\left(1 - \frac{1}{p_k}\right)$$

显然，$\varphi(n) = 1$ 的充要条件是 $n = 1$ 或 2。

定理 11.2.7 （Euler 定理）设 $m > 1$，$(a, m) = 1$，则

$$a^{\varphi(m)} \equiv 1 \bmod m$$

例 11.2.7 $a = 3, m = 10, \varphi(10) = 4, 3^4 = 81 \equiv 1 \bmod 10$。

由 Euler 定理易得如下的 Fermat 定理：

定理 11.2.8 （Fermat 定理）若 p 是素数，则

$$a^{p-1} \equiv 1 \bmod p$$

Euler 定理的另一种有用的表达式是：

$$a^{\varphi(m)+1} \equiv a \bmod m$$

下面给出 Euler 定理的一个推论，它关系到 RSA 算法（见第三章非对称算法）的有效性。

推论：给定两个素数 p 和 q，整数 $m = pq$，整数 $a (0 < a < m)$ 和 m 互素，则下列关系成立：

$$a^{k\varphi(m)+1} \equiv a \bmod m$$

这里 k 是任意的正整数。

这里顺便指出，对于 $m = pq$，p、q 是两个不同的素数，则计算 $\varphi(m)$ 与分解 m 是等价的，这个结论在分析 RSA 体制的安全性时要用到。

事实上，如果已知 m 的分解式 $m = pq$，则可求出 $\varphi(m)$ 的值：$\varphi(m) = (p-1)(q-1)$。

反之，如果已知 m 和 $\varphi(m)$ 的值，那么，容易求出 m 的因子 p 和 q，记 $q = m/p$，则有

$$\varphi(m) = (p-1)(q-1) = (p-1)\left(\frac{m}{p} - 1\right)$$

即有
$$p\varphi(m) = (p-1)(m-p) = pm - m - p^2 + p$$
$$p^2 + p(\varphi(m) - (m+1)) + m = 0$$
故 p 是二次方程
$$x^2 + x(\varphi(m) - (m+1)) + m = 0$$
的一个根,而 q 是另一个根。解方程即可求出 p 和 q。

11.2.3 同余式

以下我们介绍同余方程式。一元同余方程称为同余式,定义如下。

定义 11.2.5 设 $f(x) = a_n x^n + a_{n-1} x^{n-1} + \cdots + a_1 x + a_0$,其中 $n > 0$,$a_i(i = 0,1,2,\cdots,n)$ 是整数。又设 $m > 0$,则 $f(x) \equiv 0 \bmod m$ 叫做模 m 的同余式。若 $a_n \not\equiv 0 \bmod m$,则 n 叫做此同余式的次数。如果整数 x_0 满足 $f(x_0) \equiv 0 \bmod m$,则 $x \equiv x_0 \bmod m$ 叫做此同余式的解。不同的解是指互不同余的解。

由定义可知:

① 一个模 m 的同余式的解数一定不超过 m。

② 求解一个模 m 的同余式,只要将 $0,1,2,\cdots,m-1$ 逐个带入该同余式验证即可。然而,当 m 较大时,验证的计算量巨大。

例 11.2.8 求同余式 $x^5 + 2x^4 + x^3 + 2x^2 - 2x + 3 \equiv 0 \bmod 7$ 的解。

解:将 $0,1,2,\cdots,6$ 直接代入同余式计算,可得该同余式的 3 个解:$x \equiv 1, 5, 6 \bmod 7$。

例 11.2.9 求同余式 $x^4 - 1 \equiv 0 \bmod 16$ 的解。

解:将 $0,1,2,\cdots,15$ 代入同余式计算,得该同余式有 8 个解:$x \equiv 1,3,5,7,9,11,13,15 \bmod 16$。

例 11.2.10 将 $0,1,2,3,4$ 代入同余式 $x^2 + 3 \equiv 0 \bmod 5$ 验算可知该同余式没有解。

1. 一次同余式

定理 11.2.9 设 $(a,m) = 1$,$m > 0$,则同余式
$$ax \equiv b \bmod m$$
恰有一个解 $x \equiv b a^{\varphi(m)-1} \bmod m$。

定理 11.2.10 设 $m > 0$,$(a,m) = d$,则

① 同余式 $ax \equiv b \bmod m$ 有解的充分必要条件是 $d \mid b$。

② 若 $d \mid b$,则同余式恰有 d 个解。又若 $x \equiv x_0 \bmod m$ 是同余式的一个特解,则其 d 个解为

$$x \equiv x_0 + k\frac{m}{d}(\bmod m), k = 0, 1, \cdots, d-1$$

例 11.2.11 求同余式 $17x \equiv 19 \bmod 25$ 的解。

解：① 因为 $(17,25) = 1$，故由定理 11.2.9 可知，该同余式的解为 $x \equiv 19 \cdot 17^{20-1} \equiv 7 \bmod 25$。

② 也可以利用 Euclidean 算法计算 $17^{-1} \bmod 25$，再代入求解。

例 11.2.12 求同余式 $28x \equiv 21 \bmod 35$ 的解。

解：因为 $(28,35) = 7 | 21$，故由定理 11.2.10 可知，原同余式有解，且有 7 个解。这等价于 $4x \equiv 3 \bmod 5$，而它的解为 $x \equiv 2 \bmod 5$，故原同余方程的解为：$x = 2 + k5, k = 0, 1, \cdots, 6$，即：$x \equiv 2, 7, 12, 17, 22, 27, 32 \bmod 35$。

2. 一次同余式组

在实际应用中,我们经常会遇到求解一次同余式组的问题。称

$$\begin{cases} x \equiv b_1 \bmod m_1 \\ x \equiv b_2 \bmod m_2 \\ \vdots \\ x \equiv b_k \bmod m_k \end{cases} \quad (11.2.1)$$

为一次同余式组。

求解一次同余式组用到中国剩余定理。中国剩余定理(chinese remainder theorem,简记为 CRT),又叫孙子定理,是公元 100 年由中国数学家孙子发现的。它是数论中最有用的定理之一。通过中国剩余定理可以基于两两互素的整数取模所得的余数来求解某个同余式组的解。

定理 11.2.11 (中国剩余定理)设 $m_1, m_2, \cdots, m_k$ 是 k 个两两互素的正整数,记 $m = m_1 m_2 \cdots m_k, M_i = m/m_i, (i = 1, 2, \cdots, k)$,则一次同余式组(11.2.1)有唯一解：

$$x \equiv M'_1 M_1 b_1 + M'_2 M_2 b_2 + \cdots + M'_k M_k b_k (\bmod m)$$

其中 M'_i 满足 $M'_i M_i \equiv 1 (\bmod m_i) (i = 1, 2, \cdots, k)$。

例 11.2.13 求解同余式组 $x \equiv 2 (\bmod 5), x \equiv 5 (\bmod 6)$。

解：$m_1 = 5, m_2 = 6, m_1 m_2 = 30$。

$$M_1 = 6, M_1^{-1}(\bmod 5) = 1 = M'_1$$
$$M_2 = 5, M_2^{-1}(\bmod 6) 5 = M'_2$$

故同余式组的解为：

$$x \equiv 2M'_1 \cdot M_1 + 5M'_2 \cdot M_2 \equiv 17(\bmod 30)。$$

例 11.2.14 (孙子算经)提出如下问题："今有物未知其数,三三数之剩

二,五五数之剩三,七七数之剩二,问物几何?"。

解:由题意知,即解一次同余式组:
$$x \equiv 2 \pmod 3, x \equiv 3 \pmod 5, x \equiv 2 \pmod 7$$
的公共解 x。

由中国剩余定理,有 $m_1 = 3, m_2 = 5, m_3 = 7, m_1 m_2 m_3 = 105$。

$$m_2 m_3 = 35, 35 \cdot 2 = 70 \equiv 1 \pmod 3,$$
$$m_1 m_3 = 21, 21 \equiv 1 \pmod 5,$$
$$m_1 m_2 = 15, 15 \equiv 1 \pmod 7.$$

于是同余式组的解为
$$2 \cdot 35 \cdot 2 + 3 \cdot 21 \cdot 1 + 2 \cdot 15 \cdot 1 \pmod{105} = 23 \pmod{105}.$$

定理 11.2.12 设 m_1, m_2 是任意两个正整数,记 $d = (m_1, m_2), m = [m_1, m_2]$,则一次同余式组

$$\begin{cases} x \equiv b_1 \bmod m_1 \\ x \equiv b_2 \bmod m_2 \end{cases} \quad (11.2.2)$$

有解的充分必要条件为 $d \mid (b_1 - b_2)$;且当(11.2.2)式有解时,该解模 m 唯一。

注:对于含多个同余式的一次同余式组

$$\begin{cases} x \equiv b_1 \bmod m_1 \\ x \equiv b_2 \bmod m_2 \\ \vdots \\ x \equiv b_n \bmod m_k \end{cases}$$

要求解上述同余式组,可先求前面两个同余式的解,再将其解与第三个同余式联立求解,依此类推,即可求得整个同余式组的解,且该同余式组的解对模数 $[m_1, m_2, \cdots, m_k]$ 唯一。若在上述求解过程中有一步无解,则整个同余式组无解。

对于模数较大的同余式,可以将它化为模数较小的同余式组来求解,以减少计算量。事实上,我们有如下定理:

定理 11.2.13 设 $m_1, m_2, \cdots, m_k$ 是 k 个两两互素的正整数,令 $m = m_1 m_2 \cdots m_k$,则同余式

$$f(x) \equiv 0 \bmod m \quad (11.2.3)$$

与同余式组

$$\begin{cases} f(x) \equiv 0 \bmod m_1 \\ f(x) \equiv 0 \bmod m_2 \\ \vdots \\ f(x) \equiv 0 \bmod m_k \end{cases} \tag{11.2.4}$$

等价。若用 n_i 表示同余式 $f(x) \equiv 0 \bmod m_i$ 的解数，$i=1,2,\cdots,k$，用 n 表示 (11.2.2)式的解数，则 $n = n_1 n_2 \cdots n_k$。

11.3　二次同余式与平方剩余*

二次剩余理论在密码学中有重要的应用，如公钥密码中重要的 Rabin 密码体制就是用求解二次同余式来解密的。

本节重点介绍平方剩余理论，其二次互反律是数论中重要的定理，在数论许多方面都很有用。

11.3.1　二次同余式与平方剩余

在一般的二次同余式中，最基本的是二次同余式

$$x^2 \equiv n \bmod m, \gcd(n,m) = 1 \tag{11.3.1}$$

记 $Z_m^* = \{n \mid n \in Z_m, \gcd(n,m) = 1\}$，易知，$Z_m^*$ 中有 $\varphi(m)$ 个元素。

定义 11.3.1　设 $m > 1$，若(11.3.1)有解，则 n 叫做模数 m 的平方剩余（二次剩余）；若无解，则 n 叫做模数 m 的非平方剩余（二次非剩余）。

例 11.3.1　求出模数 11 的平方剩余和平方非剩余。

解：$x^2 \equiv 1 \bmod 11$ 有解：$x \equiv 1 \bmod 11; x \equiv 10 \bmod 11$；
$x^2 \equiv 2 \bmod 11$ 无解；
$x^2 \equiv 3 \bmod 11$ 有解：$x \equiv 5 \bmod 11, x \equiv 6 \bmod 11$；
$x^2 \equiv 4 \bmod 11$ 有解：$x \equiv 2 \bmod 11, x \equiv 9 \bmod 11$；
$x^2 \equiv 5 \bmod 11$ 有解：$x \equiv 4 \bmod 11, x \equiv 7 \bmod 11$；
$x^2 \equiv 6 \bmod 11$ 无解；
$x^2 \equiv 7 \bmod 11$ 无解；
$x^2 \equiv 8 \bmod 11$ 无解；
$x^2 \equiv 9 \bmod 11$ 有解：$x \equiv 3 \bmod 11, x \equiv 8 \bmod 11$；
$x^2 \equiv 10 \bmod 11$ 无解。

可见，共有 5 个解：$x \equiv 1,3,4,5,9 \bmod m$ 是模 11 的平方剩余，且每个平方剩余都有两个平方根。而 $x \equiv 2,6,7,8,10 \bmod m$ 是模 11 的平方非剩余。

因为对于任一正整数均有唯一素因子分解式：$m = p_1^{a_1} p_2^{a_2} \cdots p_k^{a_k}$，所以由定理 11.2.13 可知，同余式(11.3.1)等价于同余式组

$$\begin{cases} x^2 \equiv n \bmod p_1^{a_1} \\ x^2 \equiv n \bmod p_2^{a_2} \\ \vdots \\ x^2 \equiv n \bmod p_k^{a_k} \end{cases} \tag{11.3.2}$$

故只要求解模为素数幂 p^a 的二次同余式即可。

我们先讨论模为素数 p 的二次同余式。由于当 $p=2$ 时，求解模为素数 p 的二次同余式比较容易。故以下均设 p 是奇素数。

定理 11.3.1 （Euler 判别条件）设 p 是奇素数，$(n,p)=1$ 则
① n 是模 p 的二次剩余的充分必要条件为 $n^{(p-1)/2} \equiv 1 \bmod p$；
② n 是模 p 的二次非剩余的充分必要条件是 $n^{(p-1)/2} \equiv -1 \bmod p$。
并且当 n 是模 p 的平方剩余时，同余式 $x^2 \equiv n \bmod p$ 恰有两个解。

综上，若 n 是模 p 的平方剩余，则 $x^2 \equiv n \bmod p$ 恰有两个解。

例 11.3.2 问 3 是否是模 7 的平方剩余？

解：因为 $3^{7-1/2} = 3^3 = 27 \equiv -1 \bmod 7$，故 3 不是模 7 的平方剩余。

定理 11.3.2 设 p 是奇素数，则在 Z_p^* 中，有 $(p-1)/2$ 个模 p 的平方剩余和 $(p-1)/2$ 个模 p 的非平方剩余，且 $(p-1)/2$ 个平方剩余分别与序列

$$1, 2^2, \cdots, \left(\frac{p-1}{2}\right)^2 \tag{11.3.3}$$

中的一个数同余，且仅与一个数同余。

11.3.2 Legendre 符号与 Jacobi 符号

Euler 判别条件给出了判别 n 是否为模 p 的平方剩余的一种判别方法，但是，当 n 与 p 都比较大时，判别条件

$$n^{(p-1)/2} \equiv 1 \bmod p$$

的计算量很大，难以实际应用。下面我们引入 Legendre 符号，以便得到计算相对简单的判别条件。

1. Legendre 符号

定义 11.3.2 设 p 为奇素数，令

$$\left(\frac{n}{p}\right) = \begin{cases} 0, & p \mid n \\ 1, & \text{若 } n \text{ 是模 } p \text{ 的平方剩余} \\ -1, & \text{若 } n \text{ 是模 } p \text{ 的平方非剩余} \end{cases}$$

称函数 $\left(\dfrac{n}{p}\right)$ 为 n 对 p 的 Lengendre 符号。

Lengendre 符号名为符号，实为函数。

例 11.3.3 $\left(\dfrac{1}{7}\right) = \left(\dfrac{2}{7}\right) = \left(\dfrac{4}{7}\right) = 1, \left(\dfrac{3}{7}\right) = \left(\dfrac{5}{7}\right) = \left(\dfrac{6}{7}\right) = -1$。

由定义 11.3.2 即可得 Euler 判别条件的 Lengendre 符号表示形式。

定理 11.3.3 设 p 是奇素数，n 是任意整数，则
$$\left(\dfrac{n}{p}\right) \equiv n^{(p-1)/2} \mod p$$

可证得 Lengendre 符号的如下性质：

定理 11.3.4 设 p 是奇素数，则

① $\left(\dfrac{1}{p}\right) = 1, \left(\dfrac{-1}{p}\right) = (-1)^{p-1/2}$；

② $\left(\dfrac{n+p}{p}\right) = \left(\dfrac{n}{p}\right)$，特别，若 $n_1 \equiv n_2 \mod p$，则 $\left(\dfrac{n_1}{p}\right) = \left(\dfrac{n_2}{p}\right)$；

③ $\left(\dfrac{n_1 n_2}{p}\right) = \left(\dfrac{n_1}{p}\right)\left(\dfrac{n_2}{p}\right)$，特别，$\left(\dfrac{n^2}{p}\right) = \begin{cases} 1, (n,p)=1 \\ 0, (n,p) \neq 1 \end{cases}$；

④ $\left(\dfrac{2}{p}\right) = (-1)^{(p^2-1)/8}$；

⑤（二次互反律）若 p、q 为互素的奇素数，则
$$\left(\dfrac{q}{p}\right) = (-1)^{\frac{p-1}{2} \cdot \frac{q-1}{2}} \left(\dfrac{p}{q}\right)$$

证明留作课外思考题。

注：对于任意非零整数 n，若其素因子分解式为 $n = \pm 2^t q_1^{t_1} q_2^{t_2} \cdots q_k^{t_k}$，其中 q_i $(i=1,2,\cdots,k)$ 为互不相同的奇素数，则由定理 11.3.4 可得：
$$\left(\dfrac{n}{p}\right) = \left(\dfrac{\pm 1}{p}\right)\left(\dfrac{2}{p}\right)^t \left(\dfrac{q_1}{p}\right)^{t_1} \cdots \left(\dfrac{q_k}{p}\right)^{t_k}。$$

可见，计算 $\left(\dfrac{n}{p}\right)$ 时，实际上只要算出 $\left(\dfrac{-1}{p}\right), \left(\dfrac{2}{p}\right), \left(\dfrac{q}{p}\right)$ 这三种值即可，其中 q 为奇素数。因此，由定理 11.3.4，我们可以计算出任意奇素数 p 和所有整数 n 的 Lengendre 符号值。

例 11.3.4 求下列 Lengendre 符号的值：(1) $\left(\dfrac{2}{19}\right)$；(2) $\left(\dfrac{37}{97}\right)$。

解：(1) 由定理 11.3.4④可得，$\left(\dfrac{2}{19}\right) = (-1)^{(19^2-1)/8} = (-1)^{45} = -1$；

(2)由定理11.3.4②、③、④、⑤可得,

$$\left(\frac{37}{97}\right) = (-1)^{\frac{97-1}{2}\frac{37-1}{2}}\left(\frac{97}{37}\right) = \left(\frac{23}{37}\right)$$

$$= (-1)^{\frac{37-1}{2}\frac{23-1}{2}}\left(\frac{37}{23}\right) = \left(\frac{14}{23}\right)$$

$$= \left(\frac{2\times 7}{23}\right) = \left(\frac{2}{23}\right)\left(\frac{7}{23}\right)$$

$$= (-1)^{\frac{23^2-1}{8}}(-1)^{\frac{23-1}{2}\frac{7-1}{2}}\left(\frac{23}{7}\right)$$

$$= -\left(\frac{2}{7}\right) = -(-1)^{\frac{7^2-1}{8}} = -1$$

例 11.3.5 问同余式 $x^2 \equiv -1 \bmod 629$ 是否有解?

解:因为 $629 = 17\times 37$,故由定理 11.2.14 可知,原同余式等价于下述同余式组:

$$\begin{cases} x^2 \equiv -1 \bmod 17 \\ x^2 \equiv -1 \bmod 37 \end{cases} \tag{11.3.4}$$

又因为 $\left(\frac{-1}{17}\right) = (-1)^{\frac{17-1}{2}} = 1, \left(\frac{-1}{37}\right) = (-1)^{\frac{37-1}{2}} = 1$,即 -1 是模 17 和模 37 的平方剩余,故同余式组(11.3.4)有解,因此原同余式有解。

2. Jacobi 符号

Lengendre 符号的定义中要求模 p 为奇素数,而实际应用中经常遇到模为合数的情形。这就需要引入 Jacobi 符号。

定义 11.3.3 设 $m \geq 3$ 是一个奇数,$m = p_1 p_2 \cdots p_k$,$p_i (i=1,2,\cdots,k)$ 是素数,$(m,n) = 1$,令

$$\left(\frac{n}{m}\right) = \left(\frac{n}{p_1}\right)\left(\frac{n}{p_2}\right)\cdots\left(\frac{n}{p_k}\right)$$

称 $\left(\frac{n}{m}\right)$ 为 Jacobi 符号。

注:

① Jacobi 符号名为符号,但和 Lengendre 符号一样,实为函数。当 m 为奇素数时,Jacobi 符号就是 Lengendre 符号,可见 Jacobi 符号是 Lengendre 符号的推广;

② 虽然 Jacobi 符号是 Lengendre 符号的推广,但由于合数与素数的区别,Jacobi 符号已不再具有 Lengendre 符号的某些性质。例如,当 Lengendre 符号

$\left(\dfrac{n}{p}\right) = 1$ 时,n 一定是模 p 的平方剩余。但是,当 Jacobi 符号 $\left(\dfrac{n}{m}\right) = 1$ 时,n 却不一定是模 m 的平方剩余。

例 11.3.6 求 $\left(\dfrac{2}{143}\right)$ 的值,问 2 是否是模 143 的平方剩余?

解:因为 $143 = 11 \times 13$,所以 $\left(\dfrac{2}{143}\right) = \left(\dfrac{2}{11}\right)\left(\dfrac{2}{13}\right) = (-1)^{\frac{11^2-1}{8}}(-1)^{\frac{13^2-1}{8}} = (-1)(-1) = 1$。

又因为同余式 $x^2 \equiv 2 \bmod 143$ 等价于同余式组

$$\begin{cases} x^2 \equiv 2 \bmod 11 \\ x^2 \equiv 2 \bmod 13 \end{cases} \tag{11.3.5}$$

而

$$\left(\dfrac{2}{11}\right) = (-1)^{\frac{11^2-1}{8}} = -1,\ \left(\dfrac{2}{13}\right) = (-1)^{\frac{13^2-1}{8}} = -1$$

即同余式组(11.3.5)的每一个同余式均无解。所以 $x^2 \equiv 2 \bmod 143$ 无解,即 2 不是模 143 的平方剩余。

Jacobi 符号具有如下基本性质:

定理 11.3.5 设 m 是正奇数,则

① $\left(\dfrac{n+m}{m}\right) = \left(\dfrac{n}{m}\right)$

② $\left(\dfrac{n}{m}\right) = 1, 0$ 或 -1,且 $\left(\dfrac{n}{m}\right) = 0$ 的充分必要条件为 $\gcd(n, m) \neq 1$

③ $\left(\dfrac{n_1 n_2}{m}\right) = \left(\dfrac{n_1}{m}\right)\left(\dfrac{n_2}{m}\right)$,特别地,对于 $n \in Z_m^*$,$\left(\dfrac{n^2}{m}\right) = 1$,$\left(\dfrac{1}{m}\right) = 1$

④ 若 $m_1, m_2 \geq 3$ 均是正奇数,则 $\left(\dfrac{n}{m_1 m_2}\right) = \left(\dfrac{n}{m_1}\right)\left(\dfrac{n}{m_2}\right)$

⑤ 若 $a \equiv b \bmod m$,则 $\left(\dfrac{a}{m}\right) = \left(\dfrac{b}{m}\right)$

⑥ $\left(\dfrac{-1}{m}\right) = (-1)^{(m-1)/2} = \begin{cases} 1, & m \equiv 1 \bmod 4 \\ -1, & m \equiv 3 \bmod 4 \end{cases}$

⑦ $\left(\dfrac{2}{m}\right) = (-1)^{(m^2-1)/8} = \begin{cases} 1, & m \equiv 1, 7 \bmod 8 \\ -1, & m \equiv 3, 5 \bmod 8 \end{cases}$

⑧ (Jacobi 符号的二次互反律)若 m 和 n 都是奇数,$\gcd(m, n) = 1$,且 $m, n > 2$,则

$$\left(\frac{n}{m}\right) = (-1)^{\frac{m-1}{2} \cdot \frac{n-1}{2}} \left(\frac{m}{n}\right)$$

证明留作课外思考题。

例 11.3.7 问同余式 $x^2 \equiv 286 \bmod 563$ 是否有解？

解：因为 $(286,563) = 1$，所以不用考虑 563 是否为素数，可直接计算 Jacobi 符号，即有

$$\left(\frac{286}{563}\right) = \left(\frac{2}{563}\right)\left(\frac{143}{563}\right) = (-1)^{\frac{563^2-1}{8}}(-1)^{\frac{143}{2}\frac{563-1}{2}}\left(\frac{563}{143}\right) = \left(\frac{-9}{143}\right) = \left(\frac{-1}{143}\right) = -1$$

故原同余式无解。

注：

① 由定理 11.3.5 可知，Jacobi 符号具有和 Lengendre 符号相同的计算法则，故当 m 为正奇数时，无需将 m 分解为素因子的乘积即可求 Jacobi 符号的值，减少了计算量。

② 当我们应用定理 11.3.5 计算 Jacobi 符号时，计算定理中⑥、⑦、⑧右边的值不一定要用指数运算。由于 -1 的乘法阶数为 2，我们只要知道这些指数的奇偶性即可。在下面算法中，我们通过验证 2 是否整除指数来实现运算。

下面算法对定理 11.3.5 中列出的 Jacobi 符号的性质以递归的形式给予了详细的说明。

算法 Lengendre/Jacobi 符号

输入　　奇数 $m > 2$，整数 $x \in Z_m^*$。

输出　　$J(x,m) = \left(\dfrac{x}{m}\right)$。

① 如果 $x = 1$ 返回 1；

② 如果 $2 \mid x$

(a) 如果 $2 \left| \dfrac{(m^2-1)}{8}\right.$，返回 $J(x/2,m)$

(b) 返回 $-J(x/2,m)$；

　　　　　　　　　　　　　　　　　//（*现在 x 是奇数*）

③ 如果 $2 \left| \dfrac{(x-1)(m-1)}{4}\right.$，返回 $J(m \bmod x, x)$；

④ 返回 $-J(m \bmod x, x)$。

说明：在上述算法中，函数 $J(\ )$ 是 Jacobi 符号，它的每一次递归将会得到或者是第一次输入除以 2 后的值，或者是模上第一次输入的值。于是，至多 $\log_2 n$ 次调用后，第一次输入的值将会约简为 1，达到结束条件。这样，由于每

一步模运算需要 $O((\log n)^2)$ 时间,所以上述算法可以在 $O((\log n)^3)$ 时间内计算出 $\left(\dfrac{x}{m}\right)$。

例 11.3.8 证明 384 是 mod 443 的二次非剩余。

解:运用上述算法,我们有

$$\begin{aligned}
J(384,443) &= -J(192,443) = J(96,443) \\
&= -J(48,443) = J(24,443) \\
&= -J(12,443) = J(6,443) \\
&= -J(3,443) = J(2,3) \\
&= -J(1,3) = -1
\end{aligned}$$

所以 384 是 mod 443 的二次非剩余。

用上述算法计算 Jacobi 符号不需要分解 m。这是一个很重要的性质,它广泛应用于公钥密码学中。

11.4 注 记

初等数论是现代密码学的重要基础,也是代数学的重要的基础。素数、公因(倍)数、互素、同余、Legendre 符号、Jacobi 符号等许多基本概念及其基本性质,以及素数定理、整数唯一分解定理、Euler 定理、孙子定理等许多基本结论,在密码学中都将反复用到。

本章介绍了一些简单的概念和相应的例子,同时给出了若干基本而又必不可少的重要结论,但未给出结论的证明。一方面,结论的证明可能涉及更多的概念,例如,Euler 定理的证明涉及简化剩余系的概念;另一方面,证明过程可能比较复杂,详细介绍不仅会占用比较多的篇幅,也会使本书偏离密码学的主题。对于大多数同学来说,最重要的是知道这些概念并接受这些结论,然后将它用于理解密码学。对结论为什么会成立感兴趣的同学,可以参见初等数论、信息安全数学基础等专门教材。

习题十一

1. 找出 65 的所有因子,你如何确认你已经找出了所有的因子?
2. 找出 80 的所有因子,你如何确认你已经找出了所有的因子?
3. 直接从整除性的定义证明,如果 $d\mid x$ 和 $d\mid y$,则 $d\mid(x+y)$ 和 $d\mid(x-y)$ 成立。

4. 不用计算,观察 1331 和 10510100501 不是素数。

5. 找出 8、16、32、64、128 的最大公因子和最小公倍数。

6. 证明对于任意整数 n,n 与 $n+1$ 一定是互素的。

7. 不用因式分解,求 (102313,103927)。

8. 求 (1112,1544),并将其表示为如下形式:$1112x+1544y$,其中 x,y 为整数。

9. 求 (117,173),并将其表示为如下形式:$117x+173y$,其中 x,y 为整数。

10. 求 (12345,54321),并将其表示为如下形式:$12345x+54321y$,其中 x,y 为整数。

11. 集合 Z/n 有多少个元素?

12. 计算 $2^{1000} \bmod 11$。

13. 求 21 模 25 的乘法逆元。

14. 求 210 模 251 的乘法逆元。

15. 计算 $\varphi(45)$。

16. 设 $a=2, m=11$,验证 Euler 定理成立。

17. 设 $a=10, p=5$,验证 Fermat 定理成立。

18. 解高次同余式 $7x^4+19x+25 \equiv 0 \bmod 27$。

19. 求下列同余式的解:

(1) $111x \equiv 75 \bmod 321$;

(2) $256x \equiv 179 \bmod 337$;

(3) $1215x \equiv 560 \bmod 2755$。

20. 解下列同余式组:

(1) $x \equiv 1 \bmod 7, x \equiv 3 \bmod 5, x \equiv 5 \bmod 9$。

(2) $x \equiv 8 \bmod 15, x \equiv 5 \bmod 8, x \equiv 13 \bmod 25$。

(3) $3x \equiv 5 \bmod 4, 5x \equiv 2 \bmod 7$。

21. 计算 $\left(\dfrac{-1}{1009}\right)$ 的值,判断 -1 是不是模 1009 的一个平方?

22. 计算 $\left(\dfrac{2}{1009}\right)$ 的值,判断 2 是不是模 1009 的一个平方?

23. 计算 $\left(\dfrac{3}{1009}\right)$ 的值,判断 3 是不是模 1009 的一个平方?

24. 计算 $\left(\dfrac{-5}{1009}\right)$ 的值,判断 -5 是不是模 1009 的一个平方?

25. 计算 $\left(\dfrac{119}{2009}\right)$ 的值,判断 119 是不是模 2009 的一个平方?

第12章 代数学基础

群、环、域都是代数系统(也称代数结构),代数系统是对要研究的现象或过程建立起的一种数学模型,模型中包括要处理的数学对象的集合以及集合上的关系或运算,运算可以是一元的也可以是多元的,可以有一个也可以有多个。

以下用 **N** 表示自然数集,用 **Z** 表示整数集,用 **Q** 表示有理数集,用 **R** 表示实数集,用 **C** 表示复数集。

12.1 群

12.1.1 群的概念和基本性质

设 G 是非空集合,n 是正整数,记 $G^n = G \times G \times \cdots \times G = \{(a_1, a_2, \cdots, a_n) \mid a_i \in G\}$。

定义12.1.1 设 G 是一个非空集合,映射 $G^n \to G$ 称为 G 上的一个 n 元代数运算。

注:集合 A 到 B 的映射是指 A 的元素到 B 的元素的一个对应,使得 A 中每个元素 a,在 B 中有唯一的一个元素 b 与之对应。通常表示为:$f: A \to B$,$f(a) = b$。映射的特点保证了以下几点:

① 运算是可定义的。存在着映射,即存在着映射的唯一的象。
② 运算是封闭的,即 G 中元素运算的结果仍在 G 中。

特别地,$G \times G \to G$ 称为一个二元代数运算(简称二元运算),通常用符号"·"表示,并将 (a,b) 的象记作 $a \cdot b$ 或 ab,习惯上读作"a 乘 b"。

例12.1.1 实数集上普通的 $+$、$-$、$\times$ 等都是二元运算。但整数的除法不是整数上的二元运算,也不是实数中的二元运算。

例12.1.2 设 $(a_1, a_2, \cdots, a_n) \in \mathbf{R}^n$,映射

$$\sigma:\mathbf{R}^n \to \mathbf{R}, \sigma(a_1, a_2, \cdots, a_n) = \sum_{i=1}^{n} a_i^2$$

是一个 n 元运算。

定义 12.1.2 非空集合 G 连同其上的代数运算称为一个**代数系统**或**代数结构**,有时也简称代数。

由定义,代数结构自然地要求了封闭性,即在代数结构中,运算是封闭的,运算的结果仍在集合 G 中。

例 12.1.3 $(\mathbf{Z}, +)$、$(\mathbf{R}, +, \times)$、$(\mathbf{R}, |\cdot|, +, \times, \sigma)$ 都是代数结构。其中 $|\cdot|$ 表示取绝对值的一元运算,σ 如例 12.1.2 所定义。

定义 12.1.3 设 G 是一个代数结构,$H \subseteq G$,若 H 对于 G 的每种运算都是封闭的,则称 H 是 G 的一个**子代数**。

例 12.1.4 $(\mathbf{Q}, |\cdot|, +, \times, \sigma)$ 是 $(\mathbf{R}, |\cdot|, +, \times, \sigma)$ 的子代数。

本章介绍的群、环、域都是带有二元运算的代数结构。本节所介绍的群是只带一个二元运算的代数结构。通常将 G 上带有一个二元运算的代数结构表示为 $(G, \cdot)$,在默认运算时简记为 G。

定义 12.1.4 非空集合 G 连同其上的一个二元代数运算"$\cdot$"所形成的代数结构 $(G, \cdot)$ 称为一个**广群**。

例 12.1.5 自然数集 $\mathbf{N}$ 上的加法和乘法都是二元代数运算,故 $(\mathbf{N}, +)$ 和 $(\mathbf{N}, \times)$ 都是广群。

例 12.1.6 整数集 $\mathbf{Z}$ 上的加法、减法和乘法都是二元代数运算。于是 $(\mathbf{Z}, +)$、$(\mathbf{Z}, -)$ 和 $(\mathbf{Z}, \times)$ 都是广群。

例 12.1.7 记 $\mathbf{Q}^* = \mathbf{Q} \setminus \{0\}$,即 $\mathbf{Q}^*$ 由所有非 0 有理数构成。则 $\mathbf{Q}^*$ 上的除法是二元代数运算,因而 $(\mathbf{Q}^*, \div)$ 是广群。但 $\mathbf{Q}^*$ 上的加法和减法不再是封闭的二元代数运算。

定义 12.1.5 设 $(G, \cdot)$ 是一个代数结构,若 $\forall a, b, c \in G$,有 $a(bc) = (ab)c$,则称 G 上的运算"$\cdot$"满足**结合律**,此时称 $(G, \cdot)$ 为**半群**。

例 12.1.8 $(\mathbf{N}, +)$、$(\mathbf{N}, \times)$、$(\mathbf{Z}, +)$、$(\mathbf{Z}, \times)$、$(\mathbf{Q}, +)$、$(\mathbf{Q}, \times)$、$(\mathbf{Q}^*, \times)$、$(\mathbf{R}, +)$、$(\mathbf{R}, \times)$、$(\mathbf{R}^*, \times)$、$(\mathbf{C}, +)$、$(\mathbf{C}, \times)$、$(\mathbf{C}^*, \times)$ 等都是半群,但 $(\mathbf{Z}, -)$、$(\mathbf{Q}^*, \div)$ 不是半群。

定义 12.1.6 设 $(G, \cdot)$ 是一个广群,若存在 $e \in G$,使得对任意的 $a \in G$ 有 $ae = ea = a$,则称 e 为 G 的**单位元**或**幺元**。单位元也记为 1_G 或 1。

注:可以针对左乘和右乘分别定义左单位元和右单位元。

例 12.1.9 $(\mathbf{N}, +)$ 中的 0 是加法单位元,$(\mathbf{N}, \times)$ 中的 1 是乘法单位元。

定义 12.1.7 若 $(G, \cdot)$ 是一个含有单位元的半群,则称之为含幺半群。

注:有的教材上将含幺半群称为独异点。

例 12.1.10 记 $M_n(\mathbf{R})$ 为 $\mathbf{R}$ 上全体 n 阶方阵构成的集合。则 $(M_n(\mathbf{R}), +)$、$(M_n(\mathbf{R}), \times)$ 都是含幺半群,这里的 $+$ 和 $\times$ 是指矩阵的加和乘,$(M_n(\mathbf{R}), +)$ 的单位元是 0 矩阵,$(M_n(\mathbf{R}), \times)$ 的单位元是对角线元素皆为 1、非对角线元素皆为 0 的矩阵,也称单位矩阵。

定义 12.1.8 设 $(G, \cdot)$ 是一个含幺半群,若对 $a \in G$,存在 $b \in G$ 使得 $ab = e$,则称 b 是 a 的右逆元;若存在 $b \in G$ 使得 $ba = e$,则称 b 是 a 的左逆元。若有 $ab = ba = e$,则称 b 为 a 的逆元,记为 $b = a^{-1}$,即 $aa^{-1} = a^{-1}a = e$。

例 12.1.11 在中 $(\mathbf{Z}, +)$ 中,-3 是 3 的加法逆元。在 $(\mathbf{Q}, \times)$ 中,5 的乘法逆元是 $1/5$,但是 0 没有乘法逆元。

定义 12.1.9 设 $(G, \cdot)$ 是一个含幺半群,若 G 的每个元素都有逆元,则称 $(G, \cdot)$ 是一个群。

很多教材从代数结构开始直接定义群的概念:

定义 12.1.10 设 $(G, \cdot)$ 是一个代数结构,如果它满足

① 结合律:$\forall a, b, c \in G$,有 $a(bc) = (ab)c$;

② 单位元:存在 $e \in G$,使得 $\forall a \in G$,有 $ae = ea = a$;

③ 可逆元:$\forall a \in G$,存在 a 的逆元 $a^{-1} \in G$,使得 $aa^{-1} = a^{-1}a = e$。

则 G 称为群。

显然,这两个定义是等价的。

定义 12.1.11 设 $(G, \cdot)$ 是一个群,若它还满足

④ 交换性:$\forall a, b \in G$,有 $ab = ba$。

则称 $(G, \cdot)$ 是交换群或 Abel 群。

例 12.1.12 $(\mathbf{Z}, +)$、$(\mathbf{Q}^*, \times)$ 都是交换群。但 $(\mathbf{N}, +)$、$(\mathbf{Z}, \times)$、$(Q, \times)$ 都不是群。

例 12.1.13 记 $GL_n(\mathbf{C})$ 为所有 n 阶可逆复方阵构成的集合,则它对通常的矩阵乘法构成群,称为一般线性群,但它不是交换群。同样,记 $GL_n(\mathbf{R})$ 和 $GL_n(\mathbf{Q})$ 也是非交换群。

例 12.1.14 设 n 为正整数,我们在 $\mathbf{Z}$ 上定义如下关系:对于整数 a 和 b,

$$a \sim b \Leftrightarrow n \mid (a - b) \quad (\text{即 } a \equiv b \bmod n)$$

易知这是一个等价关系。于是整数集 $\mathbf{Z}$ 被分拆成 n 个等价类:$\overline{0}, \overline{1}, \cdots, \overline{n-1}$,其中 $\overline{r}$ 表示 r 所在的等价类,即 $\overline{r} = \{k \in \mathbf{Z} \mid k \equiv r \bmod n\}$(称为模 n 余 r 的同余类)。令 $\mathbf{Z}_n = \{\overline{0}, \overline{1}, \cdots, \overline{n-1}\}$,在 $\mathbf{Z}_n$ 中定义加法运算为:$\overline{a} \oplus \overline{b} =$

$(a+b) \bmod n$。由同余的性质可知,该运算是可定义的。在$(Z_n, \oplus)$中,结合律显然成立,$\overline{0}$是单位元,$\overline{r}$的逆元是$\overline{n-r}$,从而$(Z_n, \oplus)$是一个交换群,称为整数模n加法群。

通常为方便起见,在不引起混淆的情况下,也将Z_n记为$Z_n = \{0, 1, \cdots, n-1\}$,将$\oplus$记为$+$,将$(Z_n, \oplus)$记为$(Z_n, +)$,只不过,这里的"$+$"是模$n$意义上的加法。

定义 12.1.12 如果群G中只含有有限多个元素,则称G是有限群。此时,称群G中元素的个数为群G的阶,记为$|G|$。若群G不是有限群,则称为无限群。

显然,Z_n是一个有限群,$|Z_n| = n$。

例 12.1.15 设$G = \{e, a, b, c\}$,其运算由下表定义:

·	e	a	b	c
e	e	a	b	c
a	a	e	c	b
b	b	c	e	a
c	c	b	a	e

则$(G, \cdot)$构成一个4阶交换群,称为 Klein 四元群。

例 12.1.16 令$Z_p = \{0, 1, \cdots, p-1\}$,其中$p$是素数,记$Z_p^* = Z_p \setminus \{0\} = \{1, 2, \cdots, p-1\}$,定义$Z_p^*$中的乘法运算"·"为:
$$a \cdot b = (a \times b) \bmod p$$
其中$\times$为通常意义上的乘法,不难验证,Z_p^*是一个有限交换群,$|Z_p^*| = p - 1$。

例 12.1.17 (置换群)令$S = \{1, 2, 3\}$,f是S到S自身的一个一一映射,则称f是一个3元置换。比如,$f: 1 \to 2, 2 \to 3, 3 \to 1$是一个3元置换,同样,$g: 1 \to 3, 3 \to 1, 2 \to 2$和$e: 1 \to 1, 2 \to 2, 3 \to 3$也都是3元置换,通常将它们表示为:
$$f = \begin{pmatrix} 1 & 2 & 3 \\ 2 & 3 & 1 \end{pmatrix} = (231), g = \begin{pmatrix} 1 & 2 & 3 \\ 3 & 2 & 1 \end{pmatrix} = (321), e = \begin{pmatrix} 1 & 2 & 3 \\ 1 & 2 & 3 \end{pmatrix} = (123)$$
定义两个置换之间的运算为:对每个$k \in S$,$(f \circ g)(k) = g(f(k))$,则对如上

的 f 和 g,有

$$f \circ g = \begin{pmatrix} 1 & 2 & 3 \\ 2 & 1 & 3 \end{pmatrix} = (213), g \circ f = \begin{pmatrix} 1 & 2 & 3 \\ 1 & 3 & 2 \end{pmatrix} = (132)$$

显然 $f \circ g$ 也是 n 元置换,称为 f 与 g 的乘积。在这种定义下,我们有 $e \circ f = f \circ e = f$,且

$$\begin{pmatrix} 1 & 2 & 3 \\ 2 & 3 & 1 \end{pmatrix} \circ \begin{pmatrix} 1 & 2 & 3 \\ 3 & 1 & 2 \end{pmatrix} = \begin{pmatrix} 1 & 2 & 3 \\ 1 & 2 & 3 \end{pmatrix}$$

记 $h = (312)$,则 $h \circ f = f \circ h = e$,显然 h 是 f 的逆元。令 S_3 是 S 上所有 3 元置换所构成的集合。不难验证,在如上的定义下,$(S_3, \circ)$ 也是一个群,称为 3 元对称群。

一般地,令 $S = \{1, 2, \cdots, n\}$,f 是 S 到 S 自身的一个一一映射,则称 f 是一个 n 元置换。令 S_n 是 S 上所有 n 元置换所构成的集合。可以验证,$(S_n, \circ)$ 也是一个群,称为 **n 元对称群**。验证留作练习。

有了群的概念,我们自然会问:群有哪些特性?群既然是一种代数结构,那么从结构上特性看,有哪些不同的类型?群和群之间有什么样的关系?等等。

定理 12.1.1 群 G 有如下基本性质:

① 单位元唯一。

② $\forall a \in G, a^{-1}$ 唯一。

③ G 中满足左右消去律,即 $\forall a, b, c \in G$,若 $ab = ac$,则 $b = c$;若 $ba = ca$,则 $b = c$。

④ $\forall a, b \in G$,有 $(a^{-1})^{-1} = a$,$(ab)^{-1} = b^{-1} a^{-1}$。

⑤ $\forall a, b \in G$,方程 $ax = b$(或 $xa = b$)在 G 中有唯一解。

证明比较简单,留作练习。

我们知道,元素和元素间的运算是构成群的两个要素。在群中任意两个元素可以做运算,特别地,每个元素都可以与其自身做运算。例如在 $Z_7^* = \{1,2,3,4,5,6\}$ 中,$2^2 = 2 \cdot 2 = 4, 2^3 = 2 \cdot 2 \cdot 2 = 1$。这说明,元素不仅可以与其自身做运算,有的元素可以通过与其自身的不断运算得到单位元。

定义 12.1.13 设 G 是群,e 是 G 的单位元,$a \in G$,若 r 是最小的正整数使得 $a^r = e$,则称 a 的阶是 r,记为 $|a| = r$ 或 $o(a) = r$。

例 12.1.18 任意群中的单位元的阶为 1。在 Z_7^* 中,$o(2) = 3, o(6) = 2$。

注:习惯上,在加法群中将元素与其自身的运算写成倍数,因此 a 的阶定义为最小的正整数 r 使得 $ra = 0$。

元素的阶有以下基本性质：

定理 12.1.2 设 G 是群，$a \in G$，$o(a) = r$。若有正整数 n，使得 $a^n = e$，则必有 $r \mid n$。

这个结论是很基本的，它对于我们了解群的结构很有帮助。利用这个结论，可以得到有限交换群的一些性质。

定理 12.1.3 设 G 是一个有限交换群，e 是 G 的单位元。设 $a, b \in G$，且 $o(a) = m$，$o(b) = n$。若 $(m, n) = 1$，则有 $o(ab) = mn$。

这个结论表明，在交换群中，如果有两个元素的阶互素，则一定有更高阶的元素存在。

例 12.1.19 在 $(Z_6, +)$ 中，$o(2) = 3$，$o(3) = 2$，所以 $2 + 3 = 5$ 是 6 阶元。

由定理 12.1.3 不难得到以下推论：

推论：设 G 是一个有限交换群，$a, b \in G$，且 $o(a) = m$，$o(b) = n$，则 $o(ab) = mn/(m, n)$。

证明留作练习。

定理 12.1.4 设 G 是一个有限交换群，且 G 中元素的阶最大为 n，则 G 中任何元素的阶都是 n 的因子。

定理 12.1.3 和定理 12.1.4 在下一章将会用到。

12.1.2 子群和商群

为了进一步了解群的结构，我们有必要了解它的子结构。

定义 12.1.14 设 $(G, \cdot)$ 是群，H 是 G 的非空子集，若 $(H, \cdot)$ 也是群，则称 H 是 G 的一个子群，记为 $H \leq G$。此时，若 H 是 G 的真子集，则称 H 是 G 的真子群，记为 $H < G$。

任一群有两个显然的子群：$\{1_G\}$ 和 G，称为 G 的平凡子群。

例 12.1.20 记全体正实数的集合为 $\mathbf{R}^+$，则 $(\mathbf{R}^+, \times)$ 是一个群，且它是 $(\mathbf{R}^*, \times)$ 的真子群。

例 12.1.21 设 n 是正整数，定义 $n\mathbf{Z} = \{k \in \mathbf{Z} \mid k \equiv 0 \bmod n\}$，则 $(n\mathbf{Z}, +)$ 是一个群，它是整数加法群 $(\mathbf{Z}, +)$ 的一个子群，且是真子群。

例 12.1.22 考虑 $Z_6 = \{0, 1, 2, 3, 4, 5\}$，则 $H = \{0, 3\}$ 是 $(Z_6, +)$ 的一个 2 阶真子群。

Z_6 有没有 4 阶子群？一般地，如何判定一个群的子集是否为它的一个子群？

定理 12.1.5（子群判定定理 1）设 H 是群 G 的非空子集，则 H 是 G 的子群当且仅当对任意的 $a \in H$,有 $a^{-1} \in H$;且对任意的 $a,b \in H$,有 $ab \in H$。

定理 12.1.6 (子群判定定理 2)设 H 是群 G 的非空子集,则 H 是 G 的子群当且仅当对任意的 $a,b \in H$,有 $ab^{-1} \in H$。

定理 12.1.7 (子群判定定理 3)设 H 是群 G 的有限非空子集,则 H 是 G 的子群当且仅当对任意的 $a,b \in H$,有 $ab \in H$。

定理 12.1.8 设 G 是群,$A \leq G, B \leq G$,则

① $A \cap B \leq G$。

② 若 $A \cup B \leq G$,则必有 $A \subseteq B$ 或 $B \subseteq A$。

推论:群 G 的任意多个子群的交仍是 G 的子群。

设 G 是一个群,A、B 是 G 的子集,$a \in G$,记
$$aA = \{ax \mid x \in A\}, Aa = \{xa \mid x \in A\}$$
$$A^{-1} = \{a^{-1} \mid a \in A\}, AB = \{ab \mid a \in A, b \in B\}$$

aA 称为 A 在 G 中的左陪集,Aa 称为 A 在 G 中的右陪集,a 称为陪集代表元。

例 12.1.23 $GL_n(\mathbf{R})$ 是所有 n 阶可逆实方阵构成的群,记 $E_n(\mathbf{R}) = \{A \mid A \in GL_n(\mathbf{R}), |A| = 1\}$(这里 $|A|$ 表示 A 的行列式),即 $E_n(\mathbf{R})$ 是 $GL_n(\mathbf{R})$ 中所有行列式为 1 的矩阵的集合,则易见 $E_n(\mathbf{R})$ 是 $GL_n(\mathbf{R})$ 的子群。$\forall B \in GL_n(\mathbf{R})$,则 $BE_n(\mathbf{R}) = \{BA \mid A \in E_n(\mathbf{R})\}$ 是 $E_n(\mathbf{R})$ 在 $GL_n(\mathbf{R})$ 中的左陪集,$E_n(\mathbf{R})B = \{AB \mid A \in E_n(\mathbf{R})\}$ 是 $E_n(\mathbf{R})$ 在 $GL_n(\mathbf{R})$ 中的右陪集。由矩阵性质可知,一般都有 $BE_n(\mathbf{R}) \neq E_n(\mathbf{R})B$。

对于子群的陪集,我们有以下结论

引理 12.1.1 设 G 是一个群,$A \leq G$,则 $\forall a,b \in G$,有

① $aA = bA \Leftrightarrow b^{-1}a \in A$。

② 或者 $aA = bA$,或者 $aA \cap bA = \emptyset$。

③ $|aA| = |A|$。

上述引理对于右陪集有相似的结果(只是①稍有不同,即 $Aa = Ab \Leftrightarrow ab^{-1} \in A$)。由上述引理,若 G 是一个群,$A \leq G$,则 G 可以划分成若干个 A 的左(或右)陪集的不相交的并,而且与陪集代表元的选取无关。记所有陪集代表元的集合为 R,则有

$$G = \bigcup_{a \in R} aA \quad \text{或} \quad G = \bigcup_{a \in R} Aa$$

上式称为群 G 对于子群 A 的左(右)陪集分解。通常记 $|R| = [G:A]$,称为子群 A(对群 G)的指数。若 R 是有限集,则 $[G:A]$ 是正整数;若 R 是无限集,则

记 $[G:A] = \infty$。

由此不难得到下述结论：

定理 12.1.9 （拉格朗日（J. Lagrange）定理）设 G 是有限群，$A \leqslant G$，则 $|G| = |A|[G:A]$。特别地，G 的每个子群的阶都是 G 的阶的因子。

拉格朗日定理是对一个群与其子群关系的一个定量刻画。通过拉格朗日定理，我们可以对群的结构有更进一步的了解。比如说，由拉格朗日定理可知，6 阶群 Z_6 和 Z_7^* 不可能有 4 阶子群。

前面我们看到，左陪集未必等于右陪集。可有时候，左陪集也可以等于右陪集，比如当 G 是交换群时，一定有左陪集等于右陪集。但即使 G 不是交换群，仍有这种可能，这要看做陪集的子集 A 的特性如何，比如，$A = \{e\}$。

定义 12.1.15 设 G 是一个群，A 是 G 的子群，若 $\forall g \in G$，有 $gA = Ag$，则称 A 是 G 的正规子群，记为 $A \trianglelefteq G$。

显然，交换群的任意子群都是正规子群。

例 12.1.24 考虑 $GL_n(\mathbf{R})$ 的子群 $H = \{A | A \in GL_n(\mathbf{R}) \text{ 且 } A \text{ 为对角矩阵}\}$（对角矩阵是指非对角线元素皆为 0 的方阵）。尽管 $GL_n(\mathbf{R})$ 不是交换群，但不难验证 H 是 $GL_n(\mathbf{R})$ 的正规子群。

定理 12.1.10 设 A 是群 G 的一个子群，则 A 是 G 的正规子群当且仅当 $\forall g \in G$ 和 $\forall a \in A$ 有 $gag^{-1} \in A$。

这个定理实际上给出了正规子群的一种判定方法，因此不妨称为正规子群判定定理。

设 G 是一个群，H 是 G 的一个正规子群，则 G 对 H 可以做陪集分解。记
$$G/H = \{aH | a \in R\}，其中 R 是陪集代表元集$$

在 G/H 中定义如下运算：$aH \cdot bH = abH$。显然，$(aH \cdot bH) \cdot cH = aH \cdot (bH \cdot cH) = abcH$，即运算"$\cdot$"满足结合律；$aH \cdot H = H \cdot aH = aH$，所以 H 是单位元；而 $aH \cdot a^{-1}H = a^{-1}H \cdot aH = H$，所以 $(aH)^{-1} = a^{-1}H$，从而每个元素有逆元。这表明 $(G/H, \cdot)$ 是一个群，称为 G 对正规子群 H 的商群。

例 12.1.25 考虑 Z_7^* 及其子群 $H = \{1,6\}$，因 Z_7^* 是交换群，故 H 必为正规子群。易见 $[Z_7^*:H] = 3$，$Z_7^*/H = \{H, 2H, 4H\} = \{\overline{1}, \overline{2}, \overline{4}\} = \{\overline{1}, \overline{2}, \overline{3}\}$，这里有 $3H = 4H = \{3,4\}$。

例 12.1.26 考虑 $\mathbf{Z}$ 及其正规子群 $n\mathbf{Z}$。易见 $\mathbf{Z}/n\mathbf{Z} = \{n\mathbf{Z}, 1 + n\mathbf{Z}, \cdots, (n-1) + n\mathbf{Z}\} = \{\overline{0}, \overline{1}, \cdots, \overline{n-1}\}$。

由拉格朗日定理可知，若 G 是有限群，$H \trianglelefteq G$，则 $|G/H| = |G|/|H| = [G:H]$。

12.1.3 群的同态和同构

群作为一种代数结构,我们研究它时最关心的自然是它结构上的特性。如果两个群虽然定义在不同的集合上,运算也不同,但结构特性相同,那么我们就可以把它们视为同一结构类型的群。为了更好地了解群的特性和群与群之间的关系,我们自然会把群放在一起比较,寻找群与群之间的联系。寻找群与群之间的联系的最简单方法,是在群与群之间建立映射,当然,这个映射不仅是两个群之间元素到元素的映射,还要包含一个群的运算关系到另一个群的运算关系的映射。这自然引出了以下的同态与同构的概念。

定义 12.1.16 设 G 和 H 是两个群,$f: G \to H$ 是群之间的一个映射。若对任意的 $a, b \in G$,有 $f(ab) = f(a)f(b)$,则称 f 是 G 到 H 的一个群同态。若 f 是满射,则称 f 是满同态;若 f 是单射,则称 f 是单同态。若 f 既是满射又是单射,则称 f 是同构。G 到 G 的同态称为自同态,G 到 G 的同构称为自同构。

通常,G 与 H 同态记为 $G \sim H$,G 与 H 同构记为 $G \cong H$。

注:定义中的 $f(ab) = f(a)f(b)$ 实际上表明,f 不仅是 G 的元素到 H 的元素之间的对应,而且也包含了 G 的运算与 H 的运算之间的对应,这种对应是通过运算的结果来反映的。设 $ab = c, f(a) = a', f(b) = b', a'b' = c'$,则 $f(ab) = f(a)f(b)$ 表明,$f(c) = c'$。换言之,如果 G 中的三个元素之间有运算关系,那么对应地,H 中的三个相应元素之间也保持运算关系。群的同态反映了两个群之间内在的某种联系,刻画了两个群在结构上的相似性。

例 12.1.27 考虑 $f: Z_5 \to Z_{20}, \forall a \in Z_5, f(a) = 4a \bmod 20$。由同余的性质可知

$$4((a+b) \bmod 5) \bmod 20 = ((4a \bmod 20) + (4b \bmod 20)) \bmod 20$$

即 $f(a+b) = f(a) + f(b)$。显然 f 是一个单射,但不是满射。所以这是一个单同态。

例 12.1.28 作为一个反例,我们指出,$f': Z_5 \to Z_{20}, \forall a \in Z_5, f'(a) = a \bmod 20$,则 f' 不是群的同态,因为 $f'(3+3) = f'(1) = 1$,而 $f'(3) + f'(3) = 6 \neq f'(3+3)$。

例 12.1.29 考虑 $g: (\mathbf{Z}, +) \to (Z_n, \oplus), g(x) = x \bmod n$。因为

$$g(x+y) = (x+y) \bmod n = x \bmod n + y \bmod n = g(x) + g(y)$$

所以这是一个同态映射,且易见它是满同态,但不是单同态。

例 12.1.30 考虑 $\tau: GL_n(\mathbf{R}) \to \mathbf{R}^*, \tau(A) = |A|$,即把任一 n 阶可逆实方阵 A 对应到 A 的行列式。由矩阵的性质可知,$|AB| = |A||B|$,即

$\tau(AB)=\tau(A)\tau(B)$，所以这是一个同态。考虑任意非 0 实数 a,b 和 n 阶实方阵

$$A=\begin{pmatrix} a & 0 & \cdots & 0 \\ 0 & 1 & \cdots & 0 \\ \vdots & \vdots & & \vdots \\ 0 & 0 & \cdots & 1 \end{pmatrix}, B=\begin{pmatrix} b & 0 & \cdots & 0 \\ 0 & 1 & \cdots & 0 \\ \vdots & \vdots & & \vdots \\ 0 & 0 & \cdots & 1 \end{pmatrix}, C=\begin{pmatrix} a & 0 & \cdots & 0 \\ 0 & b & \cdots & 0 \\ \vdots & \vdots & & \vdots \\ 0 & 0 & \cdots & 1 \end{pmatrix}$$

显然 $|A|=a$，所以这是一个满同态。但是，$AB\neq C$，而 $|AB|=|C|=ab$，所以它不是单同态。

例 12.1.31 考虑 $\sigma:Z_4\to Z_5^*$，其中 $\sigma(0)=1,\sigma(1)=2,\sigma(2)=4$，$\sigma(3)=3$，则不难验证它是一个同构映射，从而 $Z_4\cong Z_5^*$。

例 12.1.32 考虑 $\psi:(\mathbf{R},+)\to(\mathbf{R}^*,\times),\psi(x)=e^x$。因为 $\forall x,y\in\mathbf{R}$，有
$$\psi(x+y)=e^{x+y}=e^xe^y=\psi(x)\psi(y)$$
所以 $(\mathbf{R},+)$ 与 $(\mathbf{R}^*,\times)$ 同态。易见这是一个单满射，所以 $(\mathbf{R},+)\cong(\mathbf{R}^*,\times)$。

例 12.1.33 设 n 为正整数，考虑 $\lambda:\mathbf{Z}\to n\mathbf{Z}$，对任意的 $k\in\mathbf{Z},\lambda(k)=kn$。显然，对任意的 $k,l\in\mathbf{Z},\lambda(k+l)=(k+l)n=kn+ln=\lambda(k)+\lambda(l)$，所以它是一个同态。易见 λ 是一个单满射，所以它是一个同构映射，即 $\mathbf{Z}\cong n\mathbf{Z}$。这个例子说明，一个无限群可以与其真子群同构。但在有限群中这是不可能的，因为同构映射是一一映射，所以两个同构的群必然基数相等，而有限群不可能与其真子群基数相等。

例 12.1.34 考虑 $\xi:(Z_7,\oplus)\to(Z_7,\oplus),\xi(x)=2x$，则
$$\xi(x\oplus y)=2(x\oplus y)\bmod 7=2x\bmod 7\oplus 2y\bmod 7=\xi(x)\oplus\xi(y)$$
所以 ξ 是 $(Z_7,\oplus)$ 的一个自同态映射。又因为 $\gcd(2,7)=1$，所以
  当 $x\neq y$ 时，有 $(2x\bmod 7)\neq(2x\bmod 7)$，即 $\xi(x)\neq\xi(y)$
$\forall x\in Z_7$，若 x 是偶数，则 $\xi(x/2)=x$，若 $x<7$ 是奇数，则 $\xi((x+7)/2)=x$
从而它是单射也是满射，所以 ξ 是 $(Z_7,\oplus)$ 上的自同构。

例 12.1.35 设 G_1 和 G_2 是两个群，e_2 是 G_2 的单位元，则
$$\theta:G_1\to G_2,\forall a\in G_1,\theta(a)=e_2$$
是群同态，称为零同态。

例 12.1.36 设 G 是群，则 $G\to G$ 的恒等映射是 G 上的自同构。

以上例子说明，群的单同态、满同态、同构、自同构都是存在的。不仅如此，群同态的合成仍是群同态，即有

定理 12.1.11 设 $f:G\to H,g:H\to K$ 是群的同态，则 $g\circ f:G\to K$ 也是群同

态,其中,$(g \circ f)(x) = g(f(x))$, $\forall x \in G$。

同态反映了两个群在结构上的相似性,而同构则表明两个群在结构上完全相同。既然群的同态反映了两个群在结构上的相似性,那么自然地,从一个群的结构特性也就可以推知另一个群的某些结构特性。

定理 12.1.12 设 $f: G_1 \to G_2$ 是群的同态映射,e_1、e_2 分别是 G_1、G_2 的单位元,则有:

(1) $f(e_1) = e_2$;

(2) 对任意的 $a \in G, f(a^{-1}) = f(a^{-1}) \in H$。

定义 12.1.17 设 G 和 H 是群,$f: G \to H$ 是群的同态映射,则集合 $\text{Im}(f) = \{f(a) \mid a \in G\}$ 称为 f 的象;集合 $\ker f = \{a \in G \mid f(a) = e\}$ 称为 f 的核。若 A 是 G 的子集,则称 $f(A) = \{f(a) \mid a \in A\}$ 为 A 的象。若 B 是 H 的子集,则称 $f^{-1}(B) = \{a \in G \mid f(a) \in B\}$ 是 B 的逆象或原像。

例 12.1.37 由前例知,$g: (\mathbf{Z}, +) \to (Z_n, \oplus)$, $g(x) = x \bmod n$ 是群的满同态,易见

$$\text{Im } g = g(\mathbf{Z}) = Z_n, \ker g = \{x \mid x \in \mathbf{Z}, x \equiv 0 \bmod n\} = n\mathbf{Z}$$

例 12.1.38 由前例知 $\tau: GL_n(\mathbf{R}) \to \mathbf{R}^*$, $\tau(A) = |A|$ 是群的满同态,所以

$$\text{Im} \tau = \tau(GL_n(\mathbf{R})) = \mathbf{R}^*, \ker \tau = \{A \mid A \in GL_n(\mathbf{R}), |A| = 1\}$$

即 τ 的核由所有行列式为 1 的 n 阶实方阵组成。

不难发现,$\ker g = n\mathbf{Z}$ 是 $\mathbf{Z}$ 的子群,$\ker \tau$ 也是 $GL_n(\mathbf{R})$ 的子群。一般地,我们有

定理 12.1.13 设 $f: G_1 \to G_2$ 是群的同态,e_1 是 G_1 的单位元,则

(1) $\ker f \trianglelefteq G_1$;

(2) $f(G_1) \leq G_2$;

(3) f 是单同态当且仅当 $\ker f = \{e_1\}$;

(4) f 是满同态当且仅当 $f(G_1) = G_2$;

(5) f 是同构当且仅当 $f(G_1) = G_2$ 且 $\ker f = \{e_1\}$。

由上述定理可知,若 $f: G_1 \to G_2$ 是群同态,则 $\ker f$ 必为 G_1 的正规子群,从而有商群 $G_1/\ker f$。于是可以自然地定义如下映射:

$$\psi: G_1 \to G_1/\ker f, \forall a \in G_1, \psi(a) = a(\ker f)$$

易见,$\psi(ab) = ab(\ker f) = a(\ker f) \cdot b(\ker f) = \psi(a)\psi(b)$,故 ψ 是同态,且显然是满同态,从而 $G_1/\ker f$ 必为 G_1 的同态像。特别地,当 f 是满同态时,我们有

定理 12.1.14 (同态基本定理) 设 $f: G_1 \to G_2$ 是群的满同态,则有 $G_1/$

$\ker f \cong G_2$。特别地,若 H 是 G_1 的正规子群,则 G_1/H 必为 G_1 的同态象。

例 12.1.39 设 G 是群,H 和 K 是 G 的正规子群,且 $H \subseteq K$,证明:
$$G/K \cong (G/H)/(K/H)$$

证明:显然,H 也是 K 的正规子群。定义映射
$$f: G/H \to G/K, \forall aH \in G/H, f(aH) = aK$$
则 f 显然是满射。又
$$f(aHbH) = f(abH) = abK = aKbK = f(aH)f(bH)$$
所以 f 是群的满同态。而
$$aH \in \ker f \Leftrightarrow f(aH) = aK = K \Leftrightarrow a \in K$$
故 $\ker f = K/H$。由同态基本定理即得:$G/K \cong (G/H)/(K/H)$。证毕。

12.1.4 循环群

以上所介绍的都是群的一般特性。下面讨论特殊一些的群。

观察 $Z_7^* = \{1,2,3,4,5,6\}$ 可以发现,$3^1 = 3, 3^2 = 3 \cdot 3 = 2, 3^3 = 6, 3^4 = 4$, $3^5 = 5, 3^6 = 3^0 = 1$。此时有 $o(3) = |Z_7^*| = 6$。这个群的特别之处在于,它的所有元素可以通过元素 3 不断地与其自身做运算而得到,即 Z_7^* 可看作由元素 3 "生成"。为此,我们先引入生成元的概念。

定义 12.1.18 设 G 是一个群,S 是 G 的子集,G 中包含 S 的最小子群 A 称为由 S 生成的子群,记为 $A = \langle S \rangle$。

记 $S^{-1} = \{a^{-1} \mid a \in S\}$。因为 A 是一个群,所以自然有 $S^{-1} \subseteq A$。这样,由 $S \cup S^{-1}$ 中的元素经有限次运算所得到的所有元素都在 A 中。记 $B = \{b = a_1 a_2 \cdots a_m \mid a_i \in S \cup S^{-1}\}$,则 $B \subseteq A$。由子群判定定理易知,B 是一个群,且 $S \subseteq B$。但 A 是包含 S 的最小子群,因此 $A \subseteq B$。所以 $A = B = \{a_1 a_2 \cdots a_m \mid a_i \in S \cup S^{-1}\}$,即 A 恰由 $S \cup S^{-1}$ 中的元素经有限次运算得到。

定义 12.1.19 设 G 是一个群,S 是 G 的子集。若 $G = \langle S \rangle$,则称 S 是 G 的生成元系,S 的元素称为生成元。若 S 是有限集,则称 G 是有限生成群。若 $S = \{\alpha\}$,即 G 由一个元素 α 生成,则称 G 是循环群,记为 $G = \langle \alpha \rangle$。

例 12.1.40 $Z_7^* = \langle 3 \rangle$ 是有限循环群,$Z_n = \langle 1 \rangle$ 也是有限循环群。

例 12.1.41 $\mathbf{Z} = \langle 1 \rangle$ 是无限循环群。它的真子群 $n\mathbf{Z} = \langle n \rangle (n > 1)$ 也是无限循环群。

易见,如果 $G = \langle \alpha \rangle$ 是循环群,则对 G 中任意元素 b,都存在一个整数 i,满

足 $b = \alpha^i$。这里约定,单位元 $e = \alpha^0$。此外,若 $G = \langle \alpha \rangle$ 是有限循环群,则显然有 $|\alpha| = |G|$。由此易得如下结论:

定理 12.1.15 设 G 是一个 n 阶有限群,e 是单位元,则 $\forall g \in G$,有 $o(g) | n$,且 $g^n = e$。

证明:$\forall g \in G$,显然 $\langle g \rangle$ 是 G 的循环子群。由拉格朗日定理可知,$|\langle g \rangle|$ 必是 n 的因子。而 $|\langle g \rangle| = o(g)$,所以 $o(g) | n$。令 $o(g) = k, n = kd$,则 $g^n = (g^k)^d = e^d = e$。证毕。

定理 12.1.16 设 $G = \langle \alpha \rangle$ 是一个 n 阶有限群,e 是单位元,若 $\alpha^k = e$,则 $n | k$。

证明:因为 $G = \langle \alpha \rangle$,且 $|G| = n$,所以 $o(\alpha) = |G| = n$。由定理 12.1.2 即得,$n | k$。证毕。

设 $G = \langle \alpha \rangle$ 是一个循环群,则对任意的 $a, b \in G$,必存在整数 m, n,使得 $a = \alpha^m, b = \alpha^n$,于是有 $ab = \alpha^m \alpha^n = \alpha^{m+n} = \alpha^n \alpha^m = ba$,所以循环群一定是交换群。

关于循环群的结构,我们有以下结论:

定理 12.1.17 设 $G = \langle \alpha \rangle$ 是循环群

(1) 若 G 是无限群,则 $G \cong \mathbf{Z}$,且 G 只有一个生成元。

(2) 若 G 是 n 阶有限群,则 $G \cong \mathbf{Z}_n$,且 G 恰有 $\varphi(n)$ 个不同的生成元,这里 φ 是 Euler 函数。

这个结论表明,在同构的意义下,循环群只有 $\mathbf{Z}$ 和 $\mathbf{Z}_n$,而 $\mathbf{Z}_n$ 有 $\varphi(n)$ 个不同的生成元,它们是满足 $(k, n) = 1$ 的 k。

下面我们进一步了解循环群的子结构。

定理 12.1.18 设 $G = \langle \alpha \rangle$ 是循环群

(1) G 的子群和同态像都是循环群。

(2) 若 G 是无限群,则 G 的子群除 $\{e\}$ 外都是无限循环群。

(3) 若 G 是有限群,则对 $|G| = n$ 的每个正因子 d,G 恰有一个 d 阶子群。

事实上,由于任一无限阶循环群 G 都同构于 $\mathbf{Z}$,所以要了解 G 的子群,只需了解 $\mathbf{Z}$ 的子群。除 $\{0\}$ 外,$\mathbf{Z}$ 的全部子群是 $n\mathbf{Z}$,其中 n 是任一正整数。由于任一 n 阶循环群 $G \cong \mathbf{Z}_n$,所以要了解 G 的子群,只需了解 $\mathbf{Z}_n$ 的子群。而对任意的 $d | n, \mathbf{Z}_n$ 有且仅有一个 d 阶子群 $\langle n/d \rangle$。至此,我们对循环群的结构已经非常清楚了。

12.2 环

12.2.1 环的概念

前面介绍的群是带有一个二元运算的代数结构。下面将介绍带有两个二元运算的代数结构。

定义 12.2.1 设 R 是一给定的集合,在其上定义了两种二元运算"$\oplus$"和"$\otimes$",如果代数系统 $(R, \oplus, \otimes)$ 满足以下条件:

① $(R, \oplus)$ 是一个交换群;
② $(R, \otimes)$ 是一半群;
③ 对于这两种运算有如下的分配律成立,对任意 $a, b, c \in M$,有

$$a \otimes (b \oplus c) = (a \otimes b) \oplus (a \otimes c) \text{(左分配律)}$$
$$(b \oplus c) \otimes a = (b \otimes a) \oplus (c \otimes a) \text{(右分配律)}$$

则称 $(R, \oplus, \otimes)$ 为环。如果运算"$\otimes$"也是交换的,则称之为交换环。

通常,在默认运算的情况下,也称 R 为环。此外,把运算"$\oplus$"称为环中的加法,"$\otimes$"称为环中的乘法。$(R, \oplus)$ 称为环的加法群,这个加法群的单位元称为环的零元,记为 $\bar{0}$(或 0,如果不引起混淆的话),元素 a 的加法逆元称为 a 的负元,记为 $-a$;$(R, \otimes)$ 称为环的乘法半群,如果这个乘法半群有单位元,那么这个单位元称为环的单位元或幺元,记为 $\bar{1}$(或 1),并称这个环为含幺环;对于含幺环,元素 a 的乘法逆元如果存在,则称此逆元为 a 的逆元,记为 a^{-1}。此外,乘法半群的可逆元素也称为环的可逆元或单位。环的所有单位构成的集合记为 $U(R)$,它是一个乘法群,称为环的单位群。

例 12.2.1 $(\mathbf{Z}, +, \times)$ 是一个含幺交换环,称为整数环,其中零元是 0,幺元是 1,可逆元只有 -1 和 1,即 $U(\mathbf{Z}) = \{-1, 1\}$。

例 12.2.2 $(n\mathbf{Z}, +, \times)$ 是一个交换环,当 $n = \pm 1$ 时,$(n\mathbf{Z}, +, \times)$ 就是 $(\mathbf{Z}, +, \times)$;当 $n \neq \pm 1$ 时,零元为 0,没有幺元,当然也就没有可逆元素。

例 12.2.3 仅由一个元素组成的环称为零环。如 $(0, +, \times)$ 和 $(\bar{0}, \oplus, \otimes)$,前者是整数 0 及普通加法与乘法,后者是指 0 矩阵及矩阵的加法与乘法。实际上,如果一个环只由一个元素构成,那么该元素必然是加法单位元,即零元。

例 12.2.4 $(Z_n, \oplus, \otimes)$ 构成一个环,称为整数模 n 的剩余类环。其运算定义为:

$$\forall a, b \in Z_n, a \oplus b = (a + b) \bmod n, a \otimes b = (a \times b) \bmod n$$

其中"+"和"×"分别是整数的加法和乘法。易见，Z_n 的零元为 0，幺元为 1，a 是可逆元的充要条件是 $(a,n)=1$。当 $n>1$ 时，所有非零元都可逆的充要条件是 n 为素数。

例 12.2.5 记 $\mathbf{Z}(\sqrt{2}) = \{a+b\sqrt{2} \mid a,b \in \mathbf{Z}\}$，则 $(\mathbf{Z}(\sqrt{2}),+,\times)$ 对实数的加、乘构成一个环。

由于环中有两个二元运算，为区别起见，我们把元素 a 在加法群中的 n 次幂 $(n \in \mathbf{Z})$ 记为"na"，元素 a 在乘法半群中的 n 次幂仍记为"a^n"。

定理 12.2.1 设 $(R,\oplus,\otimes)$ 为环，$a \in R$，则 $\bar{0} \otimes a = a \otimes \bar{0} = \bar{0}$。

证明：$\bar{0} \otimes a = (\bar{0} \oplus \bar{0}) \otimes a = (\bar{0} \otimes a) \oplus (\bar{0} \otimes a)$。由加法群 $(R,\oplus)$ 的消去律知，$\bar{0} \otimes a = \bar{0}$。同理可证 $a \otimes \bar{0} = \bar{0}$。证毕。

定理 12.2.2 设 $(R,\oplus,\otimes)$ 为环，$a,b \in R, m,n \in \mathbf{Z}$，则

① $m(na) = (mn)a$

② $ma \oplus na = (m \oplus n)a$

③ $na \otimes b = a \otimes (nb) = n(a \otimes b)$

④ $(ma) \otimes (nb) = (mn)(a \otimes b)$

⑤ $(ma^h) \otimes (na^k) = (mn)a^{h+k}$（其中 $h,k \in \mathbf{N}$，当 a 是可逆元时，可取 $h,k \in \mathbf{Z}$）

更一般地，我们有

定理 12.2.3 设 $(R,\oplus,\otimes)$ 为环，$a_i \in R$，记 $\sum_{i=1}^{n} a_i = a_1 \oplus a_2 \oplus \cdots \oplus a_n$，则

① 对任意 $a_i, b_j \in R, 1 \leq i \leq n, 1 \leq j \leq m, n,m \in \mathbf{N}$ 有

$$\left(\sum_{i=1}^{n} a_i\right) \otimes \left(\sum_{j=1}^{m} b_j\right) = \sum_{i=1}^{n} \sum_{j=1}^{m} a_i \otimes b_j$$

② 若 $(R,\oplus,\otimes)$ 有单位元，$n \in \mathbf{N}, a,b \in R$ 且 $a \otimes b = b \otimes a$，则

$$(a \oplus b)^n = \sum_{k=0}^{n} \frac{n!}{k!(n-k)!} a^k \otimes b^{n-k}$$

③ 若 $(R,\oplus,\otimes)$ 有单位元，$a_1,\cdots,a_r \in R$ 且 $a_i \otimes a_j = a_j \otimes a_i (1 \leq i,j \leq r), n \in \mathbf{N}$ 则

$$(a_1 \oplus a_2 \oplus \cdots \oplus a_r)^n = \sum_{i_1+i_2+\cdots+i_r = n} \frac{n!}{i_1! i_2! \cdots i_r!} a_1^{i_1} \otimes a_2^{i_2} \otimes \cdots \otimes a_r^{i_r}$$

这两个定理的证明都不难，留作练习。

定义 12.2.2 设 $(R,\oplus,\otimes)$ 是一个环，零元为 $\bar{0}, a \in R, a \neq \bar{0}$。若有 $b \in R$

且 $b \neq \bar{0}$,使得 $a \otimes b = \bar{0}$(或 $b \otimes a = \bar{0}$)成立,则称 a 是环 R 的左(或右)零因子,在交换环中,左零因子和右零因子没有区别,统称为零因子。

例 12.2.6 在 Z_6 中,$2 \times 3 = 0$,所以 2 和 3 都是零因子。易证,Z_n 无零因子的充要条件是 n 为素数。

定理 12.2.4 在环 $(R, \oplus, \otimes)$ 中,$a \in R, a \neq \bar{0}$,则

① a 不是左零因子的充要条件是对 a 有左消去律成立,即对任意的 $b, c \in R$,若有 $a \otimes b = a \otimes c$,则必有 $b = c$。

② a 不是右零因子的充要条件是对 a 有右消去律成立,即对任意的 $b, c \in R$,若有 $b \otimes a = c \otimes a$,则必有 $b = c$。

由左、右零因子的定义可知,一个环若无左零因子则必无右零因子,反之亦然。没有零因子的环称为无零因子环。而由上述定理,一个环是无零因子环的充要条件是左右消去律成立。

例 12.2.7 $\mathbf{Z}$ 和 $n\mathbf{Z}$ 中均无零因子,因此都是无零因子环。

定义 12.2.3 若 $(R, \oplus, \otimes)$ 至少有两个元素,且是含幺、无零因子的交换环,则称之为整环。

显然,$\mathbf{Z}$ 和 $n\mathbf{Z}$ 是整环,Z_n 是整环的充要条件是 n 为素数。此外,$\mathbf{Q}$、$\mathbf{R}$、$\mathbf{C}$ 都是整环。下面再看一个复杂一些的整环的例子,为此我们先给出环上的一元多项式的概念。

定义 12.2.4 设 $(R, \oplus, \otimes)$ 为环,x 是一个变元,n 是非负整数,$a_0, \cdots, a_n \in R$,则

$$f(x) = a_0 + a_1 x + \cdots + a_n x^n (a_n \neq \bar{0}) = \sum_{i=0}^{n} a_i x^i$$

称为系数在 R 中的 n 次(一元)多项式或称定义在环 $(R, \oplus, \otimes)$ 上的 n 次(一元)多项式,a_0 称为 $f(x)$ 的常数项,n 称为 $f(x)$ 的次数,记作 $\deg f(x) = n$ 或 $\partial f(x) = n$。当 $n = 0$ 时,$f(x) = a_0$ 称为 0 次多项式,$f(x) = 0$ 称为零多项式。若 R 是含 1 环,且 $f(x)$ 的首项系数 $a_n = 1$,则称 $f(x)$ 为首一多项式。所有一元多项式 $f(x)$ 组成的集合记为 $R[x]$。

例 12.2.8 设 $(R, \oplus, \otimes)$ 为含幺环,定义 $R[x]$ 上的二元运算 " $+$ " 和 " $\times$ " 如下:对任意两个一元多项式

$$f(x) = a_0 + a_1 x + \cdots + a_n x^n = \sum_{i=0}^{n} a_i x^i \in R[x]$$

$$g(x) = b_0 + b_1 x + \cdots + b_m x^m = \sum_{i=0}^{m} b_i x^i \in R[x]$$

记 $l = \max(n,m)$,当 $n < l$ 时,令 $a_j = \bar{0}(n < j \leq l)$;当 $m < l$ 时,令 $b_j = \bar{0}$ ($m < j \leq l$)。定义

$$(f+g)(x) = f(x) + g(x) = (a_0 \oplus b_0) + (a_1 \oplus b_1)x + \cdots + (a_l \oplus b_l)x^l$$
$$(f \times g)(x) = f(x) \times g(x) = c_0 + c_1 x + \cdots + c_{n+m} x^{n+m}$$

其中 $c_k = \sum_{i+j=k} a_i \otimes b_j (0 \leq i \leq n, 0 \leq j \leq m, 0 \leq k \leq n+m)$。

容易验证,$(R[x], +, \times)$ 构成一个环,并且:

① $R[x]$ 的零元和幺元分别为 R 的零元和幺元。

② $R[x]$ 中任一元素 $f(x) = a_0 + a_1 x + \cdots + a_n x^n$ 的负元为 $f(x) = (-a_0) + (-a_1)x + \cdots + (-a_n)x^n$。

③ $U(R[x]) = U(R)$,即 $R[x]$ 的可逆元由 R 的可逆元组成。

④ $R[x]$ 为交换环的充要条件是 R 为交换环。

⑤ $R[x]$ 为整环的充要条件是 R 为整环。特别地,$\mathbf{Z}[x]$、$\mathbf{Q}[x]$、$\mathbf{R}[x]$、$\mathbf{C}[x]$ 都是整环。

⑥ $\partial(f(x) + g(x)) \leq \max\{\partial f(x), \partial g(x)\}$,$\partial(f(x) \times g(x)) \leq \partial f(x) + \partial g(x)$。

⑦ 若 $R[x]$ 为整环,则 $\partial(f(x) \times g(x)) = \partial f(x) + \partial g(x)$。

验证留作练习。

定义 12.2.5 设 $(R, \oplus, \otimes)$ 是交换环,$a, b \in R, b \neq \bar{0}$,如果存在一个元素 $c \in R$,使得 $a = b \otimes c$,则称 b 整除 a 或者 a 被 b 整除,记为 $b | a$。把 b 称为 a 的因子,a 称为 b 的倍元。如果 b, c 都不是单位元,则 b 称为 a 的真因子。

例 12.2.9 在 $\mathbf{Z}$ 中,2 和 3 都是 6 的因子。在 Z_{10} 中,$7 \times 9 = 3$,所以 7 和 9 都是 3 的因子。

定义 12.2.6 设 $(R, \oplus, \otimes)$ 是交换环,$p \in R$,如果 p 不是幺元,且没有真因子,则称 p 为不可约元或既约元。

例 12.2.10 在 $\mathbf{Z}$ 中,所有素数都是不可约元。在 $3\mathbf{Z}$ 中,3 和 6 都是不可约元,但 9 是可约元。

定义 12.2.7 设 $(R, \oplus, \otimes)$ 是交换环,$a, b \in R$,如果存在可逆元 $u \in R$,使得 $a = bu$,则称 a 与 b 为相伴元素。

例 12.2.11 在 Z_{10} 中,$6 = 2 \times 3$,而 3 是可逆元,所以 6 和 2 是相伴元素($2 = 6 \times 7$)。

定义 12.2.8 设 $(R, \oplus, \otimes)$ 是环,若存在一个最小的正整数 n 使得对任意 $a \in R$,都有 $na = \bar{0}$,则称环 R 的特征为 n,记为 $\mathrm{char}\, R = n$ 或 $\mathrm{char}(R) = n$。

如果不存在这样的正整数,则称环 R 的特征为 0。

显然,$\mathbf{Z}$ 的特征为 0,Z_n 的特征为 n。

之所以把这个特别的整数称为环的特征,是因为这个整数在一定程度上确实反映了该环的特点。从加法群的角度看,特征为 n 意味着,任一元素(在加法群中)的阶都是 n 的因子。下面的结论也显示了"特征"的意义和作用。

定理 12.2.5 设 $(R, \oplus, \otimes)$ 是含幺交换环,特征为素数 p,则 $\forall a, b \in R$,有 $(a \oplus b)^p = a^p \oplus b^p$。

这个结论表明,在特征 p 的环中,一些运算将大为简化。

为了更深入地了解环的结构特性,有必要了解环的子结构。以下所介绍的环的子环和理想,都是环的子结构。

12.2.2 环的子环和理想

我们先给出子环的概念。

定义 12.2.9 设 $(R, \oplus, \otimes)$ 是环,$H \subseteq R$ 且 $(H, \oplus, \otimes)$ 也是一个环,则称环 $(H, \oplus, \otimes)$ 是环 $(R, \oplus, \otimes)$ 的子环,并称环 $(R, \oplus, \otimes)$ 是环 $(H, \oplus, \otimes)$ 的扩环。$H = R$ 和 $\{\overline{0}\}$ 显然是 R 的子环,称为 R 的平凡子环,非平凡的子环称为真子环。

例 12.2.12 $n\mathbf{Z}$ 是 $\mathbf{Z}$ 的真子环,而 $\mathbf{Z}$ 是 $n\mathbf{Z}$ 的扩环。$m\mathbf{Z}$ 是 $n\mathbf{Z}$ 的子环的充要条件是 $n \mid m$。

对于如何判别一个环的子集是否构成一个子环,我们有如下结论:

定理 12.2.6 设 $(R, \oplus, \otimes)$ 是环,$H \subseteq R$ 是 R 的子代数,则 $(H, \oplus, \otimes)$ 是 $(R, \oplus, \otimes)$ 的子环的充要条件是,对任意的 $a \in H$,都有 $-a \in H$。

例 12.2.13 证明 $\mathbf{Q}(\sqrt{2}) = \{a + b\sqrt{2} \mid a, b \in \mathbf{Q}\}$ 是 $\mathbf{R}$ 的子环。

证明:在 $\mathbf{Q}(\sqrt{2})$ 中任取 $x_1 = a + b\sqrt{2}, x_2 = c + d\sqrt{2}$,有

$$x_1 + x_2 = (a+c) + (b+d)\sqrt{2} \in \mathbf{Q}(\sqrt{2})$$
$$x_1 x_2 = (ac + 2bd) + (ad + bc)\sqrt{2} \in \mathbf{Q}(\sqrt{2})$$

因此 $\mathbf{Q}(\sqrt{2})$ 是 $(\mathbf{R}, +, \times)$ 的子代数,而 $-x_1 = -a - b\sqrt{2} \in \mathbf{Q}(\sqrt{2})$,所以 $\mathbf{Q}(\sqrt{2})$ 是 $\mathbf{R}$ 的子环。证毕。

设 $(R, \oplus, \otimes)$ 是交换环,且 $(H, \oplus)$ 是其加法群 $(R, \oplus)$ 的子群,由群的陪集和商群理论可知,记 R 对子群 H 的所有陪集组成的集合为 $M = R/H$,由于 $(R, \oplus)$ 是交换群,所以 $(H, \oplus)$ 是 $(R, \oplus)$ 的正规子群,从而 M 对加法运算"$\oplus$"导出的运算"$+$"也构成一个群 $(M, +)$,即商群。这里

"+"定义为,$\forall a\oplus H, b\oplus H\in M, (a\oplus H)+(b\oplus H)=(a\oplus b)\oplus H$。

如果要在集合 M 中相应地定义由乘法"$\otimes$"导出的运算"·",则"·"必须满足:对 $a\oplus H$ 中的任何元素 $a\oplus h(h\in H)$ 和 $b\oplus H$ 中的任何元素 $b\oplus h'(h'\in H)$,$(a\oplus h)\otimes(b\oplus h)$ 属于同一个 H 的陪集。否则,无法定义 $(a\oplus h)\cdot(b\oplus h)$。

由环的运算满足分配律知,$\forall h, h'\in H$ 有
$$(a\oplus h)\otimes(b\oplus h')=(a\otimes b)\oplus(a\otimes h')\oplus(b\otimes h)\oplus(h\otimes h')$$
当 H 满足条件:"$\forall r\in R, h\in H$,必有 $r\otimes h\in H$"时,我们有
$$a\otimes h'\in H, b\otimes h\in H, h\otimes h'\in H$$
从而有 $(a\otimes h')\oplus(b\otimes h)\oplus(h\otimes h')\in H$,而 $a\otimes b\in R$,故有 $(a\oplus h)\otimes(b\oplus h')\in M$。于是可定义
$$(a\oplus H)\cdot(b\oplus h)=(a\otimes b)\oplus H$$
此时不难验证,$(M,+,\cdot)$ 是一个环。这自然引出了如下的概念。

定义 12.2.10 设 $(R,\oplus,\otimes)$ 是环,H 是 R 的子环,若 $\forall x\in R, h\in H$,有 $x\otimes h\in H$(或 $h\otimes x\in H$),则称 H 是 R 的左理想(或右理想)。如果 H 同时为 R 的左理想和右理想,则称 H 是 R 的理想。显然,R 的平凡子环 $\{\overline{0}\}$ 和 R 都是 R 的理想,称为 R 的平凡理想。非平凡的理想称为真理想。

定理 12.2.7 (理想判别定理)环 $(R,\oplus,\otimes)$ 的非空子集 H 是 R 的左(或右)理想的充要条件是:

① $\forall a,b\in H$,都有 $a\oplus(-b)\in H$。

② $\forall x\in R, h\in H$,有 $x\otimes h\in H$(或 $h\otimes x\in H$)。

证明是简单的。事实上,①保证了 H 是 R 的加法子群,②保证了理想是可定义的。证明略。

例 12.2.14 考虑所有 n 阶实方阵对于矩阵的加法和乘法形成的环 $M_n(\mathbf{R})$。定义集合
$$H=\{A\in M_n(\mathbf{R})|A\text{ 的第一列元素皆为 }0\}$$
$$G=\{A\in M_n(\mathbf{R})|A\text{ 的第一行元素皆为 }0\}$$
由上述定理不难验证,H 是 $M_n(\mathbf{R})$ 的左理想,G 是 $M_n(\mathbf{R})$ 的右理想。

容易证明,环 R 的(左或右)理想的交仍是 R 的(左或右)理想。证明留作练习。

定义 12.2.11 设 $(R,\oplus,\otimes)$ 是环,H 是 R 的非空子集,R 中包含 H 的最小理想称为由集合 H 生成的理想,记为 (H),H 中的元素叫做 (H) 的生成元。如果 $H=\{a_1,a_2,\cdots,a_n\}$,则称 (H) 为有限生成的理想,记作 $(H)=(a_1,a_2,\cdots,$

a_n)。特别地,由一个元素 a 生成的理想(a)叫做主理想。若环 R 的所有理想都是主理想,则称之为主理想环。

每个含幺环都有两个显然的主理想,即它的平凡理想$(\bar{0}) = \{\bar{0}\}$ 和 $(\bar{1}) = R$。

例 12.2.15 $n\mathbf{Z}$ 是整数环 $\mathbf{Z}$ 的主理想。并且,$\mathbf{Z}$ 的全部理想恰为$\{n\mathbf{Z} \mid n \in \mathbf{Z}\} = (n)$。所以 $\mathbf{Z}$ 是主理想环。

事实上,若 H 是 $\mathbf{Z}$ 的非零理想,则必存在非零整数 $a \in H$,由理想的性质知:$-a = (-1) \times a \in H$,于是 H 中必有正整数,从而有最小的正整数存在,设为 n。我们证明 $H = (n) = \{mn \mid m \in \mathbf{Z}\}$。因为,$\forall a \in H$,由欧几里得辗转相除法可知,$\exists q, r \in \mathbf{Z}$,使得 $a = qn + r, 0 \leqslant r < n$,从而 $r = a - qn \in H$。但因 $r < n$,且 n 是 H 中最小的正整数,故 $r = 0$,于是 $a = qn \in (n)$,从而 $H \subseteq (n)$。又由 $n \in H$ 知,$(n) \subseteq H$,所以 $H = (n)$。

定义 12.2.12 如果一个环既是主理想环,又是整环,就称为主理想整环。

上一节我们已经知道,$\mathbf{Z}$ 是整环,本节我们又看到,$\mathbf{Z}$ 是主理想环,所以 $\mathbf{Z}$ 是主理想整环。

由理想的定义不难发现,环中的理想相当于群中的正规子群。由正规子群容易得到商群。同样,由理想也容易得到商环。有了前面的准备,下面的结论是显然的。

定理 12.2.8 设$(R, \oplus, \otimes)$是环,H 是其理想,又设 $R/H = \{a \oplus H \mid a \in R\}$,在 R/H 上定义"$+$"和"$\cdot$"运算:$\forall a \oplus H, b \oplus H \in R/H (a, b \in R)$,有
$$(a \oplus H) + (b \oplus H) = (a \oplus b) \oplus H, (a \oplus H) \cdot (b \oplus H) = (a \otimes b) \oplus H$$
则$(R/H, +, \cdot)$构成环。

定义 12.2.13 如上定义的环$(R/H, +, \cdot)$称为 R 对 H 的商环。

设 $n \in \mathbf{Z}, n > 0$,则 $n\mathbf{Z}$ 是 $\mathbf{Z}$ 的理想,从而 $\mathbf{Z}/n\mathbf{Z}$ 是 $\mathbf{Z}$ 对 $n\mathbf{Z}$ 的商环。

例 12.2.16 对整数环 $\mathbf{Z}$ 上的多项式环 $\mathbf{Z}[x]$,易见
$$(x^2) = \{x^2 f(x) \mid f(x) \in \mathbf{Z}[x]\}$$
是 $\mathbf{Z}[x]$ 的一个主理想。$\forall f(x) = a_0 + a_1 x + \cdots + a_n x^n \in \mathbf{Z}[x]$,其中 $a_i \in \mathbf{Z}, 0 \leqslant i \leqslant n, n \in \mathbf{N}$,有
$$f(x) = a_0 + a_1 x + x^2 (a_2 + a_3 x + \cdots + a_n x^{n-2}) \in a_0 + a_1 x + (x^2)$$
记 $f(x) + (x^2) = \overline{f(x)}$,则有
$$\mathbf{Z}[x]/(x^2) = \{f(x) + (x^2) \mid f(x) \in \mathbf{Z}[x]\}$$
$$= \{a_0 + a_1 x + (x^2) \mid a_0, a_1 \in \mathbf{Z}\} = \overline{\{a_0 + a_1 x\}}$$

$\forall \overline{a(x)}, \overline{b(x)} \in \mathbf{Z}[x]/(x^2)$,其中 $a(x) = a_0 + a_1 x, b(x) = b_0 + b_1 x$,运算"$\oplus$"、"$\otimes$"定义为

$$\overline{a(x)} \oplus \overline{b(x)} = \overline{(a(x) + b(x))} = \overline{(a_0 + b_0) + (a_1 + b_1)x}$$

$$\overline{a(x)} \otimes \overline{b(x)} = \overline{(a(x) \times b(x))} = \overline{a_0 b_0 + (a_0 b_1 + a_1 b_0)x}$$

则 $(\mathbf{Z}[x]/(x^2), \oplus, \otimes)$ 是一个商环。

12.2.3 环的同态与同构

如同群的同态与同构反映了群之间的联系一样,为了进一步考察环与环之间的联系,我们引入环的同态与同构。

定义 12.2.14 设 $(X, +, \times)$ 和 $(Y, \oplus, \otimes)$ 是两个环,如果存在一个从集合 X 到集合 Y 的映射 f,使得对于任意的 $a, b \in X$ 有

$$f(a + b) = f(a) \oplus f(b)$$
$$f(a \times b) = f(a) \otimes f(b)$$

成立,则称环 $(X, +, \times)$ 与 $(Y, \oplus, \otimes)$ 同态,记为 $(X, +, \times) \sim (Y, \oplus, \otimes)$;并称 f 为从 $(X, +, \times)$ 到 $(Y, \oplus, \otimes)$ 的同态映射。若 f 是单射,则称之为单同态;若 f 是满射,则称之为满同态;若 f 是双射,则称之为同构。记作 $(X, +, \times) \cong (Y, \oplus, \otimes)$。

说明:与群同态或同构类似,环的同态或同构不只是两个环之间元素到元素的映射,还同时包含了两种二元运算关系的对应,$f(a + b) = f(a) \oplus f(b)$ 表明,$(X, +)$ 到 $(Y, \oplus)$ 是加法群的同态,而 $f(a \times b) = f(a) \otimes f(b)$ 则表明,$(X, \times)$ 到 $(Y, \otimes)$ 是乘法半群的"同态"(我们并没有定义半群同态的概念)。虽然环的同态定义中没有涉及加法对于乘法的分配律,但实际上,X 中的加乘分配关系一定会映射到 Y 中,即同态也保持了这种分配关系的对应。因为由同态的定义有

$$f((a + b)c) = f(a + b) \otimes f(c) = (f(a) \oplus f(b)) \otimes f(c)$$

所以,如果 X 中的元素之间有加乘分配关系,则对应地在 f 的映射下,Y 中的相应元素也有加乘分配关系。不难看出,同态刻画了两个环之间的内在联系,描述了它们在结构上的相似性。

例 12.2.17 定义映射 $f: (\mathbf{Z}, +, \times) \to (Z_n, \oplus, \otimes), \forall a \in \mathbf{Z}, f(a) = a \bmod n$。由于 $\forall a, b \in \mathbf{Z}$,有

$(a \bmod n + b \bmod n) \bmod n = (a + b) \bmod n$,即 $f(a + b) = f(a) \oplus f(b)$

$(a \bmod n \times b \bmod n) \bmod n = (a \times b) \bmod n$,即 $f(a \times b) = f(a) \otimes f(b)$

所以,这是一个环同态。易见这是一个满同态,但不是单同态,因而不是同构。

一个环到其自身的同态或同构,称为环的自同态或自同构。

例 12.2.18 设 $(R, \oplus, \otimes)$ 是一个含幺环,g 是 R 的可逆元,则 $f: (R, \oplus, \otimes) \to (R, \oplus, \otimes)$, $\forall a \in R, f(a) = g^{-1} \otimes a \otimes g = g^{-1}ag$ 是环 R 的自同构。

证明:$\forall a, b \in R$,我们有:$f(a \oplus b) = g^{-1}ag \oplus g^{-1}bg = g^{-1}(ag \oplus bg) = g^{-1}(a \oplus b)g = f(a) \oplus f(b)$,$f(a \otimes b) = g^{-1}ag \otimes g^{-1}bg = g^{-1}abg = f(a) \otimes f(b)$。所以这是 R 的自同态。而 $a = b \Leftrightarrow g^{-1}ag = g^{-1}bg$,所以这是环 R 的自同构。

有了环同态的概念,自然可以定义同态像与同态核。

定义 12.2.15 设 f 是环 $(R, \oplus, \otimes)$ 到环 $(S, +, \cdot)$ 的同态映射,0 是 S 的零元,记
$$\text{Im}(f) = \{f(r) \mid r \in R\}, \ker f = \{r \in R \mid f(r) = 0\}$$
则称 $\text{Im}(f)$ 为 f 的(同态)象,称为 $\ker f$ 为 f 的核。

同态像也记为 $f(R)$。

定理 12.2.9 (环同态基本定理)设 f 是环 $(R, \oplus, \otimes)$ 到环 $(S, +, \cdot)$ 的同态映射,则 f 的核 $\ker f$ 是 R 的理想,且 $R/\ker f \cong \text{Im}(f)$;反之,若 H 是 R 的理想,则 $g: R \to R/H, \forall a \in R, g(a) = a \oplus H$ 是满同态,且 $\ker g = H$。

当定理中的 f 是满同态时,有 $\text{Im}(f) = f(R) = S$,所以有下面的推论:

推论:设 f 是环 $(R, \oplus, \otimes)$ 到环 $(S, +, \cdot)$ 的满同态,则 $R/\ker f \cong S$。

例 12.2.19 $\forall f(x) = a_0 + a_1 x + \cdots + a_n x^n \in \mathbf{Z}[x]$,其中 $a_i \in \mathbf{Z}, 0 \leq i \leq n, n \in \mathbf{N}$,考虑映射
$$\varphi: \mathbf{Z}[x] \to \mathbf{Z}, \varphi(f(x)) = a_0$$
显然,这是一个满射。又因为 $\forall g(x) = b_0 + b_1 x + \cdots + b_m x^m \in \mathbf{Z}[x]$,有
$\varphi(f(x) + g(x)) = a_0 + b_0 + (a_1 + b_1)x + \cdots = a_0 + b_0 = \varphi(f(x)) + \varphi(g(x))$
$\varphi(f(x) \times g(x)) = a_0 b_0 + (a_0 b_1 + a_1 b_0)x + \cdots = a_0 b_0 = \varphi(f(x)) \times \varphi(g(x))$
所以 φ 是一个环同态。而
$$\ker \varphi = \{f(x) \in \mathbf{Z}[x] \mid \varphi(f(x)) = 0\}$$
$$= \{f(x) \in \mathbf{Z}[x] \mid a_0 = 0\}$$
$$= \{x(a_1 + a_2 x + \cdots + a_n x^{n-1})\} = (x)$$
所以,由环同态基本定理有 $\mathbf{Z}[x]/\ker \varphi = \mathbf{Z}[x]/(x) \cong \mathbf{Z}$。

事实上,$\forall f(x) = a_0 + a_1 x + \cdots + a_n x^n \in \mathbf{Z}[x]$,我们有 $f(x) = a_0 + x(a_1 + a_2 x + \cdots + a_n x^{n-1})$,所以
$$\mathbf{Z}[x]/(x) = \{f(x) + (x) \mid f(x) \in \mathbf{Z}[x]\} = \{a_0 + (x) \mid a_0 \in \mathbf{Z}\}$$
显然映射 $\varphi': \mathbf{Z}[x]/(x) \to \mathbf{Z}, \varphi'(a_0 + (x)) = a_0, \forall a_0 \in \mathbf{Z}$ 是一个环同构映射。

例 12.2.20 $\forall f(x) = a_0 + a_1 x + \cdots + a_n x^n \in \mathbf{Z}[x]$,其中 $a_i \in \mathbf{Z}, 0 \leq i \leq$

$n, n \in \mathbf{N}$,对给定的正整数 m,考虑映射

$$\lambda: \mathbf{Z}[x] \to \mathbf{Z}_m[x], \lambda(f(x)) = f(x) \bmod m = \sum_{i=0}^{n} a_i (\bmod m) x^i$$

易见这是一个满射。又因为 $\forall g(x) = b_0 + b_1 x + \cdots + b_m x^m \in \mathbf{Z}[x]$,有

$$(f(x) + g(x)) \bmod m = \sum_{i=0}^{\max\{m,n\}} ((a_i + b_i) \bmod m) x^i$$

$$= \sum_{i=0}^{n} (a_i \bmod m) x^i + \sum_{i=0}^{m} (b_i \bmod m) x^i$$

$$= f(x) \bmod m + g(x) \bmod m$$

所以有 $\lambda(f(x) + g(x)) = \lambda(f(x)) + \lambda(g(x))$。同理有

$$(f(x) \times g(x)) \bmod m = (f(x) \bmod m \times g(x) \bmod m) \bmod m$$

即 $\lambda(f(x) \times g(x)) = \lambda(f(x)) \times \lambda(g(x))$,所以 λ 是一个同态映射。而

$$\ker \lambda = \{f(x) \in \mathbf{Z}[x] | f(x) \bmod m = 0\} = \{f(x) \in \mathbf{Z}[x] | a_i \equiv 0 \bmod m\} = (m)$$

所以由同态基本定理有:$\mathbf{Z}[x]/\ker \lambda = \mathbf{Z}[x]/(m) \cong \mathbf{Z}_m[x]$。

12.3 域和域上的一元多项式

12.3.1 域的概念和若干基本性质

域是一类特殊的环。本节简单介绍一些域中的基本概念。

定义 12.3.1 设 $(F, \oplus, \otimes)$ 是一个非零含幺交换环,且 $\bar{0} \neq \bar{1}$,若它的每个非零元都是乘法可逆元,则称之为域。此时环 $(F, \oplus, \otimes)$ 的特征也称为域 $(F, \oplus, \otimes)$ 的特征。

由定义,域中至少有两个元素 $\bar{0}$ 和 $\bar{1}$。

例 12.3.1 若 p 是素数,则 $\mathbf{Z}_p$ 是域,通常称为素域,记为 F_p 或 $\mathbf{F}_p$。显然,$\mathrm{char}\, F_p = p$。特别地,F_2 是一个只有两个元素的最简单的域,称为二元域。

例 12.3.2 $\mathbf{Q}$、$\mathbf{R}$、$\mathbf{C}$ 都是域,分别称为有理数域、实数域和复数域,它们都是特征为 0 的域。

域作为一类特殊的环,从特征上也可以反映出来。前面我们已经知道,对任意正整数 n,存在特征为 n 的环(如 $\mathbf{Z}_n$)。但域却不然。对于域的特征,我们有下面的结论:

定理 12.3.1 设域 $(F, \oplus, \otimes)$ 的特征为 n,若 $n \neq 0$,则 n 必为素数。

证明:用反证法。假设 n 不是素数,则必存在整数 $1 < k, m < n$,使得 $n = km$,于是有

$$(k\bar{1})(m\bar{1}) = (km)\bar{1} = n\bar{1} = \bar{0}$$

因域中无零因子,所以有 $k\bar{1} = \bar{0}$ 或者 $m\bar{1} = \bar{0}$,这与特征 n 的最小性矛盾。证毕。

由域的定义知,域必为环,但环未必是域。以下两个结论反映了环与域之间的一些关系。

定理 12.3.2 域必为整环。

证明:设 $(F, \oplus, \otimes)$ 是域,由域的定义知 F 为交换环且存在幺元,则只需再证 F 中不存在零因子即可。假设 F 中存在零因子,即存在 $a, b \neq \bar{0}, a, b \in F$ 满足 $a \otimes b = \bar{0}$,由域的定义知, a, b 均为可逆元,于是有 $a = a \otimes (b \otimes b^{-1}) = (a \otimes b) \otimes b^{-1} = \bar{0}$,类似可得 $b = \bar{0}$,这与 a, b 为非零元矛盾,故 F 中不存在零因子。证毕。

定理 12.3.3 有限整环必为域。

证明:设 $(F, \oplus, \otimes)$ 是有限整环,其阶(定义为其加法群的阶,通常记为 $|F|$)为 $n \in \mathbf{N}$。不妨设 $F = \{a_1, a_2, \cdots, a_n\}$,则对 $\forall 0 \neq a \in F$,令 $F' = \{a \otimes a_1, a \otimes a_2, \cdots, a \otimes a_n\}$,由环乘法的封闭性知, F' 中每个元素均在 F 中,从而有 $F' \subseteq F$;又根据整环的消去律,对任意 $i \neq j$ 均有 $a \otimes a_i \neq a \otimes a_j$,所以 F' 的元素两两不同,从而有 $|F'| = |F|$,于是得 $F' = F$。所以必存在某个 a_i 使得 $a \otimes a_i = \bar{1}$,即 F 中任一非零元均可逆。证毕。

上面两个定理告诉我们,域必是整环,有限整环也必为域。所以,只有无限整环才有可能不是域。我们最容易想到的不是域的无限整环是 $\mathbf{Z}$。$\mathbf{Z}$ 之所以不是域,是因为 $\forall 0 \neq a \in \mathbf{Z}, a \neq \pm 1, a$ 都没有逆元。但我们可以想办法为它"构造"一个逆元

$$a^{-1} = \frac{1}{a}$$

这样就引入了分数,扩充了 $\mathbf{Z}$ 并得到有理数域 $\mathbf{Q}$。需要强调的是,每个分数都代表着一个等价类。

这一方法可推广到任意整环中去,得到从整环构造域的一般方法。用这种方法构造的域称为整环的分式域。

此外,我们还可以通过在域上添加新元素的方法,构造更大的域。

例 12.3.3 证明 $\mathbf{Q}(\sqrt{2}) = \{a + b\sqrt{2} | a, b \in \mathbf{Q}\}$ 是域。

证明:由例 12.2.13 可知 $\mathbf{Q}(\sqrt{2})$ 是环,从而 $(\mathbf{Q}(\sqrt{2}), +)$ 是一个加法群。记 $\mathbf{Q}(\sqrt{2})^* = \mathbf{Q}(\sqrt{2}) \setminus \{0\}$,则易见 $(\mathbf{Q}(\sqrt{2})^*, \times)$ 是一个乘法群。事实上, $1 = $

$1 + 0 \times \sqrt{2} \in \mathbf{Q}(\sqrt{2})$,而 $\forall\, 0 \neq a + b\sqrt{2} \in \mathbf{Q}(\sqrt{2})$,有

$$(a + b\sqrt{2})^{-1} = \frac{a}{a^2 - 2b^2} - \frac{b}{a^2 - 2b^2}\sqrt{2} \in \mathbf{Q}(\sqrt{2})$$

从而每个非 0 元都有逆元,所以 $\mathbf{Q}(\sqrt{2})$ 是域。

类似地,对素数 p,我们可以定义 $\mathbf{Q}(\sqrt{p})$。

定义 12.3.2 设 $(F, \oplus, \otimes)$ 是域,$H \subseteq F$,$(H, \oplus, \otimes)$ 也是域,则称域 $(H, \oplus, \otimes)$ 是域 $(F, \oplus, \otimes)$ 的子域;同时称域 $(F, \oplus, \otimes)$ 为域 $(H, \oplus, \otimes)$ 的扩域(或扩张)。F 显然是 F 自身的子域,称为 F 的平凡子域,非平凡的子域称为真子域。

例 12.3.4 $\mathbf{Q}$ 是 $\mathbf{Q}(\sqrt{2})$ 的子域,且是真子域,因此 $\mathbf{Q}(\sqrt{2})$ 是 $\mathbf{Q}$ 的扩域。而 $\mathbf{Q}(\sqrt{2})$ 又是 $\mathbf{R}$ 的子域,$\mathbf{R}$ 又是 $\mathbf{C}$ 的子域。所以从 $\mathbf{Q}$ 到 $\mathbf{C}$,是域的一系列扩张。

在讨论域时,往往从一个大的域 K 的某个子域 F 出发来关注其扩张,这时称 F 为基域。

定义 12.3.3 在域 K 中任意取定一个子域 F 作为基域,K 是 F 的扩域,叫做 F 上的域扩张,记作 K/F。K 的包含 F 的任一子域叫做 K/F 的中间域。

仔细观察不难发现,作为 $\mathbf{Q}$ 的扩域,实际上 $\mathbf{Q}(\sqrt{2})$ 的任一元素都是 $1, \sqrt{2}$ 这两个元素的线性组合。所以,$\mathbf{Q}(\sqrt{2})$ 是 $\mathbf{Q}$ 上的线性空间,而 $\{1, \sqrt{2}\}$ 是一组基。

定义 12.3.4 设 E 是 F 的扩域,E 自然视为 F 上的线性空间,空间的维数称为 E 在 F 上的扩张的次数,记为 $[E:F]$。若维数是有限的,则称 E 是 F 的有限扩张,否则称为无限扩张。

例 12.3.5 $\mathbf{Q}(\sqrt{3})$ 是 $\mathbf{Q}$ 上的有限扩张,且 $[\mathbf{Q}(\sqrt{3}) : \mathbf{Q}] = 2$。顺便指出,$\mathbf{R}$ 是 $\mathbf{Q}$ 的无限扩张,但这里略去其证明,只是想说明,无限扩张是存在的。

定义 12.3.5 设 F 是 K 的扩域,S 是 F 的子集,称 F 中包含 $K \cup S$ 的最小子域称为 S 在 K 上生成的域,记为 $K(S)$。若 $S = \{u_1, u_2, \cdots, u_n\}$ 是有限集,则称 $K(S) = K(u_1, u_2, \cdots, u_n)$ 是 K 的有限生成扩张。特别地,当 $S = \{u\}$ 时,$K(u)$ 称为单扩张。

显然,$\mathbf{Q}(\sqrt{2})$ 是 $\mathbf{Q}$ 的单扩张。

关于域的扩张还有很丰富而深奥的理论,这里不做专门介绍。但下一章将涉及 F_p(p 是素数)的有限扩张,这里介绍的一些概念后面将用到。

12.3.2 域上的一元多项式

前面我们介绍了,对任意的环 R,可以定义 R 上的一元多项式环 $R[x]$。当 R 是域时,$R[x]$ 自然就是域上的一元多项式环。

设 K 是域,$K[x]$ 是 K 上的一元多项式环,因为 $\forall a \in K, a = a + 0 \cdot x + \cdots + 0 \cdot x^n \in K[x]$,所以 K 中的元素可以看成 $K[x]$ 中的 0 次多项式,从而 K 可以自然地看成 $K[x]$ 的子环。这样,我们就可统一 $K[x]$ 与 K 中的运算。习惯上,将 K 称为 $K[x]$ 的系数域。

定义 12.3.6 设 K 是域,$\forall c \in K, f(x) = a_0 + a_1 x + \cdots + a_n x^n \in K[x]$,定义
$$cf(x) = ca_0 + ca_1 x + \cdots + ca_n x^n \in K[x]$$
称为 c 与 $f(x)$ 的数乘运算。若 $c \neq 0$,则称 $f(x)$ 与 $cf(x)$ 是相伴的。

有了 $K[x]$ 中的加法与数乘运算,$K[x]$ 可以自然地看成 K 上的线性空间。显然,这是一个无限维的线性空间,$\{1, x, x^2, \cdots, x^n, \cdots\}$ 是它的一组基。

由于 K 是整环,所以 $K[x]$ 也必为整环。这样,我们就可以仿照 $\mathbf{Z}$,在 $K[x]$ 中引入除法运算。

定义 12.3.7 设 K 是域,$\forall f(x), g(x) \in K[x], f(x) \neq 0$,如果存在 $q(x) \in K[x]$,使得
$$g(x) = q(x)f(x)$$
则称 $f(x)$ 整除 $g(x)$,记作 $f(x) | g(x)$,并称 $g(x)$ 是 $f(x)$ 的倍式,$f(x)$ 是 $g(x)$ 的因式。若 $f(x)$ 不能整除 $g(x)$,则记作 $f(x) \nmid g(x)$。易见,$\forall 0 \neq a \in K, a$ 和 $af(x)$ 都是 $f(x)$ 的因式,称为 $f(x)$ 的平凡因式。若 $f(x) | g(x)$,且 $1 \leqslant \partial f(x) < \partial g(x)$,则称 $f(x)$ 是 $g(x)$ 的真因式。

关于多项式的整除,我们有下列性质:

定理 12.3.4 设 K 是域,则 $K[x]$ 中的多项式有以下基本性质:$\forall 0 \neq c \in K, \forall f(x), g(x) \in K[x]$

① 若 $f(x) \neq 0$,则 $f(x) | 0$;但 $0 \nmid f(x)$。

② $c | f(x)$。

③ 若 $f(x) | g(x)$,则 $cf(x) | g(x)$。

④ 若 $f(x) | g(x), g(x) | h(x)$,则 $f(x) | h(x)$。

⑤ 若 $f(x) | g(x), f(x) | h(x)$,则 $\forall u(x), v(x) \in K[x]$,有 $f(x) | u(x)g(x) + v(x)h(x)$。

⑥ 若 $f(x) | g(x)$,且 $g(x) | f(x)$,则 $f(x)$ 与 $g(x)$ 相伴,即有 $0 \neq a \in K$,使得 $f(x) = ag(x)$。

证明是容易的,留作练习。

定义 12.3.8　设 K 是域,$p(x)\in K[x]$,$\partial p(x)>0$,若 $p(x)$ 的因式只有平凡因式而没有真因式,则称 $p(x)$ 是 $K[x]$ 的一个不可约多项式或不可约元。

注:由定义,一次多项式一定是不可约的,因为它的因式的次数只能是 0 或 1,因而只能是平凡因式。高于一次的多项式是否可约,则与它的系数域有关。

例 12.3.6　x^2+1 在 $\mathbf{Q}[x]$ 和 $\mathbf{R}[x]$ 中是不可约多项式。但在 $F_2[x]$ 中有 $x^2+1=(x+1)^2$,因而是可约多项式。同样,在 $\mathbf{C}[x]$ 中有 $x^2+1=(x+\sqrt{-1})(x-\sqrt{-1})$,因而也是可约多项式。

例 12.3.7　对于 $f(x)=x^2-2x+2$,试分别在 $\mathbf{R}[x]$ 和 $F_p[x]$ 中讨论其可约性。

解:由初等数学知,$f(x)=x^2-2x+2=(x-1)^2+1=(x-(1+\sqrt{-1}))(x-(1-\sqrt{-1}))$,所以 $f(x)$ 只有两个根 $1+\sqrt{-1}$ 和 $1-\sqrt{-1}$,而 $\sqrt{-1}\notin \mathbf{R}$,所以 $f(x)$ 在 $\mathbf{R}[x]$ 上不能分解为两个一次多项式的积,因而 $f(x)$ 在 $\mathbf{R}[x]$ 中是不可约的。

显然,$f(x)$ 在 $F_p[x]$ 中是可约的,当且仅当 $\sqrt{-1}\in F_p$。

当 $p=2$ 时,在 F_2 上有 $-1=1$,所以 $\sqrt{-1}=1\in F_2$,即 $f(x)$ 在 $F_2[x]$ 中是可约的。实际上,在 $F_2[x]$ 中有 $f(x)=x^2-2x+2=x^2$。

当 $p>2$ 是素数时,$\sqrt{-1}\in F_p$ 意味着存在 $a\in F_p$,使得 $a^2\equiv -1 \mod p$ 成立。由 Fermat 定理有

$$\forall x\in \mathbf{Z}, 若 p\nmid x,则 x^{p-1}\equiv 1 \mod p$$

于是,若 $\sqrt{-1}\in F_p$,则显然有 $p\nmid \sqrt{-1}$,从而有

$$((\sqrt{-1})^2)^{\frac{p-1}{2}}\equiv (-1)^{\frac{p-1}{2}}\equiv 1 \mod p$$

反之,若

$$(-1)^{\frac{p-1}{2}}\equiv 1 \mod p \qquad (12.3.1)$$

则 $a^2\equiv -1 \mod p$ 必有解,从而 $\sqrt{-1}\in F_p$。所以,$f(x)$ 在 $F_p[x]$ 中是可约的,当且仅当(12.3.1)式成立,即 $(p-1)/2$ 必须是偶数,亦即 $4\mid(p-1)$,或者说 p 必须是 $4k+1(k\in \mathbf{N})$ 型的素数。

不可约多项式相当于整数中的素数。整数可以做素因子分解,相应地,域上一元多项式也可以做不可约因式分解。

定理 12.3.5 （多项式唯一分解定理）设 K 是域,多项式 $f(x) \in K[x]$,若 $\partial f(x) \geq 1$,则 $f(x)$ 在 $K[x]$ 中可分解成不可约多项式的乘积。即有

$$f(x) = p_1(x) p_2(x) \cdots p_m(x)$$

其中 $p_i(x)(1 \leq i \leq m)$ 是 $K[x]$ 中的不可约多项式,且 $\partial p_1(x) \leq \partial p_2(x) \leq \cdots \leq \partial p_m(x)$。若不计多项式的顺序,则该分解式在相伴的意义下是唯一的。同时还有

$$\partial f(x) = \partial p_1(x) + \cdots + \partial p_m(x) \tag{12.3.2}$$

该结论还可以等价地表述为:设 K 是域,首一多项式 $f(x) \in K[x]$,若 $\partial f(x) \geq 1$,则 $f(x)$ 在 $K[x]$ 中可分解成首一不可约多项式的乘积,且若不计顺序,该分解是唯一的。

不难发现,本定理的证明类似于整数唯一分解定理的证明。所不同的是,两个素数相互整除时只能相等,而两个不可约多项式相互整除时,是彼此相伴。

定义 12.3.9 设 K 是域,$f(x) \in K[x]$,如果 $0 \neq d(x) \in K[x]$ 满足

$$d(x)^k | f(x), d(x)^{k+1} \nmid f(x)$$

则称 $d(x)$ 是 $f(x)$ 的 k 重因式。

将多项式唯一分解定理中相同的因式写成幂的形式,则 $f(x)$ 可以写成不同重因式的积。即有

推论:设 K 是域,$f(x) \in K[x]$,若 $\partial f(x) \geq 1$,则有

$$f(x) = p_1(x)^{\alpha_1} p_2(x)^{\alpha_2} \cdots p_k(x)^{\alpha_k}$$

且对 $1 \leq i \leq k, \alpha_i \geq 1, p_i(x)$ 是各不相伴的不可约多项式。

我们已经看到,域上的多项式有很多性质与整数相像。多项式的因式相当于整数中的因子。如同两个整数可以有公因子,两个多项式也可以有公因式和最大公因式。

定义 12.3.10 设 K 是域,$f(x), g(x) \in K[x]$ 不全为 0,若有 $d(x) \in K[x]$,使得 $d(x) | f(x)$,且 $d(x) | g(x)$,则称 $d(x)$ 是 $f(x)$ 和 $g(x)$ 的一个公因式。如果 $d(x)$ 还满足

① $d(x)$ 是首一多项式;

② 对 $f(x)$ 和 $g(x)$ 的任意一个公因式 $d'(x)$,都有 $d'(x) | d(x)$。

则称 $d(x)$ 是 $f(x)$ 和 $g(x)$ 的最大公因式,记为 $\gcd(f(x), g(x))$ 或 $(f(x), g(x))$。又若 $(f(x), g(x)) = 1$,则称 $f(x)$ 与 $g(x)$ 互素。

类似地,还可以定义最小公倍式。

定义 12.3.11 设 K 是域,$f(x), g(x) \in K[x]$ 皆不为 0,若有 $c(x) \in$

$K[x]$,使得 $f(x)|c(x)$,且 $g(x)|c(x)$,则称 $c(x)$ 是 $f(x)$ 和 $g(x)$ 的一个公倍式。如果 $c(x)$ 还满足

①$c(x)$ 是首一多项式;

②对 $f(x)$ 和 $g(x)$ 的任意一个公倍式 $c'(x)$,都有 $c(x)|c'(x)$。

则称 $c(x)$ 是 $f(x)$ 和 $g(x)$ 的最小公倍式,记为 $\mathrm{lcm}(f(x),g(x))$ 或 $[f(x),g(x)]$。

注:最大公因式和最小公倍式是首一多项式保证了其唯一性。

例 12.3.8 在 $\mathbf{R}[x]$ 中,有 $(x^2-1,x^3-1)=x-1$,$[x^2-1,x^3-1]=(x+1)(x^3-1)$。

此外,整数中不光有整除,还可以做带余除法,多项式也不例外。我们有下面的结论:

定理 12.3.6 设 K 是域,$f(x),g(x)\in K[x]$,$f(x)\neq 0$,则存在唯一的 $q(x),r(x)\in K[x]$,使得

$$g(x)=q(x)f(x)+r(x),r(x)=0 \text{ 或 } \partial r(x)<\partial f(x) \quad (12.3.3)$$

$q(x)$ 和 $r(x)$ 分别称为用 $f(x)$ 除以 $g(x)$ 所得的商式和余式。

例 12.3.9 在 $\mathbf{R}[x]$ 中,有 $x^4+3x^3+x-2=(x^2+x+1)(x^2+2x-3)+(2x+1)$。在 $F_2[x]$ 中有

$$x^4+1=(x^2+x)(x^2+x+1)+(x+1)$$

上述定理的结论相当于初等数论中整数的带余除法,所以又称为多项式的带余除法。我们知道,在初等数论中可用辗转相除法求两个整数的最大公因子,这种方法同样可以用于求两个多项式的最大公因式。事实上我们有

定理 12.3.7 设 K 是域,若 $f(x),g(x),q(x),r(x)\in K[x]$,且

$$g(x)=q(x)f(x)+r(x),\partial r(x)<\partial f(x)$$

则有 $(g(x),f(x))=(f(x),r(x))$。

由此定理,任给两个非零多项式,不断做带余除法,不难求得其最大公因式。即有

定理 12.3.8 设 K 是域,若 $f(x),g(x)\in K[x]$ 是非零多项式,则必存在 $u(x),v(x)\in K[x]$,使得

$$(f(x),g(x))=u(x)f(x)+v(x)g(x) \quad (12.3.4)$$

定理 12.3.8 称为多项式的辗转相除法,也称为求两个多项式最大公因式的 Euclid 算法。

有了带余除法,我们可以进一步引进多项式同余的概念。

定义 12.3.12 设 K 是域,$f(x),g(x),m(x)\in K[x]$,若 $f(x)$ 与 $g(x)$ 除以

$m(x)$ 后的余式相同,则称 $f(x)$ 与 $g(x)$ 模 $m(x)$ 同余,记为 $f(x) \equiv g(x) \bmod m(x)$。即有 $q_1(x), q_2(x), r(x) \in K[x]$,使得
$$f(x) = q_1(x)m(x) + r(x), g(x) = q_2(x)m(x) + r(x), \partial r(x) < \partial m(x)$$
此时 $f(x)$ 与 $g(x)$ 模 $m(x)$ 同余于 $r(x)$。

注:在不引起混淆的前提下,通常也将同余式写成 $f(x) = g(x) \bmod m(x)$。

由定义,多项式同余有以下基本性质:

定理 12.3.9 设 K 是域,$f(x), g(x), m(x) \in K[x]$,则有

① $f(x) \equiv g(x) \bmod m(x)$ 当且仅当 $m(x) \mid (f(x) - g(x))$。

② 若 $f(x) = q_1(x)m(x) + r(x)$,则 $f(x) \equiv r(x) \bmod m(x)$。

③ $f(x) \equiv 0 \bmod m(x)$ 当且仅当 $m(x) \mid f(x)$。

④ 若 $f(x) \equiv g(x) \bmod m(x), q(x) \equiv r(x) \bmod m(x)$,则 $f(x) \pm q(x) \equiv g(x) \pm r(x) \bmod m(x)$。

⑤ 若 $f(x) \equiv g(x) \bmod m(x), q(x) \equiv r(x) \bmod m(x)$,则 $f(x)q(x) \equiv g(x)r(x) \bmod m(x)$。

⑥ 若 $f(x)h(x) \equiv g(x)h(x) \bmod m(x)$,且 $(h(x), m(x)) = 1$,则 $f(x) \equiv g(x) \bmod m(x)$。特别地,我们有

⑦ $f(x) \equiv f(x) \bmod m(x)$。(自反性)

⑧ 若 $f(x) \equiv f(x) \bmod m(x)$,则 $g(x) \equiv f(x) \bmod m(x)$。(对称性)

⑨ 若 $f(x) \equiv g(x) \bmod m(x), g(x) \equiv h(x) \bmod m(x)$,则 $f(x) \equiv h(x) \bmod m(x)$。(传递性)

我们知道,整数环 $\mathbf{Z}$ 模非 0 整数 m 可以得到商环 $\mathbf{Z}_m$。那么,域 K 上的多项式环 $K[x]$ 是否也可以通过模一个非零多项式 $m(x)$ 来得到一个商环呢?

$\mathbf{Z}_m$ 是由 $\mathbf{Z}$ 模 m 的等价类得到的。实际上,上一定理中的性质⑦、⑧、⑨已经表明,多项式的同余也是一个等价关系,因而所有的多项式可以基于这种等价关系分成等价类,只需在等价上定义合适的运算即可。从环的角度看,只要等价类 $m(x)$ 所在的等价类形成 $K[x]$ 的理想即可。

$\forall 0 \neq m(x) \in K[x]$,记
$$(m(x)) = \{f(x) \mid f(x) \in K[x], f(x) \equiv 0 \bmod m(x)\}$$
$\forall g(x) \in K[x], f(x) \in (m(x))$,因为 $f(x) \equiv 0 \bmod m(x)$,所以 $g(x)f(x) \equiv 0 \bmod m(x)$,从而 $(m(x))$ 是整环 $K[x]$ 的主理想。记 $f(x) + (m(x)) = \overline{f(x)}$,于是由定理 12.2.8 知
$$K[x]/(m(x)) = \{f(x) + (m(x)) \mid f(x) \in K[x]\} = \{\overline{f(x)} \mid f(x) \in K[x]\}$$

是一个商环,而且显然是一个交换环。

$\forall \overline{f(x)}, \overline{g(x)} \in K[x]/(m(x))$,由于

$$\overline{f(x)} = \overline{g(x)} \Leftrightarrow f(x) + (m(x)) = g(x) + (m(x))$$
$$\Leftrightarrow f(x) - g(x) \in (m(x))$$
$$\Leftrightarrow m(x) \mid (f(x) - g(x))$$
$$\Leftrightarrow f(x) \equiv g(x) \bmod m(x)$$

所以有:$K[x]/(m(x)) = \{\overline{f(x)} \mid f(x) \in K[x], \partial f(x) < \partial m(x)\}$。

注:为方便起见,在不引起混淆的情况下,有时也将$\overline{f(x)}$仍记为$f(x)$。

我们还知道,Z_m 是域当且仅当 m 是素数。类似地,对于商环 $K[x]/(m(x))$,我们有:

定理 12.3.10 设 K 是域,$0 \neq m(x) \in K[x]$,则 $F = K[x]/(m(x))$ 是域当且仅当 $m(x)$ 是不可约多项式。且当 $m(x)$ 不可约时有 $[F:K] = \partial m(x)$。

例 12.3.10 $x^2 - 5$ 是 $\mathbf{Q}[x]$ 中的不可约多项式,所以 $\mathbf{Q}[x]/(x^2 - 5)$ 是域,且是 $\mathbf{Q}$ 的二次扩张。可以证明,它同构于 $\mathbf{Q}(\sqrt{5})$。证明留作练习。

以上讨论的都是多项式与整数相近的性质。但多项式毕竟不是整数,它与整数仍有不少区别。前面已经提到,一个多项式可以等于 0,成为一个方程。下面介绍一些多项式的方程特性。

定义 12.3.13 设 K 是域,$f(x) \in K[x]$,若存在 $\alpha \in K$,使得 $f(\alpha) = 0$,则称 α 是 $f(x)$ 在 K 中的一个根。

例 12.3.11 考虑 $f(x) = x^4 + 4 \in F_5[x]$,则有 $f(1) = 0$,从而 1 是 $f(x)$ 在 F_5 中的一个根。此外,还有 $f(-1) = 0, f(2) = 0$ 和 $f(-2) = 0$,所以 -1、2 和 -2 也都是 $f(x)$ 在 F_5 中的根。

不难发现,上例中有 $f(x) = x^4 + 4 = (x+1)(x-1)(x+2)(x-2)$。这表明 $f(x)$ 的根与其一次因式有着密切的联系。事实上,我们有下面的结论:

定理 12.3.11 设 K 是域,$f(x) \in K[x]$,则 $\alpha \in K$ 是 $f(x)$ 的根,当且仅当 $(x-\alpha) \mid f(x)$。

定义 12.3.14 设 $x - \alpha$ 是 $f(x) \in K[x]$ 的 m 重因式,若 $m = 1$,则 α 是 $f(x)$ 的单根;若 $m > 1$,则称 α 是 $f(x)$ 的 m 重根。

例 12.3.12 $f(x) = x^4 - x^2 + 3x + 2 = (x-1)^3(x-2) \in F_5[x]$,所以 1 是 $f(x)$ 的三重根,2 是 $f(x)$ 的单根。

多项式的根在域的扩张特别是有限域的构造中有重要作用。

定义 12.3.15 设 F 是一个域,K 是 F 的子域,$0 \neq \alpha \in F$。称以 α 为根的次数最低的首一多项式 $m(x) \in K[x]$ 为元素 α 在 K 上的极小多项式。

关于极小多项式,我们有以下结论

定理 12.3.12 设 F 是域,K 是 F 的子域,$0 \neq \alpha \in F$,$m(x) \in K[x]$ 是 α 在 K 上的极小多项式,则 $m(x)$ 一定是 $K[x]$ 中的不可约多项式。

定理 12.3.13 设 F 是域,K 是 F 的子域,$0 \neq \alpha \in F$,$m(x) \in K[x]$ 是 α 在 K 上的极小多项式,若有 $f(x) \in K[x]$ 也以 α 为根,则必有 $m(x)|f(x)$。

极小多项式在有限域中还将用到。本章最后再给出几个与域的扩张相关的概念。

定义 12.3.16 设 K 是域,F 是 K 的扩张,$f(x) \in K[x]$。若 $f(x)$ 的所有根都在 $F[x]$ 中,即 $f(x)$ 在 $F[x]$ 中可以分解成一次因式的乘积,则称 $f(x)$ 在 $F[x]$ 中分裂。

定义 12.3.17 设 K 是域,F 是 K 的扩张。若 F 是包含 $f(x) \in K[x]$ 的全部根的最小的域,则称 F 是 $f(x)$ 的分裂域。设 $f(x)$ 的全部根为 $\alpha_1, \alpha_2, \cdots, \alpha_n$,则 $f(x)$ 的分裂域为 $F = K(\alpha_1, \alpha_2, \cdots, \alpha_n)$。

例 12.3.13 任一多项式在 **C** 中分裂。

例 12.3.14 $x^2 - p$(p 是素数)在 $Q(\sqrt{p})$ 中分裂。因为 $x^2 - p$ 只有两个根 $\sqrt{p}$ 和 $-\sqrt{p}$,所以 $Q(\sqrt{p})$ 是 $x^2 - p$ 在 **Q** 上的分裂域。

定义 12.3.18 设 K 是域,F 是 K 的扩张。若 $u \in F$ 是 $K[x]$ 中某个多项式的根,则称 u 是 K 上的代数元素(简称代数元),或称 u 是在 K 上的代数。若 $u \in F$ 不是 $K[x]$ 中任何多项式的根,则称 u 是 K 上的超越元素(简称超越元),或称 u 在 K 上代数。若 F 的所有元素都是 K 上的代数元素,则称 F 是 K 的代数扩张。若 F 中存在超越元素,则称 F 是 K 的超越扩张。

例 12.3.15 $\sqrt[m]{n}, m, n \in \mathbf{Z}$ 是 **Q** 上的代数元,而无理数 π 和 e 则是 **Q** 上的超越元。

定义 12.3.19 如果域 K 上的所有代数元均在 K 中,则称 K 是代数封闭域。若 F/K 是域的代数扩张,且 F 是代数封闭域,则称 F 为 K 的代数闭包。

由定义,若 F 为 K 的代数闭包,则 K 上的所有代数元均在 F 中。

下一章将会涉及有限域的代数扩张、分裂域及代数闭包等概念。

12.4 注 记

群、环、域都是不超过两个二元运算的代数结构,是数学的重要分支——代数学的基础内容。代数学在密码学中有着越来越多的应用。特别是循环群和有限域的知识,已经成了现代密码学中不可或缺的理论基础。例如,AES 算法用到了有限域的知识,ElGamal 公钥算法用到了有限循环群的理论,ECC 公钥算法基于有限域上的椭圆曲线所形成的加法群,二者都离不开。因此本章花了不少篇幅,介绍了这些基本概念和在现代密码学中要用到的相关重要结论。

需要说明的是,一些内容可能没有直接的应用,但由于数学的连贯性,不能割裂开来介绍。单独介绍循环群和有限域而不涉及其他,不仅概念不容易讲清楚,而且许多性质无法推导。比如说,不介绍环,不容易讲清楚域,不介绍域上的多项式,不容易讲清楚有限域。另外,尽管我们没有直接用到环的理论,但并不意味着它与密码学无关。一来有限域本身是一种特殊的环,二来环上的序列是序列密码的重要研究内容。因此,本章较为连贯地介绍了群、环、域的基本内容。

关于代数结构的研究始于近代,并不属于古典数学,因而这部分内容通常在《近世代数》或《抽象代数学》中才能见到。由于代数学内容比较深奥,往往只有数学专业才系统开设相关课程。非数学专业的同学可能更多地在《离散数学》中见到其中的基本内容。其实离散数学本非数学专门分支,而是计算机出现后,由于计算机只能处理离散计算问题(连续要化为离散才能计算),出于计算机学科的需要,将诸多数学分支如集合论、数理逻辑、代数结构、图论、组合论等涉及离散对象的部分基础知识整合在一起,形成了《离散数学》课程。大部分离散数学教材中,都详细介绍了群特别是循环群的知识,但对环的介绍内容不一,有的较为详细,有的则较为简单,没有包括理想、商环以及环的同态和同构等,更少涉及有限域的内容。因此,已经掌握离散数学而没有系统学习代数学的读者,可以从第二节开始有选择地阅读。

另外,本章的一些习题对初学者来说可能比较难,仅供思考。

习题十二

1. 在整数集 $\mathbf{Z}$ 中定义二元运算"$*$"为 $n*m = -n-m, n, m \in \mathbf{Z}$。证明这个二元运算满足交换律,但不满足结合律。

2. 令 N 是所有 $n \times n$ 上三角非奇异(即可逆)复方阵的集合,P 是主对角线上的元素都是 1 的上三角方阵的集合,运算定义为矩阵的乘法。试证明 N 和 P 都是群。

3. 验证 $(S_3, \circ)$ 是一个群,进而验证 $(S_n, \circ)$ 也是群。

4. 证明群 G 有如下基本性质：

(1) 单位元唯一。

(2) $\forall a \in G, a^{-1}$ 唯一。

(3) G 中满足左右消去律，即 $\forall a,b,c \in G$，若 $ab = ac$，则 $b = c$；若 $ba = ca$，则 $b = c$。

(4) $\forall a,b \in G$，有 $(a^{-1})^{-1} = a, (ab)^{-1} = b^{-1}a^{-1}$。

(5) $\forall a,b \in G$，方程 $ax = b$（或 $xa = b$）在 G 中有唯一解。

5. 设 G 是一个有限交换群，$a,b \in G$，且 $o(a) = m, o(b) = n$，证明：$o(ab) = mn/(m,n)$。

6. 设 $A \leqslant G, B \leqslant G$。证明：若存在 $a,b \in G$ 使得 $Aa = Bb$，则 $A = B$。

7. 设 A,B 是群 G 的两个子群，试证 $AB \leqslant G$ 当且仅当 $AB = BA$。

8. 证明：素数阶的群没有非平凡子群，且一定是循环群。

9. 满足方程 $x^n = 1$ 的复数解集在通常乘法下是一个 n 阶循环群。

10. 设 a,b 是含幺环 R 中的元素，证明：$1 - ab$ 可逆 $\Leftrightarrow 1 - ba$ 可逆。

11. 证明：环 R 的（左或右）理想的交仍是 R 的（左或右）理想。

12. 找出 $\mathbf{Z}/15\mathbf{Z}$ 的所有理想。

13. 验证 $\mathbf{Z}/8\mathbf{Z}$ 的乘法群不能有单个元素生成。

14. 设 $(R, +, \cdot)$ 是含幺环，对于 $a,b \in R$，定义 $a \oplus b = a + b + 1, a \odot b = ab + a + b$，求证 $(R, \oplus, \odot)$ 也是含幺环，并且与环 $(R, +, \cdot)$ 同构。

15. 证明设 $(R, \oplus, \otimes)$ 为环，$a,b \in R, m,n \in \mathbf{Z}$，则

(1) $m(na) = (mn)a$

(2) $ma \oplus na = (m \oplus n)a$

(3) $na \otimes b = a \otimes (nb) = n(a \otimes b)$

(4) $(ma) \otimes (nb) = (mn)(a \otimes b)$

$(ma^h) \otimes (na^k) = (mn)a^{h+k}$（其中 $h,k \in \mathbf{N}$，当 a 是可逆元时，可取 $h,k \in \mathbf{Z}$）

16. 证明：$\forall a \in \mathbf{Z}_n$，$a$ 是可逆元的充要条件是 $(a,n) = 1$。当 $n > 1$ 时，所有非零元都可逆的充要条件是 n 为素数。

17. 证明设 $(R, \oplus, \otimes)$ 为环，$a_i \in R$，记 $\sum_{i=1}^{n} a_i = a_1 \oplus a_2 \oplus \cdots \oplus a_n$，则

(1) 对任意 $a_i, b_j \in R, 1 \leqslant i \leqslant n, 1 \leqslant j \leqslant m, n,m \in \mathbf{N}$，有

$$\left(\sum_{i=1}^{n} a_i\right) \otimes \left(\sum_{j=1}^{m} b_j\right) = \sum_{i=1}^{n} \sum_{j=1}^{m} a_i \otimes b_j$$

(2) 若$(R, \oplus, \otimes)$有单位元,$n \in \mathbf{N}, a, b \in R$且$a \otimes b = b \otimes a$,则
$$(a \oplus b)^n = \sum_{k=0}^{n} \frac{n!}{k!(n-k)!} a^k \otimes b^{n-k}$$

(3) 若$(R, \oplus, \otimes)$有单位元,$a_1, \cdots, a_r \in R$且$a_i \otimes a_j = a_j \otimes a_i (1 \le i, j \le r), n \in \mathbf{N}$,则
$$(a_1 \oplus a_2 \oplus \cdots \oplus a_r)^n = \sum_{i_1 + i_2 + \cdots + i_r = n} \frac{n!}{i_1! i_2! \cdots i_r!} a_1^{i_1} \otimes a_2^{i_2} \otimes \cdots \otimes a_r^{i_r}$$

18. 设R是一个环,验证$R[x]$也构成一个环,并且:

(1) $R[x]$零元和幺元分别为R的零元和幺元;

(2) $R[x]$中任一元素$f(x) = a_0 + a_1 x + \cdots + a_n x^n$的负元为$f(x) = (-a_0) + (-a_1)x + \cdots + (-a_n)x^n$;

(3) $U(R[x]) = U(R)$,即$R[x]$的可逆元由R的可逆元组成;

(4) $R[x]$为交换环的充要条件是R为交换环;

(5) 当R为整环时,$R[x]$也是整环。特别地,$\mathbf{Z}[x]$、$\mathbf{Q}[x]$、$\mathbf{R}[x]$都是整环。

(6) $\deg(f(x) + g(x)) \le \max\{\deg(f(x)), \deg(g(x))\}$,$\deg(f(x) \times g(x)) \le \deg(f(x)) + \deg(g(x))$。

(7) 若$R[x]$为整环,则$\deg(f(x) \times g(x)) = \deg(f(x)) + \deg(g(x))$。

19. 决定环$\mathbf{Z}[\sqrt{-1}] = \{a + b\sqrt{-1} | a, b \in \mathbf{Z}\}$的单位群,证明此环为整环但不是域。

20. 设K是域,证明:$\forall 0 \ne c \in K, \forall f(x), g(x) \in K[x]$,有

(1) 若$f(x) \ne 0$,则$f(x) | 0$;但$0 \nmid f(x)$。

(2) $c | f(x)$。

(3) 若$f(x) | g(x)$,则$cf(x) | g(x)$。

(4) 若$f(x) | g(x), g(x) | h(x)$,则$f(x) | h(x)$。

(5) 若$f(x) | g(x), f(x) | h(x)$,则$\forall u(x), v(x) \in K[x]$,有$f(x) | u(x)g(x) + v(x)h(x)$。

(6) 若$f(x) | g(x)$,且$g(x) | f(x)$,则必存在$0 \ne a \in K$,使得$f(x) = ag(x)$。

21. 如果D为整环但不是域,求证$D[x]$不是主理想整环。

22. 举例说明环上的多项式与域上的多项式有哪些不同。

23. $6x^2 - 1$在$\mathbf{Q}[x]$和$\mathbf{R}[x]$中是否为不可约元?$x^2 + 1$在$\mathbf{R}[x]$和$\mathbf{C}[x]$中是否为不可约元?

24. 验证$m_1(x) = x^3 + x + 1$、$m_2(x) = x^3 + x^2 + 1$和$m_3(x) = x^8 + x^4 + x^3 +$

$x+1$ 都是 $F_2[x]$ 中的不可约多项式。

25. 求 $Z_3[x]$ 中的多项式 x^6+x^3+1 和 x^2+x+1 的最大公因式和最小公倍式。

26. 将 $Z_2[x]$ 中的多项式 $x^{12}+x^9+x^8+x^7+x^6+x^5+1$ 分解为不可约因式的乘积。

27. 设 u 是 $\mathbf{Q}$ 上多项式 x^3-6x^2+9x+3 的一个实根,求证 $[\mathbf{Q}(u):\mathbf{Q}]=3$。

28. 证明 $\mathbf{Q}[x]/(x^2-5)$ 同构于 $\mathbf{Q}(\sqrt{5})$。

第13章 有限域与椭圆曲线基础

有限域是现代密码学的重要理论基础,无论是对称密码算法还是非对称密码算法的设计与分析,都离不开有限域理论。

本章仅介绍有限域的概念和基本性质,并给出其构造。然后介绍有限域上的椭圆曲线,它是椭圆曲线密码的基础。

这部分内容以上一章的代数学基本理论为基础(实际上有限域是代数学的一部分),因此上一章的许多概念、结论和符号本章将直接使用。

13.1 有限域基础

13.1.1 有限域的概念和基本性质

上一章我们已经介绍了域的概念和性质。有限域是一类特殊的域,因此一般域上的结论在有限域中自然也成立。

定义 13.1.1 如果域 F 包含有限个元素,则称域 F 为有限域,也称为伽罗瓦域(Galois 域)。有限域 F 中元素的个数称为该有限域的阶,记为 $|F|$。

上一章我们已经提到,当 p 是素数时,Z_p 是一个有限域,通常记为 F_p 或 $GF(p)$,它恰有 p 个元素,也称为特征 p 的素域。

设 F 是有限域,则 $|F| < \infty$,所以 F 的加法群是有限阶的,从而 char $F \neq 0$。由上一章定理 12.3.1 可知,必有 char $F = p$ 是素数。

例 13.1.1 设 p 为素数,$m(x) \in F_p[x]$ 是不可约多项式,则由定理 12.3.12 可知,$F_p[x]/(m(x))$ 是域。设 $\partial m(x) = n$,则

$$F_p[x]/(m(x)) = \{f(x) | f(x) \in F_p[x], \partial f(x) < \partial m(x) = n\}$$
$$= \{a_0 + a_1 x + \cdots + a_{n-1} x^{n-1} | a_i \in F_p, 0 \leq i \leq n-1\}$$

由于每个 $a_i \in F_p, 0 \leq i \leq n-1$ 有 p 种可能的取值,所以 $F_p[x]/(m(x))$ 共有 p^n 个不同的元素。

特别地,取 $p=2$,则 $F_2[x]/(m(x))$ 是有 2^n 个元素的有限域。在著名

的 AES 算法中,就用到了这种有限域。所取的 $F_2[x]$ 上的不可约多项式为:$m(x) = x^8 + x^4 + x^3 + x + 1$,得到一个有 2^8 个元素的有限域 $F_2[x]/(m(x))$。

下面我们给出有限域的一些基本性质。

由定理 12.2.5,我们很容易得到有限域的一个基本的运算性质:

定理 13.1.1 设 F 是一个特征为 p 的有限域,则 $\forall a, b \in F$,有 $(a+b)^p = a^p + b^p$。

因为有限域一定是交换环,所以这个定理可以看做定理 12.2.5 的简单推论。

定理 13.1.2 设 F 是一个有限域,且 $|F| = q$,则 $\forall a \in F$,有 $a^q = a$。

证明: 由域的定义可知,$F^* = F/\{0\}$ 是一个阶为 $q-1$ 的乘法交换群。$\forall a \in F$,$G = \langle a \rangle$ 是 F^* 的循环子群。由拉格朗日定理可知,$o(a) = |G|$ 是 $|F^*| = q-1$ 的因子,因此有 $a^{q-1} = 1$,从而有 $a^q = a$。证毕。

定理 13.1.3 设 F 是有限域,K 是 F 的一个含有 q 个元素的子域,则 $|F| = q^n$,其中 $[F:K] = n$。

证明: 由线性空间的定义,F 可自然地视为 K 上的线性空间。因 F 是有限域,故有 $[F:K] < \infty$。设 $[F:K] = n$,并设 $\alpha_1, \cdots, \alpha_n$ 是 F 在 K 上的一组基,于是 F 的每个元素 a 都能唯一地表示成这组基的线性组合,即有:$a = a_1\alpha_1 + \cdots + a_n\alpha_n$,其中 $a_1, \cdots, a_n \in K$。因为每个 a_i 有 q 种取法,所以 F 恰有 q^n 个元素,即 $|F| = q^n$。

在例 13.1.1 中,$\{1, x, x^2, \cdots, x^{n-1}\}$ 是 $F_p[x]/(m(x))$ 的一组基。

由定理 13.1.1 易得:

定理 13.1.4 设 $(F, +, \cdot)$ 是一个特征为 p 的有限域,则 F 必有子域 $K \cong F_p$。设 $[F:K] = n$,则有 $|F| = p^n$。

证明: 记 F 的幺元和零元分别为 1 和 0,令 $K = \{k \cdot 1 | 0 \leq k \leq (p-1)\}$,则容易验证 K 是一个域,且 K 同构于 F_p(验证留作练习)。由定理 13.1.1 可知,若 $[F:K] = n$,则 $|F| = p^n$。证毕。

定理 13.1.4 表明,任一特征为 p 的有限域 F 都可以看做 F_p 的扩域。所以习惯上也称 F_p 是 F 的素子域。

例 13.1.2 在例 13.1.1 中,取 $p = 2$,$m_1(x) = x^3 + x + 1$,$m_2(x) = x^3 + x^2 + 1$,则容易验证它们都是 $F_2[x]$ 中的不可约多项式。于是可得 $F_2[x]/(m_1(x))$ 和 $F_2[x]/(m_2(x))$ 这两个有限域,它们都有 8 个元素。并且,它

们都是 F_2 的 3 次扩张。

问题：$F_2[x]/(m_1(x))$ 和 $F_2[x]/(m_2(x))$ 之间有什么关系？它们同构吗？

例 13.1.3 设 $m(x) = x^3 + x + 1 \in F_2[x]$，$F = F_2[x]/(m(x))$，在 $F[x]$ 中取 n 次不可约多项式 $q(x)$，则 $E = F[x]/(q(x))$ 也是有限域，它有 $8^n = (2^3)^n$ 个元素。显然，$[F:F_2] = 3$，$[E:F] = n$。易见 E 也可看作是 F_2 的扩张，且 $[E:F_2] = 3n$。如果在 $F_2[x]$ 中取一个 $3n$ 次不可约多项式 $r(x)$，仍由定理 12.3.12 可知，$K = F_2[x]/(r(x))$ 也是一个有 $2^{3n} = 8^n$ 个元素的有限域，它也是 F_2 的扩张，且 $[K:F_2] = 3n$。

问题：E 与 K 之间有什么样的关系？它们同构吗？F 会同构于 K 的子域吗？

回答上述问题，需要我们对有限域的结构有进一步的了解。

13.1.2 有限域的结构

对 $F_p[x]/(m(x)) = \{a_0 + a_1 x + \cdots + a_{n-1} x^{n-1} | a_i \in F_p, 0 \leq i \leq n-1\}$，它的加法群结构比较清晰，元素间的加法运算也很简单。但是，乘法运算看上去似乎要复杂得多。下面先讨论有限域乘法群的结构。

定理 13.1.5 有限域的全体非零元素构成一个乘法循环群。

此定理表明，有限域的乘法群结构也很简单。所以，较之无限域，有限域是一种结构非常简单清晰的域。

由定理 13.1.5 还可进一步得到：

定理 13.1.6 设 F 是特征为 p、阶为 p^n 的有限域，则 F 的所有元素都是方程

$$\Phi(x) = x^{p^n} - x = 0 \tag{13.1.1}$$

的根。

证明：定理 13.1.5 的证明过程已经表明，F^* 是循环群，其所有元素都是方程

$$x^{p^n - 1} - 1 = 0$$

的根。又显然 0 是方程 (13.1.1) 的根。所以 F 的全部元素都是方程 (13.1.1) 的根。证毕。

由定理 13.1.6，$\forall 0 \neq \alpha \in F$，必存在 (13.1.1) 中 $\Phi(x)$ 的因式 $m(x)$，使得 $m(\alpha) = 0$。上一章我们已经给出了极小多项式的概念。定理 13.1.6 表明，

$\forall 0 \neq \alpha \in F, \alpha$ 在 F_p 上的极小多项式都是存在的。

定义 13.1.2 设 F 是有限域,$|F|=q$,则其 $q-1$ 阶元即乘法群 F^* 的生成元称为 F 的本原元。本原元的极小多项式称为 F 的本原多项式。

注:定义中默认了基域是 F_p。定理 13.1.6 同时也表明了本原多项式的存在性。

定理 13.1.7 设 F 是特征为 p、阶为 p^n 的有限域,$\alpha \in F$ 是本原元,$m(x) \in F_p[x]$ 是 α 的本原多项式,则必有 $\partial m(x)=n$,而 $F=F_p(\alpha)$ 是 $m(x)$ 在 F_p 上的分裂域,且 $F \cong F_p[x]/(m(x))$。

定理 13.1.7 表明,任一 p^n 元有限域 F 与 $F_p[x]/(m(x))$ 同构,其中 $m(x)$ 是 F 的本原多项式。由此即得下列推论:

推论:设 E 和 F 都是特征为 p 的 p^n 元有限域,则 $E \cong F$。

事实上,由定理 12.3.10 可知,只要 $g(x)$ 是 F_p 上的不可约多项式,$F_p[x]/(g(x))$ 就是域,且 F_p 是它的素子域。又若 $g(x)$ 的次数为 n,则由定理 13.1.3 可知,$F_p[x]/(g(x))$ 必是 p^n 元域,再由定理 13.1.7 可知,它与 $F_p[x]/(m(x))$ 同构($m(x)$ 是 n 次本原多项式)。

至此我们已经清楚,在同构的意义下,p^n 元有限域存在且唯一,它就是 $F_p[x]/(m(x))$,其中 $m(x)$ 是 F_p 上的 n 次不可约多项式。以下将 p^n 元有限域记为 $GF(p^n)$。显然,$GF(p^n)$ 恰由 (13.1.1) 式方程的全部根组成。

例 13.1.4 $f(x)=x^3+x+1$ 是 $F_2[x]$ 上的 3 次不可约多项式。于是有
$$F_2[x]/(f(x))=\{0,1,x,x+1,x^2,x^2+1,x^2+x,x^2+x+1\}$$
由定理 13.1.7 可知,它是 $GF(2^3)$ 的一种形式。设 α 是 $f(x)$ 的一个根,由 $f(\alpha)=0$ 可知,$\alpha^3=\alpha+1$,所以又可表示成
$$F_2[x]/(f(x))=\{0,1,\alpha,\alpha^2,\alpha^3=\alpha+1,\alpha^4=\alpha^2+\alpha,\alpha^5=\alpha^2+\alpha+1,\alpha^6=\alpha^2+1\}$$
显然,写成 $1,\alpha,\alpha^2$ 的线性组合形式便于加法运算,而写成 α 方幂的形式便于乘法运算。

上例中我们给出了 $GF(2^3)$ 的一种形式。若在 $GF(2^3)[x]$ 中再找一个 m 次不可约多项式
$$f(x)=a_0+a_1x+\cdots+a_{m-1}x^{m-1} \quad (a_i \in GF(2^3), 0 \leq i \leq m-1)$$
则由定理 12.3.12 可知,$GF(2^3)[x]/(f(x))$ 是一个有限域,易见它是 $GF(2^3)$ 的 m 次扩张,有 2^{3m} 个元素。另一方面,如果在 $F_2[x]$ 中找一个 $3m$ 次多项式 $g(x)$,那么 $F_2[x]/(g(x))$ 也是 2^{3m} 元域。它们显然是同一个域,即 $GF(2^{3m})$,而 $GF(2^3)$ 是 $GF(2^{3m})$ 的子域。那么,$GF(2^{3m})$ 有哪些子域呢?

关于有限域的子域,我们有下面的结论:

定理 13.1.8 (子域判别定理)设 $q = p^n$,则 F_q 的每个子域的阶均为 p^m,其中 $m|n$。反之,任给 n 的一个正因子 d,均存在唯一的含 p^d 个元素的子域。

这个定理给出了一个有限域的所有子域结构,即:$GF(p^m)$ 是 $GF(p^n)$ 的子域 $\Leftrightarrow m|n$。

例 13.1.5 求 $GF(2^{30}) = F_{2^{30}}$ 的子域。

解:由于 $30 = 2 \times 3 \times 5$,所以 $F_{2^{30}}$ 的子域为 $F_2, F_{2^2}, F_{2^3}, F_{2^5}, F_{2^6}, F_{2^{10}}, F_{2^{15}}, F_{2^{30}}$。

例 13.1.6 求 $GF(p^q)$(p、q 皆为素数)的子域。

解:因为 q 是素数,只有因子 1 和 q,故 $GF(p^q)$ 的子域只有 F_p 和 $GF(p^q)$。

13.1.3 有限域中元素的表示和运算

上节我们已经知道,有限域的阶一旦给定,在同构的意义下它就是唯一的。我们还知道,有限域可由基域上的多项式环模一个不可约多项式得到。那么,由模不同的不可约多项式得到的有限域,它们的元素如何表示和运算?运算又是否相同呢?先讨论加法与乘法运算。

例 13.1.7 求 $GF(2^3) = F_2[x]/(x^3 + x + 1)$ 的加法运算表与乘法运算表。

解:由例 13.1.4 易得 $F_2[x]/(x^3 + x + 1)$ 的加法表如表 13.1.1 所示。

表 13.1.1 $F_2[x]/(x^3 + x + 1)$ 的加法表

+	0	1	x	$x+1$	x^2	x^2+1	x^2+x	x^2+x+1
0	0	1	x	$x+1$	x^2	x^2+1	x^2+x	x^2+x+1
1	1	0	$x+1$	x	x^2+1	x^2	x^2+x+1	x^2+x
x	x	$x+1$	0	1	x^2+x	x^2+x+1	x^2	x^2+1
$x+1$	$x+1$	x	1	0	x^2+x+1	x^2+x	x^2+1	x^2
x^2	x^2	x^2+1	x^2+x	x^2+x+1	0	1	x	$x+1$
x^2+1	x^2+1	x^2	x^2+x+1	x^2+x	1	0	$x+1$	x
x^2+x	x^2+x	x^2+x+1	x^2	x^2+1	x	$x+1$	0	1
x^2+x+1	x^2+x+1	x^2+x	x^2+1	x^2	$x+1$	x	1	0

对于乘法运算,两个元素相乘后需要再模 x^3+x+1。易得乘法表如表 13.1.2 所示。

表 13.1.2　　　　　　$F_2[x]/(x^3+x+1)$ 的乘法表

×	1	x	$x+1$	x^2	x^2+1	x^2+x	x^2+x+1
1	1	x	$x+1$	x^2	x^2+1	x^2+x	x^2+x+1
x	x	x^2	x^2+x	$x+1$	1	x^2+x+1	x^2+1
$x+1$	$x+1$	x^2+x	x^2+1	x^2+x+1	x^2	1	x
x^2	x^2	$x+1$	x^2+x+1	x^2+x	x	x^2+1	1
x^2+1	x^2+1	1	x^2	x	x^2+x+1	$x+1$	x^2+x
x^2+x	x^2+x	x^2+x+1	1	x^2+1	$x+1$	x	x^2
x^2+x+1	x^2+x+1	x^2+1	x	1	x^2+x	x^2	$x+1$

注:将表 13.1.1 和表 13.1.2 中的 x 换成 α 也可。

在表 13.1.1 和表 13.1.2 中,我们将 $GF(2^3)$ 的每个元素表示成 $1,x,x^2$ 的线性组合,因为 $1,x,x^2$ 是 $GF(2^3)$ 作为线性空间在 F_2 上的一组基,称为有限域的多项式基。这种表示方法称为有限域的多项式基表示。

作为比较,我们考虑 $F_2[x]$ 上的另一个 3 次不可约多项式 $g(x)=x^3+x^2+1$。

例 13.1.8 求 $F_2[x]/(g(x))$ 的加法表和乘法表,这里 $g(x)=x^3+x^2+1$。

解:易见
$$F_2[x]/(g(x))=\{0,1,x,x+1,x^2,x^2+1,x^2+x,x^2+x+1\}$$
因为 $F_2[x]/(g(x))$ 与 $F_2[x]/(f(x))$ 的元素完全相同,所以二者的加法运算表也完全相同。设 β 为 $g(x)$ 的一个根,由 $g(\beta)=0$ 可知,$\beta^3=\beta^2+1$,所以有 $F_2[x]/(g(x))=\{0,1,\beta,\beta^2,\beta^3=\beta^2+1,\beta^4=\beta^2+\beta+1,\beta^5=\beta^2+1,\beta^6=\beta^2+\beta\}$ 由此可以得到 $F_2[x]/(g(x))$ 的乘法表如表 13.1.3 所示。

表 13.1.3　　　　　　$F_2[x]/(x^3+x^2+1)$ 的乘法表

×	1	x	$x+1$	x^2	x^2+1	x^2+x	x^2+x+1
1	1	x	$x+1$	x^2	x^2+1	x^2+x	x^2+x+1
x	x	x^2	x^2+x	x^2+1	x^2+x+1	1	$x+1$
$x+1$	$x+1$	x^2+x	x^2+1	1	x	x^2+x+1	x^2
x^2	x^2	x^2+1	1	x^2+x+1	$x+1$	x	x^2+x
x^2+1	x^2+1	x^2+x+1	x	$x+1$	x^2+x	x^2	1
x^2+x	x^2+x	1	x^2+x+1	x	x^2	$x+1$	x^2+1
x^2+x+1	x^2+x+1	$x+1$	x^2	x^2+x	1	x^2+1	x

注：将表 13.1.1 和表 13.1.3 中的 x 换成 β 也是一样的。

由例 13.1.7 和例 13.1.8 可知，$F_2[x]/(f(x))$ 与 $F_2[x]/(g(x))$ 都是 8 元域，它们的加法表相同，但乘法表却不同。为方便起见，通常称域 $F_2[x]/(f(x))$ 由 $f(x)$ 生成，称 $f(x)$ 为域 $F_2[x]/(f(x))$ 的生成多项式。

为什么会这样呢？主要是因为，这两个乘法表中的乘法运算是不同的。在表 13.1.2 中，x 相当于根 α，所以 x^3 等于 $x+1$；而在表 13.1.3 中，x 相当于根 β，所以 x^3 等于 x^2+1。但由 (13.1.1) 式可知

$$x^8 - x = x(x+1)(x^3+x+1)(x^3+x^2+1)$$
$$= x(x+1)(x-\alpha)(x-\alpha^2)(x-\alpha^4)(x-\beta)(x-\beta^2)(x-\beta^4)$$

并且实际上有 $\beta = \alpha^3$ 和 $\alpha = \beta^5$，所以有

$$GF(2^3) = \{0, 1, \alpha, \alpha^2, \alpha^4, \beta, \beta^2, \beta^4\}$$
$$= \{0, 1, \alpha, \alpha^2, \alpha^4, \alpha^3, \alpha^6, \alpha^5\}$$
$$= \{0, 1, \beta^5, \beta^3, \beta^6, \beta, \beta^2, \beta^4\}$$

由此可见，它们确实是同一个域。

在例 13.1.7 中，注意到 $1, \alpha, \alpha^2$ 是 $GF(2^3)$ 在 F_2 上的一组基，每个元素都可以表示成 $1, \alpha, \alpha^2$ 在 F_2 上的线性组合：$a_2\alpha^2 + a_1\alpha + a_0$（$a_2, a_1, a_0 \in F_2$），根据 a_2、a_1、a_0 的不同取值，可得表 13.1.4。

表 13.1.4　　　　　$GF(2^3)$ 以 $1,\alpha,\alpha^2$ 为基的表示

a_2	a_1	a_0	$a_2\alpha^2 + a_1\alpha + a_0$
0	0	0	0
0	0	1	1
0	1	0	α
0	1	1	$\alpha + 1 = \alpha^3$
1	0	0	α^2
1	0	1	$\alpha^2 + 1 = \alpha^6$
1	1	0	$\alpha^2 + \alpha = \alpha^4$
1	1	1	$\alpha^2 + \alpha + 1 = \alpha^5$

由上表，$GF(2^3)$ 的每个元素以 $1,\alpha,\alpha^2$ 为基的线性组合系数是一个二进制数，所以，我们可将 $GF(2^3)$ 中的每个元素用二进制表示出来(换言之，$GF(2^3)$ 与 $F_2^3 = F_2 \times F_2 \times F_2$ 可以建立一个一一映射)，即有表 13.1.5。

表 13.1.5　　　　$GF(2^3)$ 以 $1,\alpha,\alpha^2$ 为基的二进制表示

0	1	α	α^2	α^3	α^4	α^5	α^6
000	001	010	100	011	110	111	101

显然，这种表示与所选择的基有关。如果选择以例 13.1.8 中的 $1,\beta,\beta^2$ 为基，则表示是不同的。实际上我们有表 13.1.6。

表 13.1.6　　　　$GF(2^3)$ 以 $1,\beta,\beta^2$ 为基的二进制表示

0	1	β	β^2	β^3	β^4	β^5	β^6
000	001	010	100	101	111	011	110

比较这两个表可知，在表 13.1.5 中，α 表示为"010"，习惯上写成 $(010)_2$，

$\beta = \alpha^3$ 表示为 $(011)_2$;而在表 13.1.6 中,β 表示为 $(010)_2$,$\alpha = \beta^5$ 则表示为 $(011)_2$。这表明,有限域元素的二进制表示与基的选择有关。这导致了用二进制表示时的乘法表的不同。在表 13.1.5 中,有

$$(101)_2 \times (111)_2 = \alpha^6 \cdot \alpha^5 = (110)_2$$

而在表 13.1.6 中则有

$$(101)_2 \times (111)_2 = \beta^3 \cdot \beta^4 = (001)_2$$

所以,尽管本质上 $GF(2^3)$ 只有一个,但在具体地表示时,却有多种不同的方式。而每种方式又可引出(定义)三位二进制数的一种特殊乘法运算。

显然,这种运算还可推广到一般情形。任取一个 $F_2[x]$ 上的 n 次不可约多项式 $f(x)$,可以构造一个有限域 $GF(2^n) = F_2[x]/(f(x))$,由此可引出一种 n 位二进制数的乘法运算。

例 13.1.9 取 $f(x) = x^8 + x + 1 \in F_2[x]$,基于 $GF(2^8) = F_2[x]/(x^8 + x + 1)$ 中的运算,求下列值:

(1) $(00110001)_2 + (10011001)_2$;$(00110001)_2 \cdot (10011001)_2$。

(2) $(10100001)_2 + (10001101)_2$;$(10100001)_2 \cdot (10001101)_2$。

解:(1) $(00110001)_2 = x^5 + x^4 + 1$,$(10011001)_2 = x^7 + x^4 + x^3 + 1$,而

$$(x^5 + x^4 + 1) + (x^7 + x^4 + x^3 + 1) = x^7 + x^5 + x^3$$

所以有 $(00110001)_2 + (10011001)_2 = (10101000)_2$。又

$$(x^5 + x^4 + 1)(x^7 + x^4 + x^3 + 1) \bmod (x^8 + x + 1) = x^2 + x + 1$$

所以有:$(00110001)_2 \cdot (10011001)_2 = (00000111)_2$。

(2) $(10100001)_2 = x^7 + x^5 + 1$,$(10001101)_2 = x^7 + x^3 + x^2 + 1$,而

$$(x^7 + x^5 + 1)(x^7 + x^3 + x^2 + 1) = x^5 + x^3 + x^2$$

所以有 $(10100001)_2 + (10001101)_2 = (00101100)_2$。又

$$(x^7 + x^5 + 1)(x^7 + x^3 + x^2 + 1) \bmod x^8 + x + 1 = x^6 + x^4$$

所以有:$(10100001)_2 \cdot (10001101)_2 = (01010000)_2$。

不难发现,上例中的加法实际上就是按位模 2 加(异或),而乘法则复杂得多。

上例是以 F_2 为基域的 $GF(2^8)$ 中的运算,它在密码算法的设计中会用到。有时候,我们还会用到以 $GF(2^8)$ 为基域的更大的域或环中的运算。

例 13.1.10 取 $g(x) = x^4 + 1 \in GF(2^8)[x]$,取 $a, b \in GF(2^8)[x]/(g(x))$,试求 $a + b$,其中:

$a = a_3 a_2 a_1 a_0 = (10100001)_2 (10001101)_2 (00110001)_2 (10011001)_2$

$$b = b_3 b_2 b_1 b_0 = (01110001)_2 (11011001)_2 (10101001)_2 (11001101)_2$$

解：记 $a(x) = a_3 x^3 + a_2 x^2 + a_1 x + a_0, b(x) = b_3 x^3 + b_2 x^2 + b_1 x + b_0$，则

$$a(x) + b(x) = (a_3 + b_3) x^3 + (a_2 + b_2) x^2 + (a_1 + b_1) x + (a_0 + b_0)$$

所以 $a + b = (11010000)_2 (01010101)_2 (10011000)_2 (01010101)_2$。

类似地可求 $a \otimes b$，即求 $a(x)b(x) \bmod g(x)$，不过乘法远比加法复杂，因为它涉及多个 $a_i \cdot b_j$ 的运算 $(0 \leq i,j \leq 3)$，以及模 $x^4 + 1$ 的运算。

以下讨论有限域中的求逆运算。

设 n 次多项式 $m(x)$ 是 $GF(p^n)$ 的生成多项式，则 $m(x)$ 是不可约多项式。对于 $GF(p^n)$ 中的任一元素 $f(x) \neq 0 \bmod m(x)$，由域的定义知，$f(x)$ 必存在逆元，它可由扩展欧几里得算法求得。事实上，由 $(f(x), m(x)) = 1$ 可知，必存在多项式 $s(x)$ 和 $t(x)$，使得

$$s(x)f(x) + t(x)m(x) = 1$$

从而有：$s(x)f(x) = 1 \bmod m(x)$，即 $f(x)^{-1} = s(x)$。

例 13.1.11 求有限域 $F_2[x]/(x^2 + x + 1)$ 中 x 的乘法逆元。

解：由辗转相除法有

$$x^2 + x + 1 = x(x + 1) + 1$$

所以有：$x(x + 1) = 1 \bmod (x^2 + x + 1)$，即 $x^{-1} = x + 1 \bmod (x^2 + x + 1)$。

例 13.1.12 求有限域 $F_2[x]/(x^4 + x + 1)$ 中 $x^2 + x + 1$ 的乘法逆元。

解：由辗转相除法有

$$x^4 + x + 1 = (x^2 + x)(x^2 + x + 1) + 1$$

所以有：$(x^2 + x)(x^2 + x + 1) = 1 \bmod (x^4 + x + 1)$，即 $(x^2 + x + 1)^{-1} = x^2 + x \bmod (x^4 + x + 1)$。

例 13.1.13 由于多项式 $x^2 - 2$ 在 $F_5[x]$ 中不可约，故 $F_5[x]/(x^2 - 2)$ 是一个有限域。试在该域中求 $4x + 1$ 的乘法逆元。

解：由辗转相除法可知：

$$x^2 - 2 = (4x - 1)(4x + 1) - 1$$

因此有：$(4x - 1)(4x + 1) = 1 \bmod (x^2 - 2)$，从而有 $(4x + 1)^{-1} = 4x - 1 \bmod (x^2 - 2)$。

注：$F_5[x]/(x^2 - 2)$ 有 5^2 个元素，即它是 $GF(5^2)$，并且在域中有 $x^2 = 2 \bmod (x^2 - 2)$。显然它是 F_5 的 2 次扩域。把方程 $x^2 - 2 = 0$ 在 $GF(5^2)$ 中的根记为 $\sqrt{2}$，则有 $F_5[x]/(x^2 - 2) = F_5(\sqrt{2})$，而 $\sqrt{2}$ 是 $GF(5^2)$ 的本原元。$GF(5^2)$ 的所有元素都可以表示成：$a + b\sqrt{2}, a, b \in F_5$。同时，除了 0 以外，其他元素均可

以表示成 $\sqrt{2}^k, 0 \leq k \leq 23$。

13.2 有限域上的椭圆曲线简介*

13.2.1 椭圆曲线简介

椭圆曲线(Elliptic curve)理论是一个古老而深奥的数学分支,已有 100 多年的历史,一直作为一门纯理论学科被少数数学家掌握。它被广大科技工作者了解要归功于 20 世纪 80 年代两件重要的工作。第一,Weil 应用椭圆曲线理论证明了著名的费尔马大定理。第二,Neal Koblitz 和 V.S. Miller 把椭圆曲线群引入公钥密码理论中,提出了椭圆曲线公钥密码体制(Elliptic Curves Cryptosystem,ECC),取得了公钥密码理论和应用的突破性进展。

椭圆曲线的理论涉及较多的数学基础,是一门艰深的数学分支,因此我们只简要介绍椭圆曲线中与密码学相关的概念和结论,但并不对结论做详细的证明。以下我们先介绍一般椭圆曲线的概念,然后着重讨论有限域上的椭圆曲线。

定义 13.2.1 域 K 上的椭圆曲线 E 由下述方程定义:
$$E: y^2 + a_1 xy + a_3 y = x^3 + a_2 x^2 + a_4 x + a_6 \qquad (13.2.1)$$
其中 $a_1, a_2, a_3, a_4, a_5, a_6 \in K$ 且 $\Delta \neq 0$,Δ 是判别式,具体定义如下:若 L 是 K 的扩域,则 E 上的 L 有理数点的集合是
$$E(L) = \{(x, y) \in L \times L : y^2 + a_1 xy + a_3 y - x^3 - a_2 x^2 - a_4 x - a_6 = 0\} \cup \{\infty\}$$
其中 ∞ 是无穷远点。

注:

①式(13.2.1)称为 Weierstrass 方程。

②我们称 E 是域 K 上的椭圆曲线,这是因为系数 $a_1, a_2, a_3, a_4, a_5, a_6 \in K$。有时我们将椭圆曲线记为 E/K 以强调椭圆曲线 E 定义在域 K 上,并称 K 为 E 的基础域。注意,若椭圆曲线 E 定义在域 K 上,则 E 可以自然地定义在域 K 的扩域上。

③点 ∞ 是曲线的唯一的一个无穷远点。

定义 13.2.2 由 Weierstrass 方程给出的定义在域 K 上的两个椭圆曲线 E_1 和 E_2
$$E_1: y^2 + a_1 xy + a_3 y = x^3 + a_2 x^2 + a_4 x + a_6$$
$$E_2: y^2 + \overline{a_1} xy + \overline{a_3} y = x^3 + \overline{a_2} x^2 + \overline{a_4} x + \overline{a_6}$$
被称为在域 K 上是同构的,若存在 $u, r, s, t \in K$ 且 $u \neq 0$,使得变量变换

$$(x,y) \to (u^2 x + r, u^3 y + u^2 s x + t) \qquad (13.2.2)$$

把方程 E_1 变成方程 E_2。式(13.2.2)的变换称为变量的相容性变换。

定义在域 K 上的一个 Weierstrass 方程

$$E: y^2 + a_1 xy + a_3 y = x^3 + a_2 x^2 + a_4 x + a_6$$

能够用变量的相容性变换来简化。我们将分别考虑域 K 的特征等于 2 或 3 和域的特征不等于 2 或 3 两种情况。

① 若域 K 的特征不等于 2 或 3,则变量的相容性变换

$$(x,y) \to \left(\frac{x - 3a_1^2 - 12a_2}{36}, \frac{y - 3a_1 x}{216} - \frac{a_1^3 + 4a_1 a_2 - 12 a_3}{24} \right)$$

把 E 变换为曲线

$$y^2 = x^3 + ax + b \qquad (13.2.3)$$

其中 $a, b \in K$。曲线的判别式是 $\Delta = -16(4a^3 + 27b^2)$。

② 若域 K 的特征是 2,则有两种情况要考虑。若 $a_1 \neq 0$,则变量的相容性变换

$$(x,y) \to \left(a_1^2 x + \frac{a_3}{a_1}, a_1^3 y + \frac{a_1^2 a_4 + a_3^2}{a_1^3} \right)$$

把 E 变换为曲线

$$y^2 + xy = x^3 + ax^2 + b \qquad (13.2.4)$$

其中 $a, b \in K$。这样的曲线称为非超奇异的,且判别式为 $\Delta = b$。若 $a_1 = 0$,则变量的相容性变换

$$(x,y) \to (x + a_2, y)$$

把 E 变换为曲线

$$y^2 + cy = x^3 + ax + b \qquad (13.2.5)$$

其中 $a, b \in K$。这样的曲线称为超奇异的,且判别式为 $\Delta = c^4$。

③ 若域 K 的特征是 3,则也有两种情况要考虑。若 $a_1^2 \neq -a_2$,则变量的相容性变换

$$(x,y) \to \left(x + \frac{d_4}{d_2}, y + a_1 x + a_1 \frac{d_4}{d_2} + a_3 \right),$$

其中 $d_2 = a_1^2 + a_2, d_4 = a_4 - a_1 a_3$,把 E 变换为曲线

$$y^2 = x^3 + ax^2 + b \qquad (13.2.6)$$

其中 $a, b \in K$。这样的曲线称为非超奇异的,且判别式为 $\Delta = -a^3 b$。若 $a_1^2 = -a_2$,则变量的相容性变换

$$(x,y) \to (x, y + a_1 x + a_3),$$

把 E 变换为曲线

$$y^2 = x^3 + ax + b \tag{13.2.7}$$

其中 $a,b \in K$。这样的曲线称为超奇异的,且判别式为 $\Delta = -a^3$。

13.2.2 有限域上的椭圆曲线

记 F_q 为 q 元有限域,$q = p^m$,p 是一素数。本节介绍 F_q 上的椭圆曲线。可知,椭圆曲线上的点构成一个加法 Abel 群,先介绍该群上的运算法则,以及群结构。

设 P, Q 是椭圆曲线上的任意两点,过 P, Q 有一条唯一的直线(在射影平面 $P(K^2)$ 上),该直线与椭圆曲线必有 3 个交点(计重数),设第三个交点是 R,过点 R 与无穷远点也有一条唯一的直线,该直线与椭圆曲线 E 的交点为 T,定义椭圆曲线上点的加法运算为 $T = P + Q$(如图 13.2.1 所示)。

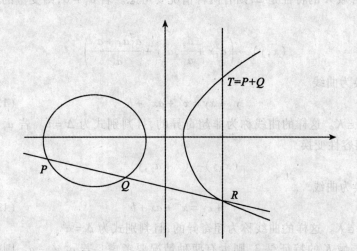

图 13.2.1 椭圆曲线上点的加法

设 O 为无穷远点,定义其他点间的运算为:
① $O + P = P, P + O = P$(可见,O 是单位元)
② $-O = O$
③ 如 $P = (x,y) \neq (0,0)$,则 $-P = (x, y - a_1 x - a_3)$
④ 如 $Q = -P$,则 $P + Q = O$。

定理 13.2.1 $(E, +)$ 是一个加法 Abel 群,单位元为 O。

下面给出一般的椭圆曲线上点的加法公式,设 $P=(x_1,y_1), Q=(x_2,y_2)$, $P+Q=(x_3,y_3)$, l 为通过 P,Q 的直线(当 $P \neq Q$ 时, l 是过 P 点的椭圆曲线的切线),则 l 的斜率为

$$\lambda = \begin{cases} \dfrac{y_2 - y_1}{x_2 - x_1}, & P \neq Q \\ \dfrac{3x_1^2 + 2a_2 x_1 + a_4 - a_1 y_1}{2y_1 + a_1 x_1 + a_3}, & P = Q \end{cases}$$

则有:

$$x_3 = \lambda^2 + a_1 \lambda - a_2 - x_1 - x_2$$
$$y_3 = -(\lambda + a_1)x_3 - \beta - a_3$$

椭圆曲线是有限阶群,那么它的结构如何呢,下面就讨论它作为加法群的结构。记 E 中的元素个数为 $\#E(F_q)$。

定理 13.2.2 (Hasse 定理) 若 $\#E(F_q) = q + 1 - t$,则 $|t| \leq 2\sqrt{q}$。

上面的椭圆曲线的阶和基域 F_q 的大小大体相当。实际上,几乎对任意的 $t, |t| \leq 2\sqrt{q}$,都至少存在一个椭圆曲线,使得它的阶数为 $q+1-t$,由此可见,F_q 上的椭圆曲线是很多的,这是用椭圆曲线来构造密码体制的一重要原因。特别地,当 $q = p^m, p | t$ 时,称椭圆曲线 E 为超奇异的(super-singular),这类曲线上的 ECDLP 问题有多项式时间的攻击算法,没有密码学意义,因而在选择曲线时,应避免选这类曲线。

定理 13.2.3 存在阶数为 $q+1-t$ 的椭圆曲线,当且仅当:

① $t \neq 0 \pmod{p}$,且 $|t| \leq 2\sqrt{q}$。

② m 是奇数,且有下面三条之一成立:

(i) $t = 0$

(ii) $p = 2$ 时, $t^2 = 2q$

(iii) $p = 3$ 时, $t^2 = 3q$

③ m 是偶数,且有下面三条之一成立:

(i) $t^2 = 4q$

(ii) $t^2 = q$,且 $p \neq 1 \pmod{3}$

(iii) $t = 0$,且 $p \neq 1 \pmod{4}$

下面的结论说明有限域上的椭圆曲线是秩为 1 或 2 的阿贝尔群。

定理 13.2.4 $E(F_q)$ 是秩为 1 或 2 的阿贝尔群,类型为 (n_1, n_2),也即 $E(F_q) \cong Z_{n_1} \oplus Z_{n_2}$,其中 $n_2 | n_1, n_2 | q-1$。

该结论表明，$n_2^2 | \#E(F_q)$，这样若 $\#E(F_q)$ 无平方因子，则该曲线是循环群，当基域 F_q 很大时，$\#E(F_q)$ 只有小的平方因子，则该曲线必有大的循环子群，可以用于 ECC。

若将曲线 E 看作是 F_q 的任一有限扩域 F_{q^k} 上的曲线，则 $E(F_q)$ 是 $E(F_{q^k})$ 的一子群。

定理 13.2.5 设 E 是 F_q 上的椭圆曲线，令 $t = q + 1 - \#E(F_q)$，则 $\#E(F_{q^k}) = q^k + 1 - \alpha^k - \beta^k$，$\alpha, \beta$ 是方程 $1 - tT + qT^2 = (1 - \alpha T) \cdot (1 - \beta T)$ 的两个复数域内的解。

一般密码学中选用的椭圆曲线为域 Z_p 和 F_{2^m} 上的曲线，下面分别予以介绍。

定义 13.2.1 （模素数的椭圆曲线）设 p 是大于 3 的素数，Z_p 上的椭圆曲线 $E(Z_p)$ 由同余式

$$y^2 = x^3 + dx + e \pmod{p} \tag{13.2.8}$$

的解 $(x, y) \in Z_p \times Z_p$ 的集合和一个被称为无穷远点的特殊点 O 组成。其中 $d, e \in Z_p$ 是满足 $4d^3 + 27e^2 \not\equiv 0 \pmod{p}$ 的常数。

例如，在一条确定的椭圆曲线 $E(Z_p)$ 上定义加法运算（记为"+"）如下：$P = (x_1, y_1), Q = (x_2, y_2) \in E(Z_p)$，如果 $x_2 = x_1, y_2 = -y_1$，则 $P + Q = O$；否则 $P + Q = (x_3, y_3)$

$$x_3 = \lambda^2 - x_1 - x_2, y_3 = \lambda(x_1 - x_3) - y_1$$

其中 λ 满足：

$$P \neq Q \text{ 时}, \lambda = (y_2 - y_1)(x_2 - x_1)^{-1}$$

$$P = Q \text{ 时}, \lambda = (3x_1^2 + d)(2y_1)^{-1}$$

对所有的 $P \in E(Z_p)$，定义 $P + O = O + P = P$。

$E(Z_p)$ 在上述定义的运算下形成一个阿贝尔群 $(E, +)$，单位元为无穷远点 O。证明 $E(Z_p)$ 在上述定义下形成一个阿贝尔群除结合律的证明比较难以外，阿贝尔群必须满足的其他条件都很容易直接验证。由于群运算是加法，群中任何元 $\alpha = (x, y)$ 的逆元应是 $-\alpha = (x, -y)$。

椭圆曲线密码学中的密码体制依赖于椭圆曲线上点的数乘。数 n 与椭圆曲线上的点 $P \in E(Z_p)$ 的乘法就是把点 P 和它自身相加 n 次，比如 $3P = P + P + P$。利用上述加法规则，数乘运算可以有效地完成。

例 13.2.1 设 $E(Z_{11})$ 是 Z_{11} 上的椭圆曲线 $y^2 = x^3 + x + 6$。为了确定 $E(Z_{11})$ 中点，我们对每一个 $x \in Z_{11}$，计算 $x^3 + x + 6$，然后对 y 解方程 $y^2 = x^3 + x$

+6。并不是对每个 $x \in Z_{11}$, $y^2 = x^3 + x + 6$ 都有解。若(3.4.1)式有解,那么可如下计算模 p 的二次剩余的平方根

$$\pm z^{(11+1)/4} (\mathrm{mod}\ 11) \equiv \pm z^3 (\mathrm{mod}\ 11)$$

记 QR_{11} 是模 11 的所有平方剩余的集合,则计算结果如下:

x	0	1	2	3	4	5	6	7	8	9	10
$y^2 = x^3 + x + 6 \bmod 11$	6	8	5	3	8	4	8	4	9	7	4
$y^2 = x^3 + x + 6 \bmod 11 \in QR_{11}$?	×	×	√	√	×	√	×	√	√	×	√
y			4,7	5,6		2,9		2,9	3,8		2,9

这样,$E(Z_{11})$ 上共有 13 个点,即 $(2,4)$,$(2,7)$,$(3,5)$,$(3,6)$,$(5,2)$,$(5,9)$,$(7,2)$,$(7,9)$,$(8,3)$,$(8,8)$,$(10,2)$,$(10,9)$ 和无穷远点 O。因为任意素数阶的群是循环群,所以 E 同构于 Z_{13},且任何非无穷远点都是 E 的生成元。假如我们取生成元 $\alpha = (2,7)$,则可用 α 的倍数(相当于乘法群中的"幂",因为这里的群运算是加法,可以写成 α 的数乘)计算出 $E(Z_{11})$ 中的任何元素。例如,为了计算 $2\alpha = (x_3, y_3)$,需要先计算

$$\lambda = (3 \times 2^2 + 1)(2 \times 7)^{-1} (\mathrm{mod}\ 11)$$
$$= 2 \times 3^{-1} (\mathrm{mod}\ 11) = 2 \times 4 = 8$$

于是

$$x_3 = (8^2 - 2 - 2)(\mathrm{mod}\ 11) = 5$$
$$y_3 = (8 \times (2 - 5) - 7)(\mathrm{mod}\ 11) = 2$$

即 $2\alpha = (5, 2)$。

下一个乘积是 $3\alpha = 2\alpha + \alpha = (5,2) + (2,7) = (x_3', y_3')$。再次计算 λ 如下:

$$\lambda = (7 - 2)(2 - 5)^{-1} (\mathrm{mod}\ 11) = 5 \times 8^{-1} (\mathrm{mod}\ 11) = 5 \times 7 (\mathrm{mod}\ 11) = 2$$

于是

$$x_3' = (2^2 - 5 - 2)(\mathrm{mod}\ 11) = 8$$
$$y_3' = (2 \times (5 - 8) - 2)(\mathrm{mod}\ 11) = 3$$

即 $3\alpha = (8, 3)$。

如此计算下去,可以得到如下结果:

$\alpha=(2,7)$	$2\alpha=(5,2)$	$3\alpha=(8,3)$	$4\alpha=(10,2)$
$5\alpha=(3,6)$	$6\alpha=(7,9)$	$7\alpha=(7,2)$	$8\alpha=(3,5)$
$9\alpha=(10,9)$	$10\alpha=(8,8)$	$11\alpha=(5,9)$	$12\alpha=(2,4)$

所以,$\alpha=(2,7)$的确是生成元。

例 13.2.2 考虑 $GF(2^3)$ 上的椭圆曲线 $y^2+xy=x^3+x^2+1$,有限域 $GF(2^3)$ 是通过 F_2 上的不可约多项式 $f(x)=x^3+x+1$ 以及它的一个根 $\alpha\in GF(2^3)$ 来定义构造的。用穷举法可得该有限群的阶 $\#E(GF(2^3))=14$,并且 $E(GF(2^3))$ 是一个循环群,该有限循环群的一个生成元为 $P=(\alpha,\alpha^5)$,于是可以列出 $E(GF(2^3))$ 上的全部点为:

$P=(\alpha,\alpha^5)$	$2P=(\alpha^3,0)$	$3P=(\alpha^2,\alpha^5)$	$4P=(\alpha^5,0)$
$5P=(\alpha^4,\alpha^3)$	$6P=(\alpha^6,\alpha^6)$	$7P=(0,1)$	$8P=(\alpha^6,0)$
$9P=(\alpha^4,\alpha^6)$	$10P=(\alpha^5,\alpha^5)$	$11P=(\alpha^2,\alpha^3)$	$12P=(\alpha^3,\alpha^3)$
$13P=(\alpha,\alpha^6)$	$14P=O$		

13.3 注 记

AES 是使用有限域构造分组密码体制的一个范例,而椭圆曲线公钥密码体制则是使用有限域上的椭圆曲线构造公钥密码算法的范例。椭圆曲线理论在素性检测中也会用到。另外,在有限域中计算离散对数这个著名的问题是许多公钥算法的基础。所以,介绍一些相关的基本概念和结论是必要的。但一些结论的证明相当复杂,所以同前几章一样,本章并未对结论的正确性加以证明。

建议读者先承认这些结论,并理解它们在密码学中的应用。我们认为,最重要的是要理解以下几点:

一、有限域上的运算不同于普通的实数运算,它有特别的性质,这些特性使得我们在构造分组密码时更容易达到我们想要的混淆与扩散的效果;

二、在模大素数 p 的有限域中,所有非 0 元构成一个大的乘法循环群,这个群中的离散对数到目前为止是难解的。

三、有限域上的椭圆曲线构成一个加法循环群,其中的离散对数也是难解的。

理解了以上内容,才能很好地理解许多重要的密码算法。

对于自动识别专业的同学而言,如果数学基础不够扎实,那么学习椭圆曲线理论可能确实有些困难。如果本课程的时间不够,可以先忽略这部分内容,这并不妨碍我们对现代密码学基本思想的理解。因此我们在椭圆曲线一节的标题上加了 * 号,表示可以选读。

习题十三

1. 是否存在含 21 个元素的有限域?为什么?
2. 确定 F_{17} 中的所有本原元。
3. 确定 F_7 中的所有本原元。
4. 证明 $x^6 + x^5 + x^2 + x + 1$ 是 F_2 上的本原多项式。
5. F_q 为一有限域,且 q 为奇数,证明 $\alpha \in F_q^*$ 有一平方根当且仅当 $\alpha^{(q-1)/2} = 1$。
6. 找出 F_{25} 在 F_5 上的一组多项式基,并将 F_{25} 中所有元素由该多项式基线性表出。找出 F_{25} 的一个本原元 β,对于每个 $\alpha \in F_{25}^*$,将 α 表示成 β 的方幂,即找到最小的非负整数 n,使得 $\alpha = \beta^n$。
7. 证明:对于任何域 F,F 的乘法群 F^* 的有限子群都是循环群。
8. 给出 $F_2[x]/(x^4 + x + 1)$ 的加法表和乘法表。
9. 证明 $x^2 + 1, x^2 + x + 4$ 在 F_{11} 中不可约,有限域 $F_{11}[x]/(x^2 + 1)$ 有 121 个元素,$F_{11}[x]/(x^2 + 1)$ 与 $F_{11}[x]/(x^2 + x + 4)$ 同构。
10. 设 β 为 F_2 不可约多项式 $x^6 + x + 1$ 的一个根,则 $1, \beta, \beta^2, \beta^3, \beta^4, \beta^5$ 是 $GF(2^6)$ 在 F_2 上的一组基,给出 $GF(2^6)$ 在基 $1, \beta, \beta^2, \beta^3, \beta^4, \beta^5$ 下的二进制表示,并求下列值:

   (1) $(011001)_2 + (101101)_2$;$(011001)_2 \cdot (101101)_2$。

   (2) $(101001)_2 + (100101)_2$;$(101001)_2 \cdot (100101)_2$。

11. 求有限域 $F_2[x]/(x^6 + x + 1)$ 中 $x^2 + 1$ 和 $x^3 + x + 1$ 的乘法逆元。
12. 求有限域 $F_2[x]/(x^6 + x^5 + x^2 + x + 1)$ 中 $x^3 + x + 1$ 和 $x^4 + x + 1$ 的乘法逆元。
13. 对于椭圆曲线:$y^2 = x^3 + 17$,已知其上的点 $P_1 = (-2, 3)$,$P_2 = (2,$

5),求：

(1) $P_1 + P_2$；

(2) $2P_1$；

(3) $-P_1$。

14. 已知 $E(Z_{11})$ 是 Z_{11} 上的椭圆曲线 $y^2 = x^3 + x + 6$ 上的有理点数为 13，试求扩域 F_{121} 上的椭圆曲线 $y^2 = x^3 + x + 6$ 上的有理点数。

15. 试说明椭圆曲线 $E_1(F_5): y^2 = x^3 + 1$ 和 $E_1(F_5): y^2 = x^3 + 2$ 不同构，但是椭圆曲线群是同构的，并给出两个曲线群上点之间的同构对应关系。

16. 设椭圆曲线 $E: y^2 + xy = x^3 + z^3 x^2 + (z^3 + 1)$ 定义在有限域 $F_{16} = F_2[z]/(z^4 + z + 1)$ 上。试计算曲线上的有理点数 n，并给出有理点群的群结构。

17. 设 $E: y^2 = x^3 + 4x + 20$ 为定义在 F_{29} 上的椭圆曲线，$P = (2,6)$ 和 $Q = (10,25)$ 是其上的两点，试求该曲线上的离散对数问题 $Q = kP$，其中 $k \in Z$。

第14章 计算复杂性理论的若干基本概念

计算复杂性理论是密码学中计算安全性的理论基础。本章介绍计算复杂性理论的若干基本概念。

14.1 算法与计算复杂性

14.1.1 问题与算法

有一个著名的问题称为"四色问题"。这个问题要求证明,平面或球面上的任何地图的所有区域,至多可用四种颜色来着色,使得任何两个有一段公共边界的相邻区域没有相同的颜色。

将地图的每个区域当成一个顶点,若两个区域相邻,则相应的顶点用一条边连接起来,即形成一个平面图(所谓平面图是指一个能画在平面上而边无任何交叉的图)。于是四色问题可转换成,证明可用四种颜色对一个平面图的顶点着色的问题。同样也可以看成是,判定是否可用四种颜色对图的顶点着色的问题,即"4-着色判定问题"。

更一般地,设 $G=\{V,E\}$ 是一个图,其中 $V=\{v_1,v_2,\cdots,v_n\}$ 是 G 的顶点(也称结点)集,E 是其边集。如果两个顶点之间有边相连,则称这两个顶点相邻。设 C 是颜色的有限集,G 的顶点着色是一个映射 $f:V\to C$,使得如果 $v_iv_j \in E$,则 $f(v_i)\neq f(v_j)$。就是说,要给图的每个顶点着上一种颜色,并且两个相邻顶点必须着色不同。能否按照要求给图的顶点着色,就称为图的顶点着色问题。

给定图 G,并设顶点数 $|V|=n>0$,边数 $|E|=r\geq 0$,颜色数 $|C|=m>0$。如果 m 是受限的,比如 $m<n$,那么是否能使用这 m 种颜色成功地对 G 的顶点着色,就是一个需要判定的问题。例如,$n=2$,$r=1$,而 $m=1$,即有两个顶点、一条边(如图 14.1.1(a)),只有一种颜色,这时就不能形成一个相邻顶点着色

不同的着色方案。一般地,给定 m,判定能否使图中任何两个相邻顶点都着不同颜色这个问题,称为图的 m-着色判定问题。

图 14.1.1　图的顶点着色

如果不限定 m 的大小,那么总能找到着色方案,比如 $m \geqslant n$ 时,就可以给每个顶点都着上不同的颜色。此时必然存在一个满足着色要求的最小的正整数 m。例如,对图 14.1.1(b),即 $G=\{V,E\}$,$V=\{v_1,v_2,v_3\}$,$E=\{v_1v_2,v_1v_3\}$,此时可以用三种颜色着色(每个顶点着不同颜色),也可以用两种颜色着色(v_2 和 v_3 着同一种颜色),但不存在少于两种颜色的着色方案。所以最小的 $m=2$。给定图 G,如何求可对图 G 着色的最小整数 m,称为着色最优化问题,并称这个达到最优(即最小)的整数 m 为图 G 的色数。显然,四色问题也可转化成"证明平面图的色数为 4"的问题。

着色问题是对任意的图而言的,是一般性的问题。当图和颜色集给定时,其着色就称为这个一般性问题的一个实例。

例 14.1.1　给定 4 个顶点的图 $G_1=(V_1,E_1)$,其中 $V_1=\{v_1,v_2,v_3,v_4\}$,$E_1=\{v_1v_2,v_2v_3,v_2v_4,v_3v_4\}$ 和 $C_1=\{c_1,c_2,c_3\}=\{$红、黄、蓝$\}$,求 G_1 的顶点着色方案。

显然,上例是图的顶点着色问题的一个实例。是否能使 G_1 成功着色,是图 G_1 的 3-着色判定问题的一个实例;而求可对 G_1 着色的最小正整数 m,则是 G_1 的着色最优化问题的一个实例。对同样的图 G_1,如果 $C_2=\{c_1,c_2\}=\{$红、黄$\}$,则是否存在着色方案又成为图 G_1 的 2-着色判定问题的实例,等等。

一个一般性问题通常难以给出确切的解。所以求解总是对问题的实例而言的。对给定的问题实例,求解通过一系列具体的规则和步骤来实现。

对于给定的图,可通过几个简单的规则在有限步骤内实现着色,即依次给顶点着色,并采用最优着色原则。所谓最优着色原则,即若两个顶点不相邻,则尽量使用同一种颜色,这样可以使所用的颜色尽可能少。仍以上面有四个

顶点的图 G_1 的着色为例。具体做法是,先给顶点 v_1 着颜色 c_1 = 红色;由于 v_2 和 v_1 相邻,所以要着 c_2 = 黄色;而 v_3 与 v_2 相邻,但与 v_1 不相邻,所以由最优着色原则,可对 v_3 着 c_1 = 红色;v_4 与 v_2 和 v_3 皆相邻,必须着 c_3 = 蓝色。这就形成了一个图 G_1 的着色方案。

这个方案其实是由以下有限个有序的规则构成的:
R1:给第一个顶点着第一种颜色。
R2:依次对下一顶点着色。
R3:判断下一个顶点与上一顶点是否相邻,若不相邻则选择与上一顶点相同的颜色。若相邻,则转向下一规则。
R4:向前回溯,判断之前的是否有不相邻的顶点,若有,则选择与其相同的颜色,否则,选择一个新的颜色。

由于顶点和边总是有限的,所以这些规则被有限次运用后即可实现对所有顶点的着色。这种有限次使用计算规则解决问题的过程即为算法,它定义如下:

定义 14.1.1 一个算法是一个有限规则的有序集合。这些规则确定了某一类问题的一个运算序列。对于某一类问题的任何初始输入,它能机械地逐步计算,在有限步计算之后终止,并产生一个输出。

算法通常有如下五个特征:
① 有限性:一个算法在执行有限个计算之后必须终止。
② 确定性:一个算法中给出的每个计算步,必须是精确地定义的、无二义性的。
③ 能行性:算法中要执行的每个计算步都可以在有限时间内完成。
④ 输入:一个算法一般都要求一个或多个输入信息作为计算的初始数据。
⑤ 输出:一个算法通常都有一个或多个输出作为计算结果。

显然,算法可以简单地看成是解决问题的计算机程序,而程序就是算法用机器语言表述后所形成的。实际上,规则 $R1 \sim R4$ 可以很容易地用编程语言写成程序。

对一个给定的问题,求解的算法可能并不是唯一的。另外,一个复杂的算法也可以分解成若干简单一些的小算法。例如,$R1 \sim R4$ 可以分解成以下两个算法。

例 14.1.2 着色算法 A(依次着色)

输入:图 $G_1 = (V_1, E_1)$, $V_1 = \{v_1, v_2, v_3, v_4\}$, $E_1 = \{v_1v_2, v_2v_3, v_2v_4, v_3v_4\}$。
输出:图 $G_1 = (V_1, E_1)$ 的一个着色方案。
{
  $k \leftarrow 1$;
  $f(v_1) = c_1$;
  for $i = 2$ to 4, do
    若存在 $j < i$，且 v_j 与 v_i 相邻 do $k \leftarrow k+1$
    $f(v_i) = c_k$
  end
}

这个算法的执行结果是，v_1、v_2、v_3、v_4 的着色分别是 c_1、c_2、c_3、c_4。

例 14.1.3 着色算法 B(约简着色)
输入:图 $G_1 = (V_1, E_1)$ 的一个着色方案。
输出:图 $G_1 = (V_1, E_1)$ 的一个约简着色方案。
{
  for $i = 2$ to 4, do
    若存在 $j < i$，使 v_j 与 v_i 不相邻，且对任一与 v_i 相邻的 v_k，有 $f(v_j) \neq f(v_k)$，
    do $f(v_i) = f(v_j)$
  end
}

这个算法的执行结果是，v_1、v_2、v_3、v_4 的着色分别是 c_1、c_2、c_1、c_3。

这两个算法不难推广到一般的情形，用以求解任意一个四色问题的实例。

从以上例子可以看出，算法等价于求解某个问题的通用计算机程序，问题实例给定后，相应程序的输入就确定了。

如果一个算法能解一个问题的任何实例，那么就说该算法能求解这个问题。如果至少存在一个算法能求解这个问题，那么就说这个问题是可解的；否则就说这个问题是不可解的。求解一个问题的最优算法，是指求解此问题的最快或最节省资源的算法。计算复杂性理论就是研究求解问题的难易程度，即求解问题所需计算资源的理论。

例 14.1.4 求解 F_2 上 n 元布尔方程组问题。设 F_2 上 n 元布尔方程组为:

$$\begin{cases} f_1(x_1,x_2,\cdots,x_n)=0 \\ f_2(x_1,x_2,\cdots,x_n)=0 \\ \cdots\cdots \\ f_m(x_1,x_2,\cdots,x_n)=0 \end{cases} \quad (14.1.1)$$

其参数集合为 $\{f_i(x_1,x_2,\cdots,x_n)\mid 1\leq i\leq m\}$，求此问题的解是找出 $(u_1,u_2,\cdots,u_n)\in F_2^n$，使得对所有的 $i,1\leq i\leq m,f_i(u_1,u_2,\cdots,u_n)=0$。

求解

$$\begin{cases} x_1+x_2x_3=0 \\ 1+x_1x_2=0 \\ 1+x_1+x_2+x_3+x_1x_2x_3=0 \end{cases} \quad (14.1.2)$$

是此问题的一个实例。

求此问题实例的一个解，可使用如下算法：

输入：$\{f_i(x_1,x_2,\cdots,x_n)\mid 1\leq i\leq m\}$。

输出：$U=(u_1,u_2,\cdots,u_n)$。

① $U\leftarrow(0,0,\cdots,0)$；

② for $i=1$ to m，计算 $f_i(u_1,u_2,\cdots,u_n)$；

    if 存在 i 使 $f_i(u_1,u_2,\cdots,u_n)\neq 0$, then

        $U\leftarrow U+(0,0,\cdots,0,1)$

    else   return U

    endif

  end

③ 输出 U。

显然，利用这个算法能求解方程组(14.1.1)这种具有 m 个布尔方程且每个布尔方程有 n 个变量的布尔方程组，所以，这个算法能求解 F_2 上布尔方程组问题，从而 F_2 上布尔方程组问题是可解的。

利用一个算法求解某个问题需要多少资源，显然跟求解的问题实例有关。对于例14.1.1，G_1 只有 4 个顶点，计算量很小，需要的资源也少。但随着顶点和边的个数增加，计算量越来越大，所需要的计算资源也越来越多。因此，顶点(和边)的个数是影响着色问题复杂程度的一个关键量，我们称为着色问题的规模。对于例14.1.4，易见，求解过程需要完成 $2^n\times m$ 次对 $f_i(u_1,u_2,\cdots,u_n)$ 的计算，所以 m 和 n 共同决定了此问题的规模。

一般地,问题实例的规模是求解此问题实例的算法所需输入变量的个数及变量的二进制位数。设一个问题实例的规模是 n,则算法的复杂程度是规模 n 的函数,而规模 n 则是计算此问题实例复杂性函数中的变量。另外,不同的问题,其实例规模有不同的描述。例如,多项式的乘法和除法的规模是多项式的次数,矩阵运算的规模是矩阵的阶,集合运算的规模是集合中元素的个数,甚至于通信带宽、数据总量也是某些问题实例的规模。

当问题实例的规模确定,使用的算法也确定时,如何衡量其复杂程度呢?例如,对着色算法 A 和 B,如何衡量它们的计算复杂性呢?进一步,如果求解一个问题存在多个算法,又如何衡量一个问题的复杂性呢?

14.1.2 确定型图灵机

问题实例的求解过程就是相应算法的执行过程,规模则是程序的输入,而算法的执行过程本质上是一系列计算。这样,考虑算法或问题的复杂性时,就需要有一个统一的衡量计算量的标准,而且这个标准必须与计算机的性能无关,而只与算法或问题实例自身的计算特性相关。换言之,我们需要有一个可以适用于衡量一切算法和问题的计算特性的基础模型,使得一切算法和问题能在此基础模型上加以衡量和比较。这就需要对算法的计算特征作深入、本质性的刻画。

1936 年,英国数学家阿兰-图灵提出了一种抽象的计算模型,对计算的本质特征做了深入的刻画。图灵的基本思想是,用机器来模拟人们用纸笔进行数学运算的过程,他把这样的过程看做下列两种简单的动作:

① 在纸上写上或擦除某个符号;
② 把注意力从纸的一个位置移动到另一个位置。

而在运算的每个阶段,人要决定下一步的动作必须依赖于:

① 此人当前所关注的纸上某个位置的符号;
② 此人当前思维的状态。

为了模拟人的这种运算过程,图灵给出一台假想的机器,后人以他的名字命名,称为(单带)确定型图灵机(deterministic turing machine,简记为 DTM 或 M),该机器由以下几个部分组成:

① 一条无限长的纸带 TAPE。纸带被划分为连续的方格,每个方格上包含一个来自有限字母表的符号,字母表中有一个特殊的符号"□"表示空白。纸带的左端是起点,右端可以无限伸展。纸带上的格子从左到右依次编号为

$0,1,2,\cdots$。

② 一个读写头 HEAD(也称带头)。该读写头可以在纸带上左右移动或停止不动,它能读出当前所指的格子上的符号,并能改变当前格子上的符号。

③ 一个状态寄存器。图灵机每一时刻都有一个状态,而状态寄存器用来保存图灵机当前所处的状态。图灵机的所有可能状态的数目是有限的,并且有一个特殊的状态,称为停机状态(又可细分为两个状态:接受状态和拒绝状态)。

④ 一套控制规则 TABLE。它根据当前机器所处的状态以及当前读写头所指的格子上的符号来确定读写头下一步的动作,并改变状态寄存器的值,令机器进入一个新的状态。

这个机器的每一部分都是有限的,但它有一个潜在的无限长的纸带,因此这种机器只是一个理想的设备。图灵认为这样的一台机器就能模拟人类所能进行的任何计算过程。图 14.1.2 是图灵机示意图及其艺术化的表示,其中有限状态控制器由控制规则和状态寄存器合成。

(a) 单带确定型图灵机示意图　　(b) 图灵机的艺术化表示

图 14.1.2　图灵机示意图及其艺术化表示

图灵机可以更一般地形式化描述如下:

定义 14.1.2　一个确定型图灵机是一个七元组
$$(Q, \Sigma, \Gamma, \delta, q_0, q_{accept}, q_{reject})$$
其中

① Q 是有限状态集合,包括起始状态与终止状态;

② Σ 是输入字母表,其中不包含特殊的空白符"□";

③ Γ 是带字母表,其中 $□ \in \Gamma, \Sigma \subseteq \Gamma$;

④ $\delta: Q \times \Gamma \to Q \times \Gamma \times \{L, R, S\}$ 是转移函数,其中 L 表示读写头向左移,

R 表示向右移,S 表示停止不动;

⑤ $q_0 \in Q$ 是起始状态;

⑥ q_{accept} 是接受状态;

⑦ q_{reject} 是拒绝状态,且 $q_{accept} \neq q_{reject}$。

这里,Q、Σ、Γ 都是有限集合。通常所说的图灵机都是指确定型图灵机。

确定型图灵机 $M = (Q, \Sigma, \Gamma, \delta, q_0, q_{accept}, q_{reject})$ 将以如下方式运作:

开始的时候,M 将输入符号串 $w = w_0 w_1 \cdots w_{n-1} \in \Sigma^*$,从左到右依此填在纸带的第 $0, 1, \cdots, n-1$ 号格子上,其他格子保持空白(即填以空白符□)。M 的读写头指向第 0 号格子,M 处于状态 q_0。机器开始运行后,按照转移函数 δ 所描述的规则进行计算。

例如,若当前机器的状态为 q,读写头所指的格子中的符号为 x,设 $\delta(q, x) = (q', x', L)$,则机器进入新状态 q',将读写头所指的格子中的符号改为 x',然后将读写头向左移动一格。若在某一时刻,读写头所指的是第 0 号格子,但根据转移函数它下一步将继续向左移,这时它停在原地不动,即读写头始终不移出纸带的左边界。若在某个时刻 M 根据转移函数进入了状态 q_{accept},则它立刻停机并接受输入的字符串;若在某个时刻 M 根据转移函数进入了状态 q_{reject},则它立刻停机并拒绝输入的字符串。显然,q_{accept} 和 q_{reject} 是两种不同的停机状态。

注意,转移函数 δ 是一个部分函数,就是说对于某些 q 和 x,$\delta(q, x)$ 可能没有定义,如果在运行中遇到下一个操作没有定义的情况,机器将立刻停机。

为了说明图灵机如何进行计算,我们给出一个计算"3 + 2 = 5"的图灵机实施计算的例子。我们以 1 的个数表示数值,在带上的数据是 0000001110110000,表示 3 + 2,停机状态表示计算结果。

例 14.1.5 "3 + 2 = 5"的图灵机演算。

设 $M = (\{0, 1, 10, 11\}, \{1\}, \{0, 1\}, \delta, 0, (0, 0S))$(最后的分量是空白表示没有拒绝状态),并令

$\delta: \{0, 1, 10, 11\} \times \{0, 1\} \to \{0, 1, 10, 11\} \times \{0, 1\} \times \{R, L, S\}$

由以下集合确定:

$\{0,0 \to 0,0R; 0,1 \to 1,1R; 1,0 \to 10,1R; 1,1 \to 1,1R; 10,0 \to 11,0L; 10,1 \to 10,1R; 11,1 \to 0,0S\}$

表 14.1.1 显示了计算 3 + 2 = 5 的整个过程。

表 14.1.1　　　　　3 + 2 = 5 的图灵机计算过程

步骤	状态	带上内容	步骤	状态	带上内容
1	0	0000001110110000	9	1	0000001110110000
2	0	0000001110110000	10	1	0000001110110000
3	0	0000001110110000	11	10	0000001111110000
4	0	0000001110110000	12	10	0000001111110000
5	0	0000001110110000	13	10	0000001111110000
6	0	0000001110110000	14	11	0000001111110000
7	0	0000001110110000	15	0	0000001111100000
8	1	0000001110110000		——停机——	

表 14.1.1 每一步骤中，带上内容加粗的字符表示的是带头读到的内容。

说明："0,0→0,0R"表示的是 $\delta(0,0) = (0,0,R)$，即如果机器当前状态为 0，并且读到格中的符号为 0，则机器下一状态变成 0，并将格中的符号改写为 0（实际上没有改写，仍为 0），然后读写头向右移动一格。类似地，"1,0→10,1R"表示的是 $\delta(1,0) = (10,1,R)$，即如果当前的机器状态是 1，读到的是 0，则机器的下一状态是 10，并将格中的符号改写为 1。这种表示方法与标准的定义意义相同，只是形式稍有不同。

把单带确定型图灵机稍作推广，可得多带确定型图灵机，它由多条纸带和多个读写头组成。一个有 k 条纸带的确定型图灵机就称为 k 带确定型图灵机，如图 14.1.3 所示。

如果说单带图灵机可以近似地看作一台只执行一个计算任务的计算机，那么 k 带图灵机就类似于一台分时处理 k 个计算任务的计算机，它并没有增加计算能力。

为了描述一个图灵机在某一瞬间的整体情形，人们引入了"格局"(configuration)的概念。

定义 14.1.3　图灵机 M 的一个格局是一个三元组 (F, q, e)，其中 N 是自然数集，$F: N \rightarrow \Gamma$ 是一个描述当前带上内容的带描述函数，$F(i)$ 表示 M 的带上第 i 个格子中的符号；$q \in Q$ 是当前状态，$e \in N$ 是当前读写头的位置。

由定义可以看出，一个格局从某一时刻带上的全部内容（不计右端的空白符）、当前状态和读写头的位置三个方面描述了一个图灵机在此刻的整体

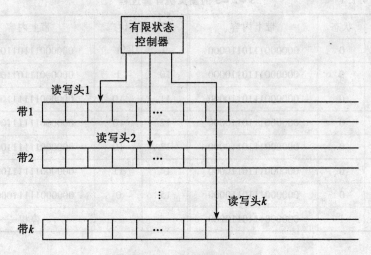

图 14.1.3 k 带图灵机示意图

情形。对一个格局 C,如果机器不是处在停机状态,则转移函数 δ 唯一确定下一格局 C'。此时称 C 产生 C',记为 $C \vdash C'$。

定义 14.1.4 设 $C = (F, q, e)$ 为 M 的格局,若 $q = q_0$,则称 C 为起始格局;若 $q = q_{accept}$,则称 C 为接受格局;若 $q = q_{reject}$,则称 C 为拒绝格局;接受格局和拒绝格局统称为停机格局。

定义 14.1.5 设 M 是一台图灵机,将字符串 $w = w_0 w_1 \cdots w_{n-1}$ 作为其输入,若存在格局序列,使得 C_1 是 M 在输入 w 上的起始格局,且对 $i = 1, 2, \cdots, k-1$,有 $C_i \vdash C_{i+1}$,而 C_k 是接受(拒绝)格局,则称 M 接受(拒绝)字符串 w,并称 $C_1 C_2 \cdots C_k$ 为 M 在输入 w 上的接受(拒绝)计算历史。同时,称 M 所接受的所有字符串的集合为 M 的语言,记作 $L(M)$。

由上例可以看出,图灵机接受一个字符串 w,意味着可以对所输入的 w 进行一个相应的计算。所以,$L(M)$ 代表着 M 能做哪些计算,即代表了 M 的计算能力。

由于图灵机对计算做了细致的本质性的刻画,因而可以基于它来衡量计算的复杂性。

14.1.3 算法的计算复杂性

问题可以用算法来求解,而算法可以看成是一台图灵机的操作规则,它确定了图灵机的转移函数。问题的实例给定后,图灵机的输入也就给定了。因此,可以简单地把按照某个算法对问题实例的求解看成是一台图灵机上的计算,从而可用图灵机来衡量该算法的计算复杂性。计算的复杂性通常要从时间和空间两个方面来衡量。

定义 14.1.6 一台图灵机的时间复杂性 $T(n)$ 是指它处理所有长度为 n 的输入时所需的最大计算步数。

定义 14.1.7 一台图灵机的空间复杂性 $S(n)$ 是指它处理所有长度为 n 的输入时所使用的最大方格数。

以下我们主要关注时间复杂性。事实上,如果需要,可以对空间复杂性做完全类似的探讨。

一个给定的算法事实上对应着一台图灵机。所以习惯上,我们也将一个算法所对应的图灵机的时间复杂性称为该算法的时间复杂性。有了基于图灵机所定义的复杂性,算法之间的比较就有了基准。例如,算法一所对应的图灵机是 M_1,对规模为 n 的输入,其时间复杂性是 $T_1(n) = n^2$;而算法二对同样的规模 n,其时间复杂性是 $T_2(n) = n^3$。那么我们不仅可以说,在运行时间上算法二要比算法一复杂,而且可以更为精确地说,要复杂 n 倍。又假如算法三的时间复杂性是 $T_3(n) = n^3 + n^2 + 5$,那么算法三与算法二的复杂性几乎是相同的,因为随着 n 的增大,$n^2 + 5$ 几乎是可以忽略的。

由于算法的精确运行时间是规模 n 的一个复杂的表示式,并且会因为计算模型的不同而造成运行时间细节上的差别,因此我们引入渐近记号,来给出算法本质上的运行时间,而不关心其精确运行时间,即只考虑算法运行时间表达式的最高次项,而忽略该项的系数和其他低次项。

定义 14.1.8 设 $f, g: N \rightarrow R^*$ 是两个函数。若存在正整数 c 和 n_0,使得对所有的 $n \geq n_0$,有 $f(n) \leq cg(n)$ 成立,则称 $g(n)$ 为 $f(n)$ 的(渐近)上界,或称 $f(n)$ 囿于 $g(n)$,记为 $f(n) = O(g(n))$。有时也称 $f(n)$ 的阶小于等于 $g(n)$ 的阶。

按定义,若 $f(n) = O(n)$,则必有 $f(n) = O(n^2)$。

形如 n^c(c 是大于 0 的实数)的界称为多项式界;形如 2^{n^c} 的界称为指数界。

定义 14.1.9 设 $f, g: N \rightarrow R^*$ 是两个函数。若存在常数 $c_1 > 0$ 和 $c_2 > 0$ 以及整数 $n_0 \geq 0$,使得对所有的 $n \geq n_0$,有 $f(n) < c_1 g(n)$ 和 $g(n) < c_2 f(n)$ 成立,则称 $f(n)$ 和 $g(n)$ 渐近相同,记为 $f(n) = \Theta(g(n))$,此时也称 $f(n)$ 和 $g(n)$ 同阶或等阶。

显然,若函数 $f(n)$ 以 $g(n)$ 为界,$g(n)$ 也以 $f(n)$ 为界,则它们渐近相同。在如上的定义下,对于 $f(n)=3n+2$,可以记作 $f(n)=O(n^2)$,但不能记作 $f(n)=\Theta(n^2)$,只能记作 $f(n)=\Theta(n)$。但一般情况下,人们在进行算法分析时,都尽量在 $\Theta(f(n))$ 的意义下使用符号 $O(f(n))$,即当 $f(n)=3n+2$ 时,一般记作 $f(n)=O(n)$ 而不记为 $f(n)=O(n^2)$。

通常,严格按照图灵机来精确衡量一个算法的复杂性是没有必要的。对一个给定的图灵机及规模为 n 的输入,图灵机做一个确定的基本计算,例如加法或乘法等,其计算步数也是确定的。假设两个 n 位数相加,图灵机需要计算 $f(n)$ 步,即它的时间复杂性为 $f(n)$,那么 n 个 n 位数相加就需要做 $n-1$ 个加法运算,因此其时间复杂性大约为 $(n-1)f(n)$。当然这只是粗略地估算,因为在相加的过程中,不断会产生进位,因而并不是真正的 $n-1$ 个 n 位数的两两相加。类似地,假设两个 n 位数相乘,图灵机需要计算 $g(n)$ 步,那么 n 个 n 位数相乘就需要做 $n-1$ 个乘法运算,因此其时间复杂性大约为 $(n-1)g(n)$。这意味着,可以通过度量一个算法包含了多少个基本运算,来大致判断其计算复杂性。由于 n 确定后,基本运算的时间复杂性可以当做一个常数来处理,因而为方便起见,常常只用基本运算的个数来描述其时间复杂性。当我们把"n 个 n 位二进制数相加"和"n 个 n 位二进制数相乘"放在一起比较时,以加法作为基本运算,就可以大致地看做,前者的时间复杂性为 $O(n-1)$,后者的时间复杂性为 $O((n-1)^2)$,因为一个乘法约为 $n-1$ 个加法。

定义 14.1.10 如果一个算法的时间复杂性函数 $T(n)=O(p(n))$,其中 $p(n)$ 为 n 的多项式,则称该算法是多项式时间算法。

对于非多项式时间的算法,有的文献将其统称为指数时间算法。但有的文献上分得更细,区分了指数时间算法和亚指数时间算法:若 $T(n)=O(2^n)$,则称为指数时间算法;若 $T(n)=O(2^{\log n})$,则称为亚指数时间算法。

例 14.1.6 背包问题(也称子集和问题)。给定 n 个整数的集合 $A=\{a_1,a_2,\cdots,a_n\}$(通常称为背包向量)和一个整数 S,若 $\sum_{x\in A}x\geqslant S$,问是否存在 A 的一个子集合 A',使得 $\sum_{x\in A'}x=S$。

对于 A 的一个给定子集 A',容易验证 A' 的所有元素之和是否为 S。然而,要找一个 A 的子集 A' 使其元素之和为 S 则要困难得多,因为 A 共有 2^n 个可能的子集,而试验所有子集的时间复杂性为 $O(2^n)$。

试验所有的子集是一个指数时间算法,因而背包问题可以在指数时间内求解。

例 14.1.7 无平方因子(square-free)问题：给定一个正的合数 N，问 N 是否为无平方因子数？N 为无平方因子数是指，不存在整数 p 使得 $p^2 | N$。

存在确定的算法可以求解这个问题：输入 N，用 3 到

$$O\left(\lfloor\sqrt{N}\rfloor\right) = O(e^{\log N/2})$$

之间的所有奇素数的平方穷尽试除 N，当所有除法都失败时，回答"是"。这个方法的时间复杂度是

$$O\left(\lfloor\sqrt{N}\rfloor\right) = O(e^{\log N/2})$$

所以，这个问题可以在亚指数时间求解。

14.2 NP 完全性理论简介

14.2.1 问题的复杂性

前面介绍了算法的复杂性。我们知道，算法是用来求解问题实例的，但同样的问题，可以用不同的算法来求解。那么，如何度量问题的复杂性呢？

例 14.2.1 模指数问题。设 x, e, p 均为正整数，求 $y \equiv x^e \bmod p$。

模指数问题也称模幂问题，求解它至少有以下两个不同的算法。

算法 A 输入：x, e, p；输出：y。

① $y \leftarrow x$；
② for $i = e - 1$ to 1, do $y \leftarrow yx \bmod p$
   end

在这个算法中，每做一次 $yx \bmod p$，都要做一次乘法运算和一次模运算，因此这个算法至少要做 $e - 1$ 次乘法运算和 $e - 1$ 次模运算。

设 e 的二进制表示为 $e = (e_n e_{n-1} \cdots e_1 e_0)$，即：

$$e = e_n 2^n + e_{n-1} 2^{n-1} + \cdots + e_1 2 + e_0$$

这里 $n = \lfloor \log_2 e \rfloor$，$e_i \in \{0, 1\}$，$e_n = 1$，即 e 表示为 $n + 1$ 位的二进制数，最高位为 1。那么有

$$x^e = ((\cdots(({x^{e_n}})^2 \cdot e^{e_{n-1}})^2 \cdots x^{e_2})^2 \cdot x^{e_1})^2 \cdot x^{e_0}$$

由此可以得到下列算法。

算法 B 输入：x, p 和 e 的二进制表示以及 $n = \log_2 e$；输出：y。

① $y \leftarrow x$；

② for $i = n-1$ to 0, do $y \leftarrow y^2 x^{e_i} \bmod p$
   end

在算法 B 中,从 e 的最高位开始,如果 e 的第 i 位是 0,直接将 y 平方再模 p,如果 e 的第 i 位是 1,则将 y 平方后乘以 x 再模 p。因此这个算法的每一步 $y^2 x^{e_i} \bmod p$ 运算中,至多做两次乘法和一次模运算,即整个算法至多做 $2(n+1)$ 次乘法运算和 $n+1$ 次模运算。

如果将一次乘法和一次模运算当作一个基本运算,那么算法 A 的时间复杂性约为 $O(e)$,而算法 B 的时间复杂性约为 $O(\log_2 e)$。显然算法 B 的复杂性更低,效率更高,因而更好。由于算法 A 和算法 B 都能求解模幂问题,人们自然会选择复杂性低即效率高的算法来求解,因此可以说,模幂问题的时间复杂性不超过 $O(\log_2 e)$。

定义 14.2.1 问题的时间(空间)复杂性是解此问题的最难实例的最有效的算法所需要的最小时间(空间)。

说明:

① 关于最难实例:以模幂问题为例,当 e 的二进制位数 n 给定,不妨设 $n = 5$,那么该问题就有 2^5 个不同的实例,而 $e = 11111$ 是最难的实例。

② 关于最有效算法:仍以模幂问题为例,我们知道算法 B 比算法 A 有效,如果只有这两个算法,当然算法 B 是最有效算法。但实际上可能存在更有效的算法。所以这里的"最有效",是指对目前已知的所有算法而言的。

算法一经给出,它的复杂性就可以度量。但问题与算法不同,因为不是每个问题我们都清楚所有的求解算法。也许目前对某个问题我们找到了若干算法,但随着理论和技术的发展,还会出现新的算法。这使得我们对问题复杂性的了解总处在一个发展变化的过程中,处在不确定之中。另外,一些问题虽然有办法可以求解,但求解的复杂性却与诸多因素有关,有些实例甚至很难确定哪个是最有效的算法,因此,要以最难的实例来衡量问题的复杂性。

例如上一节提到的背包问题。通常,我们把选择一个子集 A' 称为对背包问题的解的一个"猜测",而称计算 $\sum_{x \in A'} x = S$ 是对这一"猜测"的"验证"。按照这个算法,背包问题的求解,可以看作一个不断猜测、验证的过程。而这一问题的复杂性,又与如何猜测有关。我们可以对 A 的每个子集按一定规则进行编号,例如,若 A 的元素 $a_i \in A'$,则令 $e_i = 1$,否则令 $e_i = 0$。这样,A 的每个子集恰与一个 n 位二进制数相对应。我们可以从"$11\cdots1$"(即全集)开始依次"猜测-验证",也可以每次都随机选择一个 n 位二进制数,进行"猜测-验证"。

显然,对于具体的求解来说,猜测的方法实际上已是算法的一个部分,而多种不同的猜测方法派生出多种不同的算法。对于适当的 A 和 S,如果问题的解为"是",即确实存在 A 的一个子集 A',使得 A' 的元素之和恰为 S,那么,一开始就猜测到 A',和遍历了几乎 A 的所有子集后才猜测到 A',时间复杂性就有极大的差别。而对一般的问题,我们很难确定哪种猜测方法(即相应的算法)更为有效。背包问题的解为"否"时是最难的实例,这时"猜测-验证"要遍历所有的子集才行。

背包问题具有某种典型性,它只有两个可能解:"是"与"否"。通常称这类问题为判定问题。如果能证明,不存在任何算法来确定一个判定问题的解,则称该问题是不可判定的,否则就称为可判定的。之所以说判定问题是具有典型性的问题,是因为大多数问题都能与相应的判定问题建立紧密的联系,可以转化成判定问题。

令 D_w 是判定问题 W 的全部实例构成的集合,则存在 D_w 的一个自然划分 $D_w = Y_w \cup N_w$,其中,凡 Y_w 中的实例之解均为"是",凡 N_w 中的实例之解均为"否"。

背包问题还有另一种求解算法。先随机选择 A 的任一元素,不妨设选择了 a_i,记 $A_i = A - \{a_i\}$,则此时问题转化为另一个同类型的关于 A_i 和 $S - a_i$ 的子背包问题,即对 A_i 和 $S - a_i$,求是否存在 A_i 的子集 A'',使得

$$\sum_{x \in A''} x = S - a_i$$

依此类推,再在 A_i 中选择 a_j 后,问题继续转化成 A_i 的子集的背包问题。继续下去,有以下几种可能:

① 求出了问题为"是"的解,此时停止计算(停机),输出整个问题的解为"是"。

② 求不出问题为"是"的解,但这并不意味着问题的解一定为"否",需要继续从头开始新一轮计算。此时又包含了两种可能:

(i)问题的解为"否";

(ii)不停地计算下去,永不停机。

这种算法有以下特点:

① 每一步的下一步可能有多种选择;

② 每一种选择是不确定的。

因此,这种算法是一个不确定的算法。

还有一些问题也具有某种典型性,如素性判定问题。

例 14.2.2　素性判定问题:任给一个正的 n 位(二进制)奇整数 p,判定它是否为素数。

这个问题有一种确定的判定方法,即对不超过 $\sqrt{p}$ 的所有素数,计算它是否为 p 的因子。如果都不是,则为 p 素数,否则 p 为合数。由素数定理可知,不超过 $\sqrt{p}$ 的所有素数约有 $\sqrt{p}/\ln\sqrt{p}$ 个。显然,这是一个亚指数时间算法。

根据 Fermat 定理,任选正整数 $a \nmid p$,如果 p 是素数,则必有 $a^{p-1} \equiv 1 \bmod p$。换言之,如果 $a^{p-1} \not\equiv 1 \bmod p$,则 p 必为合数。这产生了另一种判定算法:

输入:p 和正整数 k。

① 令 $i = 1$。

② 随机选取一个小于 p 的正整数 a_i。

③ 计算是否有 $a_i^{p-1} \equiv 1 \bmod p$。

(ⅰ)若否,输出问题的解为"否"。

(ⅱ)若是,令 $i = i + 1$。若 $i \leq k$,返回步骤②;否则,输出问题的解为"是"。

显然,如果算法输出的解为"否",则 p 必然不是素数。但如果算法输出的解为"是",则 p 未必是素数。可以证明,此时 p 不是素数的概率不超过 2^{-k},即 p 是素数的概率不小于 $1 - 2^{-k}$。就是说,对适当选择的较大的 k,p 以极大的概率为素数。

这个问题的求解算法的典型性在于,它是一个跟概率和随机性有关的算法。将②、③两步看作算法的一轮计算,考虑 $x^{p-1} \equiv 1 \bmod p$,其中 x 为随机变量,则每一轮计算中,有两种跟随机变量 x 有关的可能:是或否。这相当于概率论中的掷币试验,而掷币的结果决定算法朝哪个方向继续。另外,算法的输出结果有时并不是确定的,而是概率的。

以上例子说明,一些算法所对应的图灵机至少在直观上与确定型图灵机大为不同。为了更好地描述这些计算思想,我们需要建立新的计算模型,以更好地衡量问题的复杂性。为此,人们提出了一种新的称为"非确定型图灵机"的计算模型来描述它。

14.2.2　非确定性图灵机与概率图灵机

确定型图灵机是最初的计算模型。此后,随着人们对计算的本质理解得越来越深入,又产生了非确定型图灵机、枚举器等多个图灵机的变种,它们都是确定型图灵机的推广。

非确定型图灵机(non-deterministic turing machine,简记为 NDTM)也是一

个七元组

$$(Q, \Sigma, \Gamma, \delta, q_0, q_{accept}, q_{reject})$$

和确定型图灵机的不同之处在于,在计算的每一时刻,根据当前状态和读写头所读到的符号,机器存在多种状态和可选择的转移方案,机器将任意地(随机地)选择其中一种方案继续运作,直到最后停机为止。所以,其状态转移函数为:

$$\delta: Q \times \Gamma \to 2^{Q \times \Gamma \times \{L, R, S\}}$$

其中符号 2^A 表示集合 A 的幂集,即 $2^A = \{S | S \subseteq A\}$。

例如,设非确定型图灵机 M 的当前状态为 q,当前读写头所读的符号为 x,若

$$\delta(q, x) = \{(q_1, x_1, d_1), (q_2, x_2, d_2), \cdots, (q_k, x_k, d_k)\}$$

则 M 任意地选择一个 (q_i, x_i, d_i) 后继续操作,进入下一步的计算。

非确定型图灵机 M 在输入串 w 上的计算过程可以表示为一棵树,称为非确定性图灵机计算树,其不同的分支对应着每一步计算不同的可能性。只要有任意一个分支进入接受状态,则称 M 接受 w;只要有任意一个分支进入拒绝状态,则称 M 拒绝 w;某些分支可能永远无法停机,但只要有一个分支可以进入接受或拒绝状态,则称 M 在输入 w 上可停机。规定:M 必须是无矛盾的,即它不能有某个分支接受 w 而同时另一个分支拒绝 w,这样有矛盾的非确定型图灵机是不合法的。

在每一步中,非确定型图灵机的下一步移动会有有限的选择。一个输入的串被叫做是可识别的,如果至少存在一个合法的移动序列,它从机器的初始状态开始即机器开始扫描第一个符号开始,直至机器完成输入串的扫描后产生另一个状态,并满足一个终端条件。我们将这样的序列移动命名为可识别序列(arecognition sequence)。不难理解,如果一个非确定性图灵机通过一系列的猜想找到解决可识别输入问题的方法,那么这一系列的移动由正确的猜想组成,从而形成一个可识别的序列。

非确定型图灵机与确定型图灵机最大的不同在于状态转移函数。我们换一种简单的方式来近似地解释这种不同。考虑一个算法,该算法进行到某一步时,必须做若干种选择。一台确定型图灵机可以试探其中的一个选择(做一个猜测,并进行验证),然后再试探其他的选择。而一台非确定型图灵机则可以同时试探所有的选择,即可以同时验证所有的猜测。这相当于算法可以同时为每个选择都创建一个"副本",每个副本都独立运行,并且每个副本还可以根据需要再创建多个自己的副本。如果一个副本做了错误的选择,则停

止运行。一旦某个副本给出了问题的解,则通知所有副本停止运行,即停机并输出问题的解。所以,一台非确定型图灵机类似于多台(数量不受限制)并行的确定型图灵机,如果其中有一台机器给出了判定问题为"是"的答案,则通知所有机器停机,输出问题的答案为"是"。

需要说明的是,非确定型图灵机能计算的问题,用确定型图灵机也能计算。所以非确定型图灵机并没有增加计算能力。尽管如此,在计算时间上非确定型图灵机却要快得多,因而,一些用确定型图灵机需要指数时间才能解决的问题,用非确定型图灵机却可能在多项式时间内解决。

概率图灵机也是一种非确定型图灵机。它的形式定义为六元组 $M = (X, Y, Q, W, \Pr, p)$。其中 Q 和 W 分别是非空有限的状态集合和带字母集合;X 和 Y 分别是输入字母集合和输出字母集合,且 $X \cup Y \subseteq W, Q \cap W = \emptyset$;$\pi$ 是初始分布;$\Pr(z, q'|q, \omega)$ 是已知概率图灵机现在的状态为 q 时注视在带字母 ω 的条件下它的"下一动作"的概率。"下一动作"是下面三者之一。① $z \in W$:用 z 代替 ω,且转移到下一状态 q';② $z = R$:读写头向右移一单元,且转移到状态 q';③ $z = L$:读写头向左移一单元,且转移到状态 q'。

概率图灵机还可定义如下:

定义 14.2.2 概率图灵机 M 是一种非确定性图灵机,它的每一步有两个合法的下一动作,且下一动作由掷币结果决定。对 M 的每个分支 b,定义 $\Pr[b] = 2^{-k}$,其中 k 为分支 b 上掷币次数,并且

$$\Pr(M \text{ 接受 } w) = \sum_{b \text{ 为可接受分支}} \Pr[b]$$

$$\Pr(M \text{ 接受 } w) = 1 - \Pr(M \text{ 接受 } w)$$

在概率图灵机的研究中,对可计算随机函数给出了定义,并对可计算函数及其运算也都作了研究,而且还证明了图灵机的许多研究结果在概率图灵机的情况下仍然成立。不过,把图灵机推广到概率图灵机,其计算能力并没有增大。可以证明,图灵机的诸多变种的计算能力都是等价的,即它们接受同样的语言。换言之,在一种图灵机上可做的计算,在另一种上也可以做,尽管计算的效率可能不同。

概率算法在密码学中有重要作用,概率多项式时间图灵机(probabilistic polynomial-time turing machine,简记为 PPT)是一种现实的计算模型,适用于通信的合法成员以及攻击者。

定义 14.2.3 设 M 是一个概率图灵机。若存在多项式 $t_M(\ )$,使得对任意输入 x,M 至多在时间 $t_M(|x|)$ 内(即 $t_M(|x|)$ 步内)停机,则称 M 为概率多

项式时间图灵机。

概率多项式时间图灵机是现实世界中常用的计算模型,总是以一定的概率接受或拒绝输入。概率多项式时间图灵机以"一定的错误概率"接受或拒绝语言。利用例 14.2.2 的素性判定算法就是一个概率多项式时间算法,它所给出的素数就是有一定错误概率的素数。

14.2.3 问题的复杂性分类和 NP 完全问题

有了以上的图灵机模型,我们可以依据问题的难度对问题做一些分类。由于一个问题用图灵机能否求解对应着图灵机对某种语言的接受与否,因此定义通常用识别语言的方式来给出。

定义 14.2.4 确定型图灵机在多项式时间内能识别的语言类称为 P 类。

换言之,能用确定型图灵机在多项式时间内求解的问题都是 P 类问题。实际上,我们日常用到的大多数计算问题基本上都是 P 类问题。但也有一些难的问题,比如前面提到的背包问题等,还不清楚是否能用确定型图灵机在多项式时间内解决,所以不能确定它是否属于 P 类。

但是,背包问题显然可以用非确定型图灵机在多项式时间内解决,因为任意给定一个猜测,都可以在多项式时间内给出验证结果。针对这种可以用非确定型图灵机在多项式时间内解决的问题,我们专门定义一个问题类:

定义 14.2.5 非确定性图灵机在多项式时间内可以识别(接受)的语言类称为 NP 类。即

$$NP = \{L \subseteq \{0,1\}^* | L \text{ 为非确定性图灵机在多项式时间内可接受}\}$$

注:NP 是 Non-deterministic Polynomial 的简称。NP 类问题是用非确定型图灵机在多项式时间内可以解决的问题。

如前所述,背包问题是 NP 类问题。NP 类问题还有很多。

例 14.2.3 可满足问题(简称 SAT)是 NP 类问题。

设 $X = \{x_1, x_2, \cdots, x_n\}$ 为布尔变量集,X 上的一个赋值定义为函数:

$$v: X \to \{T, F\}, \forall x \subset X, v(x) \neq v(\bar{x})$$

这里,$\bar{x}$ 是 x 的非。我们把一个变元 x 或其非 $\bar{x}$ 称为一个变元项。X 上的一个析取式 c 是 X 上某些变元项的"或",例如 $c = x_1 \vee \bar{x}_3 \vee x_8$ 就是由 3 个变元项组成的析取式。赋值 v 满足析取式 c 当且仅当 c 中至少有一个变元项在 v 下取值 T。X 上的 n 元布尔函数 $f(x_1, x_2, \cdots, x_n)$ 定义为

$$f(x_1, x_2, \cdots, x_n) = c_1 \wedge c_2 \wedge \cdots \wedge c_r = C(c_i \text{ 为 } X \text{ 上的析取式})$$

赋值 $v = (v(x_1), v(x_2), \cdots, v(x_n))$ 满足 $f(x_1, x_2, \cdots, x_n)$ 当且仅当 v 满足 C 中

所有的 $c_i (i=1,2,\cdots,n)$，即
$$v(f(x_1,x_2,\cdots,x_n)) = f(v(x_1),v(x_2),\cdots,v(x_n)) = v(C) = T$$
可满足问题是指：任给一个布尔函数 $f(x_1,x_2,\cdots,x_n)$，是否存在满足 $f(x_1,x_2,\cdots,x_n)$ 的赋值 v？

要找一个赋值 v 使得 $f(v(x_1),v(x_2),\cdots,v(x_n)) = T$ 是困难的，因为有 2^n 个可能的赋值，所以，试验所有可能赋值的时间复杂性为 $O(2^n)$。但是，对于给定的赋值 v 和 $f(x_1,x_2,\cdots,x_n)$，验证 v 是否满足 $f(x_1,x_2,\cdots,x_n)$ 是容易的，可以在多项式时间内完成。所以，可满足问题是 NP 类问题。

还有一些问题也是 NP 类问题。

例 14.2.4 （巡回售货问题）设有穷的城市集 $C = (c_1, c_2, \cdots, c_m)$，$C$ 中任意两城市间的距离记为 $d(c_i, c_j) \in Z^+$（正整数集），给定线路长度 $B \in Z^+$，问是否存在一条路径，使得一个售货员从某个城市出发，经过所有的城市后回到出发地，它所经历的路程长度不超过 B（或达到最小）？一个等价的描述是，是否存在 $1,2,\cdots,m$ 的一个排列 $\tau: \tau(1), \tau(2), \cdots, \tau(m)$，使得目标函数满足：

$$\left[\sum_{i=1}^{m-1} d(c_{\tau(i)}, c_{\tau(i+1)})\right] + d(c_{\tau(m)}, c_{\tau(1)}) \leq B$$

例 14.2.5 （子图同构问题）设图 $G_1 = (V_1, E_1)$，$G_2 = (V_2, E_2)$，问 G_1 是否包含一个与 G_2 同构的子图？也即是否有子集 $V_1' \subset V_1$，$E_1' \subset E_1$，使 $|V_1'| = |V_2|$，$|E_1'| = |E_2|$，且有一一对应的映射 $f: V_2 \to V_1'$，使得 $\{u,v\} \in E_2$ 当且仅当 $\{f(u), f(v)\} \in E_1'$？

不难理解，非确定型图灵机是确定型图灵机的推广，而确定型图灵机是非确定型图灵机的特殊情形，因而有 $P \subseteq NP$。但是，目前人们尚不清楚是否有 $P = NP$ 或 $P \subset NP$。不过很多人倾向于 $P \neq NP$。1979 年，Garey 证明了以下结论：

定理 14.2.1 对任意 $w \in NP$，存在多项式 p，使得能用时间复杂性为 $O(2^{p(n)})$ 的确定型算法求解出 w。

该定理表明，可以用确定型算法求解 NP 类中的一切问题 w，但其时间复杂性是指数型的，除非 $w \in P$。换言之，不存在非确定型图灵机可以求解但确定型图灵机却不能求解的问题。这也进一步说明，非确定型图灵机的计算能力并没有增加。

对定理 14.2.1 中的判定问题 $w \in NP$，因为尚无法证明 $w \in P$，我们自然认为 w 是难的。由于尚未证明 $P \neq NP$，所以也无法断定 $w \in NP - P$，因而只好设

法去证明"如果 $P \neq NP$,则 $w \in NP - P$"这一较弱的结论。既然这些问题都没有解决,我们也只好研究"NP 类中最难的一类问题"。

定义 14.2.6 如果判定问题 $w' \in NP$,并且对任意的 $w \in NP$,w 均可"多项式地变换到"w'(记为 $w \propto w'$),则称 w' 是 NP 完全的。而 $w \propto w'$ 是指存在一个 $f: D_w \to D_{w'}$,满足:

① 能用一个多项式时间算法完成变换 f;

② 对任意 $I \in D_w$,$I \in Y_w$ 当且仅当 $f(I) \in Y_{w'}$。

注:$w \propto w'$ 可以解释为"w' 至少同 w 一样难"。因为以上条件指出,在忽略变换 f 的一个多项式时间代价的前提下,Y_w 中的任一实例 I 的代替物 $f(I)$ 总能以某种身份在 $Y_{w'}$ 中出现。所以,若 w' 的实例 $f(I)$ 得解,则 w 的实例 I 得解。由于 w' 至少和任意的 w 一样难,所以它实际上是 NP 类中最难的问题。

根据 NP 完全问题的定义,如果 w 是一个 NP 完全问题,并且能用确定型算法在多项式时间内求解它,则 $P = NP$。反之,若 $P = NP$,则 NP 完全问题也可以用确定型算法在多项式时间内求解。由于人们倾向于 $P \neq NP$,故 NP 完全问题一般认为是不能在多项式时间内求解的判定问题。

记 $NPC = \{w \mid w$ 是 NP 完全问题$\}$,即 NPC 是 NP 完全问题集。

以下是六个基本的 NPC 问题。

① 3 元可满足问题(3SAT):设 $X = \{x_1, x_2, \cdots, x_n\}$,$C = \{c_1, c_2, \cdots, c_r\}$ 是 X 上的析取式集,$|c_i| = 3$,$i = 1, 2, \cdots, r$,即每个 c_i 是一个 x_i 的三项式,问是否存在满足 C 的赋值 v?

② 3 元匹配问题(3DM):设集 $M \subset W \times X \times Y$,$W, X, Y$ 为 3 个互不相交的集合,且

$$|W| = |X| = |Y| = q$$

问 M 是否包含一个匹配,即是否存在子集 $M' \subset M$,使 $|M'| = q$ 且 M' 中任何两元素的任何两坐标均不相同?

③ 顶点覆盖问题(VC):设图 $G = (V, E)$,正整数 $z \leq |V|$,问 G 中是否存在 k 个顶点的覆盖,即是否存在子集 $V' \subset V$,使得 $|V'| \leq z$,且对每一个边 $u, v \in E$,u 和 v 中至少有一个属于 V'?

④ 团问题(Clique):设图 $G = (V, E)$,正整数 $z \leq |V|$,问 G 中是否有阶大于或等于 z 的团,即是否存在子集 $V' \subset V$,使得 $|V'| \geq z$ 且 V' 中任意两顶点都有 E 中一条边连接?

⑤ 哈密尔顿回路问题(HC):设图 $G = (V, E)$,问 G 中是否有哈密尔顿回路,即设 $|V| = n$,是否有 G 的顶点的一个排列 $\{v_1, v_2, \cdots, v_n\}$,使 $(v_i, v_{i+1}) \in E$,

$1 \leq i \leq n-1$,且$(v_n, v_1) \in E$?

⑥ 划分问题：设A为有穷集，对任意$a \in A$，a的大小$s(a) \in Z^+$，问是否有子集$A' \subset A$，使

$$\sum_{a \in A'} s(a) = \sum_{a \in A-A'} s(a) = \frac{1}{2} \sum_{a \in A} s(a)$$

关于 NPC 问题，我们有以下结论：

引理 14.2.1 设$w_1, w_2, w_3 \in NP$，若$w_1 \propto w_2$，$w_2 \propto w_3$，则$w_1 \propto w_3$。

由此引理不难得到：

定理 14.2.2 设$w_1, w_2 \in NP$，$w_1 \propto w_2$，则有

① 若$w_2 \in P$，则$w_1 \in P$。

② 若$w_1 \in NPC$，则$w_2 \in NPC$。

这个结论很容易理解，即两个 NP 类问题中，如果比较难的那个问题属于 P 类，那么相对容易的那个问题必然也属于 P 类；反过来，如果比较容易的那个问题是 NPC 问题，那么更难的那个问题必然也是。研究 NPC 问题的意义在于，它是 NP 类中最难的问题，只要证明一个 NPC 问题是 P 类问题，则其他问题都是 P 类问题。

NP 类并不能包含所有的问题。事实上，在可判定问题中，存在如此难的问题 Q：即使有了一个对 Q 的解的猜测 S_Q，也无法在多项式时间内验证 S_Q 是否是问题 Q 的解。也就是说，仅做解的验证工作，就要付出难以支付的代价。所以，NPC 问题并不是最难的问题。

14.3 注 记

计算复杂性理论是现代密码学的重要理论基础之一。

无论是密码设计者还是破译者，都十分重视密码的实际保密性能，他们关心的一个共同问题是：在现有的计算资源下，破译一个密码系统所需的时间，是否大于消息的最小保密时间，同时所需的空间是否大于现有的计算机容量。这就是现代密码学关注的计算安全性。而讨论计算安全性，就需要对一个密码算法从时间和空间两方面来衡量其复杂程度。简单地说，一个算法（或问题）在时间（空间）上的复杂程度就是该算法（或问题）的时间（空间）复杂性。

破译者总是把某个密码系统的破译归结为一个典型的计算问题，并关注求解该问题的各种算法中，哪种算法最好（即时间复杂性与空间复杂性最小）。问题的复杂性可以归结为算法的复杂性，即归结为求解该问题的一系

列最优算法的复杂性。而所谓最优,是指目前已知条件下的最优,它随着算法的不断改进和计算能力的不断提高而不断发展变化。同样,密码系统的设计者总是希望所设计的算法,在时间和空间复杂性上都尽可能大,以确保安全。因此,算法的复杂性与问题的复杂性理论,是现代密码体制设计与分析的基础,无论在密码设计中还是在密码分析中,都占有十分重要的位置。

本章只简要介绍了计算复杂性理论的基本概念,主要目的是希望读者在了解本章内容后,对密码学中计算安全性的概念有清晰的理解;或对一个具体算法的安全性进行说明,并提到的"不存在多项式时间求解算法"、"该算法以 NP 完全问题为基础"等说法时,读者不至于陌生而困惑。

习题十四

1. 根据时间复杂性对下列函数进行排序:
$n^{1/100}, \sqrt{n}, (\log n)^{100}, n\log n, (\sqrt{n})^n, 2^{n^2}, n!$。

2. 证明下列结论:
(1) 若 $f(n) = O(g(n)), g(n) = O(h(n))$,则 $f(n) = O(h(n))$。
(2) $O(f(n) + g(n)) = O(\max(f(n), g(n)))$。

3. 证明四色问题是 NP 类问题。

4. 证明 F_2 上 n 元布尔方程组求解问题是 NP 类问题。

5. 证明:对 $w_1, w_2, w_3 \in NP$,若 $w_1 \propto w_2, w_2 \propto w_3$,则 $w_1 \propto w_3$。

参考文献

[1] 冯登国,裴定一.《密码学导引》.北京:科学出版社,1999。

[2] 杨波.《现代密码学》.北京:清华大学出版社,2003。

[3] 谢冬青,冷健.《PKI 原理与技术》.北京:清华大学出版社,2004。

[4] 冯登国,林东岱,吴文玲.《欧洲信息安全算法工程(NESSIE)》.北京:科学出版社,2003。

[5] Alfred J. Menezes, Paul C. van Oorschot, Scott A. Vanstone.《应用密码学手册(Handbook of Applied Cryptography)》.胡磊,王鹏等译.北京:电子工业出版社,2005。

[6] 孙淑玲.《应用密码学》.北京:清华大学出版社,2004。

[7] 祝跃飞,张亚娟.《椭圆曲线公钥密码导引》.北京:科学出版社,2006。

[8] 中国物品编码中心,中国自动识别技术协会.《自动识别技术导论》.武汉:武汉大学出版社,2007。

[9] 柯召,孙琦.《数论讲义》.北京:高等教育出版社,1986。

[10] 潘承洞,潘承彪.《初等数论》.北京:北京大学出版社,2004。

[11] 冯克勤,李尚志,查建国.《近世代数引论》.合肥:中国科学技术大学出版社,1988。

[12] Thomas W. Hungerford.《代数学》.冯克勤译.长沙:湖南教育出版社,1998。

[13] 冯克勤.《有限域》.长沙:湖南教育出版社,1998。

[14] 堵丁柱,葛可一,王浩.《计算复杂性导论》.北京:高等教育出版社,2002。

[15] 顾小丰,孙世新,卢光辉.《计算复杂性理论》.北京:机械工业出版社,2004。